陕西师范大学史学丛书

温艳 著

民国时期
陕西灾荒与社会

社会科学文献出版社
SOCIAL SCIENCES ACADEMIC PRESS (CHINA)

本书系国家社科基金重大招标项目
"近代西北灾荒文献整理与研究"（项目号：16ZDA134）
阶段性成果

本书出版得到陕西师范大学 2020 年度优秀出版基金资助

目 录

绪 论

一 缘起

陕西位于中国西北部内陆，全省纵跨黄河、长江两大流域，承接中国东、西部，衔接西北和西南，是新亚欧大陆桥和中国西北、西南、华北、华中之间的门户，战略地位十分重要，是国内邻接省区市数量最多的省份，具有承东启西的区位之便。陕西面积为 20 余万平方公里，现有人口3775 万，是中华民族和中华文明的重要发祥地之一，古丝绸之路的起点，也是新时期西部开发的桥头堡。历史上，周、秦、汉、唐等王朝选取陕西关中建都，使陕西成为京畿重地，全国政治、经济和交通中心，隋唐以后，随着中国经济重心南移，陕西的经济地位下降。1931 年九一八事变后，陕西作为抗战大后方的战略地位凸显，西安作为国民政府的陪都而受到重视，抗战时期延安作为陕甘宁根据地的首府而备受关注。

陕西虽然战略地位重要，却自古以来饱受各种自然灾害的侵扰，远在公元前 16 世纪的殷商时代，就有"大旱七年，洛川竭"的记载。周、秦、汉代的"大旱""丹江绝三日不流""江河水少、溪谷水绝"等记载屡见不鲜。近代陕西灾荒的频次和烈度都达到一个历史的高峰。特别是大旱频繁，如 1877~1878 年（丁戊奇荒）、1892 年、1900 年（庚子大饥）、1921年（辛酉大旱）、1929 年（民国十八年年馑）、1941 年等，均为大旱灾年。其中 1928~1931 年大旱，全省无县不灾，连续三年六料无收，饿死 300 余万人，逃亡、死亡人口占到全省人口近一半，举世震惊。中华人民共和国成立后的 40 多年间，严重干旱也时有发生。其中，1959~1962 年连续三年大旱，以 1960 年成灾面积最大，占播种面积的 37.7%；1966~1973 年持续 8 年发生伏旱。进入 20 世纪 80 年代，干旱仍时有发生，1985~1986年渭南地区严重干旱，受灾面积占全区耕地面积的 80% 以上。这些灾情，对陕西社会经济影响深远，不能不引起人们的重视。

笔者以"民国时期陕西灾荒与社会"为选题，基于多方面的考虑。首先就区域灾荒史而言，关于清代之前的陕西灾荒，已有学者关注并有较多成果面世，而关于民国时期的系统研究并不多。民国时期陕西灾荒不仅频繁且严重，更主要的是，此一时期，中国灾害的救治水平，包括救灾理念、救灾措施等都有了很大进步，救灾主体多样化。灾荒史专家夏明方先生认为，民国时期是中国救灾制度从传统向近代转型的最关键时期。救灾水平的变化，在各灾区是如何体现的？陕西是民国时期两次最严重旱灾（1920年、1928~1931年）的主灾区，是否能够从陕西的灾荒救治中寻找到这种变的特征？希望通过对区域灾荒史的个案研究进一步拓宽中国近代灾荒史的研究视域。

选择本课题还缘于本人对灾害史的浓厚兴趣。笔者在攻读硕士学位阶段就开始接触、关注灾荒史，既关注历史上的灾害，也关注现实中的灾祸。十余年来以民国时期西北灾荒为主题做了一系列的探讨，并申请到了国家社科基金重大招标项目，为进一步研究提供了平台。然而在研究过程中，笔者发现西北五省虽然作为一个所谓的地理单元，在文化、经济等方面有一定的关联和贴合度，但是各省差异很大，特别是陕西与甘肃、宁夏、青海、新疆在地理环境、人文环境方面有很大的不同，导致成灾因素、对灾害的关注度和救灾的成效等方面千差万别。因此笔者考虑还是先对民国时期陕西的灾荒以及与社会经济相关的问题做一细致考察，然后对其他区域进行系统考察。

2020年初，新冠病毒肆虐全球，造成大量失业，给世界经济造成难以弥补的损失，对未来一段时间内的世界政治格局也会产生深远影响。一个个无辜生命的逝去更是触动笔者的灵魂，这些灾祸是否可以减少或者不再出现？随着社会的发展，灾荒史研究的内涵和外延在发生变化，人为的灾祸和新出现的未知的病毒也渐进入灾害史研究者的视野。正是对灾害史学的兴趣和关注，史学工作者的责任感、使命感，对家乡的热爱和深情，促使笔者多年来关注灾荒史研究的发展和学术交流情况，多方搜集资料，在大西北的视野下，继续对陕西的灾荒进行研究。

自然灾害不仅造成严重的生命财产损失，对人民的生活产生巨大影响，而且与政治、经济、思想和社会生活各方面关系甚巨。民国时期，陕西的政治生态较为复杂，战乱不断，财政困难，时而发生的灾荒和军阀的苛捐杂税，使得民生多艰。灾荒也考验着普通大众的伦理、道德。在救灾中，中央和地方政府的博弈，使得救灾呈现多面化。李文海先生认为，"研究中国近代灾荒史，应该是中国近代史研究的一个十分重要的领域。它一方面可以使我们更深入、更具体地去观察近代社会，从灾荒同政治、经济、思想文化以及社会生活各方面的相互关系中，揭示出有关社会历史发展的许多本质内容；另一方面，也可以从对近代灾荒状况的总体了解中，得到有益于今天加强灾害对策研究的借鉴和启示"。① 本书以理清民国时期陕西灾害的基本情况为前提，研究灾害与社会发展的互动关系，期冀从另一个视角来解读民国时期的陕西社会。

饥荒、灾荒对中国人来讲似乎是越来越远的记忆，但是局部自然灾害、灾祸如同梦魇时时刻刻出现在人们的视野里，它值得我们做进一步的研究。

二 学术史回顾

中国严重的灾荒问题，是历代统治阶级重点关注的社会问题，在治理灾患过程中，也积累了一定的经验，留下大量的荒政文献。据《中国荒政书集成》的不完全统计，从汉到清即搜集到存世荒政书 411 部，辑佚书目 65 部，共计 476 部，其中清代的即占到总数的 3/4 以上。② 民国时期，学者较早关注灾荒话题，具有代表性的有 20 世纪 30 年代邓云特（邓拓）的《中国救荒史》③。近百年来，灾荒史研究成果愈加丰富，并在理论、方法方面取得一定突破，也出现了李文海、夏明方等一批研究灾荒史卓有成就的专家。灾荒史与社会史同步前行的同时，也与环境史、生态史、文化史等密切联系，使得传统的灾荒史研究焕发出新的生机和活力。总体来看，关于民国时期陕西灾荒的研究，主要分为三个阶段：第一阶段，即民国时期，是研究的起步阶段；第二阶段，即新中国成立后至 20 世纪 80 年代以前，该阶段资料整理方面取得了初步成绩；第三阶段，即 20 世纪 80 年代至今，80 年代掀起灾荒史研究的热潮，至今还在延续。下面分述之。

（一） 民国时期对陕西自然灾害的研究

民国时期，自然灾害及其引发的社会问题已经引起政府、学者、社会

---

① 李文海：《论近代中国灾荒史研究》，《中国人民大学学报》1988 年第 6 期。
② 李文海、夏明方、朱浒主编《中国荒政书集成》，天津古籍出版社，2010，"序言"，第 9 页。
③ 邓云特：《中国救荒史》，商务印书馆，1937。

活动家等的关注，促进了对民国时期自然灾害的初步研究。

1. 在总体观视域下对民国灾荒的关注

民国以前的各种荒政书基于对灾荒的关注和对救灾方法的总结，为后世的学术研究奠定了基础。民国时期是对灾荒史进行学术研究的起步时期。灾害频繁、民生凋敝，引起了政府、知识界和社会人士甚至海外人士的关注，因此产生了对民国灾荒研究的早期著作。1929 年，华洋义赈会的马罗力所著《饥荒的中国》① 一书出版，对 1920 年陕西、河南、山东、直隶发生饥荒的原因、灾民生活进行了分析，这是第一次对近代中国灾荒发生的原因进行系统分析，作者把原因分为天然原因、社会原因与政治原因等三个方面，认为中国灾荒频繁的天然原因（即自然原因）中，森林的砍伐以及黄河、淮河长期缺乏治理值得重视；引起灾荒之政治原因和社会原因中，中国近代仓储废弛、军队过多、大量种植鸦片以及人口增殖过快等都是不容忽视的。今天看来，这些近百年前的观点非常独到，具有重要的警示意义，这也是目前最早的系统地对中国灾荒的原因进行分析的论著。黄泽苍的《中国天灾问题》② 从灾害的成因、灾害对于农村经济的影响、灾害的预防及救济政策等方面初步研究了中国的自然灾害问题，特别分析了气候变迁与旱灾形成的关系，旱灾与蝗灾发生的关系，气候与风灾、雹灾的关系，地理环境与水灾的关系，地质与地震的关系，等等，第一次较为系统地分析了旱灾、水灾、风灾、雹灾以及蝗灾等在中国最为常见，对农业生产影响也最大的几种灾害的成灾机制。此外，作者强调在灾荒救济中需要破除迷信，对今天仍有一定的启示意义。王武科的《中国之农赈》③ 第一次考察了中国农赈的起源和发展。1937 年出版的邓云特《中国救荒史》④ 一书，对中国历史上发生的灾荒进行了初步统计，并把统治阶级采取的救灾措施分为消极和积极两个方面，是一部救荒史的开创性著作，奠定了中国灾荒史研究的基础。灾荒史专家李文海、夏明方认为，"作者第一次全面完整地论述了救荒史的状况……第一次对灾荒问题进行了真正科学的论述，其作品也因此成为马克思主义救荒史学筚路蓝缕的开山之

---

① 〔美〕马罗力：《饥荒的中国》，吴鹏飞译，上海民智书局，1929。
② 黄泽苍：《中国天灾问题》，商务印书馆，1935。
③ 王武科：《中国之农赈》，商务印书馆，1936。
④ 邓云特：《中国救荒史》。

作"。① 1939 年，暨南大学教授陈高佣等编《中国历代天灾人祸（统计分类）表》②，用年表的形式记载了从秦代到清代中国水灾、旱灾、内乱、外患等发生情况，并附录了部分学者研究灾荒学的论文，具有较高的学术价值。黄泽苍的《中国天灾问题》、邓云特的《中国救荒史》和陈高佣等的《中国历代天灾人祸（统计分类）表》，主要是在宏观上对中国灾害的概况、发生原因、影响、救灾措施等方面进行研究。

2. 对 1928～1931 年"民国十八年年馑"的研究

从 1928 年开始，陕西陷入一场长达 4 年的旱灾，史称"民国十八年年馑"。紧接着这场旱灾，1932 年蔓延关中的瘟疫与陕北的鼠疫，使陕西几乎成为"活地狱"。当时的社会学者开始研究和反思这场灾荒，以《陕灾周报》《新陕西月刊》《新创造》等为载体，大量学者关注灾荒，并考察引起这场灾荒的深层次问题，主要包括下列几个方面。

陕西"民国十八年年馑"发生的基本情况、原因及救灾途径。1930年，秦含章的《中国西北灾荒问题》主要对 1929 年陕西、甘肃、山西、察哈尔等省发生的灾荒按照县域进行统计，对发生的区域、灾情与灾民进行了较为详尽的统计，分析了灾荒发生的原因、影响救灾的因素，提出了救济西北的方案，认为近代西北灾荒频发是由于人口过剩、封建势力横征暴敛导致百姓缺乏防御灾害的基本物质基础，强迫百姓种植罂粟导致粮食种植面积减少，历年战争导致劳动力耕畜缺乏等。同时认为西北发生灾害后，虽然国内各团体尽力救助，但是效果寥寥，原因在于交通不便，赈粮运费过高；灾民人数过多，很难维持长时间救济；赈款来源有限；赈粮被匪兵抢劫；农村没有相关水利工程。提出了植树造林是救济西北的根本方案。③ 敏平在《解决西北农民问题的途径》一文中提出，要彻底解决西北的饥荒问题，一要肃清土匪，农民得以休养生息；二要发展西北的垦殖；三要发展西北的水利；四要发展西北文化，改变落后愚昧的观念；五要整顿吏治。④ 鲁生的《救灾须先探其本》认为，1928～1931 年陕西大旱与政府征收苛捐杂税有关，赈粮和赈款被军阀截留则加重灾情，因此改良吏治显得尤为重要；此外，要振兴西北实业，加强西北的交通建设，"只有加强

① 李文海、夏明方：《邓拓与〈中国救荒史〉》，《中国社会工作》1998 年第 6 期。
② 陈高佣等编《中国历代天灾人祸（统计分类）表》，北京图书馆出版社，2007。
③ 秦含章：《中国西北灾荒问题》，《国立劳动大学月刊》第 1 卷第 4 期，1930 年。
④ 敏平：《解决西北农民问题的途径》，《陕灾周报》第 8 期，1931 年。

交通上的建设，才能铲除粮款阻碍的流弊"。[①] 万叶的《陕灾之剖析》初步考察了"民国十八年年馑"对陕西人口、农业生产和商业的危害，认为军阀混战、苛捐杂税和鸦片种植是造成陕西灾荒的根本原因。[②]

灾荒与人口的关系，以及灾荒对农村经济的影响。灾荒对陕西人口、农村经济的影响是当时的学者相当关注的问题。1931 年，朱世珩发表《从中国人口说到陕西灾后人口》[③]，从近代中国人口问题谈起，论述了战争、灾荒对人口数量及人口质量的打击，重点对陕西灾荒与人口的关系进行研究，提出 1931 年前后的灾荒是陕西人口减少的主要原因，妇女被大量贩卖则严重影响到陕西的人口质量。何挺杰的《陕西农村之破产及趋势》[④] 一文，首先将历史上的陕西灾害置于全国范围进行研究，根据 618～1190 年的灾害统计，陕西灾害发生的频次比河北、河南、江苏、浙江等省少，在全国 18 个省份中居于第 9 位，但近代以后陕西灾情越来越重，1929～1930 年陕西灾害发生频次位居全国第一。他进一步分析了 1929～1930 年陕西灾荒与农村经济的关系，认为帝国主义和封建主义的共同盘剥导致了农村经济的破产，进而导致灾荒频发，而非人们通常认为的灾荒导致了农村经济的破产，第一次阐述了灾荒与农村经济破产的逻辑关系。1932 年，石笋在《陕西灾后的土地问题和农村新恐慌的展开》[⑤] 一文中首次探析了自然灾害对农村经济的影响，提出 1928～1931 年的陕西大旱影响深远，土地所有权发生变化，灾荒引起了农村经济恐慌。1934 年，行政院农村复兴委员会编的《陕西省农村调查》[⑥]，主要调查了陕西渭南、凤翔、绥德等地经历了 1928～1931 年大旱灾后，农村人口、田产转移、土地分配、农村阶级关系、耕地使用方面的变化。1938 年，蒋杰的《关中农村人口问题》[⑦] 一书出版，该书主要运用社会学理论，调查了陕西关中区三原、蒲城、华县、鄠县、武功、凤翔等六县的 1273 户农户，系统考察了 1928～1931 年这些地区经历大旱之后人口的变迁，认为在灾荒打击下，关中农村人口呈现一

① 鲁生：《救灾须先探其本》，《陕灾周报》第 8 期，1931 年。
② 万叶：《陕灾之剖析》，《四十年代》第 1 卷第 4 期，1933 年 7 月。
③ 朱世珩：《从中国人口说到陕西灾后人口》，《新陕西月刊》第 1 卷第 2 期，1931 年。
④ 何挺杰：《陕西农村之破产及趋势》，《中国经济》第 1 卷第 4、5 期合刊，1933 年 8 月。
⑤ 石笋：《陕西灾后的土地问题和农村新恐慌的展开》，《新创造》第 2 卷第 1、2 期合刊，1932 年。
⑥ 行政院农村复兴委员会编《陕西省农村调查》，商务印书馆，1934。
⑦ 蒋杰：《关中农村人口问题》，国立西北农林专科学校，1938。

种"病态"，提出禁止早婚、打破旧观念、废除恶习，采取造林、新修水利、发展仓储等措施预防旱灾、改进农业，如此才能最终解决农村问题。

1928～1931年陕西大旱期间，陕西省赈务会主办了《陕灾周报》《陕西赈务汇刊》《陕赈特刊》① 等专门报刊。其中《陕灾周报》的发刊词提出办刊宗旨："本社觉得过去的赈务对于灾情的宣传实在是有点疏忽，决定以后救灾方针，特刊印陕灾周报，画报、灾情通讯等，以扩大灾情宣传，而贯彻杨主席救济荒灾的新猷。对于各地灾情，则力求翔实，更于灾赈善后，尤期安妥具备。使许多灾民都晓得灾情防御的必要，中外各大慈善家及各工程专家，皆能出其全副精神，从事于救灾，扶助劫后灾民于农业经济上的发展，俾西北永远不再有这天然的灾，与人为的灾随时横生，即或偶有一时偏灾的发生，亦必能预先防备救济，得到完满的解决。所以本报刊行的目的，不仅在扩大宣传，而尤在收获将来的实效，使西北民生革命，得以实现成功。……所以本报一方面宣传灾情，呼吁救济，一方面介绍救济灾荒的方法，以谋实际的发展陕西农业经济。"② 因此赈务会创办的这些报刊，一方面是为了报道陕西灾情，另一方面也是为了征求救济灾荒的良策，故设置了灾情纪实、公牍、记录、专载等栏目。"公牍"主要公布赈务会的查赈、救济活动，"记录"主要记载赈务会召开会议等决策活动，"专载"部分则刊登了部分学者、政要对灾荒原因、对策的分析，"灾评"则是时人简单的建言献策。也有部分研究主要分析了灾害频发的原因，认为军阀混战是由自然灾害发展到严重饥荒的主因；在救灾问题上，认为要把发展水利放在重要位置。总体来讲，1949年以前人们对灾荒总体认识有限，因而对民国时期陕西灾荒研究还是不够深入。虽然1928～1931年严重的灾荒已经引起关注，但是由于交通比较闭塞，加之各地战乱不断，相比其他地方，社会各界对陕西灾荒的关注还是有限的，因而不可能对灾荒进行系统研究。

（二）20世纪50～70年代对自然灾害文献的整理

20世纪50～70年代，灾害史方面所做的重要工作，是各界对自然灾

---

① 陕西省赈务会编的《陕赈特刊》1930年在西安出版，出至1933年停刊。1930年《陕西赈务汇刊》和《陕灾周报》在西安创刊，《陕灾周报》1930年出刊7期，1931年出刊2期，共计出刊9期。

② 《宣言》，《陕灾周报》第1期，1930年，第1～2页。

害史料进行挖掘和整理。从 20 世纪 50 年代开始，为满足中国水利建设的需要，在"大兴水利"的背景下，在水利电力部的总体规划下，开始了大规模的历史洪水调查工作，中国第一历史档案馆也开始进行大规模的灾害资料整理工作。1993 年整理出版了 1736~1911 年黄河流域的洪涝灾害资料，完成《清代黄河流域洪涝档案史料》，其中包括 1736~1911 年山东省诸河、西北内陆河（湖）的雨情、水情、灾情、河道情况等。① 2006 年出版的《中国历史大洪水调查资料汇编》是河段调查洪水资料全国汇总成果。在 6000 个河段调查洪水资料的基础上，共选编了 5544 个河段的调查成果，同时补充了 1980 年以后的调查资料。② 中国气象科学研究院主编的《中国西北地区近 500 年旱涝分布图集：1470~2008》③，是中华人民共和国成立后出版的第一部灾害分布图集。

20 世纪 50 年代，中国开始调查、搜集地震资料。中国科学院完成《中国地震资料年表》，集中收录了公元前 177 年到 1955 年中国发生的近万次地震记录资料。④ 1959 年国家档案局明清档案馆完成了《清代地震档案史料》，⑤ 整理了从雍正十三年（1735）到宣统三年（1911）包括陕西在内的各省发生地震时间、波及区域、受灾程度以及善后措施等具体情况。这些资料对陕西历史上的大地震都有记载。

20 世纪 60 年代，中国开始组织进行流行病调查。卫生部卫生防疫局从 1963 年开始组织调查，到 1981 年完成了《中国鼠疫流行史》⑥ 一书。该书分两册，对中国 1644~1964 年人间鼠疫的流行情况进行了统计，对中国 21 个省份的鼠疫流行情况进行了统计，对陕西人间鼠疫的流行情况进行了调查统计。专家归纳了陕西鼠疫流行的三个特点：第一，流行季节，开始于 5 月、6 月，7 月、8 月、9 月为最高峰，10 月以后逐渐下降；第二，流行鼠疫类型主要为腺型，肺型仅见于陕北各县；第三，发病原因有三

---

① 水利电力部水管司、科技司，水利水电科学研究院编《清代黄河流域洪涝档案史料》，中华书局，1993。
② 骆承政主编《中国历史大洪水调查资料汇编》，中国书店，2006。
③ 白虎志等编著《中国西北地区近 500 年旱涝分布图集：1470~2008》，气象出版社，2010。
④ 中国科学院地震工作委员会历史组编辑《中国地震资料年表》，科学出版社，1956。
⑤ 国家档案局明清档案馆编《清代地震档案史料》，中华书局，1959。
⑥ 中国医学科学院流行病学微生物学研究所编印《中国鼠疫流行史》，1981。

个，一是当地流行的鼠疫动物引起，二是自内蒙古传入，三是自山西传入。①

此外，李文治、章有义的《中国近代农业史资料》收录了1840～1937年中国农村土地制度、租佃关系等资料，特别是第2辑、第3辑主要收录了1912～1937年在兵灾、天灾与烟祸荼毒下的中国农村经济与农民离村问题资料。②

在国家整体部署下，各省份也相继编纂了气象灾害史料。陕西省气象局1976年完成了《陕西省自然灾害史料》，③ 分旱灾、水涝、雹灾、冻灾、风灾、虫灾等几个自然灾害种类，对商周时期到1949年陕西发生的灾害史料进行了初步和简单的摘抄，对历史上这些资料的整理，不但使我们对陕西历史时期自然灾害发生的基本情况有了初步了解，也为学术界研究陕西的灾荒与自然灾害提供了宝贵的史料。

总体看来，由于种种原因，20世纪80年代以前，主要进行的是自然灾害历史资料的整理工作，有突破性的研究成果较少。聂树人的《陕西历史上的水旱灾害问题》④ 对陕西历史上最常见的两种自然灾害——水灾和旱灾的发生规律进行了初步探讨，是这一时期唯一探讨陕西自然灾害问题的论文，除此之外，尚无相关论著发表。

（三）20世纪80年代以来陕西灾荒史研究

1987年，第42届联合国大会通过169号决议，决定把1990～2000年定为"国际减轻自然灾害十年"，1989年第44届联合国大会上又通过了《国际减轻自然灾害十年》决议及附件《国际减轻自然灾害十年行动纲领》。1989年，中国政府成立了由国务院20多个部委副主任组成的减灾委员会。现实的灾害也造成了中国灾荒史研究的繁荣。20世纪80年代以来，灾荒史领域无论在资料整理、总体研究，还是在区域研究、专题研究等方面都取得了丰硕的成果，不仅数量大幅度增加，而且研究深度大大拓展，研究视域大大拓宽，理论和方法上也有所探索。本书主要从资料整理、总

① 《中国鼠疫流行史》，第571～572页。
② 李文治编《中国近代农业史资料》第1辑，三联书店，1957；章有义编《中国近代农业史资料》第2、3辑，三联书店，1957。
③ 陕西省气象局气象台编印《陕西省自然灾害史料》，1976。
④ 聂树人：《陕西历史上的水旱灾害问题》，《陕西农业》1964年第4期。

体研究和陕西灾荒研究三个方面予以说明。

第一，灾荒资料整理取得了显著成绩。20 世纪 90 年代初以来，李文海、夏明方等主持的近代灾荒研究课题组，成果斐然，先后出版了《近代中国灾荒纪年》《近代中国灾荒纪年续编》① 等资料，采用编年体形式，初步整理了 1840～1949 年全国各省份的灾情，为灾荒研究者提供了重要的资料。李文海、夏明方等主持编纂的《中国荒政书集成》（共计 12 册）②，辑录了宋至清末出版的各类荒政著作，为人们了解历史时期，特别是明清时期官方和民间的救灾策略提供了极为详尽的珍贵资料。此外，国家图书馆出版社的《民国赈灾史料初编》③、《民国赈灾史料续编》④ 及《民国赈灾史料三编》⑤，主要辑录了民国时期各地多种重要赈灾史料，收录陕西多种资料。《民国赈灾史料初编》辑录了《陕西乙丑急赈录》、《陕西赈务汇刊》（1930 年，第 1、2 册）、《陕赈特刊》（1933 年第 1、2 期），以及《陕西省赈灾书画古物展览会出品录》等；《民国赈灾史料续编》收录了《民国十九年振务统计图表》《豫陕甘赈灾委员会征信录》等；《民国赈灾史料三编》辑录了华洋义赈会的赈务报告，《救灾会刊》也对陕西的救灾多有观照。此外，《陕西历史自然灾害简要纪实》《中国气象灾害大典·陕西卷》⑥，概括介绍了陕西的主要气象灾害及其发生规律、时间分布、地域季节特点等，列举了历史上陕西干旱、洪涝、暴雨、冰雹、霜冻、地震、雷电等灾害史料。《陕西历史自然灾害简要纪实》和《中国气象灾害大典·陕西卷》以 1949 年以后为重点，体现了薄古厚今的特点。

第二，中国近代灾荒史研究论著对陕西灾荒有所观照。夏明方的《民国时期自然灾害与乡村社会》⑦ 对民国时期自然灾害与乡村社会各个方面的互动关系进行了系统分析，揭示了自然灾害生成、演化的规律、特征及其在乡村社会层层扩散的过程，论述了自然灾害与人口变迁、乡村经济、

---

① 李文海等：《近代中国灾荒纪年》，湖南教育出版社，1990；《近代中国灾荒纪年续编》，湖南教育出版社，1999。
② 李文海、夏明方、朱浒主编《中国荒政书集成》。
③ 古籍影印室编《民国赈灾史料初编》，国家图书馆出版社，2008。
④ 詹福瑞主编《民国赈灾史料续编》，国家图书馆出版社，2009。
⑤ 夏明方选《民国赈灾史料三编》，国家图书馆出版社，2017。
⑥ 《陕西历史自然灾害简要纪实》编委会编《陕西历史自然灾害简要纪实》，气象出版社，2002；翟佑安主编《中国气象灾害大典·陕西卷》，气象出版社，2005。
⑦ 夏明方：《民国时期自然灾害与乡村社会》，中华书局，2000。

社会冲突的关系，指出灾害源与社会脆弱性的相互作用，特别在书中探讨了陕西田赋加征与灾荒的互动关系。袁林的《西北灾荒史》① 对西北地区历史上常见的自然灾害进行了系统论述，分为上下两编，上编是西北灾荒史研究，对灾害历史学的一般理论进行阐述，下编为西北灾荒志，主要整理了从秦汉到新中国成立前西北地区发生的干旱、水涝、冰雹、霜雪冻、风沙、地震、虫害等自然灾害的相关史志资料。李文海、程歗等人的《中国近代十大灾荒》，② 在挖掘档案、近代报刊资料，进行整体把握的基础上对近代灾荒进行个案研究，把1920年陕西大旱和1928～1931年陕甘大旱灾均列为近代十大灾荒，对其成灾机制、灾民生活等方面进行了探讨，分析了近代中国灾害发生的政治原因，探讨了灾荒与人口、社会经济的互动及社会赈济问题。张水良的《中国灾荒史（1927～1937）》③ 主要考察了南京国民政府统治前10年的灾荒，从传统"革命史观"角度驳斥了"自然条件决定论"和"人口过剩论"两种灾荒原因论，认为民国时期灾荒发生的根本原因是国民党新军阀的反动统治和帝国主义列强的侵略掠夺，分析了国统区灾荒对农民与农村经济的影响，评价了国民党当局的救灾措施和革命根据地的生产救灾措施。孙绍骋的《中国救灾制度研究》④ 对民国之前和中华人民共和国成立后中国的救灾制度进行了比较研究；杨琪的《民国时期的减灾研究（1912～1937）》⑤ 对民国成立到全面抗战爆发前，北京政府和南京国民政府的救灾政策以及社会力量的救灾活动进行了研究。孙绍骋和杨琪的著作都把国民政府救济西北作为研究的重要内容。蔡勤禹的《民间组织与灾荒救治——民国华洋义赈会研究》⑥ 对华洋义赈会的兴起背景、发展和救灾成效进行了研究，深入考察了华洋义赈会与政府的关系，认为1920年陕西等北方五省的旱灾催生了华洋义赈会民间救灾组织，具体评析了20世纪30年代华洋义赈会在陕西、甘肃工赈的成效。

　　第三，自20世纪90年代以来，西北灾荒史研究逐渐受到重视，有论著相继面世，陕西的灾荒自然也是关注的重点之一。1994年，袁林的《西

① 袁林：《西北灾荒史》，甘肃人民出版社，1994。
② 李文海、程歗等：《中国近代十大灾荒》，上海人民出版社，1994。
③ 张水良：《中国灾荒史（1927～1937）》，厦门大学出版社，1990。
④ 孙绍骋：《中国救灾制度研究》，商务印书馆，2004。
⑤ 杨琪：《民国时期的减灾研究（1912～1937）》，齐鲁书社，2009。
⑥ 蔡勤禹：《民间组织与灾荒救治——民国华洋义赈会研究》，商务印书馆，2005。

北灾荒史》① 出版，全书 140 余万字，分为"西北灾荒史研究"和"西北灾荒志"两部分，对西北五省区的旱、涝、雹、霜等主要灾害的基本特征、发生频次进行了系统研究，在大量收集历史资料的基础上，运用现代灾害学的知识，做到学科的融合。耿占军等新作《陕甘宁青旱灾的社会应对研究（1644～1949）》② 一书围绕清代至民国约 300 年间陕西、甘肃、宁夏、青海等西北四省区的旱灾发生规律与社会应对机制，在把四省区作为统一体的前提下，对陕西旱灾发生规律、官方的救灾措施等进行了论述。

刘玉梅的《1920 年华北五省旱灾中的国际救助》③ 则立足于国际救助，重点探讨了 1920 年陕西等北方五省的旱灾救济。温艳的《再论民国时期灾荒与国民政府开发西北》④ 认为民国时期西北地区的灾害严重，致使西北地区难以承担起抗战后方的重任，是国民政府开发西北的动因之一。李强的《民国时期西北民族地区灾荒引发的社会问题研究》⑤ 重点探讨了民国时期西北地区灾荒引发的社会问题，认为灾害抑制了民族地区人口增长，与鸦片种植形成了恶性循环。温艳的《20 世纪 20～40 年代西北灾荒研究》⑥ 认为 20 世纪 20～40 年代，西北地区自然条件恶劣虽是自然灾害发生的土壤，却是民国时期西北地区灾荒频发的次要原因，政治腐败、军阀混战、水利废弛则是导致饥荒盛行的主因。王向辉则从农业技术的角度探讨了西北地区自然灾害与农业技术性选择问题。⑦

第四，对民国时期陕西灾荒问题的个案研究，大体分为以下几类。一是对民国时期陕西灾荒的专题研究。袁林的《陕西历史饥荒统计规律研究》⑧ 通过对元代到民国的数据的考察，总结出陕西灾荒具有频繁性、严重性、局部性、增长性的特点，并且其有明显的阶段性，大约 100 年会有

① 袁林：《西北灾荒史》。
② 耿占军等：《陕甘宁青旱灾的社会应对研究（1644～1949）》，陕西师范大学出版社，2019。
③ 刘玉梅：《1920 年华北五省旱灾中的国际救助》，《中国减灾》2010 年第 1 期。
④ 温艳：《再论民国时期灾荒与国民政府开发西北》，《甘肃社会科学》2011 年第 1 期。
⑤ 李强：《民国时期西北民族地区灾荒引发的社会问题研究》，硕士学位论文，兰州大学，2006。
⑥ 温艳：《20 世纪 20～40 年代西北灾荒研究》，硕士学位论文，西北大学，2005。
⑦ 王向辉：《西北地区历史自然灾害与农业技术选择研究》，硕士学位论文，西北农林科技大学，2008。
⑧ 袁林：《陕西历史饥荒统计规律研究》，《陕西师范大学学报》（哲学社会科学版）2002 年第 5 期。

4 个高发期。秦斌的《陕西旱灾研究（1927～1932）——以〈大公报〉为中心的考察》①，以《大公报》的报道为主要资料来源，综合考察了1927～1932年陕西旱灾，认为陕西旱灾发生的社会原因是军阀割据、土匪猖獗与流民暴动、苛捐杂税交织在一起，严重破坏了农业生产和百姓生活，认为官方进行了急赈、工赈活动，华洋义赈会和济生会等民间组织都发挥了积极的作用。安少梅的《陕西民国十八年年馑研究》② 对 1929 年陕西灾荒的原因、影响进行了分析，特别指出陕西现代化程度低、交通落后、民众缺乏卫生知识等，都直接影响到救灾成效。张红霞的《民国时期陕西地区灾荒研究（1928～1945）》评析了南京国民政府统治时期陕西的灾荒救济。③张娜对 1900 年和 1929 年陕西旱灾发生原因、影响等进行比较研究后，认为加强备灾、重树中央权威对于救灾具有重要意义。④

二是对民国时期陕西旱灾发生原因的分析。王玉辰的《关于民国十六年大旱》⑤ 认为，1928 年的灾荒是 1922 年开始持续 7 年的干旱和其他自然灾害累积而成的，多年降水量减少主要是太阳黑子活动频繁造成的。李德民、周世春则认为虽然陕西降水量少、土壤保水条件差等自然条件是陕西发生旱灾的主要原因，但是苛捐杂税众多、军阀混战、烟毒祸害等人祸则大大加重了灾情。⑥ 安少梅等的《陕西"民国十八年年馑"巨灾的人祸因素分析》⑦ 则通过对 1929 年陕西大旱灾的社会因素分析，肯定了李德民、周世春的观点。

三是对民国陕西旱灾的影响研究。每一次灾荒必然对社会的各个层面产生程度不同的影响。每一次灾荒因为发生的背景不同，造成的影响也是不同的。20 世纪 90 年代以来，学者多集中在探讨 1928～1931 年旱灾对社

---

① 秦斌：《陕西旱灾研究（1927～1932）——以〈大公报〉为中心的考察》，硕士学位论文，山西师范大学，2012。

② 安少梅：《陕西民国十八年年馑研究》，硕士学位论文，西北大学，2010。

③ 张红霞：《民国时期陕西地区灾荒研究（1928～1945）》，硕士学位论文，西北大学，2007。

④ 张娜：《陕西关中地区 1900 年、1929 年两次大旱荒的对比研究》，硕士学位论文，陕西师范大学，2014。

⑤ 王玉辰：《关于民国十六年大旱》，《陕西气象》1980 年第 6 期。

⑥ 李德民、周世春：《论陕西近代旱荒的影响及成因》，《西北大学学报》（哲学社会科学版）1994 年第 3 期。

⑦ 安少梅、王建军：《陕西"民国十八年年馑"巨灾的人祸因素分析》，《西安文理学院学报》（社会科学版）2008 年第 4 期。

会的影响方面。第一是关于灾荒对灾民生活的影响。温艳考察了 1928～
1931 年旱灾后关中地区的人口，认为这次灾荒直接冲击了关中传统的 5～7
人家庭的结构，灾后男女性别比例严重失调，人口死亡率大大降低，传统
伦理道德也因这次灾荒旷日持久而淡化。[①] 李丽霞的《1928～1930 年年馑
陕西灾荒移民问题》[②] 探讨了这次旱灾中大量灾民移民就食而引发的劳动
力缺乏影响灾后生产的问题。赵楠、侯秀秀的《1928～1930 年陕西大旱灾
及其影响》[③] 探讨了这次旱灾后民生与生活环境问题。第二，灾荒对农村
经济、生态环境的影响也受到学者的关注。郑磊的《民国时期关中地区生
态环境与社会经济结构变迁（1928～1949）》[④] 以 1928～1931 年大旱灾后
关中地区为研究对象，探讨了灾害引发的生态环境变迁对农村经济社会结
构的重大影响，认为 1928～1931 年旱灾对地权、农村阶级构成都产生了长
远影响。梁严冰的《灾荒与近代社会变迁——以陕北地区为中心的讨论》[⑤]
通过研究近代陕北灾荒，认为频发的旱灾引起陕北生态环境的恶化，进一
步加重了灾情，使之陷入恶性循环。李喜霞的《灾荒与关中交通关系研
究——以民国十八年（1929）为中心》[⑥] 以"民国十八年年馑"为重点，
探讨了灾荒与西北地区交通的相互影响，认为"民国十八年年馑"为陕西
发展现代交通提供了契机。

　　四是通过 20 世纪 30 年代陕西霍乱等流行性疫病的案例来考察其成灾
机制、政府应对水平等。张萍的《环境史视域下的疫病研究：1932 年陕西
霍乱灾害的三个问题》[⑦] 认为 1932 年霍乱是极端气候下发生的生态灾难，
由于时人认知上的缺失，疫情扩散迅速，短时间内造成 20 万人死亡。张萍
的另一篇文章《脆弱环境下的瘟疫传播与环境扰动——以 1932 年陕西霍

---

① 温艳：《民国时期三年大旱与关中地区人口质量探析》，《渭南师范学院学报》2007 年第 3
期。
② 李丽霞：《1928～1930 年年馑陕西灾荒移民问题》，《防灾科技学院学报》2006 年第 4 期。
③ 赵楠、侯秀秀：《1928～1930 年陕西大旱灾及其影响》，《邢台学院学报》2012 年第 3 期。
④ 郑磊：《民国时期关中地区生态环境与社会经济结构变迁（1928～1949）》，《中国经济史
研究》2001 年第 3 期。
⑤ 梁严冰：《灾荒与近代社会变迁——以陕北地区为中心的讨论》，《延安大学学报》（社会
科学版）2012 年第 2 期。
⑥ 李喜霞：《灾荒与关中交通关系研究——以民国十八年（1929）为中心》，《唐都学刊》
2011 年第 6 期。
⑦ 张萍：《环境史视域下的疫病研究：1932 年陕西霍乱灾害的三个问题》，《青海民族研究》
2014 年第 3 期。

乱灾害为例》① 则认为，1932 年瘟疫是陕西自然与社会脆弱性集中作用的结果。温艳、岳珑的《民国时期地方政府处理突发事件的应对机制探析——以1930 年代陕西霍乱疫情防控为例》② 考察了 1932 年霍乱发生后政府的应对机制，认为陕西地方政府在发生疫情后，不仅采取了一系列应对措施，还以此为契机，试图建立起联动防控机制，但是由于资金、人员缺乏等，最终没能建立重大疫情预警机制。

五是对陕西的洪涝灾害、地质灾害及雹灾的研究。学者主要对汉江流域、嘉陵江流域及洛河流域的洪涝灾害进行了考察。仇立慧等认为，清代汉江流域洪涝灾害呈现增长趋势，主要与移民垦荒带来的植被破坏密切相关。③ 刘晓清等人则研究认为，清代洛河流域洪涝灾害发生具有周期性，主要受太阳活动和低纬度大气活动影响，每个世纪中期则是洪涝灾害发生最为频繁和严重的时期。④ 郭晓辉用历史地理学的方法对嘉陵江流域的地质灾害进行了时空分布与规律研究，并通过考察几次大的地质灾害个案，对地质灾害趋于严重的原因进行了分析。⑤ 雹灾也是陕西常见的自然灾害。耿占军的《浅析清至民国陕西雹灾的发生特点》⑥ 认为清至民国时期，雹灾最为频繁，具有局部性、严重性、地域性等特点。

此外，关于陕甘宁边区的救灾研究成果也是层出不穷。这一时期，学者在继续关注关中地区灾荒的同时，也把视线投向陕西北部的陕甘宁边区，出现了一批成果。冯圣兵的《陕甘宁边区灾荒研究（1937～1947）》⑦ 对陕甘宁边区的概况、特点、灾荒成因、救灾机构及措施、救灾成效进行了探讨。梁严冰、岳珑的《论抗日战争时期陕甘宁边区政府的赈灾救灾》⑧ 对陕甘宁边区的赈灾进行研究，认为依靠中共中央和边区政府的组织和领

① 张萍：《脆弱环境下的瘟疫传播与环境扰动——以 1932 年陕西霍乱灾害为例》，《历史研究》2017 年第 2 期。

② 温艳、岳珑：《民国时期地方政府处理突发事件的应对机制探析——以 1930 年代陕西霍乱疫情防控为例》，《求索》2011 年第 6 期。

③ 仇立慧等：《清代汉江上游洪涝灾害及其影响研究》，《干旱区资源与环境》2012 年第 10 期。

④ 刘晓清等：《清代泾河中游地区洪涝灾害研究》，《地理科学》2007 年第 3 期。

⑤ 郭晓辉：《清代嘉陵江流域地质灾害研究》，硕士学位论文，西南大学，2013。

⑥ 耿占军：《浅析清至民国陕西雹灾的发生特点》，《唐都学刊》2014 年第 1 期。

⑦ 冯圣兵：《陕甘宁边区灾荒研究（1937～1947）》，硕士学位论文，华东师范大学，2001。

⑧ 梁严冰、岳珑：《论抗日战争时期陕甘宁边区政府的赈灾救灾》，《西北大学学报》（哲学社会科学版）2009 年第 4 期。

导，依靠群众，通过发动群众自救，边区度过了严重的灾荒。杨东的《陕甘宁边区乡村民众的防灾备荒措施研究》①研究了陕甘宁边区民众的防灾备荒措施。温艳的《抗战时期中共在陕甘宁边区的灾荒救助》和《国家与社会视阈下的陕甘宁边区荒政研究》②考察了抗战时期中共在陕甘宁边区的灾荒救助政策，认为灾荒救助是抗战时期中共的一项重要社会政策，把赈济灾荒作为改善人民生活的主要内容，对传统灾荒救助政策进行继承和创新，取得了一定效果，也有一定的示范效应。张雪梅等的《20世纪40年代陕甘宁边区的灾荒及救治》③认为边区政府积极预防、科学应对，将直接赈济与灾民自救相结合，卓有成效，既解决了民生问题，也提高了党的威信。

通过对学术史的梳理可以看出，经过近一个世纪大批学者的不懈耕耘，民国时期陕西灾荒的诸多问题已经得到研究者的关注，相关学者对一些问题已经进行了深入研究，成果丰硕。但是也应该看到，目前研究还存在一些不足，总体主要体现在以下方面。

第一，对民国时期陕西灾荒总体性把握和研究不够。迄今为止，大部分学者对民国时期的灾荒研究仅限于个案，几乎都是研究1928～1931年的旱灾，缺乏对民国时期陕西灾情的系统概括，无法反映1912～1949年陕西灾荒与社会的全貌；且研究多侧重于文字的叙述和定性分析，分析尚较为粗浅，缺乏科学的数据统计和深入分析，不利于从宏观上充分认知民国时期陕西灾荒的频次、程度等。与其他区域相关研究相比，没有陕西灾荒史研究专著问世。

第二，研究灾害种类单一。民国时期的自然灾害研究对象以水、旱灾害为主。陕西地域大致分为陕北黄土高原、关中平原、陕南的汉江盆地三大部分，南北跨度较大，达到800公里以上。根据气候带则分别属于北温带、暖温带和亚热带。地形多变和气候的复杂性，导致陕西自然灾害种类众多，除了旱灾、水灾外，黑霜、风沙、虫害在一些年份对农业生产也影

---

① 杨东：《陕甘宁边区乡村民众的防灾备荒措施研究》，《中国延安干部学院学报》2010年第3期。

② 温艳：《抗战时期中共在陕甘宁边区的灾荒救助》，《光明日报》2016年4月26日，第11版；《国家与社会视阈下的陕甘宁边区荒政研究》，《历史教学》（下半月刊）2016年第1期。

③ 张雪梅、熊同罡：《20世纪40年代陕甘宁边区的灾荒及救治》，《理论学刊》2008年第11期。

响重大。但是对这些灾害研究的成果比较少，对地震地质灾害、雪灾、风沙、霜灾、虫灾、水土流失、土地沙化、滑坡、畜疫等常发灾害缺乏总体、系统研究。各种灾害具体在总的灾害中占多大比重等，各种灾害之间的相互联系对民众生活影响指数多大等，更缺乏具体、细致研究。

第三，关于自然灾害对 1930 年前后农村经济影响的论述较多，而对自然灾害与人口的互动关系，以及自然灾害打击下城市的情况，则鲜有研究。重大的自然灾害对人口的影响是全方位和长远的，不但是数量方面在短时间内的变化，甚至对人口素质、人的生育选择、人的生活习俗等都会产生长远的影响，已有研究多注重对灾期人口数量的简单分析，缺乏对人口的长期动态研究。灾害发生后，灾民往往前往城市求生存，使得城市对灾害的反应也非常敏感，城市经济、人口以及城市居民对灾民的态度都会发生变化，这些都是值得研究的重要课题。

第四，关于民国时期陕西灾荒救助具体措施研究较多，但是对陕西灾荒在中国救灾现代化中的地位和作用缺乏深入探讨。应该说，1920 年、1928～1931 年两次旱灾，在救助中都有国际力量的大力参与，特别是 1920年中国政府无力应对北方五省灾荒，民间慈善组织迅速成长，华洋义赈会应运而生，对于中国救灾现代化起了非常重要的引领作用。对华洋义赈会、中国济生会、宗教团体以及国际组织在陕西救济活动中的作用研究尚处于空白状态。这些研究的缺失实为一大遗憾。

三　资料运用

史料是研究历史的前提和依据。孔子曾说："我欲载之空言，不如见之于行事之深切著明也。"[①] 恩格斯指出："即使只是在一个单独的历史实例上发展唯物主义的观点，也是一项要求多年冷静钻研的科学工作，因为很明显，在这里只说空话是无济于事的，只有靠大量的、批判地审查过的、充分地掌握了的历史资料，才能解决这样的任务。"[②] 详尽地占有资料并进行研究，才能了解事物的规律。

本书使用和依靠的史料主要包括下列几类。

（1）历史档案。档案作为历史研究的重要来源，具有两大特点：一是

---

① 司马迁：《史记·太史公自序》，北京出版社，2008。
② 《马克思恩格斯选集》第 2 卷，人民出版社，1972，第 118 页。

准确而真实地记载当时的历史事实；二是具有保密性，一经开放便成为史料，在历史研究中起着凭证作用。本书所用的档案资料主要包括陕西省档案馆民国时期的档案，以民国时期陕西省档案馆和西安、汉中、榆林等地市所藏政府、民政、陕赈济会、水利、田赋等原始档案及各档案馆的资料汇编为主，还包括中国第二历史档案馆主编的《中华民国史档案资料汇编》等。

（2）民国时期的调查报告等资料。包括当事人关于陕西灾情、救灾的记述，地方政府的资料汇编，官方和学者的调查报告，等等。如冯和法的《中国农村经济资料》及续编、行政院农村复兴委员会的《陕西省农村调查》、蒋杰的《关中农村人口问题》、华洋义赈会的《北京国际统一救灾总会报告书》、忏盦的《赈灾辑要》、陕西省银行调查室的《十年来之陕西》等。

（3）民国报刊资料。民国时期陕西的灾情引起国内外的关注，因此各大报刊如《东方杂志》《申报》《民国日报》《大公报》等多有登载有关陕西灾情的文章。民国时期还出现了专门的救灾报刊，国民政府赈务机构以及陕西省赈务会主办的赈务刊物，如《赈务通告》《救灾会刊》《振务月刊》《陕灾周报》《陕赈特刊》《陕西赈务汇刊》等，集中登载了陕西的灾情与救灾法律、策略。除上述列举的报刊外，国内外许多期刊报纸多有记载，有的比较零散，在写作中尽一切可能收集资料，相互甄别，引用的其他报刊在此不再赘述。

（4）方志和各地文史资料。陕西省的方志包括民国时期各地府志、县志和山河志，以及中华人民共和国成立后出版的陕西省志、市志、县志和专门志。文史资料中有许多是口述民国时期重大自然灾害情况的，它们作为灾情和救灾资料的重要补充，也必不可少。本书也采用了《陕西文史资料》和各地市、县（区）的文史资料与民国时期的资料相互印证。

（5）新中国成立后各类影印文献和资料汇编。包括国家图书馆出版社出版的《民国赈灾史料初编》、《民国赈灾史料续编》、《民国赈灾史料三编》、《中国近代十大灾荒》、《近代中国灾荒纪年续编》、《中国荒政书集成》、《西北灾荒史》、《陕西省自然灾害史料》、《中国农业自然灾害史料集》、《中国近代农业史资料》（第2辑、第3辑）、《中国灾荒史记》等。

此外笔者还阅读了大量今人著作，包括灾害学、灾害经济学、环境史的著作，期冀其为本书的写作提供思路和方法上的借鉴和参考。

第一章　自然灾害的生成机制：陕西自然和人文环境

一提到陕西，相信很多人的脑海中就会呈现"八百里秦川"或者"黄土高坡"的景象，实际上，陕西从地形、气候上很明显地分为三个部分，陕西北部包括榆林、延安，是典型的黄土高原；陕西中部一般被称为关中地区，包括宝鸡、咸阳、西安、渭南、铜川等，居于关中平原，是真正的"八百里秦川"；陕西中部和南部以秦岭为界，秦岭以南的地方称为陕南，包括安康、汉中、商洛，属秦巴山地和汉江谷地。

第一节　自然环境

陕西位于中国西北的东部，东北以黄河与山西分界，东以潼关与河南分界，南以巴山山脉与四川、湖北分界，西以子午岭、陇山山脉与甘肃分界，北以横山山脉与内蒙古分界，被称为"四塞险固，形势天成"。[①] 陕西省最东点在府谷县的黄河岸，约当东经 111°15′，最西点在宁强县的青木川西北，约当东经 105°29′，最南点在镇坪县的长坝子西南，约当北纬 30°45′，最北点在府谷县的古城东北，约当北纬 39°36′。全省面积为 20 余万平方公里。[②] 南北狭长，从南到北由陕南、关中和陕北三个不同部分组成，形成了不同的地形、地貌与气候特征。

一　地形与地貌

因受地质构造的影响，陕西地貌差异十分明显，界线清晰，包括陕北高原、关中平原（盆地）和陕南秦巴山地三大地貌区，又可分为平原、台

---

① 许济航：《陕西省经济调查报告》，财政部直接税署经济研究室，1945，第 1 页。
② 李建超：《陕西地理》，陕西人民出版社，1984，第 1 页。

地、丘陵、山地、沙丘沙地、河谷等类型。北部是陕北高原，一般海拔为800米至1300米，面积约占全省土地面积的45%；中部是关中平原，海拔在325米至800米，约占全省面积的19%；南部是陕南山地和汉中谷地，海拔从1200米上升至2000米以上，约占全省面积的36%。①

秦岭山地。秦岭是中国南北地理分界线，也是长江、黄河的分水岭，山脉自西向东横亘在陕西中部，又为汉水与渭水的分水岭，以南的河流大部分入汉江，以北的河流入渭水。陕西境内秦岭主脊起自宝鸡南部的大散岭，中经太白山、终南山与华山相连，山峰高度为2000~3000米，最高峰太白山海拔3767米。② 秦岭分水岭以北山地，通常称为秦岭北坡，宽度最多不过40公里，与渭河平原直接相连。北坡的河流大多是南北流向，与渭河形成直角，这种河流有72条，"名为秦岭七十二峪，峪者即短而深之山谷也，峪与平原相遇之处是为口"。凡是从关中平原进入秦岭或陕南，必须从峪口入山，其中具有重要交通意义的峪口自东向西有田峪口、大峪口、小峪口、子午口、黑水口、斜峪口。③ 分水岭之南为秦岭南坡，"南坡虽较北坡低缓，然亦全为山地，绝少平坦之区。且山高谷深，山脉分歧，而谷道复杂。山间石岩嶙峋，谷内漂石满目。以耕种言，南坡绝不合宜"。④

陕南盆地。秦岭南坡越过汉水南达巴山，此一区域是陕南地区，地势特点是由南、北两侧向汉水谷地倾斜，由西向东倾斜。由三种地貌组成，一是山岳地貌，主要分布在从秦岭山脊到南坡，大巴山山脊到北坡。整体来看，秦巴山地海拔一般为1500~2500米，相对高度为500~1500米，地表多为岩石，山高坡陡，河流深切，少数河流有阶地或盆地。⑤ 秦岭地势北高南低，山中河流多自北向南流淌，河谷两旁山势陡峭，山中耕地较少，农产有限，人口分布也极稀少。大巴山北坡的西乡至南郑一段，大致和秦岭平行，宛若一座天然长城，东西横亘，只有自南向北的河流突破山岭，形成缺口，成为贯穿大巴山的孔道。二是山麓地貌，秦岭南坡与汉中

---

① 张晓虹：《文化区域的分异与整合：陕西历史文化地理研究》，上海书店出版社，2004，第16页。

② 陈明荣：《秦岭的气候与农业》，陕西人民出版社，1988，第2页。

③ 张其昀：《本国地理》中册，南京钟山书局，1935，第197~198页。

④ 赵亚曾、黄汲清：《秦岭山及四川之地质研究》，《地质专报（甲种）》第9期，1931年，第8~9页。

⑤ 陕西省地方志编纂委员会编《陕西省志·地理志》，陕西人民出版社，2000，第259页。

坝子交界之处有一狭长地带，有冲积土分布，海拔在 1000 米以下；南部从大巴山北坡至汉中盆地边沿，为山麓地形。三是汉水盆地。汉水流经勉县至洋县一段，地势平坦，河谷宽阔，河旁有冲积平原，其中以汉中平原为最大，自褒城经南郑到城固，长约 100 公里，宽 5～20 公里，汉中城附近宽 20 公里，面积为 1000 平方公里，海拔 500 米。因地处秦巴山之间，又称汉中盆地。安康盆地包括石泉、马池、汉阴、恒口、安康 5 个小盆地，南北宽度各处不一，最宽处仅有 8 公里左右。① 汉水流域的小平原是陕南耕地最为肥沃之处，也是陕南灌溉农业发达之区。

关中平原。关中平原介于秦岭与陕北高原之间，渭河贯穿其中，河流两旁均有冲积平原，面积大小不等，是陕西省地理环境最为优越的区域，东起潼关，西止宝鸡，"潼关俯瞰大河，山谷险峻，为秦门户。过此即沃野千里，直达西凤矣"。② "大致言之，自宝鸡起，平原宽不过一二里，愈往东愈宽，但均不过二十里。西安以东平原忽然扩大，平野茫茫，一望无际。"③ 据今人记载，在宝鸡附近宽 30 公里，西安以东宽 100 多公里，东西长 300 余公里，海拔为 400～800 米，④ 地面开阔平坦，"自潼关而西，垂杨夹道，稻香盈路"。⑤ 关中平原既是陕西经济精华所在，土地肥沃，灌溉便利，适宜农业发展，又是孕育中华文明的重要地方，是周秦汉唐建都地区，在中国历史上占有重要地位。

陕北高原。陕北黄土高原北部与内蒙古毗邻，西部和西北部与甘肃、宁夏接壤，东部以黄河为界，南部与关中平原相连。陕北高原西北高东南低，地势呈东南倾斜状，白于山海拔 1907 米，大小理河及清涧河上游海拔为 1300～1600 米，陕甘交界的子午岭海拔 1300～1687 米，高原南缘降至 1000～1200 米，北洛河流域降至 600～1000 米，黄河岸谷一带低于 800 米。⑥ 四周"为更高的山所围绕，如向东有黄河东岸晋西边的高山，向西至甘宁境内有陇山（六盘山为其一部分），向北为鄂尔多斯高原所限，向南则为宜君、同官之间的高山所界"，故又称为陕北盆地。陕北高原因受

---

① 李建超：《陕西地理》，第 35～36 页。
② 柴桑：《游秦偶记》，王锡祺《小方壶斋舆地丛钞》第七帙，1851 年刻本。
③ 赵亚曾、黄汲清：《秦岭山及四川之地质研究》，《地质专报（甲种）》第 9 期，1931 年，第 8～9 页。
④ 李建超：《陕西地理》，第 33 页；《陕西省志·地理志》，第 259 页。
⑤ 董恂：《度陇记》，王锡祺《小方壶斋舆地丛钞》第七帙。
⑥ 聂树人编著《陕西自然地理》，陕西人民出版社，1981，第 27 页。

连续不断的侵蚀作用，形成了沟壑纵横，行旅极端不便的地形。"但一登山顶，则又恍如平地，所以陕西人称塬而不称山。"有的地方侵蚀不是十分严重，整个原野地形保存较好，如自黄陵至洛川道中五六十里，尽是肥沃的平地，"阡陌连云，农业茂盛"。① 受陕北高原地形和气候的影响，这里又是陕西发展畜牧业的重要地区。② 沙丘沙地地貌主要分布在北部碾坊沟—神木县城北—榆林县城—横山县城（今榆林市横山区）—靖边县城—定边县城南—红柳河连线以北，即毛乌素沙漠南缘地区。

二　水系

陕西有两大水系，一是黄河水系，一是长江水系。

黄河流经河套地区后，在府谷县进入陕西境内，陕西、山西两省以黄河为界。黄河流经神木、佳县、吴堡、清涧、延川、延长、宜川、韩城、合阳、大荔、潼关等县市，在潼关进入河南，此为黄河中游段。在陕西省内，黄河流域面积为 12.8 万平方公里，占全省总面积的 62.3%，在省内年径流量为 115 亿立方米，占省内径流总量的 26.2%。③ 在陕西直接注入黄河的支流有三条。（1）渭河。渭河发源于甘肃渭源县，在陕西宝鸡进入陕境，流经眉县、周至折而向东偏北方而行，经咸阳、临潼、渭南、华县、华阴市北三河口镇汇入黄河。渭河在陕境内支流较多，发源于秦岭的渭河支流较大者，南岸从西向东依次有黑河、清水河、涝河、新河、灞河，北岸依次为漆水、泾河、洛水。（2）无定河。发源于河套南段，自榆林进入陕境，经米脂、绥德、清涧注入黄河，主要支流有大理河。（3）延河。源于靖边县卢关岭，东南流经志丹县东北，在延安市安塞区西汇入吉子河，又东南经延安，在延长县南入黄河。除上述三条河流外，发源于秦岭的南洛河，流经洛南县于王岭兰草河口进入河南省，在洛阳附近注入黄河。

陕西黄河水系主要有两大特点：一是河流的泥沙含量大。如黄河在洪水期含沙量为 45%，在枯水期含沙量为 0.28%。据此，黄河每日输出的泥沙在洪水期为 3100 万立方米，在枯水期为 6.4 万立方米。④ 黄河流经黄土

---

① 谢家荣：《陕北盆地和四川盆地》，《地理学报》第 1 卷第 2 期，1934 年，第 9 页。
② 沙凤苞：《陕北畜牧初步调查》，《西北农林》第 3 期，1948 年，第 23～24 页。
③ 《陕西省志·地理志》，第 480 页。
④ 沈怡：《黄河问题（上）》，《现代评论》第 4 卷第 85 期，1926 年，第 6 页。

高原纳入支流较多，这些河流泥沙含量极多，即"自纳泾渭而出龙门含沙极多，据估测约占水量百分之四十，为国内各河所无"。[①] 泾河"一年之中，清水时期，约占九月。夏季伏汛，泾水含沙变浊，最易淤积"。[②] 据今人研究，黄河三门峡以上年总输沙量 16 亿多吨，其中 8.4 亿吨来自陕西境内。[③] 二是流量不均匀。据民国时期学者研究，黄河径流量在枯水期为 $500 \sim 700 \mathrm{m}^3/\mathrm{s}$，在每年 7 月、8 月汛期可达到 $3500 \mathrm{m}^3/\mathrm{s}$。[④] 又据华洋义赈会水文记载，黄河中游段每年 4 月流量减至 $200 \mathrm{m}^3/\mathrm{s}$，最低位 1931 年 4 月仅有 $170 \mathrm{m}^3/\mathrm{s}$。犹如北洛河是渭河主要支流，流域面积仅有 2.5 万平方公里，据洛惠工程局测量汛期最大流量约为 $2500 \mathrm{m}^3/\mathrm{s}$；汇入渭河后，最大流量达到 $15000 \mathrm{m}^3/\mathrm{s}$。[⑤] 1932 年夏季，泾河流量达到 $4000 \mathrm{m}^3/\mathrm{s}$，同时陕州黄河的流量是 $11000 \mathrm{m}^3/\mathrm{s}$，[⑥] 是泾河流量的 2.75 倍。据咸阳水文站记载，渭河 1933 年 11 月至 1934 年 4 月，平均流量为 $56.36 \mathrm{m}^3/\mathrm{s}$，其中 1933 年 12 月，1934 年 1 月、2 月、3 月流量均低于平均值，4 月上涨至 $71.93 \mathrm{m}^3/\mathrm{s}$。[⑦] 上述记载说明黄河水系流量极不均匀，枯水期与汛期差距甚大。流量不均匀，不论是在枯水期还是在汛期，都会给居民生活和农业生产带来巨大影响。1933 年的黄河大水灾原因之一是汛期上游流量过大，超过了河槽的承载力。[⑧]

陕南地区的大部分河流属于长江水系，主要由汉水与嘉陵江构成，年平均径流量为 320.5 亿立方米，占全省的 73.6%。汉水发源于宁强幡冢山，流经勉县、汉中、南郑、城固、洋县、石泉、紫阳、安康、旬阳等县，由白河县境进入湖北，至汉口注入长江。汉水在陕南注入多条支流，在北岸注入的支流均源于秦岭南坡山麓，其中较大者有褒水、湑水、沮水；南岸注入的河流均发源于大巴山北坡山麓，有白岩河、养家河、濂水、冷水、牧马河等。源于秦岭南麓的丹江是汉江最大的支流，流经丹

---

① 朱墉：《黄河水灾视察报告书》，《水利》第 7 卷第 3 期，1934 年 9 月，第 163 页。
② 朱墉：《黄河水灾视察报告书》，《水利》第 7 卷第 3 期，1934 年 9 月，第 163 页。
③ 《陕西省志·地理志》，第 447 页。
④ 敬杲：《黄河之泥》，《申报月刊》创刊号，1932 年 7 月 15 日，第 149 页。
⑤ 《黄河水文之研究》，《陕西水利月刊》第 3 卷第 8 期，1935 年 9 月，第 74 页。
⑥ 《黄河水文之研究（续）》，《陕西水利月刊》第 3 卷第 9 期，1935 年 10 月，第 67 页。
⑦ 傅健：《渭河上流概况》，《水利》第 6 卷第 6 期，1934 年 6 月，第 485 页。
⑧ 吴明愿：《二二年黄河水灾之成因》，《水利》第 7 卷第 3 期，1935 年 10 月，第 154～162 页。

凤、商南进入河南，最后亦汇入汉水。汉江是长江最大的支流，全长 1577 公里，在陕境内 652 公里；流域面积为 5.8 万平方公里，在陕省境内 5.4 万平方公里。随沿途支流注入，汉江的流量增加，如武侯镇的流量是 42.86m³/s（1936～1976 年统计），石泉为 108m³/s（1954～1976 年统计），白河为 263m³/s（1935～1976 年统计）。①

嘉陵江为长江四大支流之一，源于陕西凤县秦岭主脊岱王山，流经凤县红花铺、双石铺入甘肃两当、徽县，由鱼关石入陕西略阳、宁强出陕西，在重庆入长江。在陕省内流域面积为 9930 万平方公里，占全省面积的 4.8%，径流量为 56.6 亿立方米，占全省径流总量的 12.7%。②

三 气候

陕西地处中国东南湿润地区到西北干旱地区的过渡带，属于大陆性季风气候，横跨 8 个纬度。③ 因受纬度跨越大、南北狭长的地势等因素影响，陕西省从南到北气候差异很大，陕北高原与汉中盆地的气候截然不同。陕西大体跨北温带和亚热带，陕北地区除长城沿线以北为温带干旱半干旱气候外，其余地区和关中平原为暖温带半湿润气候，陕南盆地为北亚热带湿润气候，山地大部为暖温带湿润气候，陕南冬季较为暖和，夏秋两季多阴雨甚至大暴雨。据记载，陕西气候"因各地区地势不同而异，就一般情形而言：乔山以北为大陆气候，乔山以南直至秦岭北缘，渭河流域气候比较温和；惟秦岭以南汉江流域，则气候最为温和"。④ 可见，陕西南北气候分野清晰，特点明显。

（1）降水量。陕西省年降水量为 323.4～917.6 毫米，多年平均降水量为 653 毫米。降水量分布特征为南多北少，由南向北递减。⑤ "秦岭以南与秦岭以北，雨量情形颇为不同"，⑥ 即降水量随着纬度的增高而递减，汉中盆地全年降水量在 600 毫米以上，如南郑为 736.9 毫米，城固古路坝为 623.4 毫米，勉县为 947.2 毫米，在极端气候年，降水量也会超过

---

① 《陕西省志·地理志》，第 481、483 页。
② 《陕西省志·地理志》，第 500 页。
③ 曹明明、邱海军主编《陕西地理》，北京师范大学出版社，2018，第 31 页。
④ 周桢、刘兴朝：《陕西林业之概况及今后动向拟议》，《农业推广通讯》第 4 卷第 8 期，1942 年 8 月，第 43 页。
⑤ 曹明明、邱海军主编《陕西地理》，第 31 页。
⑥ 胡焕庸：《黄河流域之气候》，《地理学报》第 3 卷第 1 期，1936 年，第 59 页。

1000 毫米。① 据统计，关中地区泾阳的降水量，1925 年为 544 毫米，1926 年为 649 毫米，但是 1927 年为 377 毫米，1928 年仅为 139 毫米，1929 年为 304.9 毫米，1930 年为 377 毫米，这六年平均为 398.5 毫米。② 西安 1932～1936 年为 480.3 毫米，1937 年为 608.9 毫米，1938 年为 817.2 毫米，1939 年为 464.4 毫米，平均为 476.9 毫米。陕北高原的降水量在 400 毫米左右，以榆林为例，年平均降水量为 394 毫米，据 20 世纪 30 年代的记录，最丰沛年是 1937 年，达到 476.2 毫米，最旱年是 1939 年，仅 293.5 毫米。③ 受大陆性气候和季风的影响，陕西各地降水量变化季节性很强，每年以 7 月、8 月最为集中。如汉中盆地的南郑年降水量为 736.9 毫米，夏季（6～8 月三个月）降水量为 363 毫米，占全年的 49.3%；城固古路坝夏季降水量为 391.2 毫米，占年降水量的 62.8%；勉县夏季降水量为 554.2 毫米，占年降水量的 58.5%。④ 关中平原也是如此，泾阳 7 月、8 月两个月的降水量占全年的 1/3 以上。⑤ 西安降水量春季占 22%，夏季占 47%，秋季占 29%，冬季占 2%。⑥ 陕北高原的降水集中在 7～9 月三个月，据 1935 年 6 月至 1940 年 5 月的气象资料，榆林的降水量为 256.3 毫米，⑦ 占全年降水量的 64.9%。陕西降水量及其分布特点，正如时人所言："除汉中稍多外，各地均甚少，且各年之间变率极大，故有五年一小旱，十年一大旱之谓。雨日之公布，受季节影响甚大，夏秋雨季较多，且集中于七、八、九三月，占全年雨量半数以上。十月以后以迄翌年五月间，为小麦需水之时，反极为干旱，为本省产麦之最大限制因子。"⑧ 而在降水集中的季节容易形成洪涝灾害。如汉中盆地"不在雨量之多寡，实以雨量季节分布之不均匀，大部分雨量集中于七、八、九三个月，此时稻谷黄熟，已届秋收之期，不需雨水，而降雨特多，此不独不合稻谷之需要，尤不适于棉花之栽培"。⑨

---

① 王德基、薛贻源：《汉中盆地地理考察报告》，《地理专刊》第 2 号，1944 年 6 月，第 5～7 页。

② 华源实业调查团：《陕西长安县草滩、泾阳县永乐店农垦调查报告》，1933，第 4 页。

③ 周桢、刘兴朝：《陕西林业之概况及今后动向拟议》，《农业推广通讯》第 4 卷第 8 期，1942 年 8 月，第 44 页。

④ 王德基、薛贻源：《汉中盆地地理考察报告》，《地理专刊》第 2 号，1944 年 6 月，第 5 页。

⑤ 《陕西长安县草滩、泾阳县永乐店农垦调查报告》，第 4 页。

⑥ 胡焕庸：《黄河流域之气候》，《地理学报》第 3 卷第 1 期，1936 年，第 61 页。

⑦ 陕西省经济研究室编印《十年来之陕西经济（1931～1941 年）》，1942，第 5 页。

⑧ 李国祯：《陕西小麦》，陕西农业改进所，1948，第 2 页。

⑨ 王德基、薛贻源：《汉中盆地地理考察报告》，《地理专刊》第 2 号，1944 年 6 月，第 7 页。

降水量从南到北明显减少，而且季节性变化较强，因此关中、陕北多发生旱灾。陕南降水丰富，加之汉中谷地河流、湖泊较多，在雨季则容易形成水灾。

（2）温度与霜期。陕西省的气温分布基本是由南向北逐步降低，各地的年平均气温为 7 ~ 11℃。① 陕西南北温度差异也十分明显。汉中盆地年平均气温为 15 ~ 16℃，各月平均温度除古路坝外均在 0℃ 以上，而 1 月与 7 月温度相差不大，说明一年之中无奇热奇寒的变化，而且昼夜气温无急剧变化，因此汉中盆地为"寒暖适宜，四季分明之区"。② 秦岭以北的关中和陕北高原，冬季严寒，夏季酷热，周年间气温变化剧烈。西安年平均气温为 14.1℃，1 月平均气温为 -0.83℃，7 月平均气温为 28.1℃；陕北榆林年平均气温为 9.8℃，1 月平均气温为 -6.2℃，7 月平均气温为 26.15℃。③

秋末初春的降霜是影响农业生产的重要天气因素，而霜期关乎农作物生长季和作物种植的问题。陕西南北霜期差别也比较大（见表 1 - 1）。

表 1 - 1　陕西各地平均霜期比较

地区	初霜日期	终霜日期	有霜日数	无霜日数
榆林	9 月 8 日至 10 月 18 日	3 月 21 日至 4 月 12 日	57 天	211 天
西安	10 月 16 日至 10 月 22 日	3 月 20 日至 4 月 4 日	43 天	215 天
南郑	10 月 31 日至 11 月 17 日	3 月 6 日至 4 月 3 日	26 天	257 天

资料来源：周桢、刘兴朝《陕西林业之概况及今后动向拟议》，《农业推广通讯》第 4 卷第 8 期，1942 年 8 月，第 44 页。

从表 1 - 1 看，陕西的霜期榆林最长，关中次之，汉中又次之，而且霜冻的初期和终期不稳定，如榆林初霜期相差 40 天，晚霜相差 22 天；西安初霜期相差不足 10 天，晚霜期相差 15 天；南郑初霜期相差 17 天，晚霜期相差 20 余天。在陕西各区域中，陕北受霜降影响最为严重，霜期从每年的 9 月初到次年的 3 月、4 月，无霜期只有 120 ~ 160 天，农作物只能一年一收，而且只能种植生长期较短的谷子、糜子、玉米等杂粮作物。④ 由于春

---

① 曹明明、邱海军主编《陕西地理》，第 32 页。
② 王德基、薛贻源：《汉中盆地地理考察报告》，《地理专刊》第 2 号，1944 年 6 月，第 10 页。
③ 李国祯：《陕西小麦》，第 9 ~ 12 页。
④ 《中国自然资源丛书》编撰委员会编《中国自然资源丛书·陕西卷》，中国环境科学出版社，1995，第 204 ~ 205 页。

季雨少风大，作物往往不能及时播种，其成熟期也推迟，因此，陕北农作物经常遭受霜冻。关中平原和汉中盆地初霜期比较晚，晚霜期比较早，故对农作物影响不大。

此外，由于冬季温度偏低，春秋季节风沙较大，陕北、关中等地多发生雪灾、风灾。

四 自然灾害

陕西境内南北气候差异大，降水分布极不均衡，地质构造复杂，特殊的地理、地质条件和降水量的差异导致全省自然灾害分布广泛。

（1）地质灾害。主要包括地震、滑坡、泥石流等。滑坡、泥石流多发生在秦巴山区和黄土高原梁峁沟壑区。陕西省是我国地震多发地区之一，断裂带分布范围广，主要集中在地质构造复杂的秦巴山地和关中地区。其中安康断裂带和渭河盆地断裂带发生地震次数占全省历史上发生地震总次数的70%以上。[1] 渭河盆地断裂带位于宝鸡—潼关一带，在陕西历史上地震震级大于4级的59次地震中，有34次发生在此地震带上。

（2）气象灾害。陕西为典型的大陆性气候，冬冷夏热，旱涝、冰雹、霜冻及风暴是常见的自然灾害。

陕西大部分地区降水量偏少且降水变率大，干燥度偏高，因此陕北北部、关中中部，包括榆林东南部和延安的北部、中部，关中地区以及陕南的汉江、丹江谷地，都会出现季节性干旱，主要有春旱、春夏连旱、夏秋连旱以及秋旱等，尤其以春旱和春夏连旱分布最广，发生频率最高。

雨涝是陕西多发性突出的第二大灾害。[2] 陕西6～8月多暴雨，6～9月多大雨，5～10月多连阴雨，因此容易发生短时间且多是局部性的雨涝灾害。主要是陕北和关中夏涝集中，陕南地区秋涝严重。

冰雹也是一种常见的灾害，陕西也是全国冰雹较多的区域之一，多见于春、夏、秋三季，尤其4～8月最为常见。空间分布上，陕北最多，关中次之，陕南较少。

霜冻是对农作物影响较大的气象灾害，陕西省主要有春霜冻和秋霜冻，陕北北部秋霜冻较多，关中地区春霜冻较多，陕南霜冻危害较小。

---

[1] 曹明明、邱海军主编《陕西地理》，第73页。
[2] 曹明明、邱海军主编《陕西地理》，第75页。

第二节　行政区划的变化

清朝时期，陕西省被划分为 7 府 5 直隶州 8 厅 5 州 73 县。[①] 民国初年对各省的地方行政名称与区划进行了改革，废除府、州、厅名称（见表 1-2）。

表 1-2　民国初年陕西省政区名称变更

清朝原名	改置后名	改置说明
长安县	长安县 咸宁县	本西安府附郭首县。1913 年 2 月，遵令裁府留县，1914 年 1 月，将咸宁县并入
耀州	耀县	1913 年 2 月，遵令改称为县
大荔县	大荔县	本旧同州附郭首县。1913 年 2 月，遵令裁府留县
潼关厅	潼关县	1913 年 2 月，遵令改称为县
商州直隶州	商县	1913 年 2 月，遵令改称为县
孝义县	柞水县	1913 年 2 月，遵令改厅为县。因与陕西省孝义县重复，1914 年 1 月改名
凤翔县	凤翔县	本旧凤翔府附郭首县。1913 年 2 月，遵令裁府留县
陇州	陇县	1913 年 2 月，遵令改称为县
彬州直隶州	邠县	1913 年 2 月，遵令改称为县
三水县	栒邑县	因与广东省三水县重复，1914 年 1 月改名
乾州直隶州	乾县	1913 年 2 月，遵令改称为县
南郑县	南郑县	本旧汉中府附郭首县。1913 年 2 月，遵令裁府留县
宁羌州	宁羌县	1913 年 2 月，遵令改称为县
佛坪厅	佛坪县	1913 年 2 月，遵令改称为县
定远县	镇巴县	1913 年 2 月，遵令改称为县。与安徽、四川、云南三省定远县重名，1914 年 1 月改名
留坝厅	留坝县	1913 年 2 月，遵令改称为县
汉阴厅	汉阴县	1913 年 2 月，遵令改称为县
砖平厅	岚皋县	1913 年 2 月，遵令改厅为县，1917 年 5 月改名
安康县	安康县	本旧兴安府附郭首县。1913 年 2 月，遵令裁府留县
宁陕厅	宁陕县	1913 年 2 月，遵令改称为县

[①] 陈筮泰编著《西北历代地方行政区划沿革略》，西北论衡社，1942，第 107、121 页。

续表

清朝原名	改置后名	改置说明
榆林县	榆林县	本旧榆林府附郭首县。1913 年 2 月，遵令裁府留县
怀远县	横山县	因与安徽、广西二省怀远县重名，1914 年 1 月改名
葭州	葭县	1913 年 2 月，遵令改称为县
肤施县	肤施县	本旧延安府附郭首县。1913 年 2 月，遵令裁府留县
绥德直隶州	绥德县	1913 年 2 月，遵令改称为县
鄜州直隶州	鄜县	1913 年 2 月，遵令改称为县

资料来源：内务部职方司第一科《全国行政区划表》，1918，第 93～98 页。

通过表 1-2 可以看出，民国初年的政区更名，一是裁府，将旧府附郭首县保留下来；二是将州、直隶州或厅更名为县；三是与其他省县名重复的改新县名。在省县之间设"道"。陕西省设 3 道，即关中道、汉中道和榆林道，其中关中道治长安，下辖 43 县，汉中道治南郑，下辖 24 县，榆林道治榆林，下辖 23 县，共计 3 道 90 县。[1] 1920 年 5 月，内务部增设镇坪县，理由是"陕西汉中道平利县属镇坪镇地方，界连川鄂，距县城三百六十里，一切行政，甚为不便"，[2] 因此，陕西省政府根据当地情形，请求中央改镇为县。经内政部与财政部会核批准，定名为镇坪县，为三等县缺，仍归汉中道管辖。镇坪设县，陕西省县行政区增加到 91 个。

民国初年，建立县佐制度，加强对地方的行政管辖。《县佐官制》规定：县佐是承县知事之命"掌理巡徼弹压及其他勘灾、捕蝗、催科、堤防、水利并县知事委办各事项"；县佐设立在该县境内，但不得与县城同城；设置县佐之县，必须由该省巡按使将理由呈内务部，由大总统核定。[3] 其职责是承县知事之命，"掌理巡徼弹压及其他勘灾、捕蝗、催科、堤防、水利并县知事委办各事项……并得就近处理驻在地之违警案件，仍须详报于该管县知事，但不得受理民刑诉讼案件"。[4] 根据该项规定，陕西省"关山险阻，形势扼塞，各县地方，交通不便，治理每虞弗周，是以前清设置分防佐贰各官，不下一百四十余处，以期收分治之效。自民国成立以后，

---

[1] 陈镐基编纂《现行行政区划一览表》，商务印书馆，1925，第 17～19 页。

[2] 《中国大事记》，《东方杂志》第 17 卷第 11 号，1920 年 6 月 10 日，第 135 页。

[3] 《县佐官制》，《公言》第 1 卷第 2 期，1914 年 11 月，第 27 页。

[4] 程方：《中国县政概论》，商务印书馆，1929，第 25 页。

该省分治人员，仅留二十余处，并经报部有案"。① 北京政府时期陕西各县拟设县佐情形见表1-3。

表1-3　陕西省拟设各县县佐驻在地及理由

道辖	县辖	县佐名称	驻在地	设置理由
关中道	长安县	长安县分驻草滩镇县佐	草滩镇	该处北界三原、泾阳两县，地当孔道，商务殷繁。清设县丞于此。民国成立后仍其旧制。拟请改设县佐
	临潼县	临潼县分驻关山镇县佐	关山镇	该处毗邻蒲城、富平、渭南三县。辖境辽阔，清设县丞于此。民国成立后，裁撤改设警察事务分所。拟请改设县佐
	盩厔县（今周至）	盩厔县分驻祖庵镇县佐	祖庵镇	该处为全县富庶之区，且为往来孔道。清设县丞于此。民国成立后仍其旧制。拟请改设县佐
	渭南县	渭南县分驻故市镇县佐	故市镇	该处毗连大荔、蒲城、富平，为渭北繁要之区。清设县丞于此。民国成立后，仍其旧制，拟请改设县佐
	富平县	富平县分驻美原镇县佐	美原镇	该处毗连同蒲，民情最为强悍。清设县丞于此。民国成立后，仍其旧制，拟请改设县佐
	大荔县	大荔县分驻羌白镇县佐	羌白镇	该处毗连蒲城，为渭北刀匪出没之区。清设县丞于此。民国成立后，仍其旧制。拟请改设县佐
	商县	商县分驻龙驹寨县佐	龙驹寨	该处界连鄂豫，洵屡水陆要冲。清设州同于此。民国成立后改为县丞。拟请改设县佐
	洛南县	洛南县分驻三要司县佐	三要司	该处界连豫省。山岭丛杂。清设巡检于此。民国成立后，改为县丞。拟请改设县佐
	陇县	陇县分驻马鹿镇县佐	马鹿镇	该处界连甘肃，五方杂处。清设州同于此。民国成立后，改为县丞。拟请改设县佐
	宝鸡县	宝鸡县分驻虢镇县佐	虢镇	该处商业繁盛，凤号难治。清设巡检于此。民国成立后，改为县丞。拟请改设县佐
	枸邑县	枸邑县分驻石门关县佐	石门关	该处界连甘肃，深沟峻岭，清设营泛于此，以资弹压，旋经裁撤。拟请增设县佐
汉中道	南郑县	南郑县分驻青石关县佐	青石关	该处界连四川通江，最为繁要。清设巡检于此。民国成立后，改为县丞。拟请改设县佐
	襃城县	襃城县分驻黄官岭县佐	黄官岭	该处万山丛杂，林沟深密。清设巡检于此。民国成立后，改为县丞。拟请改设县佐
	洋县	洋县分驻华阳镇县佐	华阳镇	该县与佛坪连界，距县颇远。清设县丞于此。民国成立后，仍其旧制。拟请改设县佐

---

① 内务部：《陕西各县要津地方拟设县佐之理由及其附表》，《地学杂志》第7、8期合刊，1915年，第22页。

续表

道辖	县辖	县佐名称	驻在地	设置理由
汉中道	西乡县	西乡县分驻五里坝县佐	五里坝	该处山深林密，为南山险要之区。清设县丞于此。民国成立后，仍其旧制。拟请改设县佐
	宁羌县	宁羌县分驻阳平关县佐	阳平关	该处濒临嘉陵江，甘肃两省商贾贸易咸经此途。清设州同于此。民国成立后，改为县丞。拟请改设县佐
	佛坪县	佛坪县分驻袁家庄县佐	袁家庄	该地方辽阔，民情剽悍。清设县丞于此。民国成立后，仍其旧制。拟请改设县佐
	略阳县	略阳县分驻观音寺县佐	观音寺	该处崇山峻岭，向称险要。清设巡检于此。民国成立后，改为县丞。拟请改设县佐
	镇巴县	镇巴县分驻简池坝县佐	简池坝	该处界连四川，山岭丛杂。清设巡检于此。民国成立后，改为县丞。拟请改设县佐
		镇巴县分驻渔渡坝县佐	渔渡坝	该处界连四川，商业繁荣。清设巡检于此。民国成立后，改为县丞。拟请改设县佐
	平利县	平利县分驻镇坪镇县佐	镇坪镇	该处界连二省，距县窎远。清设县丞于此。民国成立后，仍其旧制。拟请改设县佐
	紫阳县	紫阳县分驻毛坝关县佐	毛坝关	该处毗连川省，五方杂处。清设主簿于此。民国成立后，改为县丞。拟请改设县佐
	宁陕县	宁陕县分驻江口县佐	江口	该处距县辽远，为南山繁盛之区。清设主簿于此。民国成立后，改为县丞。拟请改设县佐
	凤县	凤县分驻三岔驿县佐	三岔驿	该处山深林密，最易藏奸。清设驿丞于此。民国成立后，改为县丞。拟请改设县佐
榆林道	府谷县	府谷县分驻麻地沟县佐	麻地沟	该处界连蒙古，远居边地。清设巡检于此。民国成立后，改为县丞。拟请改设县佐
	肤施县	肤施县分驻望瑶堡县佐	望瑶堡	该处界连清涧、安定、安塞三县，地当孔道，人口稠密，为迤北繁盛之区。拟请改设县佐
	甘泉县	甘泉县分驻临真镇县佐	临真镇	该处山道崎岖，易为土匪盘踞，清设县丞于此。民国成立后，仍其旧制。拟请改设县佐
	鄜县	鄜县分驻黑水寺县佐	黑水寺	该处毗连甘肃，地势辽阔，清设州判于此。民国成立后，改为县丞。拟请改设县佐
	靖边县	靖边县分驻宁条梁县佐	宁条梁	该处僻在长城以外，毗连蒙古，清设巡检于此。民国成立后，改为县丞。拟请改设县佐
	宜君县	宜君县分驻马栏镇县佐	马栏镇	该处地广人稀，万山丛杂，清设县丞于此。民国成立后，仍其旧制。拟请改设县佐

　　资料来源：内务部《陕西各县要津地方拟设县佐之理由及其附表》，《地学杂志》第7～8期合刊，1915年，第23～26页；《呈大总统陕西省各县要津地方拟遵章设置县佐据情呈请鉴核文》，《内务公报》1915年第20期，第14～18页。

　　根据北京政府内务部的相关规定，陕西省拟请在29个县设立30个县佐。设立的地方可以分为四类：一是处于边远地区，与他省交界之地；二是与本省邻县接壤，商务繁荣之地；三是地广人稀、交通不便之地；四是道路崎岖、土匪易于盘踞之地。1915 年 4 月，内务部批准设立；6 月，又呈准设立安边堡县佐，全省共计县佐 31 个。① 1930 年 2 月，国民党中央政治会议决议，训政期间完成县自治实施方案，设立区乡镇公所，"县佐"制度被废除。

第三节　民初动荡不安的政局

1911 年 10 月 10 日，辛亥武昌起义爆发后，陕西革命党人张凤翙、井勿幕等联合哥老会积极响应，10 月 22 日在西安发动起义并取得胜利。24 日，发布保民、保商、保外人及"汉回人等，一视同仁"的布告。② 27 日，秦陇复汉军政府宣布正式成立，陕西成为北方最先响应武昌起义和宣布独立的省份。辛亥革命期间，"陕西革命军在广大人民的支持下，浴血奋战，胜利地击退了清军东西两路的疯狂反扑，有力地支援了甘肃、山西、河南等省起义，稳定了西北的革命局势，对全国的革命形势有重要的影响"。③ 陕西在北方的辛亥革命中起了带头作用。

秦陇复汉军政府宣布陕西独立后，为解决军政府的财政问题，维持陕西及西安稳定，采取了一系列措施。（1）开仓平粜。为了维持币政，取信于人民，在西安设立粮食平粜处，将接收的粮食 10 余万石开仓平粜，准以钱帖公平交易。（2）整理金融。决定将陕西大清银行改名为秦丰银行，所有大清银票一概停止使用，另发行秦丰银票，以资周转。由于印刷困难，将所存大清银票加盖"秦丰"印章，陆续发行 200 万两，借以流通市面，便利居民。（3）设立粮台。在驻军地方设立粮台，解决军粮问题。（4）撙节开支。为维持秦陇复汉军政府机关日常运转，一方面，规定各机关公务人员，不分级别，每人每月一律只发给生活费银 5 两；另一方面，把省城当铺所存银器首饰收集熔化，以补财政不足。（5）劝捐助饷。向富商大户

---

① 《全国行政区划表》，第 98 页。《新编陕西省志》第 50 卷《政务志》："全省共设县佐 30 个。"（第 46 页）有误，该志遗漏了肤施县县佐。

② 《秦陇复汉军大统领张凤翙檄文》，中共陕西省委党史资料征集研究委员会编《辛亥革命在陕西》，陕西人民出版社，1986，第 559 页。

③ 《辛亥革命在陕西》，第 1 页。

劝捐助饷。因劝捐成绩不好，加之引起居民不满，便改为借款，发给执照，以凭信守。（6）发行公债。为解决财政问题，筹发军需公债 200 万两，每两按年息 6 厘生息，3 年本息还清，并准以此票完纳赋税。（7）整顿厘金。军政府规定每土药（即鸦片）百斤抽厘 100 两，随收经费银 15两，均于发庄时一次抽收清楚，所经局卡，只验货票，不再征收。（8）提前征收粮赋。本年征收粮赋，上忙定于正月十五日开征，于 4 月底扫数清完。在限期内征完者，给予奖励。（9）开彩筹款。每月发行彩票 1 万张，每张银 2 两。① 上述措施只有小部分得到了落实，大部分因商民不满而半途而废。但通过这些办法，秦陇复汉军政府稳定了陕西的局势。

1912 年 1 月 1 日，孙中山在南京就任中华民国临时大总统，中华民国建立。2 月 12 日，清帝退位，统治中国 260 多年的清王朝宣告结束。3 月10 日，袁世凯在北京就任中华民国临时大总统，开始了北洋军阀统治中国的时期。

北洋军阀统治中国时期是近代陕西社会最为动荡的时期。民国初年，张凤翙任陕西督军兼民政长，1913 年 3 月 1 日正式组成政府机关。② 陕西政府内部派系林立，有党派和地方派之分，如"省议会议席由各党派分别占据，宪政派、渭北派各显身手，于是袁世凯政府高压于上，各资产阶级党派盘踞于下，都骑在人民头上，外表虽然暂时安定，人民的痛苦虽然经过革命仍然丝毫没有解除，社会上新的矛盾，天天都在滋长。至于帮会气焰熏天，在人民队伍中仍占上风"。③ 尤其是一些旧官僚钻营于军政府，影响张凤翙"走向袁世凯的方向"，并开始排斥革命党人。袁氏解散国会后，张凤翙奉命解散了陕西省议会，通电批评革命党人，并为袁氏辩护："吾国现势，欲巩固国权，非谋内政统一不可；欲内政统一，非得强有力政府不可。而大总统解散国会权、制定官制权、对于法律案裁可权、任命国务员，无非求国会同意，暨总统任期在七年以上，诸大端，皆属组织强有力政府不可缺之要素。编纂宪法，亟宜加入此项，否则立法漫无宗旨。"④ 二

① 中国人民政治协商会议陕西省委员会文史资料研究委员会编《陕西辛亥革命回忆录》，陕西人民出版社，1982，第 119～124 页。
② 《陕西督军兼民政长陆军上将衔陆军中将张凤翙呈》，《政府公报》第 314 号，1913 年 3 月 22 日，第 14 页。
③ 张钫：《民国初年的陕西政局》，《辛亥革命在陕西》，第 843 页。
④ 《陕督张凤翙为宪法问题致苏督电》，《国会丛报》第 1 期，1913 年，第 29～30 页。

次革命爆发后，张凤翙反对起兵讨袁。1913 年 7 月，由袁氏授意，张凤翙通电反对孙中山与黄兴。次年 3 月，又奉袁世凯命解散陕西省议会。尽管如此，张凤翙并没有赢得袁氏的支持。

1914 年 4 月，北京政府以白狼军入陕，"张凤翙防御无术"为由，任命陆建章为陕西督军，① 这是北洋军阀统治陕西的开始。陆建章入陕后，为控制陕西局势，排斥异己，培植亲信，将原陕军张云山、张钫分别任命为陕北、陕南镇守使，任命亲信为省会西安警备司令，陕西巡按使署和各道尹多改由他的同宗同乡担任，原陕籍官吏多被排挤出省。他督陕期间，出卖官产，如将满城繁盛的市屋（东大街北排）"略估少数价值，私捏无数名堂，百分之八十据为己有"。为了搜刮民财，以筹饷为名，不断增加新税、田赋和发行公债，一切日用品以及车马出进城门和亲友在饭馆用餐，都得加税。② 陆建章开放烟禁，"常以清乡为名，骚扰闾阎，没收烟土，则私有之，而运售与鲁豫"。③ 由于陕西各地民不聊生，在走投无路的情况下，民变不断发生。1915 年 9 月，蓝田县发生了"反契税"斗争，迫使县政府当局停收契税，缓征粮款；12 月，神木县民众捣毁了官盐局；1916 年春，富平县发生万名农民交农运动。

袁世凯称帝后，各地掀起了反袁斗争。1916 年农历二月二十一日，陕西革命党人在白水县起义，响应护国运动，通电讨袁逐陆。5 月，陕西第四混成旅旅长兼陕北镇守使陈树藩宣布陕西独立，其就任陕西护国军总司令，并驱逐陆建章出陕，取代陆自任陕西督军。④ 袁世凯复辟帝制失败后，段祺瑞执掌北京政权，陈树藩取消独立，并被正式任命为陕西督军兼民政长，陕西军政大权落入陈氏之手。陈氏攫取陕西军政大权后，以皖系军阀段祺瑞为靠山，1917 年 4 月参加了段祺瑞的督军团，并向安福俱乐部每月捐助 10 万元的活动经费。⑤ 陈氏的政治野心是，计划"先把陕西治好，再向甘新两省发展，俟羽毛丰满然后逐鹿中原"。⑥ 陈树藩在统治陕西期间

---

① 《陆建章将任陕督》，《大同报》第 15 期，1914 年，第 55 页。
② 刘依仁：《陆建章祸陕几件事的见闻》，中共陕西省委党史资料征集研究委员会编《陕西靖国军》，陕西人民出版社，1987，第 59 页。
③ 游悔原：《中华民国再造史》，1917，第 127 页。
④ 杨子廉：《白水起义和西北护国军的成立》，《陕西靖国军》，第 126、78～80 页。
⑤ 陕西省地方志编纂委员会编《陕西省志·政务志》，陕西人民出版社，1997，第 485 页。
⑥ 韩维镛：《陈树藩事略》，中国人民政治协商会议陕西省委员会文史资料研究委员会编《陕西文史资料》第 11 辑，陕西人民出版社，1982，第 128 页。

（1916 年 5 月至 1921 年 7 月），一方面不断扩充势力，排斥异己，"信用陕南人而抑制关中人"；① 另一方面，加紧搜刮民财，横征暴敛，致使民怨沸腾。所有这些引起了陕西民众的强烈不满。从 1917 年末到 1918 年春，关中先后爆发了诸如高峻白水起义、耿直西安起义、张义安三原起义，拉开了陕西倒陈运动的序幕。三股倒陈军事势力深受南方孙中山护法运动的影响，1917 年底在鳌屋竖起陕西靖国军旗帜，发表"护法靖国，讨段倒陈"的通电。次年 1 月 12 日，成立陕西靖国军司令部，郭坚任总司令，并印发布告，在陕西"西路各县张贴，号召群众，共同倒陈"。② 同时，胡景翼在三原独立，曹士英在渭南独立，长安、潼关间交通断绝。1919 年 4 月，靖国军与陈树藩划界而治。在靖国军统治地区，废除北京政府的各种苛捐杂税，发展水利，赈济灾荒，进行经济改革与社会治理；设立陕西省临时议会，实行民主政治；发展文化教育事业，培养革命人才等。

面对靖国军的压力，陈树藩以陕西省省长为诱饵，请盘踞豫西的镇嵩军刘镇华入陕，给陕西政局动荡埋下了祸患。1920 年 7 月，直皖战争爆发后，皖系军阀失败，以段祺瑞为靠山的陈树藩失去北京政府的支持。次年 5 月，掌握北京政权的直系军阀曹锟、吴佩孚下令免去陈树藩陕西督军之职，以直系吴佩孚部第二十师师长阎相文为陕督。陕西省省长刘镇华玩两面派手法，一方面，向直系曹锟、吴佩孚输诚，对阎相文任陕督表示欢迎；另一方面，怂恿陈树藩抗拒北京政府的免职令。于是，北京政府授命阎相文武装驱陈，随阎相文入陕的除了第二十师外，还有吴新田的第七师、张锡元的第四混成旅和冯玉祥的第十六混成旅。③ 在直系的军事压力下，陈树藩离陕。1921 年 8 月 23 日，阎相文督陕不足三个月便身亡，④ 冯玉祥继任陕西督军，省政由刘镇华把持，政局混乱，军令政令难以统一。陕西是四分五裂的状态，井岳秀独占陕北，吴新田盘踞陕南，关中由直系和靖国军分治。冯玉祥与刘镇华联名颁布《治陕大纲》10 条，但颇多掣

---

① 张钫：《我所知道的陈树藩》，《风雨漫漫四十年》，中国文史出版社，1986，第 153 页。
② 党仙洲等：《西安起义和陕西靖国军的成立》，《陕西靖国军》，第 143 页；张钫：《回忆陕西靖国军始末》，《风雨漫漫四十年》，第 196 页。
③ 刘骥：《阎相文的自杀和冯玉祥督陕》，中国人民政治协商会议陕西省委员会文史资料研究委员会编《冯玉祥在陕西》，陕西人民出版社，1988，第 79 页。
④ 关于阎相文之死，有各种传言：有说自己服毒自杀，被发现后抢救无效死亡；有说因枪毙郭坚，被郭坚部下暗算枪杀而亡；有说因身患急症而死。《冯玉祥督陕之经过》，《益世报》1921 年 8 月 26 日。

肘，冯玉祥任陕西督军一年多时间，作为不大，故其多次发表辞职电。[①]
1922 年 4 月，直奉战争爆发后，冯玉祥离开陕西。5 月 10 日，刘镇华被任命为陕西督军，不久又兼任省长，军政大权集于一身。

刘镇华任督军后，招兵买马，将跟随入陕的镇嵩军扩编为 3 个师，还将一些豫籍土匪收编为师和旅；对陕西地方武力能收编则收编，不能收编则消灭。通过扩军与收编，镇嵩军已不下十万之众。[②] 刘镇华督陕期间，陕西仍处于地方军阀割据的局面。有报纸称："查陕西统兵大员，为刘、吴、阎三军。吴新田据汉中道，计十余县。汉中为甘陕川鄂四省贸易荟萃之处，夙称富饶。其第七师，系张敬尧残部，前在湘鄂，欠饷甚巨，移驻汉中，次第清厘，今则士饱马腾，跃然欲试矣！阎治堂驻咸阳，所部第二十师，系范国璋旧部，亦分辖十数县，就地筹款。刘镇华驻西安，所部镇嵩军，号四十营，至于实在额数，虽刘本人，亦不自知，因各路防营，均系临时招降土匪改编而成，向无定额。"[③] 此外还有小股军阀盘踞各处，如郭坚旧部麻振武盘踞岐山，李夺盘踞凤翔，靖国军高峻盘踞郃阳、白水，陈树藩旧部马清苑盘踞交口，胡景翼残部田玉洁盘踞三原，马毓东盘踞富平、耀县，岳维峻残部姚林翼盘踞乾州，曹士英残部石景义盘踞高陵，井岳秀、杨虎城盘踞陕北。陕政完全是一片混乱状态。

刘镇华在省长与督军任上的八年是陕西政局最为混乱、民不聊生的时期。一方面土匪横行，兵匪不分，官匪勾结，"大盗庇护小盗，小盗迎大盗"，受苦的则是老百姓；另一方面横征暴敛，农村苛捐杂税名目繁多，有麦捐、棉捐、烟捐、讼捐、常年捐、四季捐以及各种借款和临时款，如军需借款、粮秣特捐、夫马经常捐、驻军月饷捐、临时开拔费捐等。刘镇华用盘剥来的钱财贿赂北洋政客。1923 年，吴佩孚五十大寿时，刘氏送去万民伞百把、金银古董和 3 万元的酒席费；曹锟贿选总统时拨给陕西筹备大典经费 20 万元，刘氏为讨好曹锟，汇款 30 万元。[④] 陕西政治生态十分

---

① 据当时报纸分析，冯玉祥辞职原因包括："（一）督署办事既不顺手，镇嵩军又故与为难，并借口索饷；（二）陕西善后几无入手方法；（三）陕局纠纷，难期统一；（四）各县田赋税款，陈树藩已征收至民国十五年，财政来源已绝。冯氏感此种种痛苦，故决议辞职。"《陕西督军大不易做，冯玉祥也不愿干》，《民国日报》1921 年 9 月 28 日。

② 张修斋：《我所知道的刘镇华》，中国人民政治协商会议河南省委员会文史资料研究委员会编印《河南文史资料》第 2 辑，1979，第 77 页。

③ 《陕西驻军之权威与横暴》，《益世报》1922 年 10 月 30 日。

④ 《陕西省志·政务志》，第 491 页。

恶劣，时人这样评价陕西的政治局面：

> 陕西这几年来，纯粹是用兵，那里有功夫来整理民政呢！各县的县知事，都是驻在本地的军官放的，直是一种收税官，那里管民间的疾苦呢！甚至乡民的诉事，也请军官办理："有钱的升天堂，无钱的下地狱。"这两句话简直是为陕人写照了！县知事是奉承上司的官，并非爱护人民的官。所以陕西不特是军匪的黑暗，也是政治的黑暗。①

1924 年 9 月，第二次直奉战争爆发，刘镇华派部为直系助战。10 月，冯玉祥发动北京政变，脱离直系后其部改称国民军。次年 1 月，国民军第二军胡景翼部与刘镇华部憨玉琨为争夺河南地盘发生战争，被国民军打败后，刘镇华逃往山西，结束了在陕西的统治。胡憨战争结束后，5 月 1 日，段祺瑞任命吴新田为陕西督军，刘治洲为省长。但吴氏在陕南声名狼藉，加之所部纪律颇坏，陕西民众掀起了驱吴运动。趁陕西驱吴运动如火如荼，国民军第二军以剿匪为名进军潼关，并受到李虎臣的协助。在陕西驱吴运动和国民军的打击下，7 月，吴新田溃退至陕南。国民军孙岳与李虎臣所部进入西安，陕西开始了国民军统治时代。刘镇华并不甘心失败，1925 年秋，直奉联合进攻国民军，刘镇华认为有机可乘便重新投靠直系，吴佩孚任其为"讨贼军豫军总司令"。1926 年 4 月开始围攻西安，时西安城内仅有李虎臣的国民军第二军第十师、杨虎城的国民军第三军第三师和卫定一的陕西陆军第四师，为坚守西安，杨虎城提议将守城军队统一为陕军，李虎臣任司令，杨虎城任副司令。陕军与刘镇华的镇嵩军在西安鏖战达 8 个月之久，西安城内粮食、医药、服装极为缺乏，给军民生活带来了困难。"围城最初几个月，军队用粮是由庙后街西仓的储备粮供应，居民和学校等单位都是在粮行购买，那时私人粮店多集中在桥梓口、粉巷和竹笆市等街道，同时各背街小巷还有不少面粉房，都能买到原粮或面粉，吃的并不显紧。到了围城中期，粮源越来越少，以至市面绝迹，而西仓存粮也已告罄。"到了围城的后期，城中获取粮食越来越困难，"人们把凡是能吃的东西，先是海菜、红白糖、可食药材、油渣，后是煮食野菜、牛皮制品、榆树皮等等，都搜食一空，苟延性命。入冬冻饿而死者比比皆是。

---

① 晓秦：《陕西的形形色色》，《秦钟》第 1 期，1920 年，第 28 页。

守城部队同样艰苦,粮食严重不足,不得已宰杀骡马充饥"。① 市内粮食吃光之后,"大量市民以豆饼为生,后来豆饼也成了珍品,市上甚至出现了卖人肉现象"。②

西安被围期间,1926 年 7 月,国民政府在广州誓师北伐。9 月 17 日,冯玉祥在五原誓师,其部改名为国民革命军。10 月上旬,冯玉祥以孙良诚为援陕军总指挥,11 月 27 日,西安解围。12 月,于右任出任国民联军驻陕总司令,颁布《关于改革旧政制之命令》,规定"陕西省长、道尹、外交部特派陕西交涉员、全省警务处、实业厅各员缺均即废止","陕西省会警察厅改为长安市公安局,在市政厅未成立前,暂改属本部民政厅","所委各县知事均称县长,非本部新委者不得改称","陕西省烟酒公卖局、陕西印花税务所改属本部财政委员会","关于陕西省长、道尹、外交部特派陕西交涉员、全省警务处、实业厅公文案卷及所属各机关,由本部民政厅接管","陕西各级审判庭与警察厅均改属本部司法厅"。③ 宣布废除督军制,接管全部政治、经济等部门,在新陕西省政府成立前,由国民联军驻陕总司令部代行职权,标志着北京政府在陕西的统治结束,而后开始了南京国民政府对陕西的统治。

---

① 袁增华:《西安围城时的见闻》,中国人民政治协商会议西安市委员会文史资料研究会编印《西安文史资料》第 11 辑,1987,第 81~82 页。
② 杨天石主编《中华民国史》第 6 卷,中华书局,2011,第 85 页。
③ 《关于改革旧政制之命令》,《新秦日报》1927 年 1 月 1 日。

第二章 无年不灾：灾害与灾情

第一节 民国之前陕西的灾荒

陕西省地处中国东南湿润地区到西北干旱地区的过渡带，属大陆性季风气候。陕西境内的地形很明显地分为三个部分，北部是黄土高原区，中部是宽阔的关中平原，南部是狭长的汉水盆地。在季风环流、地理位置及地形的综合作用下，陕西成为一个多种自然灾害多发地区。

民国之前，陕西也是灾荒频发，因时间距离较远，受记录载体及其他条件的限制，关于灾荒的记载没有进入民国之后那么详尽。而且对于传统的报灾是否可靠，有学者持怀疑态度，如竺可桢先生讲道，"我国历史上旱灾与雨灾报告之是否可靠实成问题，如农夫欲邀蠲免，则不妨报告为歉"。[①] 他认为传统的报灾体系在灾害之程度、灾区之大小、各省人口多寡及交通便利情况、各朝记载及水利之兴废等方面往往语焉不详，或者缺乏准确性，这使得灾荒统计比较困难。但是对于一些大的灾荒，官方文书、方志中都有不同程度的记载，可以互为佐证。如明嘉靖三十四年（1555）十二月，陕西华县大地震，《明史》、《明实录》以及《咸宁县志》都有记载："山西、陕西、河南同时地震，声如雷。渭南、华州、朝邑、三原、蒲州等处尤甚。或地裂泉涌，中有鱼物，或城郭房屋陷入地中，或平地突成山阜，或一日连震数次。河、渭大泛，华岳、终南山鸣，河清数日。官吏军民压死八十三万有奇。潼、蒲之死者什七，同、华之死者什六，渭南之死者什五，临潼之死者什四，省城之死者什三。"[②] 又如 1877～1878 年的丁戊奇荒，"秦晋历经春及夏不雨，赤地千里。秦、晋毗连，人相食，

---

① 竺可桢：《中国历史上气候之变迁》，《东方杂志》第 22 卷第 3 期，1925 年 2 月 10 日，第 85 页。

② 转引自袁林《西北灾荒史》，第 1332～1333 页。

道相望，其鬻女弃男，指不胜屈，为百年来未有之奇"。① 《清史稿》和
《清实录》中都有类似的记载。传统的史志关于灾荒的记载，多以描述为
主，为了直观比较民国之前的灾荒发生情况，袁林在《西北灾荒史》一书
中尝试对文献记载的西北灾荒进行量化，在此基础上得出了各个朝代灾荒
发生的频次。通过他的研究，我们可以对各个朝代陕西发生的主要灾害频
次进行比较。

旱灾一直是陕西最主要的灾害。根据袁林的研究，两汉时期，包括陕
西在内的西北共发生旱灾 82 次，大致每 5 年出现一次旱灾。魏晋南北朝时
期，陕西共发生旱灾 78 次，大致每 4.7 年就有一次旱灾；隋唐五代时期，
陕西共发生旱灾 151 次，大致每 2.5 年就有一次旱灾，其中大旱灾和毁灭性
大旱灾每 10.56 年就有一次；宋辽金元时期，共发生旱灾 150 次，每 2.5～3
年就会有一个旱灾年，其中大旱灾和特大旱灾共发生 46 次，平均每 8.89 年
就有一次；明代陕西共发生旱灾 162 次，大致三年两旱，其中大旱灾、特大
旱灾和毁灭性大旱灾共 93 次，平均每 2.98 年一次；清代到民国时期基本是
三年两旱，大旱灾及以上旱灾平均每 6.8 年一次（详见表 2 - 1）。②

表 2 - 1　陕西旱灾次数及频次

朝代	发生旱灾次数	频次
两汉（426 年）	82 次	5.20 年一次
魏晋南北朝（370 年）	78 次	4.74 年一次
隋唐五代（380 年）	151 次	2.52 年一次
宋辽金元（409 年）	150 次	2.73 年一次
明代（277 年）	162 次	1.71 年一次
清、民国（306 年）	189 次	1.62 年一次

虽然上述统计受到文献的制约，但是从表 2 - 1 可以看出一个基本趋
势，即陕西发生旱灾的频率越来越高，发生灾荒的周期越来越短。

另据竺可桢的统计，265～1910 年，从两晋到有清一代，平均每百年
发生旱灾的情况是：两晋南北朝共发生旱灾 7 次，平均每百年发生 2.2 次；

---

① 转引自袁林《西北灾荒史》，第 537 页。
② 袁林：《西北灾荒史》，第 59～67 页。根据他的量化分析，对旱灾级别的确定，受灾31～
50 个县的为大旱灾，受灾大于 50 个县的为特大旱灾，对少数灾情极重的旱灾，定为毁灭
性大旱灾（见袁林《西北灾荒史》，第 40 页）。

唐代发生旱灾 13 次，平均每百年发生 4.5 次；五代至北宋发生旱灾 15 次，平均每百年发生 6.8 次；南宋发生旱灾 8 次，平均每百年发生 5.3 次；元代发生旱灾 11 次，平均每百年发生 6.7 次；明代发生旱灾 20 次，平均每百年发生 7.2 次；清代发生旱灾 18 次，平均每百年发生 6.8 次。[①] 竺可桢的统计也基本反映了这一趋势。

水灾是威胁陕西民众生活的第二大灾害，根据袁林的统计，从隋唐到民国，陕西发生水灾的频次分别为：隋唐五代大概每 4.41 年发生一次水灾，宋辽金元时期大概每 8.52 年发生一次水灾，明代每 2.47 年发生一次水灾，清代至民国时期则每 1.3 年发生一次水灾。[②] 这基本反映出近代陕西发生水灾越来越频繁的趋势。

另据竺可桢的统计，从西汉到清代，陕西水灾的发生频次也在增多。具体情况是：西汉发生水灾 1 次，平均每百年发生 0.4 次；东汉发生水灾 4 次，平均每百年发生 2.0 次；两晋南北朝发生 1 次，平均每百年发生 0.3 次；唐代发生水灾 26 次，平均每百年发生 9.0 次；五代至北宋发生水灾 4 次，平均每百年发生 1.0 次；南宋发生水灾 6 次，平均每百年发生 3.9 次；元代发生水灾 4 次，平均每百年发生 2.5 次；明代发生水灾 6 次，平均每百年发生 2.2 次；清代发生水灾 20 次，平均每百年发生 7.5 次。[③] 虽然竺可桢先生也认为历史记载中的灾害按照"次"来计算不够准确，但是从这种传统的灾荒统计中仍可看出灾害发生的一个大致趋势。

此外，冰雹、风灾、雪灾也是陕西常见的灾害种类。据统计，元代陕西每 10.78 年就有一次冰雹灾害发生，明代每 4.47 年发生一次，而近代（清、民国）则仅仅 1.6 年就会发生一次。[④] 关于霜雪冻灾，从西汉至南宋共计 1400 多年的时间内，平均每 19.59 年发生一次，元代平均每 9.7 年发生一次，明代平均每 9.23 年发生一次，近代则平均每 3.19 年发生一次。[⑤]

通过上述量化分析，可以较为清晰地看出，无论旱灾、水灾、冰雹还是霜雪冻灾，发生越来越频繁，旱灾、水灾和冰雹几乎每年都成灾。

---

① 竺可桢：《中国历史上气候之变迁》，《东方杂志》第 22 卷第 3 期，1925 年 2 月 10 日，第 94～95 页。
② 袁林：《西北灾荒史》，第 117 页。
③ 竺可桢：《中国历史上气候之变迁》，《东方杂志》第 22 卷第 3 期，1925 年 2 月 10 日，第 92～93 页。
④ 袁林：《西北灾荒史》，第 143 页。
⑤ 袁林：《西北灾荒史》，第 169 页。

根据竺可桢的统计，617～1900 年陕西共有 751 次水旱灾荒，呈现历年递增的趋势。这个论断和后来学者的统计分析是不谋而合的。[①] 总体来看，近代以来陕西灾荒发生呈现越来越频繁的趋势（见图 2 - 1）。

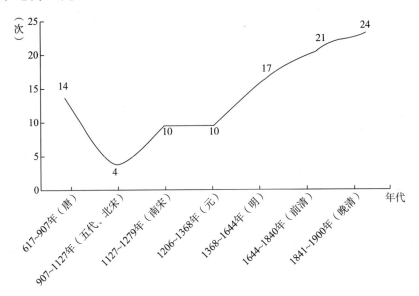

图 2 - 1　陕西历史上每百年发生灾荒次数

从纵向比较来看，陕西的水旱灾害发生呈现越来越频繁的趋势，那么历史上陕西的灾害在全国处于什么水平？是不是最严重的，其他省情况如何？民国时期学者也做过统计（见表 2 - 2）。

表 2 - 2　陕西发生灾荒次数和其他省的比较

省份	平均每百年发生灾荒次数（618～1900 年）	位次
河北	167.7 次	第一位
河南	156.8 次	第二位
江苏	114.9 次	第三位
浙江	111.8 次	第四位
山东	103.7 次	第五位
湖北	90.8 次	第六位
安徽	90 次	第七位
山西	80 次	第八位

① 邓云特先生也认为中国的灾荒呈现时间上和空间上的普遍性，时间越近，灾荒越普遍。邓云特：《中国救荒史》，商务印书馆，2011。

省份	平均每百年发生灾荒次数（618~1900 年）	位次
陕西	75.1 次	第九位
江西	66.6 次	第十位
湖南	55.6 次	第十一位
福建	44.8 次	第十二位
四川	30.4 次	第十三位
甘肃	28.6 次	第十四位
广东	21.3 次	第十五位
广西	18.2 次	第十六位
云南	16.7 次	第十七位
贵州	3.6 次	第十八位

资料来源：石筍《陕西灾后的土地问题和农村新恐慌的展开》，《新创造》第 2 卷第 1、2 期合刊，1932 年，第 204 页。

从表 2－2 可以看出，从唐代到晚清的 1283 年内，陕西每百年发生灾荒 75.1 次，与全国 18 个省份相比较，排在第九位。从全国范围来看，陕西不是发生灾荒频率最高的省份。因为自然条件的不同，北方各省的灾荒，旱多于水。陕西在 1283 年内，每百年发生水灾 33.5 次，旱灾 46.2 次。可以把陕西每百年发生旱灾次数和北部各省做一个比较（见表 2－3）。

表 2－3　陕西旱灾每百年发生次数在北部六省中的比重

省份	平均每百年发生次数（618~1900 年）	百分比
河北	83	27.04
河南	70.9	23.10
山西	52.8	17.20
陕西	46.2	15.05
山东	44.8	14.60
甘肃	9.2	3.00
总数	306.9	100

注：石文中山西每百年发生灾荒次数为 2.85 次，疑误，此表中改为 52.8 次。

资料来源：石筍《陕西灾后的土地问题和农村新恐慌的展开》，《新创造》第 2 卷第 1、2 期合刊，1932 年，第 204~205 页。

从这一分区比较中我们知道，陕西每百年旱灾发生次数在北部诸省每百年发生旱灾总次数中仅占 15.05%，所占比重并不高，远远低于同属黄河流域的河北、河南、山西等省，因此有学者认为，陕西"在那几个不幸的省区中，比较的还算得一个幸运儿"。①

第二节　民国时期陕西灾荒情况

从文献记载和时人的回忆来看，民国时期，陕西的灾荒相当严重。以史料来说明这个问题是必须的，但是民国时期陕西的灾害记录资料可谓浩如烟海，因此本书试图做一个量化的统计，采用学界常用的"次"来表示受灾的频次，用"受灾县"来表示受灾的范围，大体勾勒民国时期灾荒发生情况。

一　基于次数和县份——民国时期陕西灾害的统计

邓云特在《中国救荒史》一书中，最早对民国时期中国的灾害进行初步统计。根据他的统计，此一时期发生水灾 24 次，旱灾 14 次，地震 10 次，蝗灾 9 次，风灾 6 次，疫灾 6 次，雹灾 4 次，霜雪 2 次，其中，陕西发生旱灾 9 次，水灾 6 次，虫灾 4 次。② 正如邓先生在文中所说："以上材料，自然难免有疏漏的地方，不过，就凭这些材料，也可以看出民国以后灾荒的惨重情况了。"③ 为了对民国时期陕西灾害总体情况有一宏观了解，笔者根据民国时期主要文献记载，对陕西报告的灾荒情况以县为单位做一统计（见表 2 - 4）。

表 2 - 4　民国时期陕西发生的自然灾害

单位：县次

年份	灾害种类	旱灾	水灾	雹灾	霜灾	风灾	虫灾	地震	总计
1912	旱灾	3	0	0	0	0	0	0	3
1913	旱灾、水灾、霜灾	2	2	0	4	0	0	0	8
1914	旱灾、水灾、雹灾、虫灾	4	1	1	0	0	1	0	7

① 石筍：《陕西灾后的土地问题和农村新恐慌的展开》，《新创造》第 2 卷第 1、2 期合刊，1932 年，第 210 页。

② 邓云特：《中国救荒史》，第 39 ~ 45 页。

③ 邓云特：《中国救荒史》，第 45 页。

续表

年份	灾害种类	旱灾	水灾	雹灾	霜灾	风灾	虫灾	地震	总计
1915	旱灾、水灾、雹灾、虫灾	9	1	3	0	0	1	0	14
1916	旱灾、水灾、风灾、虫灾	4	1	0	0	1	1	0	7
1917	旱灾、水灾、雹灾、风灾、虫灾、霜灾	14	14	2	1	1	2	0	34
1918	水灾、旱灾、霜灾	1	4	0	1	0	0	0	6
1919	旱灾、水灾、雹灾、虫灾	6	6	9	0	0	1	0	22
1920	旱灾、水灾、雹灾、虫灾、地震	75	6	13	0	0	2	34	130
1921	旱灾、水灾、雹灾、霜灾	46	53	4	6	0	0	0	109
1922	旱灾、雹灾、虫灾、霜灾	4	0	2	6	0	1	0	13
1923	旱灾、水灾、雹灾、霜灾、虫灾	4	12	5	6	0	1	0	28
1924	旱灾、水灾、霜灾、虫灾	51	5	0	6	0	1	0	63
1925	旱灾、水灾、雹灾、风灾、虫灾、霜灾	80	40	20	3	3	1	0	147
1926	旱灾、水灾、风灾、虫灾、霜灾	4	1	0	21	1	1	0	28
1927	旱灾、雹灾、霜灾	1	0	2	3	0	0	0	6
1928	旱灾、雹灾、风灾、虫灾、霜灾、水灾	85	2	20	9	1	3	0	120
1929	旱灾、水灾、风灾、虫灾、霜灾	91	3	0	6	4	2	0	106
1930	旱灾、水灾、雹灾、风灾、虫灾、霜灾	61	36	31	1	14	14	0	157
1931	旱灾、水灾、雹灾、风灾、虫灾、霜灾	50	49	18	2	20	22	0	161
1932	旱灾、水灾、雹灾、风灾、虫灾、霜灾	20	50	62	10	42	6	0	190
1933	旱灾、水灾、雹灾、风灾、霜灾	14	41	45	25	55	0	0	180
1934	旱灾、水灾、雹灾、风灾、虫灾、霜灾	1	25	5	40	2	1	0	74
1935	旱灾、水灾、风灾、霜灾	61	9	0	13	3	0	0	86
1936	旱灾、水灾、雹灾、虫灾、霜灾	6	3	1	10	0	1	0	21
1937	旱灾、水灾、雹灾、霜灾	13	18	6	10	0	0	0	47
1938	旱灾、水灾、雹灾	3	3	2	0	0	0	0	8
1939	旱灾、水灾、雹灾、风灾、霜灾	15	6	2	9	3	0	0	35
1940	旱灾、水灾、雹灾、霜灾	22	5	22	23	0	0	0	72
1941	旱灾、水灾、雹灾、风灾、霜灾	9	4	12	6	2	0	0	33
1942	旱灾、水灾、雹灾、霜灾、风灾	27	3	1	24	1	0	0	56
1943	旱灾、水灾、雹灾、风灾、虫灾、霜灾	8	12	8	30	1	3	0	62
1944	旱灾、水灾、雹灾、虫灾、风灾、霜灾	18	15	20	26	5	43	0	127
1945	旱灾、水灾、雹灾、风灾、霜灾、虫灾	79	3	1	25	1	17	0	126

续表

年份	灾害种类	旱灾	水灾	雹灾	霜灾	风灾	虫灾	地震	总计
1946	旱灾、水灾、雹灾、虫灾、霜灾	16	6	11	12	0	9	0	54
1947	旱灾、水灾、雹灾、霜灾	1	3	2	19	0	0	0	25
1948	旱灾、水灾、霜灾	16	1	0	12	0	0	0	29
1949	水灾、霜灾	0	18	0	3	0	0	0	21
合计		924	461	330	372	160	134	34	2415

资料来源：笔者根据陕西省档案馆藏赈济档案、《近代中国灾荒纪年续编》各省灾情情况、《民国时期自然灾害与乡村社会》附录、《中国近代十大灾荒》附录中国近代灾荒年表、《西北灾荒史》之西北灾荒志、《中国灾荒史记》、陕西省赈务会《陕灾周报》、《陕西省自然灾害史料》、《陕西省志·气象志》、《陕西乙丑急赈录》等汇总。

表2-4是根据现有的灾荒档案、调查报告、方志等资料对陕西1912～1949年灾害发生情况所做的一个统计，虽然存在遗漏、重复等现象，而且以县为统计单位是否能够准确统计受灾面积尚受到学界的质疑，但还是基本可以反映出民国时期陕西灾荒的大致情况以及各种灾害发生的长时段的变化趋势。从表2-4的不完全统计可以看出，几乎年年都有不同程度的灾荒。1912～1949年的38年间，总共有2415县次遭受过自然灾害的袭击，平均每年受灾达到63.6县次，占到全省的一半以上。从统计数据可以看出，民国时期陕西在灾害发生方面有以下几个特点。

第一，陕西是多种灾害发生地区，几乎无年不灾，尤以旱灾最为严重。灾害种类包括旱灾、水灾、霜灾、雹灾、风灾、虫灾、地震。其中，旱灾是陕西最常见的灾害种类，从现有的资料看，除了1949年，民国38年时间内，37年陕西都有旱灾记录，共有924县次发生旱灾，平均每年受灾24.3县次；其次是水灾，除了1912年、1922年、1927年等3年没有水灾报告外，其余35年都有水灾发生，共有461县次发生水灾，平均每年超过12县次发生水灾（35个年份则平均每年13县次发生水灾）。此外，霜灾、风灾、雹灾也常常威胁陕西的农业生产和生活，夏季和春夏之交陕西常发生冰雹，猛烈的冰雹打毁庄稼，损坏房屋，人被砸伤、牲畜被砸死的情况也常常发生。据统计，有28个年份共330个县次报告发生雹灾。陕西初冬和初春季节常发生大范围的霜冻，对农作物影响大，据统计，民国时期只有1912年、1914年、1915年、1916年、1919年、1920年、1938年没有发生霜冻危害，其他31年都有不同程度的霜冻灾害发生，共计372个县次受灾。有18个年份160个县次发生风灾，共有22个年份134个县次发生虫灾，1 个年份 34 个县次受地震危害（主要是受甘肃海原地震的影响）。从根据统计资料制作的扇形图中也可以看出，民国时期干旱灾害比例占 37%，是最严重的灾害，水涝灾害其次，占 19%，霜灾作为对农业生产危害较大的灾害，则高达 15%，雹灾同样对农业生产影响重大，占 14%，这四种自然灾害占所有灾害的 85%，一直是危害陕西农业和经济社会发展的主要灾害种类，至今没有改变（见图 2 - 2）。① 其中有 31 个年份是四种或者以上灾害同时发生，体现多灾并发的特点，更加大了救灾的难度。

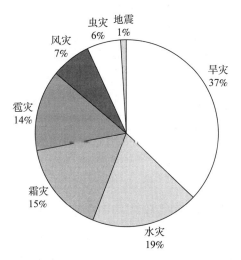

图 2 - 2　民国时期陕西各种灾害种类发生比例

　　1931 年陕西省赈务会根据全省历年灾害统计，制成《陕西历年灾害轻重比较图》，把匪灾和兵灾也包括在内，各种灾害按所占比例从大到小依次如下：旱灾占 31.28%，匪灾占 18.92%，蝗灾占 12.76%，雹灾占 9.52%，水灾占 9.12%，疫灾占 4.4%，风灾占 3.72%，虫灾和霜灾分别

① 陕西省民政厅：《陕西省综合防灾减灾规划（2011～2015 年）》，《陕西省人民政府公报》2012 年第 14 期。规划中提到："我省灾害主要有：水旱灾害，冰雹、沙尘暴、雪、低温冷冻等气象灾害，地震灾害，山体崩塌、滑坡、泥石流等地质灾害，森林火灾和重大生物灾害等，灾害发生频繁。常见的旱、涝、霜、风、雹几种灾害中，干旱占 46%、雨涝占 32%、霜冻占 10%、冰雹占 7%、风灾占 2%，其中旱涝灾害为主要灾种。自然灾害区域性、季节性强，旱灾以陕北、关中为主，遍布全省；洪涝灾害以陕南汉江流域和关中渭河流域为主。灾害发生频率高，我省自然灾害具有持续性、群发性、突发性、频发性特点，救灾工作面广、线长、时间紧、任务重、难度大，特别是局部山洪灾害每年发生 10 余次以上。"

占 3.49%，兵灾和其他分别占 2.05%。① 从陕西省赈务会的统计可以看出，自然灾害中，旱灾是陕西发生最多的灾害，这和本书的统计结论是一致的，此外，水灾、雹灾、风灾、霜灾都是严重影响农业生产的灾害。

第二，从时间分布来看，1920 年、1921 年、1925 年、1928 ～ 1933 年、1944 年、1945 年这些年份每年受灾县数量都在 100 个以上，由此可以对总体情况和旱灾、水灾以图的形式做进一步分析（见图 2 – 3）。

从图 2 – 3 可以看出，1920 ～ 1921 年、1928 年、1933 年、1944 ～ 1945 年是陕西灾害发生的几个高峰期。1930 年以前，旱灾和总体灾害发生趋势是一致的，这与旱灾是陕西的主要灾害有密切关系。而水灾和灾害发生总体趋势并不是完全一致的，如 1920 年陕西灾荒极为严重时，水灾并不明显，同样 1928 ～ 1929 年陕西灾荒达到严重时，水灾则处于低水平，1930 年后陕西水灾发生上升的同时，旱灾发生处于下降趋势，到 1933 年二者趋于稳定。总体来看，陕西水灾虽然频繁发生，但往往是局部性的，不影响陕西灾荒整个局面。对陕西威胁最大的依然是旱灾。因此民国时期陕西的救灾主要是救济旱灾。

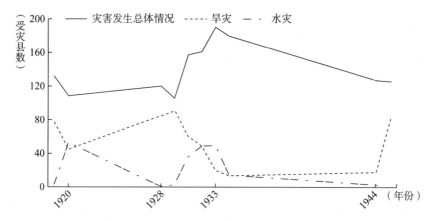

图 2 – 3　民国时期灾害发生时间曲线

第三，具有多灾并发性的特点。在 1912 ～ 1949 年的 38 年时间里，有 36 个年份至少有三种灾害同时发生，占 94.7%，有 31 个年份至少有四种灾害发生，占 81.5%；同一年发生至少五种的有 20 个年份，占一半多；还有 10 个年份在同一年度发生六种灾害，真正体现了多灾并发的特性

① 《陕西历年灾害轻重比较图》，《陕赈特刊》1933 年第 2 期，第 93 页。

（见图 2 - 4）。

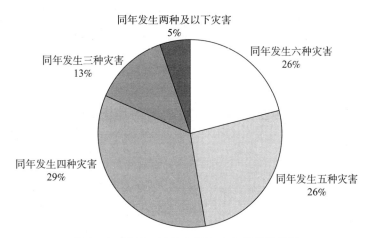

图 2 - 4　1912～1949 年同年多灾并发的比例

　　多灾并发既严重影响了民众生活，也加大了救灾的难度。1926～1927年，蒲城接连遭受虫灾、匪祸、冰雹、旱灾，"十五年蝗虫食麦，收数减半，加以叛逆盘踞，多半牲畜食粮搜掠一空，十六年四月冰雹几遍全境，今遭旱荒，麦收歉薄，秋苗未种，全县赤地，灾荒已历三年之久"。[①] 到1929 年后各县灾情更加严重，1930 年"陕西旱象日甚，灾情日烈，近调查得各县灾况：（一）澄城县麦仅种十分之二，现多因旱枯死，粮价叠涨，灾民骤增，饿殍盈野，人狗相食，死亡达一万八千人，逃荒者尤众。（二）华县备遭水旱风雹霜雾，尘沙毒蛟涝虫各惨剧，受灾人民饿毙者二万余，垂毙者三万余，小康之家赖以延生者，多系树皮草根，学校概行停顿，入冬后死亡日增，来春险象不堪设想。（三）平民县于本月初因黄河暴涨，逼近县城冲崩地亩数十顷。（四）合（阳）澄（城）白（水）等县中下人家多已绝户，其殷实者，现已鸠形鹄面，奄奄垂毙，再迟时日，又不知成如何现象。（五）韩城县旱灾以后，水灾继起，黄河滩地淹没秋禾四百余顷，又遭黑霜，殷实之家，已率多绝粒"。[②] 可见 1928～1930 年陕西关中各县连接遭受了旱灾、水灾、风灾、雹灾、霜灾等多种灾害，已经引起了西北灾情视察团的深深忧虑。

---

① 《灾情与灾赈》，《陕西赈务汇刊》第 1 期第 1 册，1930 年，第 131 页。
② 《蔡王报告各县灾情电》，《陕西赈务汇刊》第 1 期第 1 册，1930 年，"灾情与灾赈"，第18～19 页。"蔡"指西北灾情视察团蔡雄霆，"王"指王淡如。

第四，陕西灾害总体危害程度在 1933 年以后有所减弱。虽然 1942 年、1944～1945 年旱灾也比较严重，但是没有出现 1920 年、1928～1931 年那样严重的死亡、逃亡情况。究其原因，是 20 世纪 30 年代杨虎城主政陕西时期，在李仪祉的主持下开始建设"关中八惠"水利工程，对于缓解旱情功不可没。

二　民国时期陕西灾情在全国范围内的比较

从目前已有研究成果来看，民国时期中国灾情普遍比较严重，1920 年的旱灾是陕西、山西、河南、河北、山东等北方五省人民心中难以磨灭的记忆。民国时期陕西的灾荒严重，引起了国内外各界的广泛关注，这是不争的事实，用"骇人听闻"形容一点儿都不为过。有关陕西灾荒的频繁与严重程度，民国时期史料记载和述评较多，那么陕西灾荒到底处于一个什么水平？在全国到底处于什么情况？目前所见资料中描述性材料居多，其他地区亦是如此，且灾荒发生的时间、空间分布均不平衡，故很难对民国时期陕西与全国其他地区做一客观比较。如果能够对陕西和其他各省的灾情做一个量化比较，就可以清晰、直观地看出民国时期陕西灾情在全国的情况，进而通过探讨陕西的灾荒考察全国灾情。虽然很难做到全面，但是部分时期的灾情还是可以进行比较的。如 1936 年，华洋义赈会对全国 18 个省份 1920～1935 年共计 16 年发生的水旱灾荒情况进行了较长时段的统计（见表 2－5）。

表 2－5　1920～1935 年部分省份之重大水旱灾害发生情况

单位：次

省份	1920	1921	1922	1923	1924	1925	1926	1927	1928	1929	1930	1931	1932	1933	1934	1935	总数
安徽		1								1		1			2	2	5
浙江			2							2					2		3
福建																1	1
河南	2	2							2	2	2			1	1	1	8
河北	2	1；2	2		1		2	2	2			1	1	1		12
湖南			2		1	2					1			2	1	6
湖北											1			2	1；2	4
甘肃							2	2	2							4
江西						1	2				1			2	1	5

续表

省份	1920	1921	1922	1923	1924	1925	1926	1927	1928	1929	1930	1931	1932	1933	1934	1935	总数
江苏		1	1							2		1			2	1	6
广西																	0
广东															2		1
贵州						2											1
山西	2	2							2	2		1		1		1	7
山东	2	2	2				1	2	2	2				1		1	9
陕西	2	2							2	2	2	2		2			7
四川						2											1
云南						2											1
总计	5	8	5	0	2	5	3	3	6	9	3	7	0	5	8	12	81

注："1"表示水灾，"2"表示旱灾。

资料来源：《中国十六年来之重大水旱灾》，中国华洋义赈救灾总会征募股《中国华洋义赈总会·概况》，1936，目录图表。

华洋义赈会的统计有一定的缺憾，第一，只统计了旱灾和水灾；第二，在灾害范围的统计上，东北各省和宁夏、青海、新疆没有囊括进去。但是从历史的角度来看，水旱灾害是中国主要的灾害种类，也是发生最为频繁、危害最大的灾害；此外，根据目前所看到的资料，民国时期，东北各省和宁夏、青海、新疆的水旱灾害没有陕西严重，因此这个统计并不影响我们对全国灾情的判断。从表 2 - 5 可以看出，1920～1935 年共计 16 年的时间里，统计的 18 个省份中除广西没有发生大规模的水旱灾害外，其余省份均有大的水旱灾害发生。在 17 个省份中，共发生 81 次水旱灾害，其中旱灾 50 次，占 61.7%，水灾发生 31 次，占 38.3%，说明民国时期旱灾是我国的主要灾害种类，这和历史时期的统计结论是一致的，而根据各种资料对民国时期所发生的各种灾害进行的统计，陕西水旱灾害发生情况与全国情况基本一致。从水旱灾害发生次数来看，河北最为严重，发生 12 次；其次为山东，发生 9 次；再次为河南，发生 8 次；然后是陕西和山西，发生灾害次数均为 7 次。总体来看，民国时期陕西水旱灾害发生次数仅次于河北、山东、河南，位居第四。但是陕西旱灾远比水灾严重，对这 16 年的旱灾做进一步统计，陕西发生 7 次，占旱灾总数的 14% 左右，位居第一；其次是山东、河北，发生旱灾 6 次；河南发生 5 次，位居第三；甘肃、山西各发生 4 次，位居第四。如果从水灾的角度来统计，陕西的水灾并不严重，在统计的 18 个省份中位居最后。

1920 年，陕西、直隶、河南、山东、山西五省发生大旱灾（史称北五省旱灾），北京国际统一救灾总会对五省的统计情况见表 2 - 6。

表 2 - 6　1920 年北五省旱灾受灾统计

单位：个，人

	直隶	河南	山东	山西	陕西
受灾县数	97	57	35	56	72
受灾人口	18819653	11461971	7488000	4569497	6504834
极贫人口	8836723	4370162	3827380	1616890	1243960

资料来源：北京国际统一救灾总会《北京国际统一救灾总会报告书》，1922，第 10 页。

1920 年的北五省旱灾虽然不是全国性的，但是其严重程度引起了全国甚至国际社会的关注，也正是这次灾荒促成统一性救灾机构[1]成立，可见这次灾荒具有全国性的意义。在这次灾荒统计中，陕西 72 个县受灾，在绝对数量上仅次于直隶，远远超过河南、山东、山西，五省共计 317 个县受灾，陕西则占到 22.7%。从受灾县数占各省总县数的比例看，直隶全省79.5% 的县受灾，河南 52.8% 的县受灾，山东 32.7% 的县受灾，山西53.3% 的县受灾，陕西 74.2% 的县受灾。[2] 抛开各县受灾程度因素，这个比例还是能反映出各省的受灾情况的，陕西灾情可见一斑。在受灾人口方面，陕西低于直隶、河南、山东等省，但是和该省的总人口相比，直隶灾

---

[1]　在北五省旱灾中，梁士诒、熊希龄等人发起，邀请北京共十四个救灾团体的代表举行联席会议，成立了中国北方救灾总会，推梁士诒为会长，王大燮、蔡廷干为副会长。外国方面如英国、美国、法国、意大利、日本等国的慈善机构已经组织了国际性的对华救济组织——万国救济会。后中国北方救灾总会与万国救济会联合组成"北京国际统一救灾总会"。与此同时，其他大中城市如天津、上海、济南、汉口、开封、太原、西安等地也相继设立了华洋义赈会。后各华洋义赈会汇集北京召开联席会议，决定将整个灾区分为若干区域，由与会各团体分别承担救灾任务，北京国际统一救灾总会除了负责直隶西部地区救灾任务外，被各会推为办赈总机关。全国各地的中外赈济机构就在北京国际统一救灾总会的领导下联合起来，为提高办赈效率，保证办赈工作快速顺利、有序开展奠定了良好基础。由于该组织是中外各种团体组合而成，有利于调动国内、国际可资利用的人力物力因素，壮大救灾力量，也能加强各团体各会员之间的相互监督，在很大程度上避免了中国官赈实施过程中的种种弊端，使得义赈事业成为纯粹的慈善事业。1921 年 11月，北京及各地华洋义赈团体成立"中国华洋义赈救灾总会"，作为中国常设性的救灾机关。

[2]　北京政府时期直隶有 122 个县，河南有 108 个县，山东有 107 个县，山西有 105 个县，陕西有 97 个县。

民占该省总人口的 70.51%，河南占 37.13%，山东占 24.65%，山西占 40.16%，陕西占 55.14%。[①] 1920 年北京国际统一救灾总会的统计比较粗略，只是按照受灾县数、受灾人数进行统计，在具体的受灾田亩面积、经济损失等方面并未做进一步统计。

1929 年，国民政府振灾委员会根据灾情严重程度和种类，对全国的受灾区进行了划分，划定灾区等级的标准是：甲等，旱水蝗雹兵匪俱全并连年受灾，受灾县份占三分之二以上者，航路、铁路、道路皆不便利，经济上政府财政困顿，社会之金融枯竭，物产之生力极少；乙等，旱水蝗雹兵匪在四种以上者，并受灾在两年以上者，受灾县份占全省半数以上，航路、铁路、道路有部分便利者，经济上财政金融物产有部分尚可调剂者；丙等，受灾在三种以上者，受灾县份占三分之一者，交通较便利者，经济上二种有二部能调剂者；丁等，受灾有三种者，受灾县份占四分之一以上者，交通便利，经济上尚可调剂者；戊等，偏灾，系由地方办理。[②] 在此基础上把 23 个省份划为五等灾区，由此可以看出陕西灾荒在全国的地位（见表 2 - 7）。

表 2 - 7　1929 年划分的灾区等级

省份	等级	种类
陕西	甲等	水、旱、风、雹、蝗、疫
甘肃	甲等	风、雹、地震、旱
山西	甲等	水、旱、风、雹、蝗
绥远	甲等	旱、雹、地震
山东	乙等	旱、蝗、水、风、兵、匪
河南	乙等	旱、蝗、风、雹
察哈尔	乙等	旱、蝗、霜、鼠
河北	丙等	匪、蝗、旱、风、水
广西	丙等	旱、虫、水、火
广东	丙等	水、旱、蝗、雹、山崩、匪
浙江	丙等	水、风

[①] 各省总人口采用内务部 1922 年统计数据，分别为：直隶 26690353 人，河南 30868022 人，山东 30374038 人，山西 11376871 人，陕西 11802446 人。分别见侯杨方《中国人口史》第 6 卷，复旦大学出版社，2001，第 105、126、120、114 页。

[②] 《灾区之等级》，《振务特刊》，1931 年 4 月，第 40 ~ 41 页。

续表

省份	等级	灾况
安徽	丙等	水、蝗、旱、雹、匪
湖南	丁等	水、旱、兵、匪、疫
湖北	丁等	水、旱、蝗、匪、火
江苏	丁等	水、蝗、旱、匪
江西	丁等	水、旱、风、匪
黑龙江	丁等	水
云南	戊等	水、霜、地震
贵州	戊等	水、火、旱、雹
四川	戊等	水、旱、兵、匪
福建	戊等	水、火、旱、匪
热河	戊等	水、旱、雹、霜
北平	戊等	失业

资料来源：国民政府振灾委员会《一年来振务之设施》，1929，第2~4页。

从表2-7可以看出，在23个发生灾害的省份中，只有陕西、甘肃、山西、绥远4个省被定为甲等灾区，而且在4个甲等灾区中，陕西因为旱、水、风、雹、蝗、疫等五种以上灾害并发，排在全国灾区第一位，表明民国时期陕西是全国灾害最多、灾情最严重的地区之一。根据国民政府振灾委员会的调查，当年全国共有22个省份的1093个县，以水、旱、蝗、疫灾为最重，风、雹、地震次之。而陕西有85个县受灾，仅次于河南（受灾112个县）、山西（受灾86个县）两省，位居全国第三位，根据不完全统计，灾民达到535万人。① 正如时人所言："陕灾奇重，其原因为迭经军事，加以天旱，遂成全国一等灾区。近半年来，逃亡出关者，日有数百人，死亡尤众，全省共有灾民六百余万。现因交通困难，赈款告罄，冬赈仍尚无相当办法，正为忧虑云。"②

1930年，振务委员会对全国主要灾区的灾害种类和发生次数做了进一步统计（见表2-8）。

---

① 《一年来振务之设施》，第2页。
② 《西北灾情视察团对于陕灾之报告》，《陕西赈务汇刊》第1期第1册，1930年，"灾情与灾赈"，第1~13页。

表 2 - 8　陕西等 16 个省份各种灾害发生次数比较

单位：次

省份	各种灾害发生次数										总计
	旱	蝗	水	虫	风	雹	霜	兵	匪	其他	
陕西	92	36	27	10	11	29	10	6	56	19	296
甘肃	46				6	3	4		52	12	123
河南	36	18	8			20		103	106		291
察哈尔	9		2			7			1		19
绥远	10			1	1	2				1	15
湖南	7		13	3	3	4		12	27	6	75
安徽	1		13						4	16	34
广东	12		2		4	1		8	1		28
山东	7	1	17					29	34		88
热河	4	1	7	1		3	1				17
福建			3		2			2	1	3	11
江西	9	1	19	9	5						43
河北	9	1	43	5	6	23					87
贵州	41		2	7		14		1	20	6	91
浙江	5		7	6	7						25
山西	55	4	21			22	11	9			122
合计	343	62	184	42	45	128	26	170	302	63	1365

资料来源：《陕西等十六省各种灾害次数比较表》，振务委员会：《民国十九年振务统计图表》，1930。

从表 2 - 8 可以看出，根据振务委员会 1930 年的统计，当年陕西全年共发生旱、蝗、水、虫、风、雹、霜等灾（不包括兵、匪）共计 234 次，位居全国 16 个省份之首，占全国共计 893 次（兵、匪除外）的 26.2%。其中旱灾发生 92 次，占全国的 26.8%，更是远远严重于其他省份。此外蝗灾、风灾、虫灾、雹灾发生次数也远远高于其他省份，只有霜灾仅次于山西。此外，1930 年，振务委员会对全国受灾比较严重的 12 个省份的灾情进行了统计（见表 2 - 9）。

表 2 - 9　1930 年 12 个省份灾情统计

单位：个，人

省份	灾害种类	受灾县数	灾民人口
河南	旱、兵、匪、蝗、雹	112	13116115

续表

省份	灾害种类	受灾县数	灾民人口
陕西	旱、水、匪、疫、蝗、鼠、风、雹	76*	5584526
甘肃	旱、匪、雹、鼠	60	4750000
贵州	旱、水、雹、匪、疫、虫	71	1866610
河北	水、蝗、虫、雹	67	1538284
山西	旱、霜、雹、蝗、虫	68	2103013
察哈尔	旱、雹	15	405347
绥远	旱、霜、雹、鼠	13	1383819
湖南	匪、兵、水、火、旱	53	4557039
广东	兵、匪、水、雹	22	3291946
安徽	匪、兵、水	24	745749
山东	兵、旱、匪、水	45	4106031

注：＊当年陕西实际有 92 个县受灾。

资料来源：《河南等十二省灾情统计表（民国十九年）》，《民国十九年振务统计图表》。

从表 2 - 9 可以看出，在统计的受灾严重省份中，陕西是全省受灾，灾民人口高达 500 余万人，几乎占全省人口一半，在全国位居第二。

虽然上述几个例子不能看出民国时期陕西灾荒情况在全国的总体地位，但是灾荒发展具有不平衡性，有高潮和低潮，而陕西发生灾荒的时期恰巧是中国灾荒发生的高峰期，从高峰期陕西灾荒的情况大致可以窥见民国时期陕西灾荒在全国的地位。

第三节　民国时期陕西的几次重大灾情

无年不灾是陕西灾害发生的一个常态，但是灾害发生时间、地点和灾害种类、受灾程度往往并不是很均衡分布的。从时间上来看，1920～1921年、1928～1931 年、1942～1943 年、1944～1945 年这些年份陕西受灾较为严重；从区域上看，各地发生灾害种类也是不均衡的，如关中、陕北多发生旱灾、霜冻、虫灾、雪灾等，陕西南部则容易发生水灾、冰雹等。

一　1920～1921 年：动荡政局中的旱灾

从民国建立到 20 世纪 20 年代是近代陕西社会最为动荡的时期。陕西政府内部派系林立，1914 年陆建章为陕西督军，[①] 这是北洋军阀统治陕西的开始。陆建章入陕后，加剧了陕西政局的动荡，生灵涂炭。"陆之入陕，挟兵以俱，所部绝无纪律，甚致纵兵焚掠，全村为墟。据陕人所述，临潼县雨金镇，先有土匪携枪纵掠，已有人疑为陆部所为，旋陆部又以剿匪为名，焚民居数百家，杀平民一千六百余人，乃以剿匪大捷，归报于陆。"[②] 1916 年陈树藩宣布陕西独立，就任陕西护国军总司令，并驱逐陆建章出陕，取代陆自任陕西督军。[③] 后镇嵩军刘镇华入陕，刘镇华在陕横征暴敛，农村苛捐杂税名目繁多，有麦捐、棉捐、烟捐、讼捐、常年捐、四季捐以及各种借款和临时款，如军需借款、粮秣特捐、夫马经常捐、驻军月饷捐、临时开拔费捐等。

正是在这样的背景下，1920 年，北五省旱灾发生，其中陕西受灾 75 个县，灾民有 650 万人。[④] 据陕西华洋义赈会的统计，陕西被旱灾 57 县，匪灾 71 县，雹灾 24 县，水灾 32 县，霜灾 4 县，风灾、蝗灾各 1 县，饥民 276 万人（见表 2 - 10）。[⑤]

表 2 - 10　1920 年陕西灾区

地区	遭受匪灾灾区	遭受旱灾灾区	遭受水霜虫雹灾灾区
关中道	长安、临潼、渭南、盩厔、大荔、蒲城、郃阳、凤翔、宝鸡、扶风、商县、乾县、咸阳、鄠县、蓝田、兴平、醴泉、华县、华阴、朝邑、澄城、韩城、洛南、岐山、陇县、郿县、武功、邠县、潼关、柞水、汧阳（今千阳）、麟游、永寿、栒邑、长武（35 县）	长安、临潼、渭南、盩厔、大荔、蒲城、郃阳、凤翔、宝鸡、扶风、商县、乾县、咸阳、鄠县、蓝田、兴平、醴泉、朝邑、澄城、韩城、洛南、岐山、陇县、郿县、武功、邠县、潼关、柞水、汧阳、麟游、永寿、栒邑、长武（33 县）	长安、临潼、渭南、盩厔、大荔、蒲城、郃阳、宝鸡、扶风、商县、乾县、咸阳、鄠县、醴泉、华县、华阴、朝邑、韩城、洛南、岐山、郿县、武功、潼关、柞水、汧阳、栒邑（26 县）

① 《陆建章将任陕督》，《大同报》第 15 期，1914 年，第 55 页。
② 孙几伊：《民国十年间之陕西》，《时事月刊》第 5 期，1921 年，第 120 页。
③ 杨子廉：《白水起义和西北护国军的成立》，张丹屏：《陈树藩乘机攫取陕西军政大权及陆建章被逐经过》，《陕西靖国军》，第 126、78~80 页。
④ 1922 年《北京国际统一救灾总会报告书》原文中为 72 县，但文中也有说明："陕西修正的数字尚未报到。"按照北京国际统一救灾总会的报告，直隶受灾 97 县，灾民 18819653 人；河南受灾 57 县，灾民 11461791 人；山东受灾 35 县，灾民 7488000 人；山西受灾 56 县，灾民 4569497 人；陕西受灾 72 县，灾民 6504834 人。
⑤ 《陕西华洋义赈会致京津沪各义赈会报馆电》，《赈务通告》1920 年第 5 期，"公牍"，第 45 页。

续表

地区	遭受匪灾灾区	遭受旱灾灾区	遭受水霜虫雹灾灾区
榆林道	榆林、鄜县、神木、肤施、靖边、绥德、米脂、洛川、中部、宜君、宜川、横山、保安、定边、清涧（15县）	榆林、鄜县、神木、府谷、肤施、绥德、米脂、洛川、葭县、横山、安塞、保安、清涧（13县）	榆林、鄜县、神木、绥德、米脂、中部、宜君、葭县、横山、清涧（10县）
汉中道	南郑、安康、沔县、褒城、宁羌、西乡、镇巴、平利、镇平、洵阳、白河、紫阳、镇安、山阳、略阳、留坝、凤县、宁陕、岚皋、汉阴、石泉（21县）	安康、平利、洵阳、紫阳、山阳、镇安、佛坪、宁陕、岚皋、汉阴、商南（11县）	安康、西乡、平利、洵阳、紫阳、山阳、镇安、略阳、佛坪、岚皋、汉阴、商南（12县）

资料来源：《陕西刘镇华致内务部电》，《政府公报》第1667期，1920年10月5日，第11~12页。

陕西赈枭会办高增爵呈报中央政府："陕省兵灾水旱相迫而来，十室九空，流离载道。虽省城设赈抚总局，各县设赈抚分局而无米为炊徒成虚愿，或谓兵灾为已过之事，不宜牵缀重提。不知元气久伤，烽烟尚劲，重以灾害补救无从，既忧患之迭乘，遂朝夕之莫保。""查陕西自民国六年以来，迭被各匪肆扰烧杀淫掠，惨不忍闻。纠结蔓延至今未已，乃昊天不吊连降奇灾，自去岁夏秋田亩歉收，又有虫雹风旱之患，今年复未得雨，五六月来赤地千里。旧历八月后又阴雨连月致成水灾，全省九十县被匪成灾者计长安等七十一县，被匪又被旱成灾者计长安等五十七县，被匪被旱复被水风虫雹成灾者计长安等四十八县，均经逐一调查分别列表。当夫兵戈四起，鸡犬皆惊，扶持幼弱奔走道途、沟壑转徙，僵踣皆盈。强暴恣睢，比屋搜索，派捐派饷。弥岁历年鬻质皆空，薪水俱靖。掳掠拷逼惨无人道。"[1] 他还提到1919年北京政府专使到陕西，针对陕西兵匪交加的情况也多次上报中央："八年专使张瑞玑到陕划界，会经电呈所谓合七省之兵八省之匪即使解甲坐食民力，已属不堪。"报刊对这次灾害多有描述："岁收不及二成，秋禾以无望，竟有鬻子卖妻，全家服毒等惨状。"[2] "夏秋荒旱，稻谷杂粮尽行枯槁，饥馑交加，民不聊生，灾民食土食糠之事时有所

---

[1] 《陕西赈枭会办高增爵呈大总统陈明陕西被灾详细情形请速拨巨款文》，《赈务通告》1920年第4期，"公牍"，第11~12页。

[2] 《交通部附属机关查报灾情一览表》，《赈务通告》1920年第4期，"报告"，第45页。

闻。"① 表 2 - 11 显示了陕西省政府向内务部报告的陕西遭受旱灾情况。

表 2 - 11 陕西省被旱成灾简明一览（1920 年）

县别	作物收成	全县人口	受灾人数	合计	占全县人口比例（%）
长安	六七成不等	701573	极贫 12345，次贫 24158	36503	5.2
临潼	六七成不等	190000	极贫 11888，次贫 22015	33903	17.8
渭南	六七成不等	194319	极贫 14547，次贫 28758	43305	22.3
盩厔	五六成不等	93551	极贫 8945，次贫 24158	33103	35.4
大荔	七八成不等	143364	极贫 17352，次贫 30515	47867	33.4
蒲城	七八成不等	163677	极贫 24158，次贫 32345	56503	34.5
郃阳	六七成不等	135905	极贫 19864，次贫 31152	51016	37.5
凤翔	六七成不等	172148	极贫 23154，次贫 31248	54402	31.6
宝鸡	六七成不等	93000	极贫 32113，次贫 41542	73655	79.2
扶风	八九成不等	121888	极贫 29851，次贫 41535	71386	58.6
商县	八九成不等	229746	极贫 34834，次贫 52668	87502	38.1
乾县	八九成不等	134913	极贫 32437，次贫 56782	89219	66.1
咸阳	五六成不等	98940	极贫 8110，次贫 5612	13722	13.9
鄠县	五六成不等	98970	极贫 5678，次贫 8951	14629	14.8
蓝田	五六成不等	213100	极贫 6132，次贫 9457	15589	7.3
兴平	六七成不等	209640	极贫 32345，次贫 56158	88503	42.2
醴泉	八九成不等		极贫 45374，次贫 63855	109229	
朝邑	六七成不等	118045	极贫 12345，次贫 24158	36503	30.9
澄城	六七成不等	243581	极贫 9543，次贫 13541	23084	9.5
韩城	六七成不等	95500	极贫 6844，次贫 8258	15102	15.8
洛南	八九成不等	294300	极贫 15434，次贫 33256	48690	16.5
岐山	七八成不等	149000	极贫 27867，次贫 39478	67345	45.2
陇县	七八成不等		极贫 19354，次贫 27829	47183	
郿县	六七成不等	200000	极贫 9947，次贫 17688	27635	13.8
武功	八九成不等	143652	极贫 14376，次贫 28719	43076	30.0
邠县	八九成不等	91358	极贫 21394，次贫 44823	66217	72.5

① 《交通部附属机关查报灾情一览表》，《赈务通告》1920 年第 4 期，"报告"，第 41 页。

续表

县别	作物收成	全县人口	受灾人数	合计	占全县人口比例（%）
潼关	五六成不等	38746	极贫 2516，次贫 3451	5967	15.4
柞水	六七成不等	41282	极贫 3564，次贫 4113	7677	18.6
汧阳	七八成不等	54347	极贫 7578，次贫 11334	18912	34.8
麟游	七八成不等	14500	极贫 3795，次贫 4177	7972	55.0
永寿	七八成不等	33893	极贫 5533，次贫 9279	14812	43.7
栒邑	七八成不等	50256	极贫 14879，次贫 23262	38141	75.9
长武	八九成不等		极贫 17897，次贫 33119	51016	
安康	六七成不等	341767	极贫 2354，次贫 3182	5536	1.6
平利	八九成不等	152648	极贫 1256，次贫 2569	3825	2.5
洵阳	六七成不等	141000	极贫 1582，次贫 2328	3910	2.8
紫阳	七八成不等	22131	极贫 2195，次贫 3512	5707	25.8
镇安	八九成不等	25100	极贫 2992，次贫 4656	7648	30.5
山阳	八九成不等	213852	极贫 3125，次贫 5516	8641	4.0
佛坪	七八成不等	24000	极贫 1927，次贫 2485	4412	18.4
宁陕	七八成不等	48643	极贫 1268，次贫 2915	4183	8.6
岚皋	七八成不等	57383	极贫 1112，次贫 1565	2677	4.7
汉阴	七八成不等	127513	极贫 1194，次贫 2371	3565	2.8
商南	八九成不等	53707	极贫 3112，次贫 4551	7663	14.3
榆林	六七成不等	85216	极贫 1123，次贫 2481	3604	4.2
鄜县	七八成不等	23872	极贫 3484，次贫 4255	7739	32.4
神木	六七成不等	18530	极贫 976，次贫 1484	2460	13.3
府谷	六七成不等	15175	极贫 1010，次贫 1736	2746	18.1
肤施	八九成不等	19967	极贫 1397，次贫 3112	4509	22.6
绥德	八九成不等	147831	极贫 1963，次贫 2784	4747	3.2
米脂	五六成不等	131296	极贫 876，次贫 1244	2120	1.6
洛川	五六成不等	37365	极贫 896，次贫 1741	2637	7.1
葭县	六七成不等	94818	极贫 1234，次贫 1927	3161	3.3
横山	六七成不等	10480	极贫 1010，次贫 1556	2566	24.5
安塞	六七成不等	15447	极贫 996，次贫 1458	2454	15.9
保安	六七成不等	10597	极贫 781，次贫 1784	2565	24.2
清涧	七八成不等	66470	极贫 1631，次贫 1992	3623	5.5
合计		6448002	极贫 591487，次贫 950598	1542085	

注：富平、三原、泾阳、高陵、耀县、华阴、华县、同官、白水、淳化 10 县虽灾情严重，但因靖国军驻扎未经调查，故未统计在内。

资料来源：《陕西全省三道区各县被旱成灾简明一览表》，《赈务通告》1920 年第 5 期，"报告"，第 1~9 页。三道分别指榆林道、关中道、汉中道。

从表 2 - 11 的统计可以看出，陕西灾民达到 154 万余人，而非赈济难以活命的极贫人口达到 59 万余人。1920 年，陕西省的北部、中部和南部均遭受了不同程度的旱灾。统计的 57 个县农业大幅减产，灾民数量庞大，极贫人数达到 59 万多人，次贫有 95 万多人。如三原自 1920 年入春以来，旱象日重，"秋苗补种殆以绝望，乡民乏食，有全家服毒者，有夫妇二人相约自尽者"。高陵等县灾民"或扶老携幼赴甘肃就食，或鬻妻卖子，或投沟壑以自殒"。① 可见，靖国军控制地区灾荒也异常严重。在报灾的 57 个县中，关中道最为严重，受灾 33 个县，榆林道次之，受灾 13 个县，汉中道最轻，受灾 11 个县。在这次旱灾中，农作物都减产，大部分农田受灾在 60% 以上，其中减产五六成的占 12%，减产六七成的占 37%，减产七八成的占 26%，减产八九成的达到 25%（见图 2 - 5），绥德、镇安、山阳、长武、武功、邠县、乾县、扶风等地农田甚至受灾达到八九分。这次旱灾造成了 100 多万贫苦的灾民无着落，急需救济。其中，受灾人口占到全县总人口 70% 以上的有 3 个县，以宝鸡最为严重，受灾人口占全县总人口的 79.2%，20 个县受灾人口占全县总人口的 30% 以上，9 个县受灾人口占全县总人口的 40% 以上，形成了一个庞大的灾民群体。

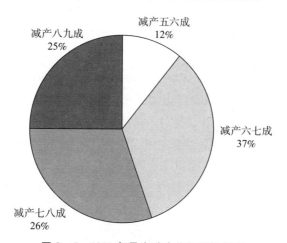

图 2 - 5　1920 年旱灾致农作物受损程度

此外，71 个县遭受兵匪侵扰，24 个县遭受雹灾，32 个县遭受水灾，4

① 《报告三原灾民之惨状》，《益世报》1920 年 8 月 13 日。

个县遭受了霜灾，还有部分县遭受了风灾、虫灾，[1] 灾民"哀鸿遍野，嗷嗷待哺"。

1920年，陕西48个县不同程度地遭受冰雹、洪水、风灾、霜灾、蝗螟等的侵害，受灾人口30多万人。其中242人被淹死，淹毙及打伤牲畜27116头，冲毁房屋7697间，冲崩禾苗73万亩，农作物受灾大多在五六成以上。[2] 长安、临潼、渭南、鳌屋、大荔、蒲城、郃阳、宝鸡、扶风、商县、乾县、咸阳、鄠县、醴泉、韩城、洛南、岐山、郿县、武功、潼关、柞水、汧阳、栒邑、安康、平利等25个县份刚遭受严重的旱灾，又遭受水灾和冰雹，较为严重的如扶风1920年大旱灾，农业减产80%以上，形成7万多灾民，1920年发生的雹灾毁坏农田10万多亩，又形成2万多灾民，加上旱灾灾民，灾民人口占全县人口比例高达75%；商县多地遭受旱灾，农田受灾面积达到80%以上，又遭受洪涝和冰雹袭击，农田被冲毁1500多亩，成灾70%以上；渭南旱灾造成全县20%以上的人口成为灾民，1919年、1920年夏季水灾又毁坏农田15332亩，倒塌房屋900多间；大荔遭受旱灾后，又于1920年相继遭受风、霜、雹灾，万亩农田被毁，房屋倒塌200多间；乾县也是本次旱灾的重灾区，灾民占到全县人口的40%多，1920年夏天又遭受冰雹，万亩良田被毁，对灾民来说无异于雪上加霜；洛南也在遭受旱灾后遭受了冰雹袭击，打伤庄稼62518亩；武功也是1920年旱灾重灾区，随后，漆水暴涨，县城（今武功镇）东门外田庐被淹。[3] 汉中道所属各县因为处于汉江沿岸，又受亚热带气候的影响，本为鱼米之乡，但是这次也是遭受各灾，"道属各县上年夏秋被旱、被水、被雹、被虫，秋禾多有损伤，除安康、平利、汉阴、西乡、宁陕均勘不成灾外，其已成灾者则有岚皋、佛坪、紫阳、山阳、商南、镇安六县，内惟商南灾重。……本年夏秋被旱，间受虫伤者有安康、汉阴、白河三县，洵阳旱后被水，略阳、山阳、镇安被雹被水，紫阳被旱，均先后委员会勘各在案。现据山阳县印委呈报秋禾成灾在八分以上，灾户三千有奇。……此外被匪灾者有凤县、留坝、南郑、褒城、沔县、略阳、宁羌、镇巴、西乡、宁陕

---

[1] 《陕西华洋义赈会致京津各处赈会报馆电》，《赈务通告》1920年第5期，"公牍"，第45页。

[2] 《陕西三道水霜虫雹成灾简明一览表》，《赈务通告》1920年第6期，"报告"，第16~24页。

[3] 《武功县志》编委会编《武功县志》，陕西人民出版社，2001，第113页。

十县"。①

连续的灾害使得本来大多处于贫困中的民众生活更加困难。据北京国际统一救灾总会的统计，当时灾民多以草根树皮为食，"糠杂以麦叶、地下落叶制成之粉、花子、漂布用之土、凤尾松芽、玉蜀黍心、红金菜（野草所蒸之饼）、锯屑、苏、有毒树豆、高粱皮、棉种子、榆皮、树叶花粉、大豆饼、落花生壳、甘薯葛研粉（视为美味）、树根、石捣之成末以取出其最细之粉"。② 由于陕西政局动荡，军阀割据，地方政府无力救济灾民。在陕西各界一再呼吁下，北京政府允诺拨款 95000 元救济陕西灾民，但是最后只实际拨款 15000 元，剩下的 8 万元，尽管陕西当局一再催促，但北京政府一直没能兑现，陕西灾民处于无法得到救济的境地。

1921 年灾情并没有好转，各地水灾严重。"夏秋之间，吾陕惨蒙水灾，汉南则江涨堤崩，陕北则冰雹为虐，关中则秋霖，竟达四十余日。冲毁田舍淹毙人民不计其数。据赈灾处调查，灾民总数竟达四百余万。"③《秦中公报》记载，"本年水灾奇重，被灾区域计有 53 县之多，而已报未达各县尚不在内，晦匮冬夕，哀鸿遍野，膏泽孔殷，安康等县民以野草为根，商县一带树皮为之食尽，流徙死亡相属于道，且去冬屡次地震，房屋倾陷，死亡尤众，遭此奇灾，为数十年所未有，闻之酸心，睹之泪下"。④ 据陕西省政府向北京政府的报告，府谷、神木、略阳、平利四县灾情如下（见表 2－12）。

表 2－12　府谷等四县灾情一览

县名	遭灾种类	受灾时间	受灾区域	灾况
府谷	旱、冻	夏秋	黄甫、哈拉寨、孤山、古城、木瓜、麻地沟、夫马镇、新马镇、黑界等二十一处	该县地居北山，气候寒冷，本年自夏徂秋，麦苗受旱，大半枯槁。中秋后，天气骤冷，秋禾又受冻枯死，立成灾歉，统计收成在二分左右，该县地瘠民贫，年来迭受灾祲，哀鸣嗷嗷，良堪悯恻

① 《陕西汉中道尹致内务部电》，《赈务通告》1920 年第 5 期，"公牍"，第 45～46 页。
② 《北京国际统一救灾总会报告书》，第 12～13 页。
③ 陕西各团体辛酉救灾联合会：《陕西各团体辛酉救灾联合会结束报告》，1922，"弁言三"。
④ 《陕西省自然灾害史料》，第 125 页。

续表

县名	遭灾种类	受灾时间	受灾区域	灾况
神木	旱、冻、霜	八月	全县	该县连年兵荒，家少存粮，本年入夏又复亢旱，禾苗发生已不甚苗壮，不意夏历八月十九、二十一、二十二、二十三等日，天气陡寒，凝霜成冰，秋禾被冻，尽行枯萎，乡民泣诉收量至多不过二成，其余瓜果等类，亦均歉薄，瞬届严冬，孑遗之民何以卒岁？情殊可悲，倘非亟图赈抚，则饥寒交迫，弱者填沟壑，壮者为盗贼，实有不堪设想者
略阳	水、匪	旧历四月至八月	县属西南、南区及北区一带	该县夏秋淫雨连绵，河水时涨，时塌冲压田地不计其数，禾苗全被浸坏，收成不及一分，又加西南两区红灯教匪猖獗蔓延，几遍焚杀劫掠惨无人道，北区一带复由甘逼窜来变军，百余人各持快枪，四出抢劫，人民流离失所，竟至路断人稀。哭泣之声震动天地，既在水尚未退秋禾被淹虽难播种，嗷嗷待哺有二万余人
平利	水灾	四月至夏末	镇坪等处，上茅坝、中茅坝、下茅坝保及首乡、乾测河等二十保	该县万山丛错，素称贫苦。连年迭遭兵荒，本年夏初，大雨为灾连绵不断，夏末十寒一暴，淹潦愈甚，以致生活日窘，苞谷、洋芋苗尽枯萎，根亦霉烂，收割不及二成，濒临河干之田庐，坟墓被水漂没。灾民饥寒交迫，奄奄待毙，遍野哀嚎凄惨万状，有三万余丁口

资料来源：《陕西驻京筹赈处函赈务处为续报陕西寄到水雹被灾四县一览表》，《赈务通告》1922 年第 2 期，"公函"，第 19～20 页。

据统计，当年陕西夏遭旱魃，夏麦歉收，受灾 72 县，灾民有 1324 万多人。[①] 3 月，镇安黑霜杀麦。夏，榆林、延川、扶风、山阳等县降雹。6 月，陕西大水。7 月 7 日，石泉等县雨大如豆。7 月 12 日，安康、洵阳等地汉江大洪水，汉阴城西南一片汪洋。夏，盩厔、鄠县、郿县、陇县、渭南、长安等县河水暴涨，淹没秋田。秋，关中、陕南秋雨连绵，河水泛涨，冲淹秋田、房屋。该年水灾奇重，计 53 县受灾。冬，哀鸿遍野，商县、安康等县民食树皮、野草，流徙死亡于道，灾情之重为数十年所

---

① 《陕西省自然灾害史料》，第 56 页。

未有。①

二　1925 年：多灾并发

1925 年，陕西各地暴发了以旱灾为主，兵灾、匪祸、水灾、雹灾多灾并发引发的饥荒。一方面，混乱的政局导致陕西当局面对灾情束手无策；另一方面，兵匪多如牛毛，刘镇华离开陕西后，陕西省都督和省长空缺，"争督者六人，争长者八人"，② 横征暴敛，兵匪连连，加重了灾情。1925 年灾情尚未缓解，1926 年又发生了镇嵩军围西安城事件，围城时间达半年之久，对于陕西百姓更是雪上加霜。1925 年各县的灾情见表 2-13。

表 2-13　1925 年陕西各县报灾一览

县名	灾害种类	灾况
长安	旱、水、兵、匪	该县为附郭首邑，频年，水旱为灾，民苦供应粮贵无食，省城居民竟有全家因饿投毒者
临潼	旱、水、兵、匪	该县地当孔道，民困不堪，历遭水旱兵匪各灾，春间民食不给，怜可悯
渭南	雹、旱、冰、匪	该县迭经兵荒，间阎骚然，仓箱如洗，典贷无法，甚至乞丐满道奄奄垂毙殊为可悯
盩厔	水、旱、冰	该县人民今春疲弊不堪，流离载道，综计极贫共六万九千余口
富平	旱、兵、匪	该县荒旱频遭，民苦供应，四乡间阎十室九空，粮价贵，待哺嗷嗷，流亡载道，情极可悯
大荔	兵	该县天灾人祸迭次，潘驿等处损失过巨，全境青黄不接，民多乏食，仰屋徒嗟，致有流离之惨
蒲城	旱	该县去岁夏秋亢旱，粮价昂贵，今春遍野哀鸿待哺嗷嗷，鸠形鹄面之人触目皆是
郃阳	旱	该县困于供应，兼逢岁歉，今春青黄不接民多菜色
凤翔		该县地当道，凋敝不堪，乞丐满街，流亡载道，间阎尤为萧条。民多菜色，情殊可悯
宝鸡	旱、匪	该县荒歉连年，民不聊生，今春匪徒披猖，疮痍满目，殊为痛心
扶风	旱	该县地瘠民贫，村市萧条，支应浩繁，民鲜盖藏现储，青黄不接灾民待哺，情急嗷嗷盈耳，闻者泪下
商县	旱、兵、匪	该县溃兵土匪滋扰难堪，加以饥饿，频遭水深火热，奄奄垂毙故野，有饿莩途多流亡云

---

① 陕西省地方志编纂委员会编《陕西省志·气象志》，气象出版社，2001，第 214~215 页。
② 《群雄如毛之陕西一隅》，《顺天时报》1925 年 7 月 27 日。

续表

县名	灾害种类	灾况
乾县	旱、霜、雹	该县历遭水旱霜雹等灾，疮痍未复，今春粮价更增，断炊者多，故流亡及垂毙之民殊堪悯惜
咸阳	旱、水	该县地当孔道，供应不支。人民自经荒劫，渭河南北各村舍十室九空，乞丐满途，妇孺啼饥情形可悯
三原	旱、兵	该县历年民苦负担，旱灾迭见，际此青黄不接，乡区饿莩盈途，情状堪悯
泾阳	旱	该县屡岁歉收，今春得雨更迟，贫户告贷无门，民多菜色，嗷嗷待哺情殊可哀
鄠县	兵、匪	该县历经荒歉，今春驻军护秩序，大乱抢掠一空，匪徒借乱拉走二十余人，抢劫一百二十余家，时值青黄不接，告贷无门，之状甚为可悯
蓝田	水、旱	该县去岁夏秋薄收，水旱迭见，至春供应难支，炊烟断绝，人民剥食树皮，流落他乡，神销骨立，情形可悯
兴平	旱、牛、瘟、兵	该县去岁夏秋薄收，今春牛瘟盛行，麦米昂贵，供应难支，人民典质糊口，流亡载道，疮痍满目最为惊心
醴泉	旱、兵	今春青黄不接十室九空，贫民典质告贷，备形竭厥，故扶老携幼以求生路者络绎于道
高陵	旱、兵、匪	该县天灾人祸迭起，环牛民食无望，疮痍满目，待哺嗷嗷，流离载道
耀县	旱、兵	该县连遭旱雹，差务浩繁，人民日食糠秕、树皮、油渣，鬻子质田以度荒年，甚至僵趴道旁奄奄待毙者
华县	水、兵	该县水旱连年，去冬突为兵灾蹂躏殆遍，今春民食不继，供应浩繁以致告贷无路，殊为可悯
华阴	水、旱、兵	该县地当卫道，水旱频遭，军事破坏凋敝不支，春间十室九空，粮价增高，人民卖妻鬻子流离满道，情状最为凄惨
朝邑	旱、雹	该县上年歉收，今春青黄不接粮价腾贵，民多菜色
澄城	雹、牛、瘟、兵、匪	该县凶旱连岁，兵燹频仍，春间粮价更增，农贷为难，治城西北土匪猖獗，西南一带牛瘟厉行，灾祸无已，万难聊生，故多以草根树皮充饥，鸠形鹄面之人触目皆是
韩城	旱	该县连年歉收，十室九空。今春民多乏食甚至断炊。流离播迁，情形极惨
洛南	旱、雹、兵、匪	去秋淫雨洛涨田被水刷，入春亢旱，匪徒出没，蹂躏不堪，人民缺食，阛阓极形困苦，鸠形鹄面，情状最惨
岐山	旱	该县人民春间乏食者多以树芽苜蓿充饥，典质无主，称贷无门，甚有卖儿贴妇者，流亡载道，情形极惨

续表

县名	灾害种类	灾况
陇县	旱、雹、水、匪	该县山川辽阔，旱雹频遭，民食不给，典贷无路，多以蕨菜树芽为食，流离死亡者不可胜数
郿县	旱	该县地瘠民贫，兵荒迭遭，今春阊间乏食，庚癸频呼，流离之惨状目不忍视
武功	旱	该县迭历灾祲，民不聊生，春间食料不给，典贷无法，故多以草根树皮为食料，故鸠形鹄面者遍于阊间
邠县	旱	该县迭历兵荒，民间十室九空，壮者外出，老弱垂毙，糠秕树芽搜刮殆尽，惨状目不忍视
同官	旱、雹、匪	该县久被匪扰，旱雹迭经，阊阎已达极点
潼关	旱、兵	该县地当卫要，骚扰不堪，世面萧条，阊间疲敝，籽旱空，民何聊生
白水	旱、兵、匪	该县山地荒凉，干戈未息，供应无法，抢劫时闻，村庄贫户以菜糠麸为食料，故乞丐多
柞水	旱	该县地瘠民贫，先旱后涝，近又土匪充斥，杼抽一空，迁徙逃亡及奄奄待毙者触目皆是
沂阳	旱	该县间阎萧条，粮价增高，入春牛瘟时行，农户□支甚□，家徒四壁……情极可悯
麟游	旱、霜、雹	今春粮价腾贵，人民告贷匪易遂致流亡载道，情状至为可悯
永寿	旱、匪	该县兵荒迭遭，匪徒滋扰，春间青黄不接蒙袂乞食者络绎于道，情状至为凄惨
栒邑	旱、匪	该县地瘠民贫，匪祸迭经，入春粮食不给，糊口无法，民多菜色，情状至为可悯
淳化	旱、匪、兵	该县兵匪迭遭，荒歉屡经，城市萧条，四境荒凉，人多鸠形鹄面，流亡载道，殊为可矜
长武	旱	该县去岁亢旱，今春民食缺乏，告贷无路，故多流离失所之民
安康	旱、匪、涝	该县旱涝频仍，困于负担，入春粮价腾涌，间阎冬食草根树皮，其有流离失所者嗷嗷啼饥不堪耳闻
城固	旱、水	该县水旱迭遭，久苦供应，各坝贫民鸠形鹄面者不堪目观，其有卖子鬻女流离载道者，情状极惨
沔县	涝	该县素称凋敝，今春忽被淫雨淹没田禾，民食不敷，廊屋啼饥闻者泣下
洋县		该县先旱后雹，收成歉薄，今春民间室无升斗，野有饿殍，灾状之惨大异往昔云
西乡	雹、旱	该县客岁水旱迭遭，仓箱早空，今春青黄不接多用草根树芽充饥，甚有卖儿贴妇者
镇巴	旱	该县今春匪徒抢掳，烧杀寸土不留，人民流离失所，待哺嗷嗷，夏收尚远，求生无路

县名	灾害种类	灾况
山阳	旱、兵	该县历遭兵荒，疮痍未复，闾阎突恒无烟，故鬻妻卖子流离载道者不可胜数
洵阳	旱、水、匪	春间民困不堪，嗷嗷待哺多以草根观音土充饥，面色鼃黑情状极惨
白河		该县地多硗瘠，财殚力痡，饥馑庶臻，哀鸿遍野，流离失所之状不堪目视
紫阳	旱、兵	该县兵荒迭遭，疮痍满目，贫民以草根树皮为几餐，少壮尽作流亡，老弱多成饿殍，哀此孑遗，何以生存？
镇安	旱、匪、水	该县迭遭水旱，民间升斗无余，多食树皮白土，生命饿毙又有聚众恶讨阗骚然。卖子鬻女骨肉生离，南道灾情准□甚惨
平利	旱、水、风、雹、虫	该县连遭水旱风雹虫涝之灾，禾苗枯萎，生路全无，种种惨状不胜指数
略阳	旱、匪	该县兵荒迭见，十室九空，青黄不接典贷无法，又加匪扰，昼夜难安
留坝	旱	该县山地硗薄，民因供应饥馑日甚，庚癸频呼
凤县	旱、兵、匪	该县荒旱连年，今春由甘肃窜来大股土匪扰害各区，抢掳烧杀贫富一空，时值青黄不接流离状状极可悯
佛坪	旱	该县瘠苦不堪，灾劫迭遭，黠者聚吃大户以苟延岁月，弱者仰屋徒嗟，坐以待毙情状甚为凄惨
宁陕	旱、风、瘟疫	该县旱风为灾，禾杀受害，北区最重，各区次之，冬疫春瘟，四乡厉□饿死五百余人，迁徙九百余户，南道惨灾宁居其最
岚皋	旱	该县灾情奇重，饿殍载途，贫民吃大户以延村扰害，各保均有饿死之人，甚有一保而饿毙四五十口者，情形最为凄惨
汉阴	旱	该县去岁异常亢旱，入春民多采厥□□为食，饿毙僵卧者遍于道路，甚至□割尸肉为食，情形最惨
商南	兵、匪	该县地居变要，土瘠民贫，兵戈土匪祸乱相□，人民庐舍积储迭被抢烧一空，妇孺风餐露宿，冻绥堪矜
镇平	水、旱	该县春间大雨如注，山洪暴发，冲毁庐舍禾稼不计其数，甚至冲入城内，人民露宿待哺，声闻算人鼻陇
榆林	旱、雹	本年自春徂夏雨泽愆期，禾苗亢旱，韦家楼二十一村被雹打伤
鄜县	旱	自春徂秋泽愆期，夏禾歉薄，秋禾绝望
神木	旱	百姓食米罕见，多食草籽草根苦菜
府谷	旱	秋禾受旱枯萎
肤施	旱	春夏无雨，禾苗出土尽枯
米脂	旱	自春徂夏雨泽稀少，禾苗枯萎
绥德	旱	自春徂秋未得饱雨

续表

县名	灾害种类	灾况
洛川	旱	秋禾出土受旱，每亩收获二三升之谱
中部	水、旱、雹	天极亢旱，夏禾歉薄，秋禾无望
宜君	旱、雹	亢旱数月，继以冰雹，以致二麦歉收，秋禾无望
宜川	旱	麦未实收一分，秋禾多未播种，闻有种者均已枯萎
横山	旱、雹	本年自春徂秋天气亢旱，禾苗枯萎殆尽，纳令河盖派梁等十八村夏禾被雹，韩家岔等二十三村秋禾被雹
安塞	旱	夏禾歉收，向不普种，秋禾枯萎，收价三分有余
甘泉	旱	夏禾无收，秋皆枯萎
保安	旱	本年雨泽缺乏，夏禾收成有五分，秋禾亢旱极烈，概皆枯萎
延长	旱	自夏至秋旱魃为虐，至秋完全无望
延川	旱	夏禾实收分余，秋禾颗粒无收
定边	旱	本年亢旱过久，夏田亳无收获，秋亦极歉收，人有同有饥馑之虞
清涧	旱、雹	东北两区秋禾无收，西南中三区间有薄收
吴堡	旱	落雨过迟，秋收仅有一二分

　　资料来源：《陕西乙丑急赈录》，1925，"章制表册类"，第11～26页。

　　从表2-13可以看出，遍及陕西的旱灾和一些地区的冰雹、霜冻、水灾、瘟疫以及匪患交织在一起，使庞大的灾民团体形成。据陕西省赈务处的统计，1925年全省共计84个县遭受了各种灾害，即全省86.6%的县遭受了旱灾、雹灾、兵祸、匪患等，其中75个县遭受旱灾，计有陕北23县、汉中17县、关中35县，旱灾成为影响范围最广的灾害。遭受了水灾，伴以冰雹、洪水，庄稼颗粒无收。"自冬入春，凤翔、汧阳、麟游、长武、醴泉、郃阳、安康、白河、汉阴等县旱，夏禾歉薄。3月，麟游、乾县降霜，自春至秋，陕北大旱。5月和6月，榆林、清涧、米脂、武功、渭南、大荔、宁陕、平利等县降雹。7月，关中、陕南淫雨连绵，淹没田禾成灾；清涧、鄜县、中部、保安、宜君、大荔、宝鸡、麟游、武功、安定、葭县、府谷、宜川等降雹。9月9日，神木县雹灾。秋，华县淫雨，太平河决。"①当年夏天，汉中各县淫雨，冲决河堤，淹没田庐、人口不计其数，

---

　　① 《陕西省志·气象志》，第215页。

略阳城中积水数尺，村镇沦陷，稻谷生芽，秋收无望。① 1925 年"凤翔、汧阳、麟游等地自冬入春，雨雪稀少，禾苗枯萎，麦收无望，草根、树皮采食殆尽"。② 横山"6 月风雷大作，猛降冰雹，大若鸡卵，小如弹栗，将威武堡口外自德井起至坊坮等 12 村庄所种禾瓜菜等田被雹打伤净尽，收获无望，灾情奇重"。③

中国华洋义赈救灾总会陕西分会在报告书中称："陕西去岁夏麦歉收，均分约有四成。夏秋亢旱成灾，秋苗萎枯。南道各县报水旱冰雹之灾者十有余县，北道各县报旱灾、冰雹之灾者二十余县，中道报旱灾、冰雹之灾者仅十余县。……就三区较之，北道甚广，南道次之，中道又次之。虽各县灾会林立，设法募捐，均见难有生气。"④

因为这次灾害严重的程度，陕西本来在 1924 年旱灾后撤销了省赈务处和各地赈务分支机构，这次不得不提议恢复赈务处，作为专门救灾机构。"民九、十、十一等年曾因天灾流行，先于省垣设立赈务处，各县赈务分会亦次第成立，办理数年，成效卓著，故虽饥馑荐臻，人民尚无流离失所之虞。去岁该处撤销方谓可告一结束。不意撤销以后，灾情重大，灾区浩广十倍于民九年等年，而中道所属之渭（南）、华（县）、蒲（城）、朝（邑），南道所属之安（康）、汉（中）、沔（县）、略（阳），北道所属之延（安）、榆（林）、鄜（县）、绥（德）等县被灾尤巨。"⑤

陕西 1925 年的灾情和 1920 年的灾情有一个共同点，就是匪患和自然灾害交织在一起，天灾和人祸相继，加重了陕西的受灾程度。如当时的报人以《惨矣哉陕南之天灾人祸》为题报道了刘镇华在陕西的横征暴敛、土匪横行加重了陕西的灾祸："刘镇华自民国七年率领镇嵩军残部来陕，攫得省长一席，废弛烟禁，暴敛横征，劣迹早已经京津各报披露。惟时督省两署同城，尚有所顾忌，不敢公然为所欲为。自上年兼署督职，综揽军政大权，肆无忌惮。野心愈炽，收编土匪扩充军额。对于财政，则搜刮无法不至。乱用私人，于国计民生皆所弗顾。彼视全陕为其一己之殖民地。嗣

---

① 《陕西省自然灾害史料》，第 128 页。
② 《陕西省自然灾害史料》，第 58 页。
③ 《陕西省自然灾害史料》，第 178 页。
④ 《中国华洋义赈救灾总会陕西报告书》，《中国华洋义赈救灾总会丛刊》甲种 13，1925，第 75 页。
⑤ 《陕西省议会提议恢复赈务处文》，《陕西乙丑急赈录》，第 101 页。

后吴新田欲沾渔人之利，在省屡与为难。遂借剿匪之名，前驱所部，驻扎陕南各县。道尹、知事等职，位以私人。仓廪存储，以拯饥荒，而数十万虎狼食之尽罄。所设捐目五花八门，诚世界各国所未有。……汉中道各县歉收，而汉阴尤甚，约十成之一二。树皮草根，掘食殆尽。携妻负子，哀鸿遍野。加之土匪蜂起，白日抢掠，民不聊生。"① 可以清楚地看出，20世纪20年代陕西脆弱的政治生态环境，加重了本来发生相对比较频繁的灾害引发的灾情。1926 年刘镇华的镇嵩军围攻西安城半年，西安百姓冻饿而死者不下 5 万人。②

三　1928～1932 年长达 5 年的以旱灾为主、多灾并发的大灾荒

1928～1932 年陕西遭遇了近代以来最严重的旱灾以及其他并发灾害。1928～1930 年，发生了席卷 25 个省份的旱、雹、水、风、虫、疫并发的巨灾，③ 特别是旱灾，以陕西为中心，西北、华北最为严重，西北成为"活地狱"，④ 被国民政府列为甲等灾情的 4 个省份中，陕西位居第一。⑤ 本次灾荒是民国时期陕西最为严重的一次灾荒，关于灾情记载比比皆是。这次灾荒持续时间长，灾情重，从 1927 年至 1929 年连续无雨期（≤5 毫米）长达 260 天，1928 年的降水量仅为正常年份的 15%～20%。⑥ 1928 年的陕西，干旱和其他灾害并发，"自春徂秋，泾渭流竭，泉井皆枯，甚至人瘟牛疫，虫害雹灾，皆与旱魃相辅而施威，麦苗既已晒干，秋禾更无颗粒，况种麦期逾，天仍未雨，现届冬令，而四野麦苗，尚落落如晨星。合关中、汉中、榆林三区九十一县，而被旱灾者，已七十有五"。⑦ 陕西大部分县发生灾荒，占全省总县数的 90% 多（见表 2-14）。

---

① 《惨矣哉陕南之天灾人祸》，《共进》第 80 期，1925 年，第 9～10 页。
② 李振民：《陕西通史·民国卷》，陕西师范大学出版社，1997，第 137 页。
③ 1929 年 3 月国民政府振灾委员会编的《各省灾情概况》统计为 21 个省，另据李文海等的《中国近代十大灾荒》研究，本次患灾不下 25 个省份。
④ 李文海、程歘等：《中国近代十大灾荒》，第 169 页。
⑤ 《一年来振务之设施》，第 2 页。
⑥ 李生秀等编著《中国旱地农业》，中国农业出版社，2003，第 114 页。
⑦ 《草根作食树叶充饥，旱灾范围七十五县，啼饥泣馁，坠井投崖，陕西灾民之血泪书》，《益世报》1928 年 11 月 28 日。

表 2－14 1928 年陕西灾情统计

县别	灾种	亢旱时间（个月）	夏田收成	秋田收成	麦已种否	现时粮价（元/石）	灾区状况
长安	旱	9	无	无	未种	35	民食发生恐慌，树皮草根皆充作食料，以油渣为上品
临潼	旱	9	无	无	未种	35～45	啼饥号寒者触目皆是
渭南	旱、匪	8	两成	一成	已种未生	35～45	流亡载道
华县	旱、匪	8	两成	一成	已种未生	35～45	居民十室十空
华阴	旱	8	两成	半成	已种未生	35～45	草木俱枯，民食糟糠，竟有因饿自杀者
潼关	旱	8	两成	半成	已种未生	35～45	饿殍遍野，目不忍视
朝邑	旱、匪	10	无	无	未种	35～45	民食维艰，土匪从而蹂躏，厥状甚惨
大荔	旱	10	无	无	未种	35～45	灾情奇重，民不聊生
蒲城	旱、虫	10	无	无	未种	45～55	旱虫交加，禾苗摧残净尽，民食无着
白水	旱、匪	10	无	无	未种	45～55	赤地连阡，土匪时有出没
澄城	旱	10	无	无	未种	50～60	井泉皆竭，大树皆枯死，于灾者十之三四
郃阳	旱、匪	10	无	无	未种	50～60	灾民中竟有卖妻鬻子不得一饱者
韩城	旱	10	无	无	未种	50～60	河水断流，草木俱萎，民不堪命
三原	旱、兵	12	无	无	未种	50～60	民食秕糠，油渣视为上品
泾阳	旱、雹	12	无	无	未种	50～60	大旱之余，冰雹为灾，民食被损净尽
高陵	旱、匪	12	无	无	未种	50～60	旱匪交加，民不聊生
富平	旱、牛瘟、雹	11	无	无	未种	50～60	赤地不毛，泉井涸竭，牛瘟大作，耕牛死亡殆尽
耀县	旱、雹	11	无	无	未种	50～60	久旱，遭雹，瓦屋具碎，民生危殆
同官	旱、雹	8	无	一成	已种未生	50～60	秋苗被雹打伤，现时全境尽属赤地
淳化	旱、雹、匪	8	无	一成	已种未生	50～60	兵匪交加，民不堪命，天气亢旱，草木为枯

续表

县别	灾种	亢旱时间（个月）	夏田收成	秋田收成	麦已种否	现时粮价（元/石）	灾区状况
栒邑	旱、雹	9	无	半成	已种未生	50~60	雹、雨大作，秋苗被损。天气亢旱，麦未下种
永寿	旱、雹、匪	9	无	半成	已种未生	50~60	灾情复杂，民不堪命
邠县	旱、雹	9	无	半成	已种未生	50~60	雹损秋田，民食绝望
长武	旱	10	无	无	未种	50~60	灾黎遍野，死亡日众
咸阳	旱	10	无	无	未种	45~55	家畜野兽概作民食
兴平	旱、雹、牛瘟	9	一成	半成	已种未生	50~60	啼饥号寒遍地尽成灾黎
醴泉	旱、雹、疫	9	一成	半成	已种未生	50~60	大旱为灾，继以瘟疫，死亡者十之五六
乾县	旱、虫、匪	10	半成	无	未种	50~60	田间以旱久，虫生为害更烈，土匪纷扰民不堪命
武功	旱、兵、匪	11	无	无	未种	50~60	兵匪糜烂地方，并遭此奇旱，民不聊生
扶风	旱	12	无	无	未种	50~60	奇旱成灾，民命垂危，竟有因饿服毒者
岐山	旱、匪	12	无	无	未种	50~60	匪类荼毒闾阎，田野尽成赤地，灾情甚烈
凤翔	旱、匪	12	无	无	未种	50~60	旱匪交作，居民无衣无食，竟有因饿投井者
宝鸡	旱、匪	12	无	无	未种	50~60	匪徒为害地方，又遭如此奇旱，民嗟无食
麟游	旱、雹	10	半成	无	已种未生	50~60	雹旱相继为虐，民食无望
汧阳	旱、匪	10	无	无	未种	50~60	地方萧条，灾黎遍野
陇县	旱	10	无	无	未种	50~60	民居十室九空
郿县	旱、匪	9	无	无	未种	50~60	久旱成灾，盗贼蜂起
盩厔	旱、匪、牛瘟	9	无	无	未种	40~50	久旱之后牛疫大作，红枪会从而劫掠，灾情甚惨
鄠县	旱、兵	9	无	无	未种	40~50	连年兵燹频遭，今年又逢大旱，饥民甚众
蓝田	旱、雹	8	两成	半成	已种未生	40~50	民食缺乏断炊者十之八九
柞水	旱、匪	10	无	无	未种	40~50	旱匪成灾，哀鸿遍野

续表

县别	灾种	亢旱时间（个月）	夏田收成	秋田收成	麦已种否	现时粮价（元/石）	灾区状况
洛南	旱、雹、匪	9	一成	半成	已种未生	40～50	土匪扰乱，□□蹂躏，旱雹相继为虐，民生艰苦
商县	旱	10	无	无	未种	40～50	荒旱奇重，民不聊生
南郑	旱	7	无	无	未种	40～50	遍地荒凉，人有菜色
城固	旱	7	无	无	未种	40～50	啼饥号寒，灾情奇重
西乡	旱	7	无	无	未种	40～50	草木枯萎，河流欲竭
洋县	旱	7	无	无	未种	40～50	野有饿莩，目不忍观
镇巴	旱、匪	6	一成	无	已种未生	40～50	旱灾奇重，土匪蜂起，民不聊生
石泉	旱、雹	6	一成	无	已种未生	40～50	旱雹相继为虐，民食摧残殆尽
汉阴	旱、雹	6	两成	无	已种未生	40～50	旱雹相继为虐，民食摧残殆尽
紫阳	旱	6	一成	无	未种	40～50	旱象久成，群情惶恐
岚皋	旱、匪	7	无	无	未种	40～50	既遭旱灾，又受匪祸，人民苦痛，不堪言状
镇平	旱	8	无	无	未种	40～50	河流变为陆地，人民饮食俱感困难
平利	旱	8	无	无	未种	40～50	哀鸿遍野
安康	旱	8	无	无	未种	40～50	民食家畜野兽
白河	旱	8	无	无	未种	40～50	流亡载道
洵阳	水	6	一成	两成	已种	40～50	暴雨倾盆，漂没民舍
商南	旱、蝗、雹	6	两成	两成	已种未生	40～50	蝗旱交作，民食被损殆尽
山阳	旱	8	无	无	未种	40～50	十室九空，民生艰苦
镇安	旱	7	一成	无	未种	40～50	变产易食，苦不得其受主
宁陕	旱	7	无	无	未种	40～50	啼饥号寒之声惨不忍闻
佛坪	旱	8	无	无	未种	40～50	嗷嗷待哺者不可计数
凤县	旱、匪、雹	7	一成	一成	已种未生	40～50	大旱之余又遇流匪，民生艰苦不堪言喻
留坝	旱	8	无	无	未种	40～50	泉井皆涸，草木枯萎
褒城	旱	8	无	无	未种	40～50	赤地相接，望无涯，人各忧形于色
沔县	旱	8	无	无	未种	45～50	灾情奇重，民不聊生
略阳	旱	8	无	无	未种	45～50	连年亢旱，人民生计维艰

续表

县别	灾种	亢旱时间（个月）	夏田收成	秋田收成	麦已种否	现时粮价（元/石）	灾区状况
宁羌	旱	8	无	无	未种	45～50	十室九空，民命堪虑
榆林	旱	8	无	无	未种	50～60	食料缺乏，坐以待毙
神木	旱、雹	7	一成	无	已种未生	50～60	树皮尽作食料
府谷	旱	8	无	无	未种	50～60	有为饥寒所迫，全家服毒自尽者
葭县	雹、旱	6	两成	无	已种未生	50～60	民不聊生
米脂	雹、旱	7	一成	无	已种未生	50～60	啼饿号寒者十之八九
吴堡	旱	8	无	无	未种	50～60	田野有如焦土，民食绝望
横山	雹、旱	7	两成	一成	已种未生	50～60	哀鸿遍野
定边	旱	8	无	无	未种	50～60	民间有卖妻卖子者
靖边	旱	8	无	无	未种	55～65	灾民为饥寒所迫，竟有将成年女子以四五元卖与人者
保安	旱	8	无	无	未种	55～65	缺食者所在皆是
安定	旱	8	无	无	未种	50～60	旱魃为虐，民命垂危
清涧	旱	8	无	无	未种	50～60	灾情奇重，居民无以为生
延川	旱	8	无	无	未种	50～60	饿殍遍野
延长	旱	8	无	无	未种	50～60	河水不流，井泉涸竭，百年古木变为枯干
甘泉	旱	8	无	无	未种	50～60	旱灾特重，民食断绝
鄜县	雹	7	一成	无	已种未生	50～60	雹雨为灾，秋禾完全被毁
宜川	雹、旱	7	一成	无	已种未生	50～60	雹后继以奇旱，灾情异常重大
洛川	旱、匪	8	无	无	未种	50～60	匪旱频仍，民不聊生
中部	雹	7	一成	一成	已种未生	50～60	巨雹为灾，瓦屋可碎
宜君	雹	7	一成	无	已种未生	50～60	巨雹为灾，遍毁秋田

资料来源：《陕西灾情表》，《赈灾汇刊》，1928年12月，"灾情纪实"，第201～207页。

1928年，陕西92个县除了绥德、安塞、肤施3县未有报灾外，其他各县均遭受了不同程度的灾害，全省亢旱，长达半年无雨，凤翔、岐山、宝鸡等地一年基本不见滴雨。当年夏收，半数以上县颗粒无收，只有蓝田、汉阴、渭南、华县、华阴、潼关、横山、葭县、商南等9县勉强有两成的收获。由于亢旱时间太长，错过农时，秋禾同样无望，大多县没有下种，即使有的县有播种，但是因为天气干旱种子未能发芽，粮食歉收加之交通不便，导致粮价腾贵，各县每石粮食最低 35 元，多地高达 60 元，加重了民生困难。

1929 年，陕西灾情并未缓解，反而愈演愈烈（见表 2 - 15）。据何挺杰的不完全统计，1929 年全省受灾 63 县，灾民为 530.2 万人。[①] 另据陕西省赈务会的记载，"本年旱灾重，灾区广，全省九十一县，而报灾已八十八县，现仍络绎不绝，夏秋颗粒无收，种麦又复失时，赤野千里，青草毫无"。[②]

表 2 - 15　1929 年陕西灾情统计（1928 年至 1929 年 2 月）

单位：人

县别	被灾地区	灾情概况	灾民
陇县	全境	旱匪为灾，哀鸿遍野	51255
长安	甘河一带	坝水暴涨，冲民地 40 顷，亢旱太甚	
临潼		天气亢旱，赤地千里，春麦歉收，秋收无望	135768
渭南	南原东西两区	旱灾奇重，民不聊生	158858
鳌屋		耕牛瘟疫死伤甚多，亢旱太甚，民不聊生	124940
富平	长寿、里和两团	牛疫毙牛 1500 余头，被雹后旱魃施虐，秋禾尽枯	145466
大荔		旱魃为虐，亢旱成灾	51547
蒲城		虫、风为害，秋苗未能播种，旱魃为虐，收获无望	136057
邠阳	全县	被匪扰害，旱魃为虐	87220
凤翔	全县	被匪蹂躏，民苦无依，灾旱太重	121394
宝鸡		被逆踞境，扰害地方，复旱亢旱	123895
扶风	全县	灾祸频仍，复遭大旱，民命垂危	84166
商县	全县	天亢遍属，赤地千里，旱灾奇重，近山田禾被山水冲没，民不聊生	147124
乾县	全县	兵、匪、雹、旱、虫成灾，哀鸿遍野	91800
耀县		匪旱频仍，哀鸿嗷嗷	39828
邻县		雹灾奇重，秋苗荞麦打伤已尽，又后苦旱	55008
咸阳		天旱秋荒，人民艰苦	77175
三原	全县	兵荒迭乘，灾情过重	63417

[①] 何挺杰：《陕西农村之破产及趋势》，《中国经济》第 1 卷第 4、5 期合刊，1933 年 8 月，第 14 页。

[②] 《陕西省自然灾害史料》，第 59 页。

续表

县别	被灾地区	灾情概况	灾民
泾阳	东西 30 余里，南北约 50 里	旱、风、雹摧残麦苗，收成无望	93076
鄠县	附城内外	连年兵燹，水旱频仍	60939
蓝田	东西约 3 里，南北约 4 里。	冷雨雹发，大如核桃，秋收解体，现断炊烟者十之八九，复加溃兵抢掠	137312
兴平		历年兵匪蹂躏，亢旱成灾	131442
醴泉	全县	被匪烧抢，生死过多，干旱遍境，秋收无望	111852
高陵	智、仁、勇三区	土匪拉票，奸淫烤烙，旱魃为虐，青苗枯槁	25073
华县	西南乡高塘三川		
华阴		入夏以来未落透雨，秋既歉收，麦田无法播种	67511
朝邑	全境	被匪蹂躏，烧杀惨无人道，全境苦旱	66369
澄城	全县	旱灾奇重，哀鸿遍野	62316
韩城		亢旱日久，灾情奇重	61299
洛南	四区	土匪扰乱，旱灾奇重，人民困苦	81768
岐山	全县	亢旱，受灾甚重	101766
郿县	横渠区严家庄	被匪枪毙男女 60 余人，伤 13 人，拉票 20 余人，久旱秋苗无望	50224
武功	大庄、普集二镇	被兵匪，糜烂不堪，并遭亢旱	161640
同官	西区、南区	冰雹过重，房屋、秋苗一概打伤	26145
潼关		大旱不雨，禾苗枯槁	
白水		旱、匪成灾，哀鸿遍野	22539
柞水		旱魃非常，赤地千里，加以土匪纷扰	
沔阳	全县	地方被匪糜烂，灾民遍野	38852
麟游		被雹摧残，禾苗无望	2299
永寿	四里 50 余村	变兵抢劫，天旱过甚，所种各秋又被雹打伤	35204
栒邑	中区	禾苗被雹打伤	29522
淳化	全县	兵匪交加蹂躏，加之天道亢旱，又被雹打伤秋苗	25758
长武	全县	苦旱灾重，饥黎遍野	37240
安康		境内水田、旱地悉皆焦赤	209730
城固	全县	自春徂秋，雨泽愆期	88758
沔县		旱象已成，灾情奇重，天灾人祸，民不聊生	
洋县	全县	旱象已成，灾情极重	94526

续表

县别	被灾地区	灾情概况	灾民
西乡	全县	旱灾过重	145568
镇巴	西南北三区及毛坝关	被土匪沿途枪杀，惨不忍闻	51823
山阳	全县	雨水缺少，秋收无望	96128
洵阳		暴雨倾盆，漂没人民	70785
白河	全县	大旱不雨，秋收绝望	87009
紫阳		旱象已成，群情恐慌	128488
略阳	全县	连年亢旱，生计断绝	61786
留坝	全县	久旱不雨，春收即绝，夏禾未栽	6533
凤翔	东区	土匪环绕，加以雹灾，哀鸿遍野	8819
宁陕	中区、关口保、西区、东南区	旱魃为虐，播种失时，雨泽愆期，秋苗绝望	8633
岚皋		旱灾太甚，惨受匪扰	48840
汉阴	五区二十二铺	秋粮总计不足五成，水雹四望山水皆奔冲倒，房屋淹没，男女千余口漂流，牲畜无算	150736
石泉	全县	旱魃为虐，又被雹打伤秋苗	72937
商南		久旱不雨，秋禾一概枯槁，复受冰雹，又遭蝗虫	46308
镇坪	全县	大旱成灾，民不聊生	23258
榆林		夏禾歉收，秋禾无望	96360
鄜县		被雹打伤，禾苗无望	13880
神木	县东 57 村，县西 6 村	亢旱，复遭夏秋两荒	68457
府谷		亢旱已久，秋禾毫无	81303
肤施		自春徂秋，雨泽愆期	
靖边	全境	赤地千里，民不聊生	9328
绥德	西区全部	被雹灾，旱灾为虐	50805
米脂	全县	被雹成灾，秋苗打毁，天气亢旱，民食无存	74142
洛川		□旱频仍，民不聊生	14334
中部		被雹打伤，秋禾殆尽	11389
宜君	西区 5 村	秋禾被雹打伤	12507
宜川	27 村	雹旱成灾，秋禾枯槁，民不聊生	39366
葭县	共计 10 村	雹旱成灾，秋禾枯槁，民不聊生	66768
横山		雹旱成灾，秋禾枯槁，民不聊生	39589

县别	被灾地区	灾情概况	灾民
安塞		雨泽愆期，亢旱异常	
甘泉		旱灾特重，民食断绝	1649
保安		大旱不雨，禾苗枯槁	
安定		自春徂夏，雨水甚缺	16433
延川		秋收无望	11275
定边	全县	亢旱成灾	8019
清涧		旱魃为虐	23713
吴堡		亢旱，夏麦歉收	14018
襄城	全县	水、雹、蝗各灾	170644

注：陕西受兵、旱、匪、蝗、水、疫、雹、风等灾，被灾县共计 85 个，被灾人数 5349698 人，尚有长安等 7 县灾民未调查，故阙如。

资料来源：秦含章《中国西北灾荒问题》，《国立劳动大学月刊》第 1 卷第 4 期，1930 年，第 9～15 页。

据表 2-14、表 2-15，1928～1929 年，全省调查的被灾 85 县，受灾人口达到 530 余万人。

于右任在视察陕西灾荒后谈道："陕西旱灾，言之令人心悸。秋禾全无收获者，如泾阳、三原、耀县、白水、韩城、澄城、大荔、朝邑、郃阳、蒲城、鄠县、咸阳、乾县、岐山、扶风、渭南、临潼、长安、醴泉、凤翔等县；陕北之靖边、定边、横山等县，既无秋禾，又困交通，情况尤为残酷；华阴、华县，以地势洼下，近被山水冲没耕地庐舍无算。最近又发现武功灾情之重实较以上各县为更甚，两年以来，未见雨泽，武功人口约十万，现在死者及逃者，已过六七万，真属惨人听闻。"[1] 又据《申报》记者调查，"由潼关以抵西安，沿途所经华阴、华县，灾象稍轻，因该处地势低下，减轻亢旱，秋收尚有五成以上。渭南至西安一带，则灾情已重，乞丐满道"。[2] 不管官方还是媒体调查，都反映出 1929 年陕西旱灾是十分严重的。

1930 年灾害有增无减，包括旱灾、水灾、雪灾、霜灾、蝗灾、鼠灾、瘟疫等，数灾交加，被称为"陕甘人民之末日"，陕西灾民达到 558 万人（详见表 2-16）。[3]

---

① 《于右任目睹之陕灾》，《兴华》第 26 卷第 38 期，1929 年，第 42 页。

② 《陕西灾情之重大》，《申报》1929 年 11 月 4 日。

③ 《申报年鉴》，1933，第 70 页。

表 2 – 16 1930 年陕西各县灾况一览

县名	灾别	报灾月份	受灾状况
长安	水、蝗灾	5 月、7 月	灞河暴涨，淹没田禾二十余顷，蝗灾几遍全县，唯郭杜、鱼化、河池三里及浐渭汶濒滨各里为最重
临潼	蝗虫灾	7 月	栎阊新斜等处，夏田秋禾，虫食殆尽，又被蝗食无存
渭南	蝗虫灾	7 月	西北一二区、东北一二区中区、西南东南区，麦谷豆棉苞谷等田被虫蝗伤害十分之七八
鏊屋	风、虫灾	7 月	麦甫吐穗，狂风摇落，概为干枯，早秋麻豆棉花，被虫食尽
蒲城	风、雹、蝗灾	5 ~ 7 月	麦田未熟者完全吹干，已熟者吹落遍地，唯西一、北一二、东二等区为最重，冰雹打伤禾苗，茎折叶落，东约十里，北五里，西南两面六七里，四乡棉花及各种秋禾，多被食害
宝鸡	霜、虫灾	5 月	陵川以北小麦完全为黑霜所杀，麦苗尽被虫食
郿县	风、雹灾	7 月	夏麦被风摧枯，收成仅充月余之腹，各种秋禾，叶茎全食，枯槁立见
陇县	风、霜灾	5 月	风霜为灾，麦苗被杀，茎枯穗秃，收获绝望
泾阳	雹、虫灾	7 月	二次冰雹损害棉谷，秋禾苗豆多被虫食
蓝田	虫灾	6 月	二麦豌豆被食殆尽
华县	虫灾	4 月	麦及豌豆被虫食者十之六七
朝邑	水、虫灾	5 月	黄河水泛冲没沿河麦田数十顷，虫灾横起，秋苗均被食尽
华阴	蝗灾	7 月	蝗虫几极全县，东北西两区最重，秋苗被食殆尽
澄城	虫灾	7 月	虫灾遍野，竟将秋苗从茎啮断
柞水	雹、水灾	6 月	冰雹大雨，平地水深数尺，冲没禾苗无算
富平	风、虫、蝗灾	7 月	烈风为灾，吹伤麦穗，颗粒飞落，收成大减，蝗虫发生，蔽盖田地
长武	风、霜灾	5 月	连降黑霜四日，又加黄风嘘烈，在野麦苗，尽成枯槁
平民	水、蝗灾	7 月	河西各区，黄河水涨，棉瓜豆等淹没殆尽，蝗虫遍地，食尽秋禾
三原	蝗灾	7 月	蝗虫几遍全县，秋禾食余无几
高陵	蝗灾	7 月	蝗虫蔽日，全境之内，秋禾食尽
榆林	雹灾	7 月	上柴塘、归德堡等被雹伤禾，秋成无望
鄜县	雹灾	6 月	金村原一带，廿余村冰雹如卵，打伤麦豆及秋苗计二万余亩

续表

县名	灾别	报灾月份	受灾状况
府谷	雹、虫灾	7 月	大昌汉沟等二十六村及谷城等处两次被雹打伤殆尽，孤山虫食禾苗甚剧
靖边	风、鼠灾	6 月	北风黑霜，天气骤冷，出土禾苗，尽被冻死
延川	雹灾	6 月	佛要塬一十三村，雹伤田禾，收获绝望
中部	雹灾	6 月	冰雹如卵，积地数寸，麦豆秋苗，悉被打伤
横山	雹灾	6 月	乡水堡等十二处，麦豆被雹打伤净尽
邰阳	蝗灾	7 月	蝗螟遍生，将结食之禾苗，概被食尽
宜君	雹灾	7 月	殿华村等共九村，雹打夏禾十三顷余
宜川	雹灾	7 月	冰雹大降，白水川二麦秋禾尽行打毁
南郑	水灾	7 月	山水暴发，江涨三丈，沿河一带，人畜蔬果，尽行漂溺
城固	水灾	7 月	河水陡涨，淹毙人畜数百，田地数顷
留坝	水灾	8 月	沿河水田，尽成淤泥，山坡旱地，不唯田禾无存，且地皮尽被冲去
宁羌	水灾	7 月	河水陡涨，水田土地，苞谷秋苗，悉破冲淤，并漂没人畜
石泉	雹灾	5 月	南区熨斗坝，西区在城前双西处，麦田被雹打毁净尽
镇安	雹灾	4 月	雨雹交加，势如倾盆，打伤麦豆人
咸阳	蝗灾	7 月	旱蝗遍地，食尽秋禾，收获无望
凤翔	蝗灾	8 月	蝗虫啮尽禾苗，叶穗无余
武功	蝗灾	8 月	早晚禾苗啮食馨尽，收成无望
鄠县	蝗灾	8 月	各种秋禾，尽成枯杆
醴泉	蝗灾	8 月	蝗虫遮天，禾树秃光
大荔	蝗灾	8 月	蝗虫遮天盖地，糜籽棉豆约留二三分
岐山	蝗、水灾	8 月	蝗虫加多，秋禾被食净尽，漂流人畜，倒塌房屋无数
定边	鼠、霜灾	8 月、10 月	麦豆才熟，三五日内被食一空，严霜遽降，秋禾全僵
潼关	蝗灾	8 月	蝗虫过多，被食净尽
保安	旱灾	8 月	田苗尽行干枯
兴平	蝗灾	8 月	秋苗被蝗食尽
乾县	旱、蝗灾	8 月	麦不等场，秋禾被蝗食尽
韩城	旱、水、霜、蝗灾	9 月、10 月	早秋旱死，禾苗被蝗食尽，十八村被水冲没，黑霜普降，秋禾全萎
耀县	水灾	10 月	暴雨冲没田禾甚巨

续表

县名	灾别	报灾时期	受灾状况
同官	瘟、水、旱、蝗灾	8月	耕牛瘟死十分之五六，麦田歉收，大水冲没田禾，同阳等区蝗灾过重

资料来源：《最近陕西之灾情与赈务》，《新陕西月刊》第1卷第1期，1931年，第94~98页。

据陕西省赈务处的统计，51个县遭受了旱、水、蝗虫、雹、风霜、瘟疫等灾，农作物损失严重。当时的多家报纸报道了这场灾荒中的惨剧。汉中留坝居民采挖野菜，"中毒而死者五千余人"。① 还发生了吃人的悲剧。"食人惨剧，愈演愈烈，犬鼠野性，更为上肴。……一部分灾民，自民国十七年秋季以来，恒以人肉充饥。……虽家人父子之肉，亦能下咽。"② 1930年被旱灾区域极为广阔，尤其"渭北等县及省西一带，均是赤地千里，颗粒无收之区"。③ 西北灾情视察团更是亲身感受到这场浩劫：

> 由邠县出发，行一百里至长武县，长武毗连甘境，灾情之重，不减邠县，去年秋麦俱无收获，本年麦秋两料，仅秋季薄有收成，至二麦下种时，虽已落雨，但山沟田地，因气候温暖，不宜早种，故当时所种者，仅系高原上之少数地亩，自下种以后，即日益亢旱，直至现在，麦苗多日渐枯死者，预料年前，若无透雨，明岁势将颗粒无收，此等情形，与邠县目前灾情，大概相同，据一般观察，西北气候干燥，今冬明春，绝少雨雪之可能。若果如是，则明年西北灾情之惨重危急，将更不堪设想矣！现在邠长一带，粮价日益奇昂，麦每斗重二十六七斤，售制钱至五十余串之多，而乾武兴咸各县之逃荒灾民，复蜂拥而过境，食口日增，粮源日绝，前途险象，言之寒心！综计此次所履灾区，亘五百余里，目击惨状不啻人间地狱。④

旱灾之后一些地方又发生洪灾。4月30日，关中一夜大雨，次日又淫雨霏霏，"惟天气骤冷，有损麦苗"，长安县东南区又"夹降冰雹，大如核

---

① 《陕西汉中灾情严重》，《申报》1930年7月3日。
② 《陕甘人民之末日》，《大公报》1929年5月5日。
③ 蒋友樽：《陕西灾情面面观》，《陕灾周报》第8期，1931年，第7页。
④ 《西北灾情视察团对于陕灾之报告》，《陕西赈务汇刊》第1期第1册，1930年，"灾情与灾赈"，第1~13页。

桃。该区以地势低洼，去年虽旱，犹获播种，麦今已由秀而穗矣。忽被打折净尽，诚该区农人之晴天霹雳也"。① 汉中位于陕西南部，汉江及其支流从中经过，常年湿润，适宜水稻等农作物生长，但是这次旱灾，也严重波及汉江流域。"向以喂犬者今则求而弗得，向以饲牛羊者今则搜食已尽""雨泽既乏川泽多枯、土匪蜂起扰劫城镇、交通不便未得救济、草根树皮掘食净尽——陕西汉中灾况之一般""无法谋生自投人市、骨肉相食时有所闻"等醒目标题反映了汉中灾情。"汉中频年灾歉，去岁旱灾重，收获不及二十分之一，树皮草根掘食已尽，死亡载道，惨状难言。……少壮者转徙无所，以致夫食其妻，父噬其子，其有不能蔑伦而食人肉者则悬梁自缢，拔刀自刭，他如投井服毒而惨毙者又比比皆是。且有列人于市自卖本身，昂者值洋两三元，低者即欲换麦饼两枚而不可得。至若拆卖房屋拆卖器具更成普遍现象。无地无之死亡暴露于原野，饿殍枕藉乎道路，宅第多成丘墟，田园空余赤地，百业倒闭，险象环生。"② 陕南"昔日之苦晴而致旱灾，今日之苦雨而致水灾"，大雨引发山洪，汉江与湑水"沿岸淹毙居民百余人，牲畜数百头，庐舍冲毁者千余家，田池冲没者数千亩，五门堰当湑水出口，灌田数百顷有奇，冲崩约五十余丈，修理需一万余元，民舍遭荡析，秧田且虑干枯"。③

1931 年，陕西旱灾并未缓解，陕西省赈务会的报告称："自十七年春至十九年秋大旱，加以蝗虫，三载六料颗粒未收，二十虽有薄收，多未安种，至今人民逃亡，房屋拆毁继续不绝，犹在急待救济之中。"④ 据当年夏天的统计，长安、淳化等共计 32 个县发生旱灾，⑤ 其中"省垣以西渭河以北如咸阳、醴泉、乾县、陇县与武功、扶风、岐山、宝鸡、郿县、邠县、凤翔、高陵、耀县、泾阳、三原、盩厔、鄠县、蒲城、富平、临潼、渭南、大荔、郃阳、朝邑、韩城等县尤系极重灾区"。⑥ 表 2-17 是国民政府振务委员会对一些县受灾情况的统计。

① 《陕省雨雹，今年之新灾》，《大公报》1930 年 5 月 1 日。

② 《无法谋生自投人市、骨肉相食时有所闻》，《振务月刊》第 1 卷第 4 期，1930 年，"灾情记录"，第 4~5 页。

③ 《旱后洪水》，《大公报》1930 年 8 月 16 日。

④ 《陕西省各县二十一年灾情简明表（民国二十一年十二月十三日）》，《陕赈特刊》1933 年第 2 期，"报告"，第 10 页。

⑤ 《调查及统计》，《振务月刊》第 2 卷第 11 期，1931 年，第 3~11 页。

⑥ 《陕西省各县灾情一览表》，《振务月刊》第 3 卷第 7、8 期合刊，1932 年，第 1 页。

表 2-17　陕西省各县灾情一览

县名	旱	水	蝗	霜	风	雹	虫	疫	其他	县名	旱	水	蝗	霜	风	雹	虫	疫	其他
长安	甲	乙	甲	乙	乙	甲				洛南	丙	丙		丙	丙	乙			
临潼	甲	丙	甲	乙	乙	甲				岐山	甲			乙	甲	甲	乙		
渭南	乙	乙	乙	甲	甲	甲				郿县	甲		甲	乙	丙	丙		丙	
大荔	甲	丙	甲	乙	丙	甲				武功	甲			乙	乙	甲			
凤翔	甲	丙	乙	丙	乙	甲				白水	甲			甲	乙	乙			
咸阳	甲	丙	乙	甲	甲	甲			牛疫	长武	甲			丙	乙	丙	乙		
华县	乙	丙	乙	乙	乙	甲				澄城	甲	乙		乙	乙	乙			
华阴	乙	丙	乙	乙	甲	乙				同官	乙			乙	乙	乙			
潼关	乙		乙	丙	乙	甲				高陵	甲			乙	乙	甲			
泾阳	甲	丙	甲	甲	甲	乙				柞水	乙			丙	乙	丙			
盩厔	乙	丙	甲	甲	甲	甲				汧阳	甲			甲	乙	甲			
富平	乙	乙	乙	甲	甲	甲				麟游	甲			乙		丙			
蒲城	甲	丙	乙	甲	乙	甲				永寿	甲	丙	乙	甲	乙	甲			
郃阳	甲	乙	甲	乙	丙	甲	甲	丙	狼	栒邑	甲	乙	甲	乙	乙	甲			
宝鸡	乙		甲	甲	甲					淳化	甲	乙	乙	甲	甲	甲			
扶风	甲		甲	乙	乙					平民	乙	乙	乙	甲	丙			丙	野鼠
商县	乙	丙			丙	丙	甲			南郑	丙	丙		甲	乙				
乾县	甲	丙	乙	乙	乙	乙	乙		狼	安康	丙	乙			丙				
耀县	乙		乙	丙	乙	甲				城固	丙	乙		丙	乙				
陇县	甲		乙	甲	乙	甲				西乡	乙	乙		乙	乙				
邠县	甲		甲		乙	甲				沔县	乙			乙	乙				
三原	甲	丙	乙	丙	乙	丙				洋县	丙	丙			乙	甲			
鄠县	丙	丙	乙	乙	乙	甲				褒城	丙	丙		乙	乙				丙
蓝田	丙	乙	甲	乙	乙	乙				宁羌	丙			乙	乙				
兴平	甲	乙	乙	甲	乙	甲				镇巴	乙			乙	乙				
醴泉	甲		乙	甲	丙		乙		野鼠	白河	乙	乙							
朝邑	甲	丙	乙	乙	乙	丙				汉阴	丙	丙		丙	丙	丙			
韩城	乙	丙	乙	乙	甲	甲		丙		镇坪	乙	乙		乙	乙				

续表

县名	旱	水	蝗	霜	风	雹	虫	疫	其他	县名	旱	水	蝗	霜	风	雹	虫	疫	其他
山阳	丙	丙		丙	丙					绥德	丙					丙	甲		甲
枸阳	丙	丙		丙	丙					米脂	乙			丙		丙	甲		
紫阳	乙	丙		乙	甲					洛川	丙	丙		乙		甲		丙	
镇安	丙	丙			丙					靖边	甲			乙		乙		丙	
平利	丙			丙	丙					中部	丙			乙	丙			丙	
略阳	丙	丙			丙					宜君	丙	丙		乙	甲				甲
留坝	丙				丙					宜川	丙			乙	丙				
凤县	丙			丙	丙					葭县	丙			乙	丙		丙		
佛坪	丙			丙	丙	丙				横山	甲				丙	丙			乙
宁陕	丙			丙	丙					安塞	丙			乙	丙		丙		
岚皋	丙				丙					甘泉	丙			丙	丙		丙		
石泉	丙			甲	甲	丙				保安	丙								
商南	丙			丙	丙					安定	丙								甲
榆林	丙			丙	丙	丙		丙		延长	丙			丙	丙			丙	
郿县	丙			丙	丙	丙	暴	丙		延川	丙			丙	丙			丙	
神木	丙			丙	丙					定边	甲	丙				乙			甲
府谷	丙					甲				清涧	丙								甲
肤施	丙					甲	甲			吴堡	丙			丙	丙	丙			

注：灾情种类及其程度一栏以甲代最重，乙代其次，丙代轻。

资料来源：《陕西省各县灾情一览表》，《振务月刊》第 3 卷 7、8 期合刊，1932 年，"调查与统计"，第 1 页。

这一年，全省 92 个县都遭受了程度不同的旱、水、蝗、风暴、霜灾等，其中长安等 30 个县遭受严重的旱灾（被认定为甲等），14 个县遭受严重蝗灾，陇县等 10 个县遭受严重霜灾（被认定为甲等），长安、临潼等 21 个县遭受严重雹灾（被认定为甲等），朝邑、柞水等县还遭受了狂风，朝邑"忽见黄河黄风暴烈一连数月不止，则风沙为灾禾苗枯槁矣"。[①] 关中地区旱灾还未缓解，1931 年夏秋之交，陕西河流又普涨大水，黄河、渭河两

[①] 《振务月刊》第 2 卷第 11 期，1931 年，"调查及统计"，第 3~11 页。

河流域，以及汉江、丹江等两江流域，河水泛滥，46 个县田亩被淹（见表 2 - 18）。

表 2 - 18　陕西水灾一览

县市名称	灾情概况
镇巴	5 月下月，天降黑雨，河水陡涨，冲毁田地二千四百余亩，淹死人三十余口
镇坪	6 月 28 日，猛雨，平地水深三尺，第一、二、四、五区沿河田地均被冲没，倒屋十余家，死人二十余口
白河	7 月 4 日大雨倾盆，河水陡涨，第三区山地全冲，沿河水田禾没，房屋亦有冲塌者不少
郃阳	西南区露水井等三十村 7 月 5 日大雨，水深三尺，禾苗淹没
华阴	因渭水暴涨，淹没民地，南北十余里，东西二三十里尽成泽国
朝邑	7 月 7 日洛河之水溢出沿河一带，秋苗尽被淹没
平民	7 月 27 日黄河向东崩，一片汪洋，秋禾全没
山阳	7 月 2 日起阴雨连绵，有时倾盆有时冰雹，平地禾苗冲没，高原尽被雹伤，房屋倾塌甚众
宜君	4 月 23 日，东区大雨倾盆，田禾冲没
宁陕	7 月 29 日暴雨淹没十余人，房屋冲毁数百家，禾苗全遭冲没
蓝田	该县孟村垣及泄河镇一带于 8 月 17 日晚大雨倾盆，平地水深数尺，淹毙人家不下数百家，诚千古罕见

资料来源：《陕西省水灾一览表》，《振务月刊》第 2 卷第 8 期，1931 年，"调查及统计"，第 26~27 页。

陕南灾情较重，镇安因山水暴发死亡 1200 多人，沿汉江的石泉、镇巴、略阳、岚皋、镇坪、平利、白河等 10 余县尽成泽国，冲没田庐、淹毙人数不可胜计，待赈者数十万人，灾情为 60 年所未有。[1] 此外，关中地区平民、华阴等 11 县发生洪水，白水"暴雨作发，水旱两田被水冲没，房屋损破者不胜其数，居民逃者甚多"，临潼"八月十八日大雨倾盆，西北区一片汪洋，同回道等二十余村均被水淹没，人畜不下百余，禾苗冲没"。

商县、同官、邠县、渭南、山阳、麟游、郃阳、宜君等 8 县则发生了冰雹灾害，邠县"第一五六七八各区等冰雹暴发大如核桃，禾苗尽被打

---

[1]　陕西省地方志编纂委员会编《陕西省志·自然地理志》之《重大灾害纪实》，气象出版社，2001。

伤"，商县"遍降冰雹外二十余里，大如拳卵，秋禾全伤"。① 淳化、同官等8县还发生了黑霜灾害，淳化"黑霜迭降，禾苗多枯"。② 此外，肤施、西乡、城固等县发生了传染性极强的疫病，渭南、蒲城、永寿等地蝗虫为害，"飞蝗遍地，秋禾食尽"。

1932年全省范围内的旱情基本缓解，但是黑霜、冰雹、狂风为害，大面积损害农作物。据陕西省赈务会的统计，3月有14个县报灾，如醴泉"北风怒号黑霜降落，二麦及各种田苗一律萎缩，遍野焦枯，收获无望，如十三日忽降冰雹"；4月则增加到28个县，如郿县"三月十一日等日狂风怒号，黑霜连降，气候寒逾严冬，各种禾苗立行枯死；二十二日后遭冰雹霜后，枯苗尽成齑粉"；7月则增加到48个县灾情严重，其中19个县再次发生较为严重的旱灾，如华县"入春以来黑霜狂风相继迭成，二麦毁伤八九，复又抗旱，麦穗枯萎，收成不足匝月之时，十日不雨，秋节难以下种，入春以来数月不雨"（见表2-19）。③

表 2 - 19　陕西省各县 1932 年灾情

县别	上半年	下半年	灾等	现时灾情	待赈人数	请赈次数
咸阳	风、霜、旱、雹	旱、疫	甲	人民逃亡，房屋拆毁	51000 余	13
醴泉	风、霜、旱、雹	旱、风、疫、蝗	甲	民命垂危，慌恐无状	6000 余	5
乾县	风、霜、旱、雹	旱、疫	甲	夏秋歉收，逃亡殆尽	81000 余	11
武功	霜、雹、旱	旱、疫、霜	甲	逃亡四方，村多绝户	81000 余	8
扶风	风、霜、旱	旱、疫	甲	拆房鬻子，村落丘墟	78000 余	9
岐山	风、霜、旱	旱、疫、匪	甲	分途逃亡，村舍一空	81000 余	10
宝鸡	风、霜、旱	旱、疫	甲	元气早竭，地多荒芜	85000 余	11
郿县	风、霜、虫、雹	旱、虫、雹、疫	甲	户户无食，家家待毙	63000 余	8
凤翔	风、霜、旱	旱、风、水、疫	甲	逃亡绝多，村舍为墟	98000 余	5
三原	风、霜、旱	旱、雹、疫、水、匪	甲	人多逃亡，地尽荒芜	97000 余	6
泾阳	风、霜、旱	旱、风、疫	甲	夏秋未收，民无生活	77000 余	3

---

① 《调查及统计》，《振务月刊》第2卷第11期，1931年，第3~11页。
② 《陕西省灾情一览表》，《振务月刊》第3卷第9、10期合刊，1932年，"调查及统计"，第18~45页。
③ 《陕西省灾情一览表》，《振务月刊》第3卷第9、10期合刊，1932年，"调查及统计"，第18~45页。

续表

县别	上半年	下半年	灾等	现时灾情	待赈人数	请赈次数
蒲城	风、霜、旱、雹	旱、疫	甲	夏秋无收，民多逃亡	95000 余	8
富平	风、霜、旱、雹	水、疫	甲	收获全无，生活难持	91000 余	8
临潼	风、霜、旱	雹、疫、旱	甲	夏收未收，逃亡甚多	96000 余	13
渭南	霜、旱	旱、水、疫	甲	夏秋未收，河北尤重	98000 余	7
大荔	风、霜、旱	旱、水、疫	甲	夏秋未收，地荒民逃	52000 余	8
郃阳	雹、风、旱	水、疫、旱、雹	甲	夏秋无收，民多待毙	84000 余	9
朝邑			甲	夏秋未收，水灾尤重	78000 余	11
韩城	风、霜、旱	旱、水、疫	甲	夏秋未收，民不堪命	55000 余	11
澄城	风、霜、旱	旱、疫	甲	夏歉秋枯，民多逃亡	65000 余	3
高陵	风、霜、旱	旱、疫	甲	民无宿粮，地多荒芜	29000 余	7
白水	风、霜、旱	旱、疫、鼠	甲	夏秋未收，秋被鼠食	34000 余	5
平民	风、霜、旱、水	水、疫	甲	夏秋歉收，水灾特重	3000 余	7
陇县	风、霜、旱	旱、水、风、雹、疫	甲	家家歉收，四区尤重	52000 余	5
邠县	风、霜、旱	旱、雹	甲	夏秋未收，待赈急迫	53000 余	3
商县	风、匪、霜、旱	雹、疫、水、匪	甲	夏秋歉收，水旱尤重	91000 余	12
商南	风、霜、匪		甲	豫匪蹂躏，民不堪命	19000 余	3
岚皋	旱、风、匪	风、旱、雹	甲	歉收乏食，水灾尤重	22000 余	4
山阳	雹、匪	匪	甲	豫匪烧杀，死亡过重	47000 余	4
洛南	风、霜	旱、水、风、匪、雹	甲	收获全无，又遭豫匪	3000 余	5
榆林	雹	雹、水、匪	甲	收获全无，匪过亦甚	12000 余	7
长安	霜、风、旱	风、旱、疫、雹	乙	夏秋未收，人间乏食	89000 余	2
华县	霜、风	水、疫、旱	乙	夏秋歉收	60000 余	6
华阴	霜、风	旱、疫、风、雹	乙	夏秋歉收	38000 余	3
潼关	风、霜、旱	旱、疫	乙	夏秋歉收	17000 余	2
盩厔	风、霜、旱	水、旱、疫	乙	夏秋大歉，人民凋敝	76000 余	4
鄠县	黑、霜	旱、疫	乙	夏秋未收，疫灾尤重	53000 余	7
蓝田	霜、雹	旱、疫、水、匪	乙	收获大歉，乏食者众	53000 余	6
兴平	霜、雹、旱	旱、雹、疫	乙	平均收获不及一成	63000 余	4
长武	风、霜、雹、虫	旱	乙	夏秋歉收	14000 余	
柞水	雹、水	旱、水、匪	乙	夏秋歉收	18000 余	1
汧阳	风、霜、旱、疫	旱、水、风	乙	夏秋歉收	34000 余	2

续表

县别	上半年	下半年	灾等	现时灾情	待赈人数	请赈次数
麟游	风、霜、旱	旱、雹	乙	夏秋歉收	14000 余	2
永寿	雹、虫、旱	旱、雹	乙	夏秋歉收	37000 余	7
栒邑		雹	乙	夏秋歉收	38000 余	1
淳化	霜、风	旱、霜、风、水、雹	乙	夏秋歉收	31000 余	3
耀县	风、霜、旱、雾	旱、水	乙	村落丘墟，惨不忍视	21000 余	5
南郑	风、霜、匪	雹、水	乙	夏秋歉收	65000 余	6
安康	旱、疫		乙	夏秋歉收	69000 余	1
城固	旱、风	旱	乙	夏秋歉收	55000 余	1
西乡	旱		乙	夏秋歉收	41000 余	
沔县	风、霜	旱、疫	乙	夏秋歉收	31000 余	1
洋县	霜	旱、风、匪、疫	乙	夏秋歉收	37000 余	3
褒城	霜、风	旱、风、雹、蝗	乙	夏秋歉收，螟蝗压境	27000 余	3
宁羌	风、霜、旱	旱、雹	乙	夏秋歉收	27000 余	2
镇巴	旱、水、狼	风	乙	夏秋歉收	12000 余	2
白河	旱、风、匪	旱、雹、疫	乙	夏秋歉收，又被水扰	19000 余	2
汉阴	旱、风、冷	旱、风、虫	乙	夏秋歉收	9000 余	3
镇坪	风、霜、水、旱	虫	乙	夏秋歉收	5000 余	3
洵阳	风、霜、旱		乙	夏收大歉	18000 余	2
紫阳	风、旱	雹水	乙	收获极歉	28000 余	3
镇安	旱		乙	夏麦歉收，秋多被水	14000 余	2
平利	旱	霜、水、雹	乙	夏秋歉收	10000 余	4
略阳	旱、霜	雹	乙	夏秋歉收	4000 余	2
留坝	旱		乙	尚有薄收	18000 余	
凤县	风、霜、旱、雾、疫	雹	乙	夏秋大歉	12000 余	4
佛坪	风、霜、旱	水	乙	夏秋歉收	9000 余	1
宁陕	霜、旱	旱	乙	夏秋歉收	4000 余	
石泉	霜、水	雹、匪	乙	夏秋歉收，又被水灾	27000 余	4
鄠县	霜、旱	雹、疫、水	乙	秋收大歉	14000 余	6
神木		雹、水、匪	乙	秋收大歉	22000 余	1
府谷		雹、水、匪、虫	乙	被雹九次，六区特重	34000 余	6
肤施	雹、水		乙	被雹太重，民不聊生	9000 余	2

续表

县别	上半年	下半年	灾等	现时灾情	待赈人数	请赈次数
绥德	雹	雹、水、匪	乙	秋收大歉	34000 余	5
米脂		雹、水、匪	乙	秋收大歉	28000 余	1
洛川	旱、风	雹、水、疫	乙	夏秋歉收	9000 余	3
定边	旱	雹	乙	雹灾二次，收获大歉	18000 余	4
安定	风、旱、匪	雹	乙	两被雹灾，收获大歉	18000 余	4
葭县	雹、水	雹、水、匪	乙	两次冰雹，秋收被淹	12000 余	2
宜川	旱、水	水、雹	乙	两次被雹，收获大歉	15000 余	6
横山		雹、水	乙	秋收大歉	18000 余	1
安塞	雹、水	雹、水	乙	秋收大歉	4000 余	2
甘泉	雹、水		乙	两被雹水，地多淹没	1000 余	3
保安		雹、水	乙	秋收大歉	6000 余	1
靖边		雹	乙	三被冰雹，秋禾俱损	7000 余	3
中部	雹、水、匪		乙	水灾甚重，又遭匪劫	6000 余	2
宜君	雹、匪、疫	旱疫	乙	两次被雹，秋收大歉	3000 余	7
延长	风、雹		乙	秋收大歉	9000 余	5
延川	雹	雹、水、匪	乙	秋收大歉	7000 余	1
清涧		雹、水、匪	乙	夏秋歉收	11000 余	3
吴堡	雹	雹	乙	两次雹灾，夏秋歉收	8000 余	3
同官	霜	雹、水、匪	乙	夏秋歉收	16000 余	6

资料来源：《陕西省各县二十一年灾情简明表（民国二十一年十二月十三日）》，《陕赈特刊》1933 年第 2 期，"报告"，第 10 页。

　　从陕西省赈务会的统计可以看出，直到 1932 年，全省 92 个县还是无县不灾，特别是被列为甲等的 31 个县，主要集中于关中地区，如邠县"春间，狂风时期，三春将近，点雨未落，以致二麦枯萎，粮价疯涨，人民失望，流离载道"，[1] 郃阳"大风狂吹，黑霜突降，禾苗尽枯"。[2]

　　1932 年，霍乱大面积流行，几乎遍布全国，陕西也没能幸免。霍乱被时人称为虎烈拉，俗名吊脚痧，是由霍乱弧菌引起的一种急烈性传染病。初得此病者腹泻、呕吐、四肢痉挛并出现脱水症状，如果治疗不及时，一

---

　　[1] 《陕西省志·气象志》，第 214 页。
　　[2] 《陕西省志·气象志》，第 213 页。

至两天内就会死亡。当年霍乱由河南首先传入潼关，"潼关地当要冲，入夏以来，天气亢旱，时疫流行，城乡一带，死亡相继。考查疫症发生时期，系于上月十九日，发现于东乡车站，继则传染城内。该症系一种流行症，名虎烈拉，俗谓霍乱，患此病者多系抽筋腹痛，上呕下泻，间有头痛者"。① 由于当时医疗条件落后，防控不力，虎烈拉很快就在关中东部各县流行，华阴等地虎烈拉也来势凶猛，"虎疫流行，迩来更为猖獗，计省东各县，几无县不有，如大荔、二华、渭、潼、临一带，除潼关外，刻以华阴最为剧烈。……连日以来，县城迤东各地疫势甚炽，死亡甚多。计寺南里染疫致死者约三十余人，三阳里五十余名，三河口镇二十余名，□镇附近村庄二十余名，定城里十余名，统计已死一百四五十余名"。② 西安是陕西的交通枢纽，很快虎烈拉在 7 月初传入西安，并传入兵营，导致西安流行严重。"本市日来虎疫患者较前突增，计前日赴防疫医院诊治者共计七人，昨日赴院诊治者十九人，而昨日因病势甚重当即毙死命者共计四人，此四人俱系特务团兵士，至患者亦多系军人，闻前日患者七人中有军人三人，昨日患者十九人中即有军人十七人云。"③ 虎烈拉在 7 月底传入东部各县。扶风等地先死者尚能由亲属用棺材入殓，继而只好用席裹，最后死骨累累，无法掩埋，就由当地政府派人拉入大土壕内堆积，形成一个个"万人壕"。陇县城南一个叫沙岗子的地方原有人口 700 多人，得霍乱死去 348人，死亡近半。当时流行这样一个顺口溜："李四早上埋张三，中午李四又升天。刘二王五去送葬，月落双赴鬼门关。"④ 形象地反映了疫情扩散的速度和烈度。自虎烈拉 7 月初传入陕西后，陕西地方政府采取了一系列措施，积极进行救治、隔离，同时还尝试建立有效的疾病防控机制，并加强对百姓关于传染病防治和日常生活卫生的宣传等，力图建立预防和应对突发事件的长期机制。但是由于当时医疗条件落后，加之民众传统不良的卫生习惯，虎烈拉后扩至陕北、陕南及关中各县。这次疫情延续 4 个月，波及

① 《潼关虎疫蔓延仍极惨烈，发生以来已死一百余人，平均日死二十余人》，《西北文化日报》1932 年 7 月 4 日。

② 《华阴虎疫流行异常剧烈，数日内共计死去一百五十余人》，《西北文化日报》1932 年 7月 14 日。

③ 《兵营卫生堪虞!!! 本市虎疫患者多系军人》，《西北文化日报》1932 年 7 月 21 日。

④ 文芳编《黑色记忆之天灾人祸》，中国文史出版社，2004，第 112 页。

陕西 35 个县，发病 231457 人，病死 93253 人，病死率高达 40%（见表 2 -
20）。① 疫情严重的关中各县，路断人稀，群众皆谈"虎"色变。

表 2 - 20 1932 年霍乱流行期间陕西省部分县市发病与死亡人数统计

单位：人

县份	发现日期	终止日期	患疫总数	死亡总数
潼关县	6 月 19 日	7 月 31 日	2148	726
华阴县	6 月 21 日	8 月 20 日	35000	13000
朝邑县	7 月 9 日	8 月 28 日	5356	3722
洛川县	8 月 20 日	9 月 15 日	100	63
鄜县	8 月 9 日	9 月 12 日	3258	258
澄城县	7 月 15 日	8 月 31 日	2314	1305
吴堡县	9 月 10 日	9 月 26 日	418	54
平民县	7 月 11 日	9 月 11 日	68	39
淳化县	8 月 8 日	8 月 28 日	73	38
大荔县			17358	4607
三原县	7 月 18 日	9 月 12 日	1547 -	508
临潼县	7 月 20 日	8 月 28 日	150	122
蓝田县	7 月 15 日	9 月 30 日	15000	5700
兴平县	7 月 30 日	9 月 2 日	963	162
耀县	7 月 13 日	9 月 25 日	7635	3156
陇县	9 月 20 日		7202	4912
商县	8 月 5 日	8 月 23 日	227	122
华县	7 月 1 日	8 月 25 日	9318	6422
绥德县	7 月 1 日	9 月 30 日	690	450
蒲城县	7 月 19 日	8 月 28 日	22778	10453
清涧县	9 月 12 日	10 月 2 日	77	52
富平县			42291	14097

---

① 陕西省卫生厅、陕西省卫生防疫站、陕西卫生志编委会办公室编《陕西省预防医学简
史》，陕西人民出版社，1992，第 4 页。另《陕西省志·人口志》（三秦出版社，1986）
第 93 页载：霍乱在陕西传染严重的计有 60 余县，患病人数有 50 万人，死亡人数有 20 余
万人。这种情况一方面反映了国民党统治时期统计的混乱，另一方面可能是卫生厅的统
计属不完全统计。

续表

县份	发现日期	终止日期	患疫总数	死亡总数
鄜县	8月1日	9月30日	2717	1189
西安市	7月5日	9月11日	1311	937
米脂县	7月4日	10月30日	529	301
鄠县	6月20日	8月30日	5600	3856
郃阳县	7月29日	9月8日	17484	2048
中部县	8月18日	9月17日	70	45
洵阳县	9月5日	9月26日	175	115
渭南县	7月10日	9月20日	2600	1000
凤翔县	7月25日	9月18日	9806	6740
麟游县	8月8日	9月25日	229	89
岐山县	7月15日	8月18日	240	130
韩城县	7月3日	10月10日	8000	1210
乾县	7月28日	9月7日	8725	5625
合计			231457	93253

资料来源：西安市档案馆编印《往者可鉴——民国陕西霍乱疫情与防治》，2003，第115～116页。

1933年，旱灾、水灾、疫病虽然缓解，但是宜君、临潼、耀县等55个县连降黑霜，加以风灾，农业受损严重，如兴平"5月连降黑霜，加以飓风，禾苗多枯，北原一代，灾情尤惨，逃亡过半，存者多绝粮"。[1] 1932年和1933年灾荒接连发生，使得1928年以来的救济更加困难。[2]

总的看来，1928～1932年的灾情具有下列特点：第一，持续时间长，从1928年开始，到1932年后才开始缓解，长达5年，为近代史上所罕见；第二，灾害种类多，旱、水、蝗、雹、虫、霜、疫等多灾交替或者同时发生，加重了灾情；第三，地域广，据不完全统计，1928年受灾85个县，1929年受灾63个县，1930年仍然有40多个县受灾，1932年还有40多个县遭受不同程度的灾害；第四，死亡、逃亡人数都达到了近代以来最多，下文将有专门论述。

---

[1] 《陕西省志·气象志》，第213～214页。

[2] 《陕西省志·气象志》，第216～217页。

四 1933 年遍及全省的水灾和冰雹、霜冻等灾

1933 年黄河泛滥，山东、河南、陕西、河北、江苏等省受灾严重，其中陕西韩城、朝邑、三原、平民、潼关等县在 7 月 8 日到 8 月 19 日普涨大水，受灾人口 140 万人，占各县总人口的 87% 左右，伤亡 5000 多人，损毁房屋 5980 间，损坏庄稼 491214 亩。房屋损失 149750 元，田禾损失 6954632 元，牲畜损失 51500 元。① 当年全省普遍发生了洪灾，"自 6 月迄今，暴雨迭降，山洪陡发，全省大小水渠无不泛滥，人畜生庐舍、器具、资以及棉植秋苗，各县被水冲害着，比比皆是。据长安等三十四县先后呈报，均已水灾惨重民绝生机"。② 根据史料记载兹列表 2 – 21。

表 2 – 21 1933 年陕西各县水灾统计

县份	灾情
榆林	常东镇各十余里，6 月 20 日起间隔两三天大雨一次，7 月 2 日倾盆大雨连续 5 日夜不止，就地起水，山洪暴发，川滩各地多被冲毁，禾苗无存
米脂	第七区及第一、二、三、四、七、八各分区，张家沟等十村 6 月 23 日以后连日大雨冰雹，山洪复发，冲没田禾，毁坏房屋，情形极惨
宜君	7 月 3 日大雨连续十日之久，水势横流，房屋城垣倒塌，田苗冲没
府谷	入夏以来，山水暴发，禾苗损伤，田野多成泽国，被害二百三十余村
洛川	6 月山洪暴发，冲没良田无算。厢西菩提等镇十余村 7 月 2 日、3 日恶风暴雨，雹大如拳，山洪暴发，继以大水，深约数尺，冲没禾苗，摧残房屋，灾情奇重
长安	第八区库峪河天王乡一带，7 月 20 日暴雨倾盆，山洪暴发，水势凶烈，冲没峪内居民三百余口，房屋牲畜无算，地亩千余顷，情况极惨
大荔	南通等七乡，7 月 8 日、9 日两日大雨，河水暴发，滨渭之区，东西五十余里，南北十余里，一片汪洋，青苗全无，沿河各区 7 月 20 日河水暴涨，水势汹涌，淹没秋禾，东西十余里，南北七八十里，悉成一片汪洋。7 月 10 日河水暴涨，由山西永济县北丰家庄决口，澎湃南下，崩二十余丈，南行两支，二三十里，深四五尺，田亩秋禾，淹死殆尽。8 月 9 日洛又大涨，较先年尤甚，两岸各四五里，人无家室，渭亦同日涨，膏腴悉变砂砾。6 月、7 月两月，河水暴涨，田苗淹没，屋社倾圮，竟成泽国
邠县	西至界长武之安化村，东至御抗堡，8 月 6 日泾水陡涨，水势甚大，田畜村舍人冲没无算，情形极惨

---

① 《民国二十二年黄河泛滥沿河各县受灾状况统计表》，黄河水利委员会编印《民国二十二年黄河水灾调查统计报告》，1934。

② 《陕西省自然灾害史料》，第 136 页。

续表

县份	灾情
蒲城	东北、西北、东南、西南各乡川里等十余村均系平原，7月20日晚，烈风暴雨，倾注终夜，西北各乡一片汪洋，冲没秋苗房舍牲畜无算，灾情极重
武功	漆漠浴三水两岸，7月20日大雨倾盆，河水暴发，波涛汹涌，水势甚猛，近河两岸五六里内，房屋田苗牲畜悉被冲没
高陵	7月20日晚恶风暴雨，翌日始止，东北各乡一带水势汪洋，房屋田苗冲没殆尽
麟游	全省各区7月20日晚暴雨如注，山洪暴发，冲崩窑屋，淹没田禾十分之四五
扶风	东北沿山一带及杏林镇附近等处，7月20日、22日两日晚，大雨倾盆数小时，水暴发，冲崩石桥，淹没秋禾，庐舍人口均有损失。渭河涨水，渭水水面扩展到11～12公里，沿河川道房田均被淹没
潼关	正西区西天水屯等村，7月21日河水大涨，河堤开口三处，宽一百二十余丈，淹没田苗。夏秋之间，雨水特多，大雨连绵二十余日，各支流洪流倾泻，河不能容，未几，黄河大汛又至，溃溢成灾
岐山	东西各区龙尾沟等处，7月22日及26日、27日、28日等日暴雨迭降，雍河、洪水河水势陡涨，沿岸各乡村禾苗多被淹没尽净
凤翔	西北、西南，柳叶镇、西沟等十余村，7月24日晚暴雨约两小时，陡起山洪，冲没秋禾四五千亩，损毁房屋，食粮无算，淹毙人口数十人
泾阳	潘家各乡、甘张等十余里，7月20日及22日等日晚暴雨如注，终夜不休，山洪陡发，泛滥横流，村舍窑院及田禾秋苗均淹没无余
三原	军心甫字等区楼底半个城十余坊7月21日晚突降大雨，山洪暴发，高达十余丈，清河、冶峪河陡涨，水势汹涌，房屋倒塌，淹毙人口百余口，禾苗无存
华县	宝胜乡周家滩等处6月26日渭水暴发，泛滥横流，秋禾被淹净尽。6月17日涨小河，18日涨大河，19日涨上老岸以前五六尺（老岸淤平），19日涨大水上来，全成平地。河水暴涨，溢出南岸三四里或五六里不等，演成数十年未有之灾变。7月大雨倾盆，山洪暴发，倒屋多间
郃阳	第二区洽川、夏阳等镇，6月19日下午1时，大雨骤至，泛滥横流，田禾房屋，淹没殆尽
长武	第二、第三各区马成堡等村6月23日猛雨倾盆，黑汭二河河水陡涨，山洪暴发，水势汹涌，田禾房屋冲没殆尽。6月猛雨倾盆七日夜，河水泛滥而下，第二、三区秋禾多被冲毁
郿县	6月28日、29日等日狂风暴雨
临潼	阎良镇、交□镇、零□镇、马军寨等村7月23日十川河及渭清两河同时暴涨，水势汹涌澎湃，沿岸各村房屋田禾冲没尽净
咸阳	第一、二、三及五、六等区，7月20日、21日当日暴雨倾盆，历数小时，河水暴涨，水深数尺，面积东西约出县界，南北四五十里，田禾悉被淹没，房屋土窑泡塌甚多
盩厔	桠柏等四所、西阳化等十四堡7月25日、26日等日大雨如注、山洪暴发，乾沟、阳化两河因之决口，水势泛滥，漂没房舍，淹没秋禾
华阴	敷水、托定、新兴等十三里7月21日南山罗敷峪内起蛟，水高二丈余，势甚汹涌，经过各村秋禾淹没一空，冲毙人口牲畜无算

续表

县份	灾情
陇县	第一、二、四等区，7月29日晚暴雨倾盆，山洪暴发，泛滥横流，沿河地区悉被淹没，概成沙碛
耀县	7月20日晚暴雨彻夜，河水大涨，田禾尽被冲没，人畜死伤无数
韩城	夏秋之间雨水特多，大雨连绵20余日，各支流洪流倾泻，河不能容，未几，黄河大汛又至，溃溢成灾
淳化	大雨连绵，泾河暴涨，漫溢成灾
铜川	夏山洪暴发，冲伤禾稼无算
宝鸡	6月阳平镇一带，渭水陡涨，冲崩庄房田亩，不计其数
佛坪	6月21日暴雨巨雹六小时之久，山岳轰动，骤起洪涛，田禾打毁无余，房屋牲畜损伤甚多
宁陕	4月以后，连日淫雨不断，气候寒冷，田苗完全枯萎
镇安	第二、三、五、九等区数十村6月10日暴雨冰雹，山洪暴发，水势甚大，伤害禾稼，摧残房屋，漂没牲畜，情况极惨。入春以来，山水暴涨，淹没田禾
洛南	4月，东区会仙台等处，风雨交加，山洪暴发，禾苗被淹
柞水	6月，山洪暴发，二麦多被淹没
紫阳	6月，大风怒号，继以雹雨，遍地皆泽国
镇巴	6月、7月又复阴雨连绵，楮河一带田地淹没

资料来源：根据《陕赈特刊》《陕西省自然灾害史料》等资料整理。

根据上述的统计，共计40个县遭受水灾袭击，此外当年5月、6月陕西各地发生了严重的雹灾，据统计，受灾严重的有45个县。当年还有40余县黑霜成灾。

表2－22　1933年遭受冰雹和黑霜的县统计

遭受冰雹	遭受黑霜
神木、安塞、子长、吴堡、清涧、府谷、绥德、葭县、横山、甘泉、米脂、定边、鄜县、榆林、洛川、黄陵、宜君、临潼、华县、武功、高陵、华阴、沔阳、郿县、韩城、渭南、宝鸡、铜川、陇县、邠阳、咸阳、潼关、大荔、蓝田、栒邑、商县、洛南、柞水、紫阳、平利、镇巴、山阳、岚皋、佛坪、镇安（45县）	延川、洛川、宜川、长安、兴平、临潼、鄠县、华县、武功、高陵、华阴、沔阳、郿县、韩城、凤翔、渭南、蒲城、澄城、乾县、宝鸡、富平、醴泉、岐山、铜川、陇县、盩厔、三原、淳化、商县、邠阳、长武、白水、麟游、泾阳、大荔、扶风、永寿、凤县、山阳、南郑、沔县、洋县、汉阴、陇县、镇巴、佛坪、褒城、洵阳（48县）

资料来源：冰雹统计数据来自《陕西省自然灾害史料》，第182～183页；黑霜统计数据来自《陕西省自然灾害史料》，第202～203页。

1933年，春夏之际的黑霜给农村生产造成的损失较大，"气候乍变，寒冷若冬，四月初八日（5月2日）午前，竟然大雪飘扬，连日之间又降黑霜，二麦遭害或者有苗无穗，或者有穗无颗，未及黄熟，乃竟青干，阴山坡地受灾尤重，叶枯茎萎，状如火烧，群情恐慌，粮价陡涨"。[①]《陕灾周报》报道郿县的黑霜："七八两月连降严霜两次，荞麦、糜谷杀成秃干，惟包谷仅有二三分收成，九月大霜，收成无望。"陕西经历了1928～1931年的罕见灾荒，尚没有完全恢复，1933年又遭遇水灾、雹灾、风灾、霜灾，民众生活雪上加霜，难以恢复至正常水平。

五 1943～1945年的旱灾、黑霜、水灾、雹灾并发

20世纪30年代，关中各地修建水利工程，虽然自然灾害常有发生，但是很少再有1928～1931年那样的大饥荒。然而，中国的对日抗战正处于关键时期，大后方的军粮任务也是重的时候，1943～1945年，陕西连接遭受旱灾、霜冻、水灾等，使得民众生活雪上加霜。1943年4月上旬，寒潮入侵，宜川县以南，关中各地7日和8日陨霜，二麦歉收。春，华县、临潼县旱。临潼县芒种前烈风连三昼夜，麦粒脱落受灾。7月和8月，神木、府谷、榆林、宜川、富平、蓝田、宝鸡、汧阳等县降雹；扶风、耀县、略阳、留坝、镇安、长安、邠阳、韩城、鄠县、渭南、华县、兴平等县暴雨，伤秋禾，水淹田庐，溺人畜甚多；白河县夏秋连阴雨过多，日照不足，8月降水量达386.6毫米，造成山洪暴发，秋禾受损，全县玉米平均亩产47斤。扶风"六月二十七日上午三时，城关公社的西官、贤官及段家公社的东魏、小寨、孙家等村倾泻暴雨约三小时，遍地水起，深没人胫，低凹处水深丈余，伤人死畜，墙倒屋塌，仅西官西沟村十三户有十一户窑洞被淹，死一人，骡子一头，据老人言，'百年未遇也'"。[②]1944年，蒲城、大荔、白水、商县降雹，夏秋禾受损甚多。5～9月，白河、米脂、榆林、靖边、麟游、汧阳、西乡、神木、平利、长武、栒邑、宁陕、汉阴、镇巴、镇安等县降雹，毁秋禾，长武县7月23日一次冰雹历时2小时。6月1日，略阳暴雨。7月，关中旱，秋禾枯萎。7月9日，韩城大雨，山洪暴发成灾。8月全省多雨，榆林、凤翔、泾阳、华县、大荔、蓝田、洵阳、商县、柞水、白河、汉阴等县发山洪，冲淹秋禾，毁房屋田亩

---

① 《陕西省自然灾害史料》，第203页。
② 《陕西省自然灾害史料》，第143页。

成灾。1945 年 2 月和 3 月奇寒，麦根干冻，苗多枯萎。3~5 月，全省未有好雨、吐穗、扬花时又遇旱风，麦歉收，邰阳县麦收仅及一成，豌豆、大麦等颗粒皆无。夏，榆林等县雹灾。7~9 月，全省多雨，大荔、潼关、华阴等县水灾。9 月，华县渭水溢，秋禾被淹。①

　　1944 年秋至 1945 年春，全省 70 多个县先后遭受旱灾、冻灾、风灾等。"计本省今年夏灾 79 县，去秋种麦之时久旱未雨，播种失去时，入冬雪少，开春奇寒，麦根干冻，苗多枯萎，本年入春以来，从未普遍降雨，清明节后，旱象已伏，及至麦苗出穗，扬花之时，复遇旱风，摧残殆尽。"② 1944 年夏，陕西南部和北部等县雹灾严重，计有榆林、米脂、靖边、神木、长武、大荔、蒲城、白水、麟游、汧阳、栒邑、商县、商南、白河、宁陕、汉阴、平利、西乡、镇巴、镇安 20 个县，米脂"冰雹大雨，所有麦苗、豆类、蔬菜被毁甚多，亦被打死牛羊十余头"。③

第四节　天灾何以成荒——兵匪与灾祸相乘

　　陕西为何灾荒这么频繁？对此，民国以来学者多有分析，涉及自然环境、政治生态、水利、财政、民众负担等。一般认为，西北地区各省份在民国时期发生灾荒，除了因为该地区较为复杂的气候和地质、地理环境外，还与深层次的社会原因，即农民的耕地不足与普遍贫困、频繁的战争、政治腐败以及鸦片的大量种植，导致西北地区百姓防灾、救灾能力低下等有关。④ 有学者认为，20 世纪二三十年代，由于中央政府和各地军阀的放纵和诱导，鸦片种植在陕西关中地区达到顶峰，占据了原来用以栽种粮食作物的大量耕地，使关中地区的粮食供应紧张，结果在 1928~1931 年大旱灾的冲击之下，造成了严重的灾荒。⑤ 今天看来，再探讨民国时期陕西灾荒发生的原因似乎逃脱不了自然环境—政治生态双重因素说，应该说自然因素和社会因素，在特定的时间遇到了一起，就酿成了旷古奇灾。陕

---

① 《陕西省志·气象志》，第 219 页。
② 《陕西省自然灾害史料》，第 63 页。
③ 《陕西省自然灾害史料》，第 185 页。
④ 温艳：《民国时期西北地区灾荒成因探析》，《社会科学家》2010 年第 3 期。
⑤ 郑磊：《鸦片种植与饥荒问题——以民国时期关中地区为个案研究》，《中国社会经济史研究》2002 年第 2 期。

西有两个非常重要的因素与本书相关，一是地理位置上的特殊性，地处中国东部和西部交界、南方和北方交界、黄河流域和长江流域交界的陕西，多数地区属于温带大陆性气候区，冬冷夏热，降水集中，风旱同季，它是中国典型的生态环境脆弱区，灾害的承载力与地方抗灾水平都十分有限，也是中国历史上灾害发生频率最高的区域之一。有学者认为20世纪二三十年代是全球气候的一个快速升温期，北半球气候变暖，北极圈内永久冻土层南界向北退缩，中国南方的梅雨期缩短，北方河流枯水期变长，降水量减少，因此这一时期也是中国历史上旱灾发生最频繁的时期。[①] 二是从辛亥革命到中华人民共和国成立，中国几乎一直处于战争环境中。这两个因素交织在一起，对陕西的政治、环境生态有何影响，对灾荒与民生有何影响，也是本书想要探讨的问题。

毋庸置疑，陕西的自然环境是灾害频发的原动力。民国以降，陕西战祸、苛捐杂税和灾荒交织在一起，政治生态也很脆弱。正如学者讲道："需要提及的是，民国时期陕西由于兵连祸结，战乱频仍，总体看来各项建设事业举步维艰，甚至难以谈起。陪伴这片古朴黄土地的是数不清的掠夺、凶杀、饥饿和灾难……"[②] 民国时期灾荒正是在这样的自然和政治、社会环境的共同作用下发生的。对此，振务委员会也有清晰的认识：

> 陕西自辛亥以还，关中灾祸频仍，迄无宁岁。苛捐暴税日肆诛求，今数年来变乱尤剧，兵匪相乘杀人盈野。大军之后继以凶年，迭岁亢旱，千里皆赤，草木焦枯，沟浍涸竭，颗粒不登，秋收无望。牛黎既乏，春种无徒。居民除以草根树皮果腹，继则卖儿鬻女以图苟活，终则裂啖死尸，易食生人。加以十八九年两年中原发生战事，驻军东调，土匪乘机蜂起，搜刮炮烙，惨绝人道。复有玄霜、黑霖、田鼠、野狼种种奇殃。现在灾情最重之区如咸阳、武功、扶风、岐山、兴平、乾县、郿县、三原、泾阳、醴泉等十余县，饿殍累累，虽有少数振济而杯水车薪，难期普遍救人救彻，不能不有望于今之慈善家也。[③]

---

① 张萍：《脆弱环境下的瘟疫传播与环境扰动——以1932年陕西霍乱灾害为例》，《历史研究》2017年第2期。
② 李振民：《陕西通史·民国卷》，绪论。
③ 《灾情概况》，《振务特刊》，1931年4月，第20页。

从中可以看出，灾荒已经远远超出纯粹的"自然灾害"范畴，与战祸、苛捐重税等交织在一起，成为压倒百姓的最后一根稻草，就连当时的中央专门赈灾机构也无能为力，寄希望于慈善家。正如灾荒史专家邓云特所指出的：灾荒乃是自然界的破坏力对人类生活的打击超过了人类的抵抗力而引起的损害；在阶级社会里，灾荒基本上是人和人的社会关系的失调而引起的人对于自然条件控制的失败招致的社会物质生活的损害和破坏。① 陕西成为连年内战的重灾区，频繁的战争加重了灾荒严重程度。时人也谈道："陕西此次大灾，就表面上看去，似乎纯是天灾一种，然就内部观察，情形很为复杂，仔细研究起来，可以说是无灾不有。不过天灾的成分，比较一切灾情为重。若是没有一切灾情附带的流行，那末天灾的为害，也不至于有如此的严厉。"②

辛亥革命后，陆建章、陈树藩、刘镇华、冯玉祥、吴新田、宋哲元等军阀相继祸陕，如时人所言："陆建章督陕，吕调元长陕，大刮而特刮，他们的私人又都是自饱私囊，陕西的财政就渐渐不支了！然而百计搜罗，总还支撑的住。陈树藩督陕后，陕人以为陕人督陕，或可以苏民困，谁知却大谬不然。打仗也如故，刮的皮也更甚，教育费则减少之，军饷则扣而不发。刮下的钱，不是办姨太太，就是送了甚么系甚么部养鱼去了！所以愈闹愈糟，不得已始大开烟禁，然而收下的税，又多为驻在军所截留，政教各费仍然是无着。"③ 连年混战，加之1920年陕西又遭受严重的旱灾，不仅夺去了成千上万人的生命，使农村失去大量劳动力，而且消耗了无数的物力财力。自1917年10月至1919年3月，地处西北西南交通枢纽的陕西省几乎无时无地不处于南北军阀的战火之中。据记载："陈督（指陈树藩）所部分驻大荔、朝邑、潼关、临潼、蒲城、蓝田、安康、榆林、肤施、宝鸡、咸阳等处；奉军许兰洲所部驻兴平、武功、扶风、岐山；张锡元部驻渭南、华县、华阴、零口；镇嵩军驻鄠县、盩屋、郿县；川军驻南郑、沔县、宁羌、褒城；鄂军驻白河、平利；甘军驻邠县、永寿、栒邑、陇县、汧阳；三边晋军驻韩城、郃阳；绥军驻横山、靖边；靖国军部驻乾县、凤翔、淳化、耀县、三原、富平、美原、泾阳、同官、宜川及渭北小青河以西蒲城附近……统计南北主客驻陕军约十三万，八省之兵合数省之

---

① 邓云特：《中国救荒史》，三联书店，1958，"序言"，第5页。
② 蒋友樽：《陕西灾情面面观》，《陕灾周报》第8期，1931年，第6页。
③ 晓秦：《陕西的形形色色》，《秦钟》第1期，1920年，第28页。

匪星罗棋布于关内一隅。纵卸甲坐食秦已不堪瑞玑。入关所经市间，比户墟落断烟，闻西路尤甚。陕南已收括无遗，陕北则糜烂殆尽。父老相见，梏手失声，咸谓兵火之惨十倍回乱，但愿自今以后再勿多生。伟人英雄使愚民得稍稍安集于愿已足，若欲恢复元气非三十年后未易言也。"①

　　民国以后，陕西各地匪患相当严重，如据1920年的统计，遭受兵匪成灾者71县，计伤亡掳男女共25271人，损失动产银8796900余两，洋6000余万元，钱172万余吊，损失不动产达白银1300余万两，洋200余万元，钱90余万吊，造成极贫人口37万余人，次贫34万余人（见表2-23）。

表2-23　陕西全省各县匪灾一览

县别	伤亡	损失动产	损失不动产	灾民户口	备考
长安	伤256名 亡123名	银256785两 钱345678吊	银89765两 钱154567吊	极贫6545名 次贫9865名	1918年、1919年等年匪扰
临潼	伤54名 亡35名	银184565两 钱243562吊	共银145645两	极贫5359名 次贫8995名	1918年、1919年等年匪扰
渭南	伤565名 亡324名	银324095两 钱365890吊	共银258965两	极贫15341名 次贫28953名	同上
盩厔	亡男88名 亡女31名	银1036564两5分	共银856781两	极贫15672名 次贫15620名	1917年11月至1919年5月匪扰
富平					靖国军驻扎未调查
大荔	伤825名 亡565名	银45572两	共银15725两	极贫8523名 次贫9652名	1918年春至1919年羌白镇附近十四村
蒲城	伤17名 亡13名	银钱衣物抢掠一空		极贫5785名 次贫8899名	1919～1920年土匪滋扰
邰阳	伤120名 亡135名	银89765两	共银95625两	极贫9354名 次贫12475名	1919～1920年土匪滋扰
凤翔	伤1300名 亡2560名	共银1235600两	共银353200两	极贫14320名 次贫5692名	1918年、1919年被匪占据
宝鸡	伤218名 掳2名 亡127名	共银786806两	共洋381298元	极贫12111名 次贫14937名	1917年11月至1919年5月匪扰

① 《合议停顿中之消息》，《申报》1919年3月26日。

续表

县别	伤亡	损失动产	损失不动产	灾民户口	备考
扶风	亡男 557 名 亡女 211 名	共洋 10422218 元	共洋 400525 元 共洋 514101 元	极贫 8565 名 次贫 11231 名	1918 年 9 月至 1919 年 2 月匪扰八区五十九村
商县	伤 19 名 亡 207 名	共银 25061 两	洋 24216 元 钱 3345 吊	极贫 3256 名 次贫 4122 名	1918 年夏至 1919 年冬匪扰
乾县	伤 133 名 亡 167 名	银 325655 两 钱 629163 吊	共钱 885430 吊	极贫 13485 名 次贫 18523 名	1918~1919 年匪扰
咸阳	伤 1 名 亡 8 名	共银 25345 两	共银 5520 两	极贫 1525 名 次贫 2354 名	1917 年至 1919 年匪扰
鄠县	亡男 1 名 亡女 24 名	共银 27995 两 3 钱 2 分		极贫 3255 名 次贫 3888 名	1918 年春夏匪扰
蓝田	伤 350 名 亡 568 名	共银 578919 两	共银 240564 两	极贫 2564 名 次贫 3241 名	1918 年匪扰
兴平	伤 256 名 亡 1341 名	共洋 2219442 元	共洋 1284800 元	极贫 12345 名 次贫 10250 名	1918 年 9 月至冬月匪扰
醴泉	伤 5 名 亡 115 名	共银 154556 两	共银 52344 两	极贫 8991 名 次贫 6442 名	1918~1919 年匪扰
华县	无	共银 84562 两	共银 12321 两	极贫 520 名 次贫 862 名	1918~1919 年匪扰
华阴	伤 10 名 亡 23 名	共银 35641 两	共银 5334 两	极贫 691 名 次贫 523 名	1918~1919 年匪扰
朝邑	伤 7 名 亡 43 名	共银 234560 两	共银 15892 两	极贫 5350 名 次贫 3564 名	1917 年至 1920 年匪扰
澄城	伤 150 名 亡 840 名	共银 154900 两	共银 86356 两	极贫 5624 名 次贫 1321 名	1918~1919 年匪扰
韩城	亡 8 名	共银 112356 两	共银 25464 两	极贫 3246 名 次贫 5681 名	1918~1919 年匪扰
洛南	亡 15 名	共银 11565 两	共银 4354 两	极贫 2342 名 次贫 1221 名	1918~1919 年匪扰
岐山	亡 134 名	共银 604100 两	共银 1770170 两	极贫 24355 名 次贫 26555 名	1917~1919 年匪扰
陇县	伤 26 名 亡 54 名	共银 25341 两	共银 5851 两	极贫 3254 名 次贫 2642 名	1918 年匪扰
武功	伤亡 7240 名 掳 125 名	共洋 47902505 元	共银 8249517 两	极贫 22545 名 次贫 15856 名	1918~1919 年匪扰

续表

县别	伤亡	损失动产	损失不动产	灾民户口	备考
郿县	伤亡男女 70 名	银 202102 两 9 钱 洋 1877 元 钱 45887 吊 650 文		极贫 8291 名 次贫 5314 名	1918～1919 年匪扰
邠县	亡 7 名 掳 100 名	共银 9960 两	共银 57428 两	极贫 2256 名 次贫 2132 名	1920 年匪扰
潼关	亡 58 名	共银 58672 两	共银 28458 两	极贫 1354 名 次贫 1632 名	
柞水	伤亡男女 158 名	共银 1635 两	共银 825 两	极贫 360 名 次贫 845 名	1918～1919 年匪扰
沔阳	伤 24 名 亡 36 名	共银 35654 两	共银 28468 两	极贫 2585 名 次贫 1886 名	1919～1920 年匪扰
麟游	伤 10 名 亡 35 名	共洋 19533 元	共洋 8965 元	极贫 1569 名 次贫 1691 名	1920 年匪扰
永寿	伤 5 名 亡 8 名	共洋 19532 元	共洋 8964 元	极贫 2245 名 次贫 1934 名	1919～1920 年土匪 滋扰
栒邑	伤 589 名 亡 654 名	共银 556490 两	共银 648924 两	极贫 13458 名 次贫 8569 名	1919～1920 年匪扰
长武	伤 6 名 亡 9 名	共洋 5985 元	共钱 14350 吊	极贫 2376 名 次贫 1253 名	1920 年匪扰
南郑	伤男女 54 名 亡 62 名	共银 158922 两	共银 89564 两	极贫 2584 名 次贫 2248 名	1918～1920 年匪扰
安康	伤 10 名 亡 30 名	共银 58572 两	共银 46451 两	极贫 3245 名 次贫 2564 名	1918 年匪扰
沔阳	伤 30 名 亡 125 名	共银 99456 两	共银 64582 两	极贫 15628 名 次贫 8945 名	1918～1919 年匪扰
褒城	伤 20 名 亡 95 名	共银 106454 两	共银 85858 两	极贫 15622 名 次贫 9485 名	1918～1919 年匪扰
宁羌	伤 56 名 亡 905 名	共银 152460 两	共银 101540 两	极贫 15535 名 次贫 6435 名	1918～1919 年匪扰
西乡	伤 50 名 亡 21 名	共银 105230 两	共银 8435 两	极贫 8642 名 次贫 5438 名	1918～1919 年匪扰
镇巴	伤 5 名 亡 11 名	洋 6570 元 银 2364 两 钱 1431 吊	共银 9100 两	极贫 1254 名 次贫 1633 名	1918～1919 年匪扰
平利	伤亡 46 名	银 120971 两 9 钱 洋 41349 元 钱 78077 吊 800 文	银 65780 两 洋 360291 元 9 角 钱 81780 吊 800 文	极贫 12350 名 次贫 5996 名	1918～1919 年匪扰

续表

县别	伤亡	损失动产	损失不动产	灾民户口	备考
镇坪	伤亡 11 名	共银 12346 两	共银 5448 两	极贫 1854 名 次贫 1233 名	1918～1919 年匪扰
洵阳	伤亡 8 名	共银 12340 两	共银 9528 两	极贫 3640 名 次贫 1256 名	1918～1919 年匪扰
白河	伤亡 15 名	共银 35645 两	共银 13578 两	极贫 5420 名 次贫 3568 名	1918～1919 年匪扰
紫阳		共银 85671 两	共银 55345 两	极贫 6352 名 次贫 5215 名	1918～1919 年匪扰
镇安		共银 12345 两	共银 6218 两	极贫 489 名 次贫 531 名	1918～1919 年匪扰
山阳	伤 10 名 亡 8 名	共银 5648 两	共银 1235 两	极贫 623 名 次贫 754 名	1918～1919 年土匪滋扰
略阳	伤 35 名 亡 52 名	共银 43552 两	共银 12566 两	极贫 7568 名 次贫 3152 名	1918～1919 年土匪窜扰
留坝	伤 15 名 亡 48 名	共银 23415 两	共银 3968 两	极贫 585 名 次贫 621 名	1920 年匪扰
凤县	伤 125 名 亡 96 名	共银 167852 两	共银 89454 两	极贫 2956 名 次贫 1732 名	1920 年匪扰
宁陕	伤亡 22 名	共银 35456 两	共银 9245 两	极贫 2223 名 次贫 1345 名	1918～1919 年匪扰
岚皋	伤 56 名 亡 112 名	共银 85446 两	共银 16233 两	极贫 3562 名 次贫 4246 名	1918～1919 年匪扰
汉阴	伤 35 名 亡 98 名	共银 56558 两	共银 14365 两	极贫 5678 名 次贫 6214 名	1918～1919 年匪扰
石泉	伤 32 名 亡 50 名	共银 36520 两	共银 9351 两	极贫 2510 名 次贫 1345 名	1918～1919 年匪扰
榆林	伤 4 名 亡 80 名	共银 15645 两	共银 21510 两	极贫 965 名 次贫 1055 名	1917～1919 年匪扰
鄜县	亡 258 名 废疾 7 名	共银 25321 两	共银 18572 两	极贫 823 名 次贫 840 名	1916～1919 年匪扰
神木	伤 3 名 亡 5 名	共银 12565 两	共银 5437 两	极贫 564 名 次贫 641 名	1918～1919 年匪扰
肤施	伤 55 名 亡 234 名	共银 25643 两	共银 8651 两	极贫 1230 名 次贫 1345 名	1918～1919 年匪扰
靖边	伤 10 名 亡 15 名	共银 5321 两	共银 1264 两	极贫 452 名 次贫 532 名	1918～1920 年匪扰

续表

县别	伤亡	损失动产	损失不动产	灾民户口	备考
绥德	伤 5 名 亡 20 名	共银 4652 两	共银 3242 两	极贫 1248 名 次贫 1435 名	1918~1920 年匪扰
米脂	伤 10 名 亡 32 名	共银 8523 两	共银 1354 两	极贫 632 名 次贫 650 名	1918~1919 年匪扰
洛川	伤 15 名 亡 26 名	共银 3564 两	共银 2148 两	极贫 452 名 次贫 522 名	1918~1919 年匪扰
中部	伤 50 名 亡 85 名	共银 4564 两	共银 3216 两	极贫 489 名 次贫 624 名	1918~1920 年匪扰
宜君	伤 8 名 亡 32 名	共银 5648 两	共银 2154 两	极贫 525 名 次贫 690 名	1918~1920 年匪扰
宜川	亡团丁 17 名 亡男女 45 名	共洋 625 元 银 6250 余两 钱 20292 吊	共银 104999 两 8 钱 8 分	极贫 865 名 次贫 923 名	1919 年匪扰
横山	伤 10 名 亡 35 名	共银 5326 两	共银 1548 两	极贫 835 名 次贫 731 名	1919~1920 年匪扰
保安	伤亡 42 名	共银 14695 两	共银 5623 两	极贫 354 名 次贫 560 名	1918~1919 年匪扰
定边	伤 4 名 亡 5 名	共银 3567 两	共银 2132 两	极贫 435 名 次贫 523 名	1918~1919 年匪扰
清涧	伤 32 名 亡 14 名	共银 13568 两	共银 4256 两	极贫 1325 名 次贫 998 名	1918~1919 年匪扰

资料来源：《陕西全省各县匪灾一览表》，《赈务通告》1920 年第 6 期。

1928 年，国民党形式上完成了对全国的统一，"但还没有实现全国政治、军事的真正统一，就西北而言，其势力尚未达到陇西"。[①] 1928~1930 年，一系列新军阀混战，其中包括冯玉祥统一陕西的战争、蒋冯战争及中原大战等，无一不波及陕西。1928~1931 年陕西遭受了 20 世纪最大的旱灾，内战在一定程度上增加了灾荒的严重程度和救灾的难度。

一是庞大的军费开支，军阀横征暴敛，增加民众负担，使民众失去灾期自救的可能。"冯玉祥又入陕西，于十六年（指 1927 年）又出发河南讨奉，陕西一省几乎供给三十万军队之给养。而且冯氏在军实上又极力扩充，这种扩充，都必须以金钱与外国洋行交易方能办到。冯氏于是多设捐

---

① 新疆社会科学院民族研究所编著《新疆简史》第 3 册，新疆人民出版社，1980，第 185 页。

税名目，吸取农民金钱。同时滥发纸币，吸收陕西现金，于是乎陕西农村金融就更干枯了。"① 陕西为冯军的大本营和军需供应地，冯部 10 万大军云集陕西关中，为解决粮饷和经费问题，冯玉祥先后发行军用流通券数千万元，富秦加字票数百万元，地方公债折合白银近百万两。② 如当时的记载："陕省历受旱、蝗、兵、匪种种祸害，其灾情扩大，遍于全省，自民国十六年冬起，迄至现在（1931 年），被灾时期，延至四载有余，诚为空前绝后，世所罕睹之奇灾。无论本省，及中外人士，见者堕泪，闻者伤心，非独陕人之不幸，尤触人类之隐忧。无如处于冯氏割据之下，不惟罔加恓恤，且复横征暴敛，搜括无遗，巧立名目，大肆剥削，故其抽收税捐种类，名目繁赜，不胜枚举。"③

1930 年中原大战爆发，宋哲元、杨虎城均出潼关作战，陕西人民负担沉重。如陇县为西北要塞，"以故辛亥改革以来，陕甘两省时有战争，受祸之烈为西路为最……民一五后，冯军由甘入陕，军队逐渐扩充，始而派员招募，继则勒令强征……征兵者不下十余次"，本来人口少，不得不雇他人耕种。当地除供给粮秣之外，还要牛要驴，兵差浩繁，难以支应。④ 沉重的兵差负担让百姓苦不堪言，加之当地处于山陇，土地贫瘠，收成歉薄，粮食不敷本地食用，当地有谚语"汧阳陇周，十料九收，一料不收，搬上走休"。自 1928 年后，连年荒旱，六料未收，滨河之田也因为源流干涸，等于旱原，举目一望，尽成赤地。宋哲元两次出兵作战，鸡犬不宁，扬言"宁教陕人死尽，不叫军队受饿"，抢民舍，刮民财，纳军粮，朝邑的商号、机关及农民的粮食、牲畜等被军队掠去者共计 66 万多现洋，百姓苦不堪言。⑤ 于右任曾向国民党中央痛斥军阀的混战给陕西人民带来的灾难："青天白日旗帜下之陕西，说是有二百余万人饿死逃亡，那一个信得过，但是有事实的证明，方知野心军人，只管扩充势力，穷兵黩武，不顾民生，日日喊爱国爱民，言与行完全相反……"⑥ 《大公报》也对此批评道：中国的驻军，素来便是天之骄子；陕西是僻壤的地方，所以天之骄子

① 陈必贶：《陕西农村金融枯竭之真相及其救济办法》，《新陕西月刊》第 1 卷第 1 期，1931 年，第 14 页。
② 张波：《西北农牧史》，陕西科学技术出版社，1989，第 374 页。
③ 《最近陕西之财政》，《新陕西月刊》第 1 卷第 1 期，1931 年，第 65 ~ 66 页。
④ 《灾灾不已之陇县》，《陕灾周报》第 7 期，1930 年，第 4 页。
⑤ 蒋友樽：《陕西灾情面面观》，《陕灾周报》第 8 期，1931 年，第 8 ~ 9 页。
⑥ 《于右任报告陕灾惨状》，《蒙藏周报》第 58 期，1931 年，第 27 ~ 28 页。

更加横行无忌。正当的给养还不够，要额外的给养。额外的给养不遂意，还要引匪勒款。如"三边驻防警备骑兵旅（直辖省城），一切军需，就地供给。去秋招引绥匪杨猴子股众数千人，该旅为之举办粮秣。匪过之地，民间粮草财物，掠夺净尽。匪未久驻而民已遭殃"。[①]

战争给百姓生活带来灾难。强征入伍，拉兵拉夫，大量的青壮劳动力被迫当兵，造成农村劳动力短缺。特别是陕西深处内陆传统农耕区，精壮劳动力缺乏对农业生产影响巨大。国家财政无力长期支撑战争，只好各种摊派，各地军阀穷兵黩武，实行各种苛捐杂税使得农村经济雪上加霜，百姓生活困苦，加重了农村的经济脆弱性，一旦灾情发生，就易酿成严重灾荒。

庞大的军队和频繁的战争是需要强大的军费支撑的。那么民国时期国家财政收支情况如何呢？民国时期实行中央、地方两级财政体制。可以先了解中央财政，再考察陕西当局的财政。

民国时期，中央财政大部分时间入不敷出。北京政府时期，中央财政主要靠借内外债维持。南京国民政府成立后，这种状况并没有发生改变，有的年份财政亏损甚至达到30%以上。由于内战频繁，军费支出惊人。如1913年陆军部和海军部费用共计172747907元，占当年中央财政支出的26.9%；1914年军费开支为142400637元，占当年中央财政总支出的39.9%；1916年军费支出为159457250元，占当年中央财政总支出的33.8%。[②] 1917年军费支出略有下降，为83928143元，但是1918年增加到137529658元，1919年为112985534元，1920年为107730172元，[③] 1928年军费支出209537000元，占国家财政总支出的50.7%，1929年军费支出244445000元，占国家财政总支出的45.3%，1930年为298529000元，占国家财政总支出的41.8%，1931年为303777000元，占国家财政总支出的44.4%，1932年为320671000元，占国家财政总支出的49.7%，1933年达到372895000元，占国家财政总支出的48.5%。[④] 可以看出，民国时期军费开支总体是上涨的，国家财政近一半的收入都用在养活军队上，造成了国家财政的困难，这造成了国家用于改善民生、教育、救灾等

① 万叶：《陕灾之剖析》，《四十年代》第1卷第4期，1933年7月，第14页。
② 《财政年鉴》，第6页。
③ 《财政年鉴》，第11页。
④ 《财政年鉴》，第197～198页。

方面的资金紧缺。入不敷出的财政无力维持各类军事行动，最后只能通过各种摊派来实现，这使得地方经济更加脆弱。

民国时期，陕西财政支出最多的是军费，在 1914 年的调查中，陕西军费为 400 万元，是西北各省中军费支出最多的。[1] 1918 年，陕西省官兵人数为 39276 人，军饷为 7301291 元，[2] 1919 年为 2971234 元，占陕西省财政支出的 59.2%，1925 年为 2468226 元，占陕西省财政支出的 57%；1922 年，全省各种驻军需军费 900 余万元，[3] 远远超过了全省的财政收入。为解决军费问题，各地驻军巧取豪夺，使县财政更加困难。为解决驻军经费问题，中部县（今黄陵县）有所谓"白地款"。该县县志记载："民元以后，土匪蜂起，时有驻军，粮秣概由民众负担，每年计价银二三千两，甚至七八千两不等。至民五六年，虽无驻县军队，而土匪四扰，到处劫掠，损失无算。至七年（1918）以后，始有田部骑营，驻防协助，粮秣年需四五千两，负担颇重，更有耀县指挥部摊派军粮一两次，共计价洋约二三万两。十三四年，每年拨陕北八十六师军费二万四千两，按月摊派，俗名'白地款'，均在各区长经收拨付。"[4] 陕南也遭军队勒索，"民国七八九等年，十五旅驻凤，初而营团，继而全旅，其间军饷勒逼，粮秣苛索，民夫驼骡，转运步哨，种种痛苦加于凤县。民十冬吴新田率第七师入陕南，以一拳大之凤县，年纳五六万的负担，又地当大道，往来的军眷、委员，以及来求事的、请假回家的，种种差使支应，轿马酒席，加于凤人"。[5] 因此，驻军是地方财政困难的根本原因。

第二，为了解决军费，陕西军阀大开烟禁，不但加重百姓负担，也使得大量良田为烟苗所占据。

军阀陈树藩督陕时期大开烟禁，征收烟亩罚款，成为弥补财政问题的主要途径。1911 年《军政府公报》即刊登陕西代表控诉陈树藩强迫民众种植鸦片的事实："陈树藩严令治下居民偏重鸦片，期得厚礼，筹备续战之

---

① 《军费与军心》，《申报》1915 年 1 月 18 日。

② 贾士毅：《民国续财政史》第 1 册，商务印书馆，1932，第 161 页。

③ 《陕西主客各军之饷项支配法》，《益世报》1922 年 12 月 30 日。

④ 何炳武等校注《民国二十三年〈黄陵县志〉校注》卷 12《财政志》，陕西人民出版社，2009，第 143~144 页。

⑤ 杨松年：《陕西之社会文化：历年受苦的凤县村农》，《新陕西月刊》第 1 卷第 4 期，1931年，第 76~78 页。

需。现在兴平一县已包卖 50 万元，两月以后总数可得千万以上。"① 《申报》发表了一篇关于陕西种植罂粟的报道："有自称知陕省督军或其他省宪之意旨者，行至北境，散布消息，谓今年可种罂粟，并劝乡人毁麦种烟，其时麦高尺许，已可望丰收。安乡民不察，信以为真，霎时间麦田改为烟田，地价顿增。当地及山西前曾经营土业致富者，立即出价预买烟土，此间与平遥之商人，亦复作此投机事业。闻罂粟甫种，即被预买者实居多数，每亩出价约银八十两。未几，财政厅出示谓种烟之地，今年每亩缴税银六两。官场既切实承认之，视为征税之品，是则民间种烟已非犯法事矣。"② 陕西省当局实行"寓禁于征"的办法。4 月，出示了第一张布告："照得陕西烟苗，上年业报肃清；近因地方不靖，谣言四处流行；愚民乘间种植，春苗闻已发生。督军、省长专电报请，实行寓禁于征；声明从重惩办，严饬专委查明；每亩罚银六两，经费加征一成；分作两期缴纳，先将二成收清。如敢隐匿不报，查出治罪非轻；乡保如敢徇隐，一并照章重惩。为此切实晓谕，仰即知照凛遵。"③ 除总局外，在地方成立分局，一般是数县设一分局或一县设一分局，比较有名的有南（郑）褒（城）城（固）分局、长（安）蓝（田）分局、盩厔分局、鄠县分局、兴（平）咸（阳）醴（泉）分局、扶（风）武（功）乾（县）分局、凤（翔）岐（山）宝（鸡）分局等，分局之下设所，所下设卡，分别设有局长、所长和稽查员。省政府还遴选派查烟委员，每县所派人员数量多少按照县境大小、产烟多寡确定，一般县份五六人，产烟大县十余人。每县有一负责人，一般由督军、省长的亲信担任。④ 军阀劝种罂粟的数量，"以县治的大小而定，大约每县八百亩至两千亩不等，种烟纳款的，叫做'罚款'；不种烟而纳款的，叫做'白地款'"。⑤ 是什么人来包买鸦片？当时报纸称："每县各设有禁烟局、土药罚款局，省城则立有禁烟总局及保险公司等等，其实只课其买卖者及贩运者之税，并非实行禁烟也。包办者商民甚少，大抵皆军界分子。"⑥

① 《政务会议致唐总代表据陕西代表赵世钰报告于督军函称陈树藩严令居民偏种鸦片等情请转向北方交涉严饬禁止电》，《军政府公报》1911 年 4 月 2 日。
② 《陕西违禁种烟之外人消息》，《申报》1918 年 7 月 1 日。
③ 《陕西陈树藩劝种鸦片之布告》，《益世报》1918 年 5 月 28 日。
④ 李宗祥：《陈树藩强迫农民种烟的前因后果》，《陕西靖国军》，第 98~113 页。
⑤ 中华民国拒毒会：《中国烟祸年鉴》，1928，第 12 页。
⑥ 《对于陕西之面面观》，《申报》1922 年 7 月 23 日。

陕西烟禁大开后，陕西各地农民竞相种植罂粟。据报载，"西安以西之百姓自由播种鸦片，借收重税，每亩收税九元，刻下先付六元，其余俟收割后再交。甚至极富如财政厅长景涵九者，竟种九十余亩（合三十余英亩），多数农人尤而效之，竟将麦根翻犁，改种鸦片，故西安以西鸦片遍地"。① 烟祸开始弥漫关中平原，自华县至潼关，"沿途五色花瓣，灿烂如锦，遍野尽是罂粟"。② 郿县、宝鸡以西各县，"均种鸦片，官厅收税，且不问其种否，直强令其必种也"。③ 关中平原土地肥沃，一般农田亩产烟土100余两，"作务好的可产二三百两。每两烟土按当时价值可折合小麦20斤"。若以每亩平均产量100两计算，1亩地的产值相当于2000斤小麦。如此巨大的利益诱惑，导致农民抛弃粮食种植而种植鸦片。据老人回忆，民国初期渭南县"种植鸦片已占耕地的三分之一以上。男妇三十岁以上的人，大多吸食鸦片，成瘾者约占总人口的百分之三十"。④ 陕北军阀"勒种鸦片之数量，以县治之大小而别，自八百亩至二千亩不等，派定后，种烟与否，均须如数交款……被派之亩数少而种烟亩数多，则纳款较少；被派之亩数多而种烟之亩数少，则纳款较多。亦有每亩须交罚款三十三元"。各县纳款办法因土地不同而异，有的以全县地亩计算，有的以水地地亩摊派，有的依照从前种烟户数征收。据统计，陕北各县年产鸦片3万两，一部分被本地城乡居民吸用，大宗则被当地过载店、杂货店包买，陕北各县均有过载店数家或数十家，"交易做成后可抽五分佣金"。以清涧县为例，全县有"以贩烟土为正当业务者，有过载店二十余家"，县城内"每日均有二百贩烟土者往来"。⑤ 鸦片种植给军阀带来财富的同时，也给民众带来了无尽的灾难。

烟亩罚款是北洋政府统治时期地方军阀财政收入的主要来源。1914年，陕西督军陆建章在征收局添"禁烟罚款"，下令各县和各局代收该款项。各地官吏乘机增派烟款，中饱私囊。1915年陕西禁烟总局指出，自征收禁烟罚款以来，各方大多"禁令未伸，公安先扰"，官吏任意"骚扰滋

---

① 《陈树藩劝人广种鸦片，秦川八百里，到处是罂粟》，《民国日报》1918年5月7日。
② 《陕西来客谈，军械源源接济，沿途尽是罂粟》，《民国日报》1919年4月2日。
③ 《两年来陕西之烟祸》，《申报》1922年8月14日。
④ 宋金喜：《民国时期渭南禁烟概况》，渭南市政协文史资料委员会编印《渭南文史资料》第6辑，1995，第187页。
⑤ 《创巨痛深之陕北》，《拒毒月刊》第9期，1927年，第6~7页。

累"，致使"烟禁前途进行反阻"。[1] 陈树藩督陕后，宣称厉行禁烟，征收"禁烟罚款"。1918 年颁布《查禁烟亩罚则》，规定查获烟苗 1 亩，处以库平银 6 两之罚金，随收加一经费以资办公。这一法规为各级办理增派烟款大开方便之门。[2] "该省去年（1918 年）种植鸦片，收税甚多。故今年仍在奖励种植。所有官员，大半与种植直接有关系。去年每罂粟一亩，征税六元。今拟增收六两六钱预算，如此办理，闻可收一千万元。"[3] 另有报道说陕西"官卖烟膏税得一千五百万元之巨"。[4] 刘镇华督陕后，继续陈树藩的政策，征收烟亩罚款，同时大开烟禁。以盩厔县为例，1922 年劝种 2000顷，交烟亩罚款 200 万元；1923～1925 年扩大到 3000 顷，占全县耕地总面积的 50% 左右。[5] 1923 年，刘镇华治下之地烟款收入达 1000 余万元。[6]据 1924 年的调查，"陕西今年产烟特多，凡近水肥沃之区，几无不种植殆尽……鸦片贸易，为税收之大宗，每亩所征常年烟税达十三元，及至刘获烟苗，则更突涨，有增至十九元者。城内各街店铺，几无不营烟业，所征特许状税额十倍或二十倍于房租"。[7]

　　地方小军阀的财政军费也来自烟亩罚款。1915 年，鄠县县长秦福田借口征收"禁烟罚款"，滥捕无辜，一时烟囚累累，狱不能容。捕得之后，则重刑逼供，任意敲诈，以致民冤难伸，秦福田被人称为秦桧。[8] 刘镇华督陕时期，各级官吏纷纷续报烟田面积，大肆摊派烟款。如鄠县烟亩实有140 多顷，县长多查出 100 多亩，复查委员又加至 500 多顷。[9] 1918 年，四川军阀刘存厚占据汉中各县，开放烟禁，"从此，陕南就多添了一种特产"。[10] 1922 年，吴新田任陕南镇守使后就开始强迫种烟，陕南 25 县（包括安康、汉中）凡能种烟的地，吴氏都强迫农民种烟。吴氏摊派的烟款高

① 《秦中公报》1915 年 8 月 31 日，第 10 页。
② 李庆东：《烟毒祸陕述评》，陕西旅游出版社，1992，第 193 页。
③ 《陈树藩狂种鸦片》，《民国日报》1919 年 2 月 16 日。
④ 《请惩治陈树藩种烟》，《民国日报》1919 年 4 月 9 日。
⑤ 县政协调查组：《刘镇华种烟敛财对盩厔人民的危害》，盩厔县政协文史资料委员会编印《盩厔文史资料》第 1 辑，1984，第 2 页。
⑥ 澄：《刘镇华又勒报烟亩——苛政一班》，《共进》第 60 期，1924 年。
⑦ 《陕西烟苗遍地》，《医事月刊》第 12 期，1924 年。
⑧ 李庆东：《烟毒祸陕述评》，第 192 页。
⑨ 李庆东：《烟毒祸陕述评》，第 193 页。
⑩ 陈翰笙：《破产中的汉中贫农》，《东方杂志》第 30 卷第 1 期，1933 年 1 月 1 日，第 68页。

达 140 万元，几乎等于陕南 25 县全年正、杂各项税款总和的 2 倍，而且逐年增加，如 1925 年，南郑大西区、南区的烟款就增加到 1922 年的 5 倍之多。[①] 为了方便种烟和征收烟款，吴氏将陕南各县知事、各厘税局局长都换成自己的心腹。"十一、十二两年，该师由汉江擅夺民船，往来于湖北，以贩运烟土为业。"[②] 罂粟大面积种植，使吴氏在陕南的烟款收入由原来的100 余万元增加至 400 余万元，[③] 成为其统治陕南时期主要的财政来源。

北京政府统治时期地方军阀依靠强迫种植鸦片来解决财政困难和军费问题到南京国民政府时期并没有改变。南京国民政府虽然多次明令禁烟，还进行了废除苛捐杂税运动，但是地方财政困难并没有得到很好的解决。相反，由于内战把国家财政纳入了战时体制，地方为了完成各种军事摊派任务，依然巧立名目，征收重税。虽然南京国民政府严厉禁烟，但是烟亩罚款仍然是地方政府一个重要的税收来源。1931 年，陕南民众上书杨虎城指出，"吴新田时代，陕南一县的烟亩罚款派定 5000 亩，现在已经达到 1万亩"。[④] 据 1932 年的统计，陕北各县农民总计缴纳各种税款 1997618 元，正款与地方款为 441618 元，仅占 22%；而军费负担为 685000 元，高达34%，烟款负担为 871000 元，高达 44%，军费和变相烟款总计达到农村总负担的 78%。

1928 年旱灾发生后，陕西就有清醒人士提出"要彻底救灾须厉行禁种鸦片"，"陕西的灾害，到了如此地步，真算是近年得未曾有。溯其原因，虽说是自然界的压迫，政治的压迫，经济的压迫，历有多端，但最大的祸原，不能不说是倡种鸦片，试一观察省城迤西的各县，盩厔，鄠、郿、扶风、武功、岐山、凤翔等处的灾情，比较省城迤东的各县为巨，盩、鄠半属水田，扶、武地亦绕沃，何以反不如迤东各县呢？此其故，不问可知，就是迤西各县大种鸦片，继有更缺乏谷类的现象，盩厔一带，每年统计，鸦片税在二百万元以上，较甘肃全省每年田赋收入一百七十余万元，为数多出百分之一五，鄠县亦在百万元以上，其他扶风八十万元，武功七十万元，岐、凤、郿、宝、兴、醴、乾、咸，各县亦皆数十万元，以税额计

---

① 郭润宇：《陕西民国战争史》（上），三秦出版社，1992，第 143 页。

② 淡秉钧：《吴新田祸汉记实》，《共进》第 64 期，1924 年，第 5 页。

③ 陕西省中共党史人物研究会编，李振民主编《陕西近现代名人录》，西北大学出版社，1991，第 146 页。

④ 冯和法：《中国农村经济资料》，上海黎明书局，1935，第 813 页。

之，则种植之多，可以想见。陕西全省收入正杂各项，在前清不过三百余万两，民元后加至一千三百余万元，而全省鸦片税竟达到两千三百余万元，此所以历任督军省长，皆视种植鸦片为莫大财源，不但不愿禁绝，而且提倡之，不遗余力，谁复计及'民食'呢？鸦片种植的数量，既如此之多，当然是侵占种植谷类的田地，谷类收获的数量，必然一定的要减少，此是正比例。盩、鄠种植鸦片最多，约占田地十分之九，扶、武次之，十分之八，他县亦在十分之五，平时食粮，尽仰给于渭北各县，一遇灾荒，宜其流亡载道，村落为墟，成为永劫不复的现象"。[①]

虽然文中称盩厔、武功等县鸦片种植面积达到十分之八九，有可能有夸大成分，因为鸦片种植对土壤条件，比小麦、玉米等要求较高，故在关中地区要想百分之八九十都符合种植鸦片的条件基本不可能。但是不容置疑的是，民国时期，财政困难始终是困扰督军、省长的难题。各地军阀为了抢占地盘，维持割据势力，地方为了完成中央军费摊派，均采用了默许甚至扶持鸦片种植的方式，虽然国民政府多次进行禁烟运动，但是在陕西都没有收到良好效果。首先粮田面积减少，粮食产量降低，粮价上涨，加重人们的负担。"陕西农村，一向都是种谷。清朝末年，种棉花的渐多；一入民国，因军阀的劝种鸦片，以致大好良田，都栽满了杀人毒物；农民所恃以活命的米谷，全给它驱逐出去了，平年已感粮食缺乏，何况凶年？"[②] 鸦片种植大量侵占耕地和排挤谷物，其结果必然是粮食作物种植面积进一步萎缩，陕西各县的种烟亩数呈直线上升趋势。到了 30 年代，最高者占耕地的 90%，最低者为 30%。[③] 1931 年《申报》曾撰文指出，陕、豫、甘三省之所以发生重大灾荒，"究其原因，实为三省土地，择其肥沃者，多栽种鸦片，以致农产减少，粮食缺乏"。[④] 种植鸦片，究其背后的推动力，是民国时期陕西不正常的政治生态需要维系大量的军队，庞大的军费开支使得陕西陷入财政困难—种植鸦片—筹集军费—耕地遭到排挤—粮食出现严重不足的困境。最终一旦有干旱或者其他自然灾害出现，陕西就会陷入旷日持久的灾荒中。

---

① 晴梵：《要彻底救灾须厉行禁种鸦片》，《陕灾周报》第 7 期，1930 年，第 1 页。

② 石筍：《陕西灾后的土地问题和农村新恐慌的展开》，《新创造》第 2 卷第 1、2 期合刊，1932 年，第 210 页。

③ 许涤新：《捐税繁重与农村经济之没落》，《中国农村经济》，1935。

④ 《本埠新闻：今日六三纪念》，《申报》1931 年 6 月 3 日。

第三章　灾荒与人口变动

人类社会是在与自然界不断斗争的过程中发展的，人类也是自然灾害的直接和最终承受者，人类社会与灾害相互制约：一方面自然灾害制约着人类社会经济的发展，制约着人口的增长；另一方面，人类在努力控制自然或者降低自然灾害造成的损失，也可能在某种程度上或者某些时候助长自然灾害和加重灾害损失。学者称之为"人灾互制规律"。[①] 自然灾害一旦发生，就会对生命、财产造成一定程度的损害。大量人口的直接或者间接死亡，是灾害对人口进行制约的基本表现形式。西方学者曾将瘟疫、饥饿、战争等灾难视为维持人口与生活资源平衡的手段。他们这样评价灾害对人口的影响："临时性灾祸夺取多少生命，但如果再生产来源没受损害，那么所造成的祸害，与其说是对人口的致命伤，毋宁说是折磨人类。人口不久又接近年产品总量所规定的限度。……这种临时性灾难所造成的人口的最大祸害，并不是人口的损失，而是给人类带来的灾难。"[②] 灾荒发生后，首先产生大量的灾民。灾民是一个非常宽泛的概念，早期文献中又称"济民"，或者"极贫者"，灾民和饥民、流民、贫民等混用。如"庆历三年，陕西饥，河中、同华等饥民相率同徙，发廪赈之，凡活一百五十万人"。[③] 后来一般通指因为各种灾害（泛指自然灾害）而被迫撤离家园的当地居民以及需要救助的人们（disastered person）。关于灾民需要探讨的问题很多，灾民数量、灾民的生活、灾民的自救与他救、灾民群体与个体、灾民心理等都是值得关注的。

---

① 郑功成：《灾害经济学》，商务印书馆，2010，第 59 页。

② 〔法〕萨伊：《政治经济学概论》，陈福生、陈振骅译，商务印书馆，1982，第 423、424 页。

③ 陆曾禹：《康济录》。

第一节 庞大的灾民数量

民国时期，陕西几乎无年不灾，因此造成一个庞大的灾民团体。但是由于种种原因，缺乏对灾民人数完整的统计，而且可以找到的统计资料重复、疏漏的也很多，给研究造成了一定困难。但从有明确统计的年份来看，陕西灾荒造成的灾民数量是庞大的，如1920年灾民达到276万人；[①] 1921年则达到400万人[②]；1925年为404524人；[③] 1927年为5355264人；[④] 1928年为6555318人；[⑤] 1929年为5302086人；[⑥] 1930年为5584526人，[⑦] 占全省总人口的73%；[⑧] 1931年为300万人；1932年为4132249人，[⑨] 占全省人口的42.4%；[⑩] 1933年为4768030人；1934年为100万人以上；

① 《赈务通告》1920年第5期，"公牍"，第45页。

② 《陕西各团体辛酉救灾联合会结束报告》，"弁言三"。另据统计，当年陕西受灾人口男大口1943588人，女大口1265471人，男小口492219人，女小口291030人，共计3992308人，其中极贫人口2831760人，次贫人口为1170548人。见《赈务通告》1922年第2期，第89页。

③ 《陕西乙丑急赈录》，"章制表册类"，第32～33页表格汇总。文中只统计了关中37个县。

④ 《陕西赈务汇刊》第1期第1册，1930年，"灾情与灾赈"，第143页。

⑤ 1930年《陕西赈务汇刊》第1期第1册，"灾情与灾赈"第143页刊载了1928年灾情："再据各县呈报，灾民总数至去年十二月共5355264人，至今年二月止，灾民除饿毙自杀外，已增至6555318人。"可见5355264人为1927年灾民数，《振务月刊》统计陕西1928年灾民数为5355264人，应该是根据1928年初陕西报告的数据，实为1927年灾民数，1928年灾民数以陕西省赈务会统计6555318人为准。

⑥ 《振务月刊》第2卷第12号，"调查与统计"，第2页。另据《公教周刊》报道，"截止今年四月，全省灾民总数七百一万五千零五十二人，内逃亡总数七十八万一千三百四十七人，饿毙总数二十万零六千二百三十七人"（第10期，1929年，第15页）。《真光杂志》载："陕西原报灾民为五百五十三万余，据各县续报又增加九十余万，现时总计灾民六百二十余万，已超全省人口半数以上。"（第28卷第3期，1929年，第95页）李文海等《近代中国灾荒纪年续编》中第250页记载陕西灾民70150152人，夏明方的《民国时期自然灾害与乡村社会》附录中则引用了《近代中国灾荒纪年续编》的数据。就本书而言，讨论哪个数据更为准确没有实际意义，主要是统计时间和方法的问题。

⑦ 《调查与统计》，《振务月刊》第2卷第12号，1931年，第2页

⑧ 1928年全省总人口为8971665人。曹占泉编著《陕西省志·人口志》，第105页。

⑨ 转引自夏明方《民国时期自然灾害与乡村社会》，第390页。

⑩ 据陕西省民政厅调查，当年陕西人口9752015人。见《陕省人口分布概况》，《四川经济月刊》第2卷第3期，1934年，第3页。另据振务委员会的统计，1930年陕西被灾人口占总人口的48.73%。见《陕西八省被灾人口数对于总人口比较表》，《民国十九年振务统计表》。两个数据统计相差如此之大，主要是国民政府振务委员会在计算总人口时按照灾情人口11460596人统计。

1935 年为 200 万人。[①] 表 3-1 是 1930 年陕西省各县灾民统计。

表 3-1 1930 年陕西省各县灾民统计

单位：人

县别	灾民人数	县别	灾民人数
陇县	51255	凤祥	121394
长安		宝鸡	123895
临潼	135768	扶风	84166
渭南	158858	商县	147124
盩厔	124940	乾县	91800
富年	145466	耀县	39828
大荔	51547	邠县	55008
蒲城	136057	咸阳	77175
郃阳	87220	三原	63417
泾阳	93076	澄城	62316
鄠县	60939	韩城	61299
蓝田	137312	洛南	81758
兴平	131442	岐山	101766
醴泉	111852	鄜县	50224
高陵	25073	武功	161640
华县		同官	26145
华阴	67511	潼关	
朝邑	66369	白水	22539
柞水		洋县	94526
汧阳	38852	西乡	145568
麟游	2299	镇巴	51823
永寿	35204	山阳	96128
栒邑	29522	洵阳	70785
淳化	25758	白河	87009
长武	37240	紫阳	128488
安康	209730	略阳	61786

---

① 温艳、岳珑：《论民国时期西北地区自然灾害对人口的影响》，《求索》2010 年第 9 期。

续表

县别	灾民人数	县别	灾民人数
城固	88758	留坝	6533
沔县		凤县	8819
宁陕	8633	洛川	14334
岚皋	48840	中部	11389
汉阴	150736	宜君	12507
石泉	72937	宜川	39366
商南	46308	葭县	66768
镇坪	23258	横山	39589
榆林	96360	安塞	
鄜县	13880	甘泉	1649
神木	68457	保安	
府谷	81303	安定	16433
肤施		延川	11275
靖边	9328	定边	8019
绥德	50805	清涧	23783
米脂	74142	吴堡	14018
褒城	170644	总计	5349688

注：据1929年11月的统计，乾县灾民已达100332人，而灾前乾县人口为169493人，当时已经死亡3万多人，逃亡2万多人，人口总数也下降到11万人左右。参见韩佑民《乾县"十八年年馑"及赈济概况》，乾县政协文史资料委员会编印《乾县文史资料》第1辑，1985，第58页。

资料来源：秦含章《中国西北灾荒问题》，《国立劳动大学月刊》第1卷第4期，1930年，第9～15页。

表3-1是根据陕西省赈务处的统计绘制的，被灾85个县，灾民达到534万人，实际上，在这一次旱灾中，陕西的灾民远不止这个数字。民国时期学者对于灾后陕西人口有过论述：

　　三年不雨，六料未收，以十室九空，久鲜盖藏之人民，遭此巨劫，于是饿殍遍野矣！因旱灾死亡者至今已达二百余万人，关中占五分之四强，加以迨后各种天灾，又纷至沓来：被雹灾者，有富平、耀县、同官、商县十余县；而近黄河各县转以淫雨绵绵，连月不绝，河水泛滥，尽成泽国，时疫成行，死亡率骤增，郿县一县，去年三四月间，染疫死者，计三万余人，中等以上，稍有积蓄，因"吃大户"成风，咸沦落于极贫。低洼之区，略有收获者，又屡遭抢劫，非一空不止。全省无复一片干净土矣！冬春之交，大雪六次，积厚三尺计，气候奇寒，百年未见，炭每百斤价十五六元，广仁医院，收有冻足断臂者，三十余人，为之诊治，而因灾冻而死之灾黎，可想而知矣！上海济生总会，张贤清先生谓其放赈十有三年，灾情惨重，未有如今年之陕西者，诚非虚语也！……查全陕人口，一千一百余万，死亡者，已百余万人；一等待赈之灾民，二百五十八万一千余人；二等待赈灾民，凡一百七十余万人；和三四等待赈灾民，共六百零二万九千余人。……

又据：一九三〇年灾情视察团报告：兴平全县十七万人，日死数百人田价每亩二三元。……据田杰生报告：全省九十二县，无处非灾区……被灾人数，陕西全境共九百四十余万口，去岁迄今被灾而死者，二百五十万，逃者约四十余万。现存六百五十余万，急切待赈者，须在五百万人以上。……①

第二节　灾期人口变动

灾民的数量在一定程度上的确反映了某一个时期某种或者几种灾害暴发的强度和持续度，但是灾民数量始终处于变化之中，特别是在得到有效救助或者在其他区域找到活路的情况下，一个地区的灾民数量便会迅速减少，故灾民的数量变动更能反映灾害动态的影响。人口学者认为，人口的变动包括数量增加、减少，迁移等。灾区人口数量变动主要表现为两种形式——减少和迁移。人口数量短时间内减少是基本形式，主要是因为大量人口因粮食缺乏而死亡和逃亡外乡。一次大的自然灾害造成的死亡人数往往是数以万计的。据夏明方统计，民国时期，造成万人以上死亡的旱灾达到 13 次，其中 1920 年北五省旱灾死亡 50 万人以上，造成万人以上死亡的水灾则达到 29 次（黄河花园口决堤尚未统计在内），1931 年江淮流域八省

---

① 朱世珩：《从中国人口说到陕西灾后人口》，《新陕西月刊》第 1 卷第 2 期，1931 年，第 44～45 页。

水灾导致至少 44 万人死亡；[①] 另一方面自然灾害造成房屋毁坏、耕地无法耕种，灾民为了生存四处逃生，造成了灾民的迁移，还有大量的人口被贩卖出灾区，这些都导致灾区人口数量的变化。陕西 1928～1931 年人口数量变动最为厉害，据记载，"据朱子桥先生此次赴陕调查灾况报告，陕西全省一千三百万人中，已竟饿死的有三百多万，气息奄奄，急待赈济的有二百多万，流离失所的有六百多万"。[②] 死亡和流亡的占全省人口的 70% 左右。另据统计，陕西在 1928 年人口仅有 1122 万人，[③] 如果按照这个基数，陕西人口数量变动的情况要更严重。据灾后对武功 211 户人家的调查，1928～1931 年西北大旱灾期间，武功因灾荒有死亡的农家数占总户数的73%，有出售妇孺的农家数占 22.7%，有女子私奔的农家数占 14.7%，有送养子女者的农家数占 5.2%，逃亡的家庭占总户数的 3/5。[④] 在某种程度上，在一定时期内，自然灾害对一个地区的人口起着一定的调节作用。甚至有国外学者认为，一些地区灾荒的缓解是因为因灾死亡人口过多而调节了人口与资源需求之间的矛盾。1930 年，传教士安德图在报告甘肃灾荒的情况时认为，甘肃省"饥饿、疾病、兵燹在过去两年中夺去了大量人口，因此对粮食的需求大为缓和"。[⑤]

一　人口数量短期急剧减少，直接影响到民国时期陕西人口总量

首先是陕西总体人口比重下降。由于战乱与灾荒，近代陕西人口数量变动还是比较剧烈的。据统计，1873～1933 年，陕西人口指数变化情况是，相对于 1873 年，1893 年的指数是 94，1913 则下降到 90，到 1933 年则为 86。[⑥] 这表明在这 60 年的时间里，陕西人口指数总体是减少的趋势。民国时期学者把这一时期陕西人口减少的原因归结为天灾、人祸、鸦片、疾病。[⑦] 民国时期，由于自然灾害频繁发生，陕西人口变动较大，主要包括饿死、病死，以及逃荒、被贩卖、被送养等。如 1912 年陕西总人口为

①　夏明方：《民国时期自然灾害与乡村社会》，第 395～397 页。
②　《由陕灾救济探到人口问题》，《大公报》1930 年 6 月 11 日。
③　据《陕西省人口统计》（《新闻报》1928 年 12 月 25 日），陕西省人口为 11665191 人。
④　蒋杰：《灾荒与人口》，《农林新报》第 16 卷第 1、2 期合刊，1939 年，第 22 页。
⑤　李文海、程歗等：《中国近代十大灾荒》，第 176 页。
⑥　国民政府主计处：《中华民国统计提要》，1935，第 483 页。
⑦　《陕省人口分布概况》，《四川经济月刊》第 2 卷第 3 期，1934 年，第 5 页。

9175799 人，1921 年为 9465558 人，[①] 1924 年为 21193351 人，[②] 可以看出 1912～1924 年陕西人口数量总体呈现上升趋势。到 1928 年下降为 11802446 人，[③] 1930 年更是减少为 10296521 人，1931 年仅有 8971665 人，[④] 1932 年为 9752015 人。[⑤] 上文的统计有的来源于内务部，有的来源于陕西省民政厅以及陕西自治筹备处，统计方式、标准均有所差别，可能存在不准确之处，但还是可以看出这一时期陕西人口数量大致变动趋势。民国肇始，陕西人口不到 1000 万人，经历了 1920 年的旱灾后，人口到 1924 年恢复到 2000 多万人，但是经历了西安围城以及连年的饥荒，到 1928 年下降到 1100 多万人，后因"民国十八年年馑"，人口数量锐减，到 1930 年下降到 1000 多万人，至 1932 年陕西人口尚不到 1000 万人，仅处于民国建立之初的水平。

1912～1932 年 20 年的时间，陕西人口仅仅增长 57 万多人，人口波动最大的时期是 1928～1931 年，1931 年陕西人口下降到 8971665 人，比 1928 年减少 280 多万人，减少 24.0%。直到 1938 年，陕西人口数量还未恢复到 1928 年的水平。[⑥] 毋庸置疑，连续四年的旱灾是引起人口数量变动的最主要因素。可见这次大灾荒对陕西人口的影响是长远的。在四年大旱灾伴随疫病等灾情中，饿死、病死者达 300 多万人，流离失所的达到 600 多万人，两者占全省总人口的约 70%。[⑦] 另据冯和法的调查，1928 年底陕西 57 个受灾县人口为 7212764 人，经过大旱灾，到 1930 年底，人口下降为 6268045 人，减少了 90 多万人，较 1928 年减少了 12.5%。[⑧] 表 3-2 是 1928～1930 年陕西各县人口总体变化情况。

---

① 朱世珩：《从中国人口说到陕西灾后人口》，《新陕西月刊》第 1 卷第 2 期，1931 年，第 37 页。

② 《陕省人口分布概况》，《四川经济月刊》第 2 卷第 3 期，1934 年，第 3 页。

③ 曹占泉编著《陕西省志·人口志》，第 91、93 页。

④ 另据内政部公布数据，1931 年陕西人口为 11821000 人。

⑤ 1930 年、1932 年数据均来自《陕省人口分布概况》，《四川经济月刊》第 2 卷第 3 期，1934 年，第 3 页。

⑥ 曹占泉编著《陕西省志·人口志》，第 91、93 页。

⑦ 《平津人士热心陕灾》，《国闻周报》第 7 卷第 19 期，1930 年，第 8 页。

⑧ 冯和法：《中国农村经济资料》，第 777 页。

表 3－2　1928～1930 年陕西各县人口变化

单位：人，%

县别	灾前（1928 年底）人口统计	灾后（1930 年底）人口统计	减少人数	增加人数	增减比例
西安	99895	112172		12277	12.29
长安	433864	396571	37293		8.60
临潼	226874	226314	560		0.24
渭南	247141	235241	11900		4.81
大荔	106367	87112	19255		18.10
凤翔	203485	71988	131497		64.62
咸阳	113908	85651	28257		24.81
华县	141085	141002	83		0.04
华阴	118777	115640	3137		2.64
扶风	160415	104464	55951		34.88
乾县	169498	153303	16195		9.55
凤县	23098	18417	4681		20.27
佛坪	18603	18148	455		2.45
泾阳	125190	110758	14432		11.53
鄠县	101505	88408	13097		12.90
蓝田	218277	217532	735		0.34
郿县	27862	27821	41		0.15
朝邑	121377	104556	16821		13.86
榆林	168789	179718		10929	6.47
雄南	205861	179560	26301		12.78
郿县	90746	70533	20213		22.27
武功	179099	95315	83784		46.78
长武	57506	42479	15027		26.13
澄城	105790	100245	5545		5.24
柞水	58442	51093	7349		12.57
汧阳	62839	57827	5012		7.98
麟游	23896	21341	2555		10.69
淳化	49627	46583	3044		6.13
定边	16730	25198		8468	50.62
洋县	181754	122450	59304		32.63
白河*	13043	8449	4594		35.22
潼关	51878	50534	1344		2.59
盩厔	187318	134700	52618		26.65
富平	213660	210954	2706		1.27

续表

县别	灾前（1928年底）人口统计	灾后（1930年底）人口统计	减少人数	增加人数	增减比例
山阳	253762	250322	3440		1.36
蒲城	190141	154574	35567		18.71
郃阳	134072	112468**	21604		16.11
宝鸡	201825	197460	4365		2.16
商县	267812	225155	42657		15.93
耀县	56897	54914	1983		3.49
邠县	76271	74983	288		0.38
三原	97506	95534	1972		2.02
石泉	176453	168130	8323		4.72
商南	91029	90867	162		0.18
兴平	176685	141665	35020		19.82
神木	101732	100621	1111		1.09
府谷	151333	126515	24818		16.40
肤施	20750	20739	11		0.05
岐山	178942	132356	46586		26.03
洛川	44048	43629	419		0.95
白水	56348	55650	698		1.24
高陵	62657	52703	9954		15.89
同官	43580	42122	1458		3.35
安塞	13652	13105	547		4.01
永寿	18009	15512	2497		13.87
安定	54777	54503	274		0.50
延川	37584	36550	1034		2.75
南郑	250701	216728	33973		13.55
合计	7080765	6188882	1013556	23206	

注：表中部分县数字有出入，如临潼应减少560人，渭南应减少11900人，华县应减少83人，凤县应减少4681人，蓝田应减少745人，麟游应减少2555人，定边应增加8468人，盩厔应减少52618人，耀县应减少1983人，邠县应减少1288人，宝鸡应减少4365人。现暂列原文数据。

* 原文中白河数据1928年人口13043人，到1930年为86449人，笔者认为不合常理，因为白河也是重灾区，不可能短时间内有7万多人能涌入有1万多人的县，此外原文中减少48594人，少于1928年数字，不合常理。且笔者查证1935年白河人口为24758人（曹占泉编著《陕西省志·人口志》第97页），因此1930年白河人口不会超过1万人。故笔者猜测是原文作者在写作时摘抄数据出现笔误，1930年人口为8449人，减少4594人，似乎更为合理。此处所列为修正后数据。

** 原文减少数字为21640，1930年数字为112469。

资料来源：石筍《陕西灾后的土地问题和农村新恐慌的展开》，《新创造》第2卷第1、2期合刊，1932年，第213~214页。

从表 3－2 可以看出，统计的陕西 58 个县，是遭受旱灾比较严重的地区，人口数量变动的趋势也主要从这些县的人口增减体现出来。从表 3－2 可以清晰地看出，第一，除了西安、榆林两个区域人口略有增加外，其他各县人口都有不同程度的减少。西安、榆林人口总计增加 23206 人，西安人口增加了 12.29%，榆林人口增加了 6.47%，而其他 56 个县人口共计减少 90 多万人，抛开外省流入本省的人口，省内流入西安、榆林的人口只有 2 万多人，灾期流入西安、榆林的人口数量远远低于各县减少的人口数量。减少人口包括部分流亡外省的，还有一部分就是饿死、患疾病而死者。这样的人口减损速度远远超过了正常年份人口减少速度。56 个县减少人口 90 多万人，减少了 13.04%，这是非常庞大的数字。邠县、商南、郿县、华县、肤施（今延安）、安定（今子长）人口减少相对较少，有 12 个县人口减少 20% 以上，其中凤翔县最为严重，人口减少一半以上。第二，关中各县人口减少的绝对数量和相对数量远远大于陕南和陕北各县。关中地区人口减少比例最大的是凤翔，高达 64.62%，宝鸡人口损失达 48.24%，而陕南人口减少比例最大的为白河，为 35.22%，陕北比例更低，延川人口仅减少 2.75%。这是因为这次灾荒总体而言，关中比陕北、陕南严重。第三，就关中地区而言，关中西部武功、扶风、宝鸡等县人口损失程度远远高于关中东部的三原、富平等地。这是因为 1928～1931 年旱灾，关中西部远远比其他地区严重。另据蒋杰在蒲城、凤翔、三原等地 219 个村庄的调查，1927 年灾荒未发生时，总人口为 53872 人，平均每村 246 人，灾荒期间死亡 7175 人，平均每村死亡 32.8 人，死亡人口占总数的 13.3%。其中凤翔最为严重，"盖当时西部灾荒尤甚于东部也"。调查的 219 个村庄在 1936 年人口也仅有 46670 人，相当于 1927 年的 86.6%。[①] 可见人口大量损失后要想恢复到原来水平相当困难。

统计的 58 个县减少人口 100 多万人，而西安、榆林作为商业发达城镇，人口仅仅增加了 2.3 万人，中间相差近百万人，这近百万人去了哪里？可以分为两种情况，一是死亡，这是一种绝对减少的情况；二是逃亡外省，造成了人口数量暂时较为剧烈的变动，则是相对减少的情况，因为很多灾民是临时逃亡，灾后往往会返回故土，这也是灾后人口数量恢复较快的一个重要原因。1928～1931 年，其他县人口锐减，西安和榆林的人口却

---

① 蒋杰：《陕西关中农村人口现状》，《农林新报》第 14 卷第 5 期，1937 年，第 165 页。

出现了增长。1928 年底，西安人口为 99895 人，1929 年为 105480 人，① 到 1930 年底增加到 112172 人，比 1928 年增加 12277 人，增长率为 12.29%；1928 年底，榆林人口为 168789 人，到 1930 年底增加到 179718 人，短时间内增长了 10929 人，增长 6.47%。② 灾民为何会涌向西安和榆林？因为西安是省府，也是陕西经济最发达地区，灾民到那里能够获得帮助的概率大，关中的灾民会自觉地蜂拥于此；榆林则是陕北经济最活跃地区，也是陕北的重心，陕北灾民为了活命自发地涌向榆林，因为路途遥远，交通不便，陕北灾民去西安是一种不现实的选择，榆林自然成了最合适的选择。正如当时学者所言："为什么西安市与榆林人口反而增加了呢？其实这种道理是很平常的！因为在灾荒中乡村完全被破坏了，凡是没有饥饿死的人，都是尽可能的跑到都市求告幸免死亡！像西安是陕西的省会，榆林是陕北繁盛之区，故在灾荒中，这两处的人口，是较前增加。"③

从上述资料可以看出，民国时期，自然灾害导致的人口数量变动远远超过了正常的人口数量变动。正常情况下，一个地区既有人口的迁出，也有人口的迁入，但是由于民国时期自然灾害频发，灾区主要是人口迁出，这会打破人口的相对平衡。长时间内，一个地区出生和死亡人口保持一个基本的平衡，使人口呈现一定增长趋势，保证人口再生产。但是在严重灾情的打击下，陕西人口在短期内呈现减少的趋势，出现了负增长的情况。灾期人口减少的主要原因包括流亡、死亡。1928 年全省 91 个报灾县共计灾民 6555318 人，占全省人口一半以上，其中不完全统计死亡 651743 人，逃亡 331058 人，占灾民总数的 15%。④

总的来看，除西安、榆林外，在灾期各县人口都有程度不同的减少。据不完全统计，被南京陕西赈灾会列为"全省第一"严重的盩厔县死亡 4 万多人，逃亡 2 万多人，绝户达到 9000 多家（见表 3 - 3）。

---

① 西安市地方志编纂委员会编《西安市志·人口志》，西安出版社，1996，第 445 页。
② 冯和法：《中国农村经济资料》，第 774 ~ 777 页。
③ 朱世芥：《从中国人口说到陕西灾后人口》，《新陕西月刊》第 1 卷第 2 期，1931 年，第 45 ~ 46 页。
④ 《陕西省灾况统计表》，《陕西赈务汇刊》第 1 期第 1 册，1930 年，"灾情与灾赈"，第 113 ~ 122 页。该表中按照 91 个受灾县分别汇总灾民人数为 5571491 人，与官方报告总数尚有一定出入。本书主要是计算逃亡和死亡人数大概比例，故还是按照官方总数计算。

表 3 - 3 1928 ~ 1931 年盩厔人口变化

区域	死亡人数	逃亡人数	绝户家数
西北	5207	7683	3987
西南	10272	6432	2193
中区	9756	5574	1754
东南	5508	4812	897
东北	9830	4985	912
总计	40573	29486	9743

资料来源:《惊心动魄之死亡表——陕灾最重之一县》,《益世报》1931 年 5 月 11 日。

1928 年以前,盩厔有人口 18 万人,死亡人口 4 万余人,占该县总人口的近 1/5,逃亡人口近 3 万人,占该县总人口的近 1/6,两者加起来 7 万余人,占全县总人口的近 40%,其中近 1 万户绝户,真是人间惨剧。其实,盩厔并非这次灾荒中人口损失最严重的县份,武功、凤县、醴泉、乾县等关中西部各县人口损失都比盩厔严重。其中武功在 1932 年人口减少 88%,醴泉人口减少 86%,乾县人口减少 72%。[1] 正是严重的自然灾害,导致陕西各县人口数量在民国时期如此大规模地减少。据记载,1929 年,渭河以北一带各地人口损失在 40% 以上,"士兵回乡探亲,见不到父母、妻子,找不到家里房子,邻里许多不相见,无不痛哭而归"。[2] 另据蒋杰对陕西关中地区的三原、蒲城、华阴、鄠县、武功、凤翔等六县的调查,1928 年人口为 148429 人,到 1930 年为 109572 人,两年减少 38857 人,减少 26.2%。1936 年,旱灾已经过去四五年,人口才恢复到 127414 人,[3] 还没有恢复到 1928 年的水平。渭南县因多灾并发,1928 ~ 1933 年出现了 - 16‰的增长率。[4] 1932 年,陕西耀县人口为 85267 人,由于战争、灾荒等原因,1940 年下降到 52650 人,直到 1948 年仍在 6 万人以下。[5] 足见这一场灾害对部分区域人口的深远影响。扶风县原来有 16 万多人,在两年之内

[1] 据国民政府振务委员会统计,1932 年,武功人口死亡 142058 人,占总人口的 73%,逃亡 29116 人,占总人口的 15%,二者共占总人口的 88%;醴泉人口死亡 62%,逃亡 24%,二者占总人口的 86%;乾县人口死亡 49%,人口逃亡 23%,二者共计占总人口的 72%。见《陕西省各县灾情一览表》,《振务月刊》第 3 卷第 7、8 期,1932 年,第 1 页。

[2] 陕西省地方志编纂委员会编《陕西省志·水利志》,陕西人民出版社,1999,第 112 页。

[3] 蒋杰:《关中农村人口问题》,第 20 页。

[4] 李振民:《陕西通史·民国卷》,第 166 页。

[5] 耀县志编纂委员会编《耀县志》,中国社会出版社,1997,第 84 页。

减少了近 6 万人，减少了三分之一还多。凤翔县 1928 年底有 203485 人，到 1930 年底还有 71988 人，减少了 131497 人，减少 64.6%，即人口损失一半以上。武功县 1928 年底有人口 179099 人，1930 年底减少到 9 万多人，减少 89000 多人，人口减少几乎一半。扶风、武功两县 1930 年有人口 397000 多人，到 1932 年只剩下 148000 余口。① 陕南的白河从 1928 年的 1.3 万多人，到 1930 年减少到只有 8000 多人，两年时间减少 4000 多人。1934 年，行政院农村复兴委员会在陕西凤翔、渭南、绥德三地调查发现，这些地区 1928～1931 年灾期人口变动非常大。调查中提到：调查的五个村子，1928 年实有 633 户，灾后这 633 户中只有 268 户继续在村；其余 365 户或死绝，或离村。这 268 户只是 633 户的 42.34%。这五个村子里以南务村村户减少最快，从 1928 年的 205 户减少到 1933 年的 76 户，减少了 129 户，占 1928 年的 62.93%。其次是尹家务，减少户数占 1928 年的 61.54%。② 根据调查，这些村庄人数由 1928 年的 4214 人，减少到 1933 年的 1474 人，减少了 2740 人，减少 65.02%。③ 其中灾情最重的凤翔南务村，居民由 1928 年的 200 多户减少到 1933 年的 76 户，人口由 505 人减少到 325 人，减少 180 人，减少 35.64%。这 180 人中，饿死的有 101 人，病死 5 人，逃亡 55 人，被卖 5 人，被送 4 人。④

人口锐减对日后恢复生产、国防都产生了不良影响。正如时人所指出的，"现在因为灾情而人口减少，这于开发西北一定有很大的不利影响的"，认为人口减少会造成土地荒芜、盗贼云集、国防空虚。

二 人口死亡、逃亡和贩卖，严重制约灾后重建，影响陕西人口结构

灾期人口大量减少，这些减少的人口中，并非都是饿死或者病死者，主要包括逃亡、被贩卖、送养、病死、饿死等情况，这些情况交织在一起，使得陕西人口数量在灾期出现大幅度变动。据 1929 年陕西省赈务会调查，"自去岁荒歉起，截止今年四月，全陕灾民总数七百一万五千零五十二人，内逃亡总数七十八万一千三百四十七人，饿毙总数为二十万零六千

---

① 李子俊：《陕西灾后武功扶风二县视察记》，《县乡自治》第 2 期，1939 年，第 53 页。
② 《陕西省农村调查》，第 42 页。
③ 《陕西省农村调查》，第 42～43 页。
④ 《陕西省农村调查》，第 165 页。

二百三十七人"。① 可以看出，短短一年时间内，陕西灾民占总人数的近10%，而灾民中饿死即达到20余万人，逃亡的达到近80万人，逃亡和死亡的有近100万人，占灾民总数的1/7。而一般来讲，灾情发生第一年并不是死亡和逃亡最严重的时候，往往到了第二、三年或者之后，死亡、逃亡的现象更加严重，逃亡、死亡人口比例更高。据中国济生会的报告，1928～1930年，岐山县饿死72500多人，流亡30860余口，全县人口锐减2/3。② 根据1929年11月的统计，乾县原有人口169493人，截至11月，死亡30494人，逃亡27893人。③ 关中地区的凤翔、三原、蒲城、长安、临潼、渭南、武功等地人口变动最为剧烈。据蒋杰对凤翔、蒲城、三原等县219个村的调查，1927年灾荒发生前，人口为53872人，平均每村246人，因灾死亡7175人，死亡人口占总数的13.3%，凤翔最为严重，达15.4%。④

在导致灾期人口减少的情况中，死亡、贩卖和送养属于人口数量的绝对减少，而逃亡者返回居多，只是一种相对暂时的减少，那么这几种情况所占比例如何？据蒋杰对灾后武功的实地调查，武功211家居民中，154家有死亡（1人或多人）的现象，占73.0%；48家有出售人口的现象，占22.7%；31户有私奔现象，占14.7%；11家有送养经历，占5.2%；127户曾有逃亡现象，占60.2%。具体地讲，这211户中共有1080人死亡、被出售、被送养等；其中死亡569人，占总人口的33.2%；被出售70人，占4.0%；私奔40人，占2.3%；被送养14人，占0.8%；逃亡387人，占21.9%。⑤ 从武功的调查结果看，70%以上的人口家庭经历了变动。其中经历死亡和逃亡的家庭所占比例最大。在引起人口变动的因素中，逃亡是最多的，其次是死亡，而私奔、被出售、被送养等所占比例相对较少，特别是送养在灾期是较少的，一般送养都是在较小范围内进行的，一旦灾荒持续时间过长，有收养意愿的家庭会很少，因此送养很难找到收养家庭，导致送养不能成功。表3-4是陕西省赈务会对关中长安、临潼、武功等10个县灾期人口变动所做的统计，从中可见全省的情况。

① 《陕省灾民数目统计》，《公教周刊》第10期，1929年，第15页。
② 《中国灾荒问题》，《申报》1930年2月10日。
③ 韩佑民：《乾县"十八年年馑"及赈济概况》，《乾县文史资料》第1辑，第58页。
④ 蒋杰：《陕西关中农村人口现状》，《西北导报》第3卷第1期，1937年，第20页。
⑤ 蒋杰：《关中农村人口问题》，第190～191页。

表 3 - 4　1928～1929 年陕西关中地区部分县因灾人口变动情况

单位：人，%

县别	原有人口	死亡人口		外逃		灾民	
		数量	比例	数量	比例	数量	比例
长安	433864	52512	12.10	47357	10.92	205531	47.37
临潼	226819	31569	13.92	10800	4.76	164569	72.56
武功	129097	70241	54.41			58856	45.59
凤翔	203485	96714	47.53	10948	5.38	84819	41.68
蒲城	190141	25587	13.46	56234	29.57	60000	31.56
乾县	169498	30494	17.99	27893	16.46	100332	59.19
兴平	176685	30628	17.33			130249	73.72
岐山	173942	22891	13.16	15830	9.10	104974	60.35
郿县	90746	31020	34.18	5021	5.53	47843	52.72
咸阳	113908	22124	19.42	21295	18.69	69583	61.09
总计	1908185	413780	21.68	195378	10.24	1026756	53.81

　　资料来源：中国第二历史档案馆《全国经济委员会农业处转送之农业、畜牧业和社会经济考察报告》，《民国档案》2001 年第 3 期；《陕西省灾况统计表》，《陕西赈务汇刊》第 1 期第 1 册，1930 年，"灾情与灾赈"，第 23～32 页。

　　从表 3 - 4 的统计可以看出，1928～1929 年旱灾期间，关中地区长安、临潼、武功、凤翔、蒲城、乾县、兴平、岐山、郿县、咸阳等 10 个县原有人口 190 余万人，两年之间暂时减少 19 万多人，比例达 10.24%。死亡人口 40 多万人，比例高达 21.68%。死亡人口加上逃亡人口，所占比例高达 30% 以上。总体来看，逃亡人口所占比例要比死亡小很多。具体到各县情况略有差异，从死亡情况看，武功比例最高，占总人口的 54.41%，其他各县如凤翔高达 47.53%，郿县在 30% 以上，关中东部地区的临潼、蒲城等地在 13% 以上。随着灾情发展，死亡人口继续增加，据国民政府振务委员会 1932 年的统计，乾县死亡 83749 人，占总人口的 49%，武功死亡 142058 人，占该县总人口的 73%，醴泉死亡 80072 人，占该县总人口的 62%，乾县死亡 83749 人，占该县总人口的 49%，凤翔死亡 96714 人，占该县总人口的 47%。[1] 这些触目惊心的数字，意味着一个个鲜活生命的消

――――――――――

① 《陕西省各县灾情一览表》，《振务月刊》第 3 卷第 7、8 期合刊，1932 年，第 1 页。

逝。而外逃人口，蒲城为近30%，关中西部的比例低一些。从表3-4还可以看出，在死亡人口方面关中西部的情况更为严重，而逃亡的情况，关中东部比西部比例大一些。这个情况与交通情况和周围地区的环境有关。关中西部西接之甘肃本身也是重灾区，加之西部交通落后，灾民外出逃生的机会减少，虽然与东部地区接壤的河南、山西也是灾荒严重的地区，但是东部地区交通无论水路、陆路都较为发达，灾民有更多的逃亡机会。灾民可以通过风陵渡东渡黄河到河南、山西甚至更远的地方求得生存。灾荒期间，人口死亡是个非常严重的问题，因为从长远看，逃亡的人还可能获得生存的机会重返故土，大量人口死亡则会严重影响传统农业生产。因此这场灾荒对关中西部的影响更为深远。

由《大公报》及《中央日报》的记载，可见各县的死亡及逃亡情况是比较严重的（详见表3-5）。

表3-5 陕西各县灾情人口变动情况

县名	人口变动情况	资料来源
汧阳	百户之村，无泥封者，殆无十分之二三	《大公报》1933年6月5日
扶风	死亡十万余人，绝减三千余户	《大公报》1933年4月17日
陕南各县	流亡过半	《大公报》1933年4月18日
白水、富平	饿死十居七八，饿毙及逃亡，两月内一千余人	《大公报》1933年4月7日
麟游	仅剩鳏寡孤独幼子，不满一千五百户	《大公报》1933年4月7日
乾县	死亡过半	《中央日报》1933年3月26日
武功	灾前人口二十万人，因死亡而剩七万人	《中央日报》1933年3月21日
郃阳	死亡万余人	《中央日报》1933年3月26日
凤翔	灾前人口二十八万人，现余十四万人	《中央日报》1933年3月26日
鄠县	去年一个月内男女逃亡八千四百九十余人	《大公报》1933年4月6日
郿县	逃亡者十之七八	《中央日报》1933年3月21日
白水	灾前人口八万余人，死亡过半	《中央日报》1933年3月17日
乾县	去年每日饿死及疫死三百余人	《中央日报》1932年12月12日
宝鸡	灾前人口二十八万人，死亡七八万	《中央日报》1932年12月12日
留坝	灾前人口二万余人，现仅一万人左右	《中央日报》1932年12月12日

资料来源：万叶《陕灾之剖析》，《四十年代》第1卷第4期，1933年7月，第8~9页。

从表3-5可以看出，有多个县饿死及逃亡人口达半数以上，而白水死亡过半，武功原有人口20万人，因死亡只剩下7万，这些数据都是触目惊心的。另据调查，"郿邑（郿县）共计死亡四万八千七百六十四口人，（被）诱卖妇女三千一百二十三口，迁逃者日二千三百二十一口，待赈灾民犹达六万三千余口"。"十室九空"是真实的记载。

灾荒期间人口被贩卖在中国历史上屡见不鲜。民国时期人口贩卖引起各方关注，吴文晖曾论述灾期人口贩卖的原因及价格问题："灾民于饥饿恐慌之时，实不能不茹苦忍痛贩卖家人之一部分，以挽救全家之生命，所贩卖之家人，自以年轻之女子为多，男孩次之，有时则中年妇女亦有贩卖者。贩价因时因地因人而异，大抵灾荒最严重之时，灾民只图一饱，社会购买力亦低，故其价极贱，灾荒严重之地或离城市较远之区，贩价亦以上述理由而极贱，若时地相同，则各人贩价之高低大抵受容貌美丽之决定，而年龄健康及智慧亦有影响焉。"① 在灾期，妇女、儿童被贩卖也是一种很常见的现象。因为妇女、儿童出门较少，社会关系简单，加之民国时期很多女性还是小脚，因此自己逃生的可能性比较小，大多是被贩卖的。"这人口的贩卖有两种：一种是贩卖小孩，一种是贩卖妇女。贩卖小孩子的人不多，因为这些小孩子只有无儿女的人才购买，营利绝不会多。贩卖妇女的比较多的多，因为妇女们是可以发泄兽欲的机器，既可以满足自己，复可以售之他人，赚得厚利。……陕北的妇女亦多半被山西洪洞人贩入山西，在山西的许多'光棍'，一二年之中，都可以贱价成立家室吧？……其实贩卖妇女的人，他们是以营利为目的，将较小的女子，多半卖人为婢，较大的多半卖入娼馆或者卖人为妾。"② 1929 年，陕西省出逃的灾民和被卖的妇女、儿童总数达到 28 万人。"自十六年迄今贩卖东去之妇女，已达二十万人左右。夫售其妻，父卖其女，抱头痛哭，背离乡井，生离之惨，实不忍言，是陕西少一妇女，邻省即增一婢妾，各大商埠，则多一娼妓。虽此身已免饿毙，实则已活入地狱矣！此外进荒省外，而自卖其身之妇女，尤不在少数。"③ 在西安和陕西各县城，街头公开设有专门市场，妇女和儿童身插草标，被明码标价出售。1929 年，陕西各地小麦价格为每斗 5～8 元，凤翔、岐山一带为每斗 12 元左右，而那些被卖妇女、儿童的身价只有 2～3 元，尚不及 1 斗小麦的 1/3。很多妇女为了活命，被迫自卖。1929 年，陕西一省出卖的妇女即有 20 多万人，1930 年每天被贩卖的妇女

---

① 吴文晖：《灾荒与中国人口问题》，《中国实业》第 1 卷第 10 期，1935 年，第 1872 页。
② 若波：《西北灾情与人口问题》，《西北》第 7 期，1929 年，第 6 页。
③ 蒋杰：《灾荒与人口》，《农林新报》第 16 卷第 1、2 期合刊，1939 年，第 24 页。

儿童达到 200 多人。①

　　因为灾期买卖妇女猖獗，在陕西一些地区还出现了专门的"人市"。1930 年，《申报》报道了武功的人市买卖："陕西武功县永安镇等大开人市买卖，妇女最高价四十。"② 灾害使人口贩卖泛滥，1930 年《泰东日报》报道，灾情严重的武功、醴泉、扶风、鄠县、盩厔等县都设有人市，"夫携其妻，父带其女，入市求售"。河南、山西等地的人贩云集陕西，甚至北平、山东、天津等地也有人来陕西贩卖妇女。妇女在灾区仅能卖 4 ~ 5 元，被贩卖到山西运城一带，每人可以获利 400 ~ 500 元，利润丰厚。西安一个卖酒的程姓小商人，因为贩卖人口还发财了。③ 据西北灾情视察团的报告："至于妇女都被惨无人道之人贩买以去，在哑柏竟有人市价格高者八元，低者三四元不等，妇女出卖后，小儿无人照管，街头巷口，哭爹唤娘者，尽是。"其他各县也有类似报告，永寿县之丝车镇，自 1929 年到 1930 年上半年设有人市，计前后被外省人贩以 20 ~ 30 元之身价，买去已嫁及未嫁之妇女已达 6000 人。全省被卖之妇女，不下 20 余万人之多，1930 年 3 月，临潼于三日内扣留被贩妇女 700 余名，5 月来，西安市公安局扣留 200 余人，这些人皆被贩往山西、北平、天津等处作妾为娼，人贩每贩一人，可得价五六百元。

　　1930 年《大公报》报道了关中等地的人市，各省的一些人贩子趁机大发不义之财。"其时兴平、武功、醴泉、扶风、岐山、凤翔、盩厔、鄠县等县，均设有人市场，夫携其妻，父带其女，人市售。人贩评货作价，买之一空。"最初仅能卖四五元之妇女，继以获利颇厚，人贩云集，价涨至四五十元至七八十元不等。以汽车运至山西之运城，辗转相售，每一妇女可得四五百元。获利之厚，莫之与京。报载西安东仓门帝君巷有程某者，原系卖酒小商，今以贩卖人口，获利已达 3000 余元。④ 这些被卖的陕西妇孺大多以汽车经潼关转运出省，潼关成了当时人口贩运出境的主要通道。"三月前每日出关妇女六十余人，现已增至百人以上。"这些人多被运往山西，就地贩卖或二次转运至其他商埠。与陕西隔黄河而望的山西永济等地

---

① 朱世珩：《从中国人口说到陕西灾后人口》，《新陕西月刊》第 1 卷第 2 期，1931 年，第 46 页。
② 《陕西武功之人市买卖》，《申报》1930 年 2 月 13 日。
③ 《泰东日报》1930 年 5 月 24 日。
④ 吴文晖：《灾荒与中国人口问题》，《中国实业》第 1 卷第 10 期，1935 年，第 1872 页。

涌入了大量被贩卖的陕西灾区妇女，"永济县汽车站见自陕西载来之妇女甚多，名为娶，实为贩，据查票员王魁义君报告，此种妇女平均每车占乘客三分之一"。[1] 1957年陕西省一个文化参观团到山西西阳的安阳沟参观，发现该沟20多户人家中，8户人家的主妇是"民国十八年年馑"时"嫁"到该地的。[2] 三原、盩厔、乾县、泾阳、武功等县被贩卖妇女都在5000人以上。

由潼关出关的被卖妇女数量随着灾荒的愈加严重也在明显增加，1930年华洋义赈会曾报告在潼关遇见"大车十三辆"，"装者皆贩卖妇女"。[3]这大批被卖出关的陕西妇女主要是被卖往山西、河南、河北、山东等地为人妻或妾侍，有的甚至被逼为娼妓，"陕西大部的女人，卖到山西做人家的妻子或小妾。做人家的妻子或小妾，还算出售得人，可喜可庆；最不幸的要算卖到直隶去做娼妓了"。[4] 一小部分男性儿童会被收为养子延续香火，"出售幼年男孩，为人螟蛉，俾乏嗣之家，免除无后之叹"。[5] 据陕西省赈务会对37个县的调查，1931年，妇女死亡877138人，迁逃617520人，被贩卖的高达305586人，比例也是相当大的。[6]

灾期大部分妇女被贩卖出省，也有省内贩卖的，如洛南黄坪乡东湾村曹姓4户人家，将女儿曹计兰、曹桂兰、曹蝉、曹丁云卖到华阴县孟源一带换回钱粮，以求生存。[7]

《大公报》记者曾亲自前往灾区调查人口被贩卖的情况。"那可太多啦，外省来此买妇女的络绎不绝，男子没人要，少妇幼女出卖快得很。起初还能卖相当多的钱，后来就不讲身价了，只要给钱就卖，只给一个锅盔馍就领走一个女人。到了最严重的时候，不给钱也行，只要给饭吃能活命，就跟人走了。"[8] 表3-6是1931年陕西省赈务会对在灾荒中各县被贩卖妇女的统计。

---

① 《西北视灾团之行踪》，《申报》1929年10月31日。
② 申炳南：《民国十八年年馑前后》，兴平县政协文史资料委员会编印《兴平文史资料》第14辑，1998，第114页。
③ 《华洋义赈会董事会记》，《申报》1930年4月25日。
④ 秦含章：《中国西北灾荒问题》，《国立劳动大学月刊》第1卷第4期，1930年，第29页。
⑤ 蒋杰：《关中农村人口问题》，第204页。
⑥ 《红旗》第60期，1933年。
⑦ 时运生、樊孝廉整理《关于洛南光绪三年及民国十八旱灾的历史回顾》，《洛南文史》第5辑，第92页。
⑧ 文芳编《黑色记忆之天灾人祸》，第299~300页。

表 3-6 1931 年灾荒中陕西各县被诱卖妇女人数及死亡迁逃人数

县别	诱卖		死亡		迁逃		待赈人数
	妇	女	户	口	户	口	
长安	3060	1973	5080	35232	2894	13432	19000
咸阳	1025	1324	2217	10242	2679	12112	31135
兴平	3315	2684	2522	25123	753	6307	74311
武功	166664	14146	16104	142058	19485	50306	251925
扶风	2115	1053	14112	41481	9711	15613	102534
岐山	98	36	9471	75693	4607	37547	128960
凤翔	899	1052	1856	96714	562	7187	138428
醴泉	4802	7223	3200	41497	2400	20043	80072
乾县	5300	7800	3925	54056	3629	27212	151824
邠县	232	256	158	367	58	136	63591
鄠县	324	201	3264	9893	4021	16207	72271
盩厔	3783	9965	5730	50573	7543	29486	96832
郿县	1939	1184	9170	48764	478	3331	63244
宝鸡	1253	854	4173	46143	5270	21660	85999
陇县	3773	1988	241	7889	1245	4882	62028
汧阳	237	208	2840	9636	421	2506	44800
永寿	265	379	1885	3277	1986	2899	67043
长武	356	489	175	279	1528	3642	14264
泾阳	8000	5000		5824		9546	87954
三原	5000	3000		3639		5548	98678
富平	2500	3012	2130	9350	2981	14850	131677
白水	100	400	80	345	78	209	34243
华阴	428	370	1290	4875	8864	25784	38758
华县	739	1152	673	35168	359	19639	70682
潼关	149	185	135	470	296	676	17769
临潼	731	1171	1005	9866	3660	183258	166195
蓝田				3160	1730	4254	83975
高陵	232	528	175	853	1671	7242	29210
商县	3388	1555	4088	40244	5418	32409	201084

续表

县别	诱卖		死亡		迁逃		待赈人数
	妇	女	户	口	户	口	
栒邑	780	297	386	5983	672	3751	98996
同官	462	615	173	854	549	2745	26124
耀县	250	625	2620	9243	1064	3293	31957
洛南	167	186	499	2853	680	5233	31103
淳化	632	864	117	571	126	769	51286
澄城	1568	674	885	7714	1834	11146	85612
郃阳	2745	1585	1585	8790	3944	2477	104883
韩城	1318	941	2215	28419	3865	10183	35579
总计	233312	74967	108179	877138	107060	618511	2974026
总计	308279						

注：武功的数据明显有错误，根据表 3-4 陕西省赈务会统计灾前武功人口有 12 万人，《中央日报》3 月 21 日提到武功灾前人口有 20 万人，按照这样的估计，武功女性人口绝对不超过 10 万人，而本表中被诱卖出妇女达到 18 万人，明显不合逻辑。应为被诱卖妇 230611 人，女 74975 人，总计被诱卖妇女 305586 人，死亡 104079 户，迁逃 107061 户 617520 口。

资料来源：朱世珩《从中国人口说到陕西灾后人口》，《新陕西月刊》第 1 卷第 2 期，1931 年，第 46~48 页。

从表 3-6 可以知道，在陕西重灾的 37 个县中，被贩卖妇女达到 30 万余人，死亡近 90 万人，迁逃计 60 余万人，待赈者尚有近 300 万人。就比例而言，妇女被贩卖数量相对低于外逃和死亡人数，但是死亡和外逃人口中包括男、女，如果按照男女各一半的比例估计，那么妇女在灾荒中死亡、逃亡、被贩卖的比例就远远高于男子。具体到各县，武功、乾县、泾阳等西部县妇女被拐卖情况是最严重的。妇女被贩卖，不仅造成了本省人口在一定时间内性别比例失调，适龄男子失婚增多，而且对人口素质产生长远的影响。民国时期有学者对此说道："灾荒引起人口贩卖之流行，其对于灾区农村人口品质的影响实至恶劣，因为被卖的人口多为灾区中容貌甚美，体格甚健，智力较高的女子，而此类女子被辗转卖至都市或其他非灾区域，其结果是被作奴婢、小妾、童养媳，或竟沦落为妓；这就等于无形中失去一批农村贤妻良母或优良份子，也就是失去一批品质优良的农村人口。"[①] 妇女具有很重要的繁衍和养育、教育后代职责，体质好、智力相

① 吴文晖：《灾荒下中国农村人口与经济之动态》，《中山文化教育馆季刊》第 4 卷第 1 期，1937 年，第 50 页。

对高的女子被贩卖，对灾区人口素质影响巨大。

第三节 灾期家庭结构、各阶层比重变化

灾期大量人口逃亡、死亡，必然会对农村的人口规模、户数、家庭结构等产生影响。从灾后的调查来看，灾区村庄户数、家庭结构在灾期都发生了较大变化。首先是出现了大量绝户，意味着一些家庭整体消失。据蒋杰在三原、蒲城等地的调查，1927 年，219 个村子共计 9500 户，平均每村43.4 户，经过 1928～1931 年的旱灾，降至 857 户，平均每村 3.91 户，每村的规模缩小了 91%。其次，家庭结构变小，家庭人数也相应减少。据对蒲城、三原 146 户农家的调查，1927 年这些村庄平均每家 6.5 人，2.42代。而灾后平均每户仅为 6.1 人，计有 2.25 代。另据乔启明的调查，1930年渭南平均每户为 5.1 人，蓥屋为 4.9 人，[①] 都远远低于 1928 年前的相关数据，可见灾荒对人口、家庭影响之大。灾后一个基本现象是村庄规模变小，户数减小，家庭平均人口明显减少。根据蒋杰对武功 211 户农家的调查，73.0% 的家庭在灾期有家庭成员死亡现象，22.7% 的家庭有家庭成员被出售，14.7% 的家庭有成员私奔现象，5.2% 的家庭有成员被送养现象，60.2% 的家庭有成员逃亡现象。[②] 咸阳陵照村全村原有 73 户 340 多口人，经历了"民国十八年年馑"后，到 1932 年灾情过去，饿死 140 多人，其中 15 户绝户，卖出儿女 20 多人。饿死的、卖掉的、失踪的占整个村庄人口的一半以上。[③] 明显的，整个村子的人口规模在灾期缩小一半以上。兴平北韩寨子两个村本来有四五十户人家，经过 1928～1931 年灾荒后仅剩下10 多户，只好两个村合并成一个村。马嵬塬上索寨西村原有 14 户 90 多人，经历这次灾荒后仅剩下 13 人。[④] 乾县的西南地区，白家庄、安家寺、小青仁、乳台等村，灾前每村均有二三十户人家，灾荒期间，每村剩下的仅 5 至 8 户，户数减少 70% 以上。[⑤]

---

① 蒋杰：《陕西关中农村人口现状》，《西北导报》第 3 卷第 1 期，1937 年，第 19～24 页。

② 蒋杰：《关中农村人口问题》，第 191～192 页。

③ 赵西文：《民国十八年年馑》，渭城县政协文史资料委员会编印《渭城文史资料》第 2 辑，1994，第 114 页。

④ 申炳南：《民国十八年年馑前后》，《兴平文史资料》第 14 辑，第 114 页。

⑤ 韩佑民：《乾县"十八年年馑"及赈济概况》，《乾县文史资料》第 1 辑，第 59 页。

灾区人口变化还体现在阶级构成发生变化方面。灾区的常住居民绝对数量减少，但是各个阶层的变化是不一样的，如根据行政院农村复兴委员会在凤翔的调查，5 个村庄中富农和中农在灾期明显减少，而贫农却增加了。如这 5 个村庄原来有 15 户富农，经过 1928～1931 年的旱灾，到 1933 年仅剩 5 户，减少了 66.7%；中农由 1928 年的 36 户减少到 1933 年的 26 户，减少了 27.8%；1928～1933 年，贫农却从 214 户增加到 241 户，增加了 12.6%。[①] 可以看出，经过灾害的打击，凤翔富农减少最多，中农也有大幅度的减少，而贫农却增加了。

调查组在渭南的调查发现和凤翔的情况略有差别。渭南 4 个村庄，1928 年有 3 户地主，到 1933 年 2 户变成富农，1 户没有变化，地主户数减少了 66.7%。富农由 1928 年的 15 户变成 8 户，减少了 46.7%，中农则由 67 户减少到 47 户，减少了 29.9%，但是贫农由 114 户增加到 115 户，略有增加。[②] 可见，经过 1928～1931 年旱灾，渭南地主减少最多，其次是富农，再次是中农，贫农则略有增加。可以看出，1928～1931 年的灾荒对关中东部和西部的阶级影响不一样，对关中西部的地主、富农打击程度要比关中东部大，这是一个值得注意的现象。

调查组在绥德的调查情况是：4 个村庄的地主由 1928 年的 5 户减少到 1933 年的 4 户，减少了 20%；富农由 9 户减少到 8 户，减少了 11%；中农由 41 户减少为 29 户，减少了 29.3%；贫农则由 197 户上升为 198 户，略有增加；总户数却减少 13 户，是因为灾期有整户逃亡和绝户的现象。绥德在灾期减少最多的是中农，其次是地主，再次是富农，贫农有小幅增加。从凤翔、绥德、渭南三个地区的调查可以看出，经过一段时间的灾荒，富农、中农都有减少，而贫农都有不同程度的增加。总的情况是富有阶级减少，贫穷者增多。

自然灾害还导致各阶层所占比重发生了很大变化。据调查，1928 年，凤翔 5 个村富农占 5.6%，中农占 13.4%，贫农占 79.9%，其他占 1.1%；但是到了 1933 年，富农仅占 1.8%，中农也只占了 9.4%，贫农则由 79.9% 上升到 87.3%。而渭南几个村庄的变化是：1928～1933 年，地主由 1.5% 减为 0.5%，富农由 7.5% 减为 4.6%，中农由 33.7% 减为 27.5%，

---

① 《陕西省农村调查》，第 42～43 页。
② 《陕西省农村调查》，第 5 页。其中表 1 和表 2 与文字叙述不符，本书进行了甄别。

贫农则由 57.3% 增为 67.3%。绥德的情况是：地主的比例由 1928 年的 2.0% 减少到 1933 年的 1.7%，富农由 3.6% 减少为 3.3%，中农由 16.3% 下降为 12.1%，贫农由 78.2% 提高到 82.8%。通过这些数据可以清晰地看出，严重的自然灾害导致农村阶级结构发生变化，地主、富农、中农的比例有不同程度的降低，而贫雇农的比例提高，长时间的自然灾害往往导致富者变穷，贫者愈贫困。

根据行政院农村复兴委员会对凤翔 5 个村贫农变化情况的调查，这 5 个村贫农人口减少 396 人，其中饿死 217 人，占 54.8%，病死 24 人，占 6.1%，逃亡 140 人，占 35.4%，卖掉 10 人，占 2.5%，送养 5 人，占 1.3%，可见人口减少是很严重的。死亡属于人口直接减少，而逃亡和送养、被卖掉则属于自愿或非自愿的迁移行为。在各种引起人口变动的因素中，死亡和逃亡是最常见的，[1] 灾期，人口死亡率和迁移频率远远超过了正常年份，人口数量的变化往往是灾民在自然灾害面前被动选择的反映。

灾民死亡造成人口数量的绝对减少，灾民逃亡只造成受灾地区人口减少，接收灾民地区人口必然会增加，陕西省内人口增长地区主要是榆林和西安，这两个地区也是灾民逃亡的重要目的地。因此逃亡人口只是一种数量的相对减少。关于灾民出逃地区及路线，本书会在后文专题讨论。

第四节　1928～1931 年灾期人口死亡的考察

人口死亡包括直接死亡和间接死亡，直接死亡由地震、水灾引发较多，而旱灾主要造成人口缺衣少食、缺乏必要的医疗救助而间接死亡。1920 年，包括陕西在内的北五省旱灾造成 50 万人死亡。[2] 1928～1931 年的"民国十八年年馑"，仅陕西死亡人口就在 300 万人以上，[3] 据不完全统计，仅 1929 年关中 8 个县死亡人口就在 30 万人以上，"八县中死三十余万人，灾情严重之长安等八县，因天气渐寒，死亡人数更多。据统计三十余万人，陇县五万一千人，鄜县二万余人，岐山三万四千九百六十人，华县十四万，扶风三万一千四百人，临潼六千一百余人，鳌屋二万零八百九十六人，

---

① 蒋杰：《关中农村人口问题》，第 20 页。
② 《北京国际统一救灾总会报告书》，第 22 页。
③ 《国闻周报》第 7 卷第 19 期，1930 年，第 8 页。

长安二万三千四百零四人"。① 武功"全县二十万人民,已死四分之三,所余不过六万云"。②

因为现有资料缺乏对整个民国时期陕西灾期人口死亡的统计,但是1928~1931年的报道、统计相对较为完备,故本节通过考察1928~1931年灾期人口的死亡情况,分析生产力中最活跃的因素——人与灾荒的互动关系。

此次灾荒中的人口死亡记录比比皆是。仅1929年,岐山一县就饿死4万人,③ 另据报道,1931年武功有万具灾民尸体,乾县、郿县共6万余具尸体尚未被掩埋。④ 另据统计,扶风死亡10余万人;武功灾前人口有20万人,因灾荒仅剩下7万人;宝鸡灾前人口28万人,死亡七八万人;留坝灾前人口2万余人,灾后仅1万人左右。⑤ 长安、武功、兴平、郿县、凤翔、岐山、乾县、蒲城等8县死亡344500人。⑥ 乾县原有人口169498人,到1930年,死亡人数已达61634人,绝户的村村都有。近30个村庄人烟全无(指全村绝户)。⑦ 而死人的记录比比皆是。如铜川"民国十八年年馑"幸存者清楚地记得,"杨家砭一个十七八岁叫满云的小伙子饿死在院子里,陈炉一个老汉沿门乞食饿死在南关大路边,外地一个讨食中年妇女饿死在西门外战壕边,杨家沟戴家的小孩鱼儿饿死"。⑧ 关中地区灾期人口死亡特征如下。

首先,从性别构成看,无论绝对数量还是相对比例,男性死亡都比女性多。

根据蒋杰的调查,1928~1931年的大旱灾,武功211户人家灾期共死亡607人,其中男子354人,占58.3%,女子253人,占41.7%,男子死亡人数比女子多,所占比例比女子大。但是关中地区男子基数比女子大,据统计,武功211户农家灾前总人口为1764人,其中男子为994人,女子

① 《陕灾奇惨,八县中死三十余万人》,《益世报》1929年10月19日。
② 《陕西被灾五十余县》,《时事月报》第4卷第1期,1931年,第18~19页。
③ 《陕西岐山县饿毙四万人》,《兴华》第26卷第38期,1929年,第43页。
④ 《陕赈灾会筹埋尸骨》,《申报》1931年2月8日。
⑤ 万叶:《陕灾之剖析》,《四十年代》第1卷第4期,1933年7月,第9页。
⑥ 李振民:《陕西通史·民国卷》,第166页。
⑦ 《陕西灾况与救灾近讯》,《大云》第33期,1930年,第63页。
⑧ 雷炎堃、李景民口述《民国十八年年馑之所见》,铜川市政协文史资料委员会编印《铜川文史资料》第4辑,1987,第80页。

为 770 人，男女性别比例为 129.1∶100，因此似乎并不能得出男子死亡概率比女子大的结论。可以分别计算男女的死亡比例，男子死亡 354 人，占男子总人口 994 人的 35.6%；女子死亡 253 人，占灾前女子总数 770 人的 32.9%。从绝对数字来看，自然灾害造成的男性死亡人数多于女性，从相对比例来看，男性高于女性。各个年龄段的情况也略有差异，在死亡人口中，0～9 岁的年龄段，男子占 62.1%，女子占 37.9%，每百名女子与男子死亡比例为 163.6%；10～19 岁的年龄段，男子占 64.9%，女子占 35.1%，每百名女子与男子死亡比例为 184.6%；20～29 岁年龄段，男子占 58.8%，女子占 41.2%，每百名女子与男子死亡比例为 142.9%；而在 30～39 岁年龄段，男子比例为 49.1%，女子为 50.9%，每百名女子与男子死亡比例为 96.3%，男子死亡比例比女子稍小；40～49 岁年龄段，男子比例为 57.4%，女子比例为 42.6%，每百名女子与男子死亡比例为 134.9%；50～69 岁年龄段，男子比例也比女子高；在 70～79 岁年龄段，男子和女子比例相同；但是在 80～89 岁年龄段，男子占 33.3%，女子为 66.7%。[①] 从这个调查中可以看出 0～29 岁这个年龄段，男女死亡比例尤其悬殊，男子明显高于女子。

造成灾期青年男子死亡数量明显高于女子的主要原因是什么呢？笔者认为，第一，妇女作为弱势群体，在赈济中反而更容易得到相关慈善团体的关注和照顾。如陕西省赈务会及各慈善团体在前期所办的粥厂和收容所，大半收容妇女，计省城共收容妇女 10 万人以上。此外，各县所办粥厂、收容机构也按照优先照顾妇女原则，收容帮助了大量饥荒中的妇女，帮她们渡过难关。第二，大量妇女被贩卖出灾区，在一定程度上增加了灾区妇女的生存机会，据记载，"当时山西、河南人贩子云集西安、盩厔、醴泉、武功、鄠县等地……远即北平、天津、山东等处，亦有来陕贩卖妇女者，平均每日在二百人以上"。被贩卖的一般都是 30 岁及以下的妇女，其占被贩卖妇女总数的 93.1%，而 30 岁以上被贩卖的妇女所占比例相对较小，仅为 6.9%。[②] 正是基于上述原因，0～29 岁的男子与女子死亡人数差异巨大。[③]

其次，从年龄特征上看，婴儿和中老年所占比例较大。

---

① 蒋杰：《关中农村人口问题》，第 198～199 页。
② 蒋杰：《关中农村人口问题》，第 206 页。
③ 《西北灾情视察团对于陕灾之报告》，1930，甘肃省图书馆藏，第 21 页。

灾荒时间过长，得不到有效救济，必然引起人口的大量死亡。但死亡的灾民大多是身体较弱者，主要是老人和儿童。儿童和老人身体较弱，抵抗力较差，外出逃荒的可能性最小，因此老人和1岁以内的幼儿死亡比例应该较大。蒋杰对武功211户人家死亡的607人做了详细统计（见表3-7）。

表3-7　陕西武功211户农家灾期死亡人口比例

单位：人，%

年龄	死亡人数	百分比
0岁	38	6.3
1~4岁	59	9.7
5~19岁	132	21.7
20~39岁	115	18.9
40~59岁	173	28.5
60~64岁	28	4.6
65岁及以上	37	6.1
年龄未详	25	4.1
总计	607	100

资料来源：蒋杰《关中农村人口问题》，第193~195、196~197页。

从表3-7可以看出，1岁以内婴儿死亡人数仅占死亡总人数的6.3%，这个比例看似很低，但实际上，灾期因粮食缺乏，成年人生存困难，很多婴儿还没出生就夭折，故缺乏统计。出生后的婴儿死亡率普遍也很高，在武功高达520.4‰。从表中还可以看出，在死亡人口中，40~59岁所占比例最大，为28.5%，说明在灾期，中老年人的死亡比例偏大。这个不难解释，1~4岁孩子被贩卖的概率最大，而65岁及以上的老人数量本来就偏少，所占比例自然小，而且老人逃亡的可能性比较小，加之总人口中，40~59岁人口绝对数量大，这就显出中老年人死亡比例偏大。

民国时期有学者认为，灾期老人和小孩的大量死亡，实际上产生了双重影响，从积极意义上说，"淘汰了一般庸懦无用的病夫和已失生产能力的老人"，但是小孩的死亡率过高则"摧残了将来为社会中坚的儿童"。[1]

再次，大灾害时期人口死亡时间比较集中，但是死亡情况因灾种不同

---

[1]　吴文晖：《灾荒下中国农村人口与经济之动态》，《中山文化教育馆季刊》第4卷第1期，1937年。

而有所差别。

　　灾害对人口的破坏是以直接和间接两种方式进行的。水灾、疫疾瞬间或者短时间内致死较多。如 1933 年夏，陕西大水，一场洪水后，仅在泾阳的桥底镇就发现流尸 1000 多具，而三原楼底村一带，发现尸体四五千具。[①] 1932 年，陕西霍乱流行，短短 4 个月，关中各县患者 254857 人，死亡 102243 人。[②] 这次霍乱与水灾瞬间使大量人口淹死相比，死亡速度虽然稍微慢一些，但是发病快，死亡率达到近 50%。4 个多月时间死亡 10 万人，也可以算作一种直接致死灾害。旱灾致人死亡的过程相对比较长，因为旱灾致人死亡的方式主要包括饿死、病死、自杀等，核心是粮食缺乏，而从粮食减产或者绝收到粮食缺乏，到居民寻找代食品，再到因营养缺乏而死亡是需要一定时间的，其受到诸多因素的影响，如灾民身体素质、救灾是否及时、灾期长短、灾荒程度等，这和水灾、疫疾有所不同。1928～1932 年，陕西武功的 211 户人家中因旱灾而死亡的，1928 年为 43 人，占 7.1%；1929 年为 391 人，占 64.4%；1930 年为 86 人，占 14.2%；1931 年为 34 人，占 5.6%；1932 年为 38 人，占 6.3%。[③] 根据这些数据绘制成图 3-1，可以清楚地看出 1928～1932 年武功人口死亡数量的变化趋势，1929 年达到高峰后逐渐下降。

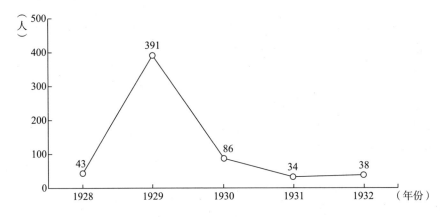

图 3-1　1928～1932 年武功 211 户人家人口死亡数量变化趋势

　　① 《黄河大水泛滥五省记：陕西省哀鸿遍野，山西省灾情严重》，《红色中华》第 114 期，1933 年 9 月。
　　② 曹占泉编著《陕西省志·人口志》，第 95 页。
　　③ 蒋杰：《关中农村人口问题》，第 203 页。

这种变化既不是直线增加，也不是直线锐减，而是以1929年为最高点，呈逐渐下降趋势，到1932年又有所上升。1928～1932年，陕西灾情发展情况是：1928年旱情出现；1929～1930年为灾害中期，这一时期灾害发展到高潮，灾民死亡数量达到一个顶点；1931～1932年属于旱灾尾期，灾情逐渐得到缓解。在旱灾发生过程中，灾害中期人口死亡是最多的，灾害尾期其次，灾初则最少，呈不平衡发展趋势。同时，在旱灾发生时，许多人不是直接死亡的，如武功211户人家，在灾期死亡人口中，包括饿死者、病死者、自杀者、被劫匪杀害者、自然死亡婴儿等（详见图3-2）。

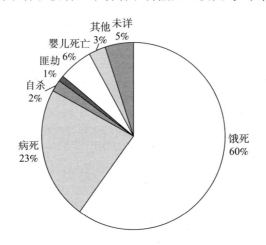

图3-2　武功在灾期死亡之情况比例

资料来源：蒋杰《关中农村人口问题》，第205页。

从图3-2可以看出，在旱灾中，死亡人口中直接饿死的占60%，其他间接死亡的占到30%以上，说明旱灾致人死亡的比例也是非常大的。在间接死亡的人口中，病死者占的比例最大，说明灾害导致民众身体素质下降，医疗条件的落后也是死亡的重要原因。

最后，灾期人口死亡率上升，出生率下降。

出生率与死亡率是决定人口数量最重要的指标。一般来讲，高出生率、低死亡率会使人口迅速增长，相反，低出生率、高死亡率会导致负增长。

在中国实行计划生育政策之前，影响人口生育率的因素很多，粮食是其中非常重要的一个。由于粮食缺乏，在灾情缓解之前，无力养活新出生的婴儿，灾区人口的一个基本特征是低出生率、高死亡率。马尔萨斯理论认为人口以几何级数增加，而粮食供应以算术级数增加，这引起了很大的争论。詹姆士、斯图亚特曾形象地描述人口增减与粮食的关系："生殖力像载有重量的弹簧，它的伸张总是与阻力的减少成正比例的。当食物暂时没有减少时，生殖数就会尽可能地高；如果以后食物变为减少了，弹簧被压得过重，生殖力就降到零度以下，人口至少将按照超重的比例减少。另一方面，如果食物增加了，在零点的弹簧，就会开始随着阻力的减少而伸张，人们开始吃得比较好，人口就会增加，食物就会按照人口增加的比例重新变为不足。"① 陕西农业生产条件较差，农业生产自成体系，正常年份勉强可以做到自给自足。一遇自然灾害时间稍长，粮食供应就会出现缺口，粮价上涨，超出一般百姓的购买力，导致饥荒问题严重。1928 年发生大旱灾后，短时间内，各种粮食价格普遍上涨了 2 倍以上。② 陕西沔阳小麦价格每千斗由 1 ~ 2 元上涨为 15 ~ 16 元，翻了 10 多倍；③ 三原、潼关等地的小麦价格由每斗 10 元涨到 40 元，暴涨 300%。沔阳、三原、潼关位于关中平原，是陕西主要的小麦产区，此地小麦价格如此高涨，其他地方可见一斑了。报刊的报道中也认为灾区粮食价格已经高到闻所未闻，灾区内食粮之价，皆 10 倍于平时。小麦每 230 斤为一石，价 65 元。若在平时，不过五六元而已。④

民国时期，人口死亡率普遍较高，达 25‰ ~ 27‰，1936 年国民政府公布陕西人口的普通死亡率为 25.1‰，处于全国平均水平。但是在灾期，人口死亡率明显高于正常年份。据蒋杰对武功 211 户农家的调查，灾期有 154 家出现人口死亡，占 73%，即平均每一百家中有 73 家有人口死亡的现象。在 211 家中，灾前人口总数为 1764 人，其中死亡、出售、私奔、送养、逃亡等共 1080 人，占人口总数的 61.2%。而在有变动的 1080 人中，死亡 569 人，占变动总人口的 52.7%，占 211 家总人口的 32.3%。可见这个比例是相当高的。1943 年，榆林城区忠勇、爱国两镇共 28559 人，出生 398 人，死亡 286 人，人口出生率为 13.9‰，死亡率为 10.0‰，自然增长率为 3.9‰，这属于正常年份的情况。但是，1947 年 11 月至 1948 年 8 月，

① 〔英〕马歇尔：《经济学原理》上卷，朱志泰译，商务印书馆，1964，第 196 页。
② 安汉：《西北垦殖论》，南京国华印书馆，1933，第 150 页。
③ 文芳主编《天祸》，中国文史出版社，2004，第 61 页。千斗指沔阳本地百姓使用的斗，一千斗合 50 斤。
④ 《克拉克报告西北灾状》，《申报》1930 年 2 月 10 日。

榆林因发生自然灾害,死亡率达 25.6‰,远远高于正常年份的死亡率。[①]

灾害发生后,婴儿死亡率更高,据统计,1936 年,全国婴儿死亡率为 156.2‰。[②] 在灾期,父母无力养活孩子、营养不良等原因导致婴儿在 1 岁以内死亡,婴儿死亡率为 157.1‰。对武功 211 户人家的调查显示,灾期出生 73 人,死亡 38 人,死亡率高达 520.5‰。[③] 上述状况说明,自然灾害会改变人口死亡率,使其短时间内大幅提高。

自然灾害发生后,婴儿成活率低,死亡率高。而当灾情缓解后,灾区的婴儿成活率和死亡率发生变化,基本情况是成活率上升,而死亡率有所下降,出现高出生率、低死亡率的特征,这和灾期截然不同。

表 3 - 8 是 1936 ~ 1937 年蒋杰对关中地区 1273 户农户灾害结束后的情况调查结果。从中可以看出,关中地区在遭受 1928 ~ 1931 年大旱灾后,经过 5 年的恢复,出生率较高,死亡率相对较低,使得人口保持一个较高的自然增长率。1937 ~ 1938 年,关中地区平均出生率为 38.2‰,而死亡率为 19.0‰,自然增长率为 19.2‰,生殖指数为 201.1。从表中还可以看出,关中西部和东部灾后出生率和死亡率是有很大差别的,关中东部出生率为 31.5‰,关中西部为 44.4‰,比东部地区高出 12.9 个千分点;而 1928 ~ 1931 年大旱灾时,关中西部灾情比关中东部严重。关中西部灾后出生率高,而灾情较轻的关中东部灾后出生率较低,这是因为在灾情严重地区,老弱死亡多,能在灾害打击中最终生存下来的人多为身体较健壮的中青年,等到灾情缓解后,粮食供应增加、生活安定,因而出生率提高。其中,凤翔、武功是全陕西受灾最严重的地方,而灾后这两个地区出生率最高,武功为 48.2‰,凤翔高达 60.6‰。[④]

表 3 - 8　陕西关中地区 1273 户农家人口出生与死亡指数统计

单位:人,‰

调查地点	年终存在人口总数	出生		死亡		自然增长率	生育指数
		数量	比例	数量	比例		
关中全部	7513	287	38.2	143	19.0	19.2	201.1

① 榆林市志编纂委员会编《榆林市志》,三秦出版社,1996,第 145 页。
② 《中国经济年鉴(第三编)》,1936,第二章(B)第 37 ~ 38 页。
③ 蒋杰:《关中农村人口问题》,第 196 页。
④ 蒋杰:《关中农村人口问题》,第 151 页。

续表

调查地点	年终存在人口总数	出生		死亡		自然增长率	生育指数
		数量	比例	数量	比例		
关中东部	3618	114	31.5	60	16.6	14.9	189.8
三原	1329	38	28.6	24	18.1	10.5	158
浦城	1212	44	36.3	19	15.7	20.6	231.2
华阴	1077	32	29.7	17	15.8	13.9	188
关中西部	3895	173	44.4	83	21.3	23.1	208.5
鄠县	1074	20	18.6	17	15.8	2.8	117.7
武功	1452	70	48.2	43	29.6	18.6	162.8
凤翔	1369	83	60.6	23	16.8	43.8	360.7

资料来源：蒋杰《关中农村人口问题》，附表。

根据 20 世纪 30 年代乔启明的调查，河北省的死亡率为 25‰ ~ 27.6‰，江苏江阴的死亡率为 36.1‰ ~ 52‰；吴顾毓调查山东邹平县死亡率为 29.5‰。[1] 而据蒋杰对关中农村的调查，1937 ~ 1938 年，关中地区的死亡率仅为 19‰，[2] 低于全国水平，这是因为经历了 1928 ~ 1931 年长时间灾荒后，能够幸存下来的都是身强体壮的中青年，降低了灾后死亡风险，因此在灾后很长一段时间内整体死亡率会降低。

第五节　自然灾害移民问题

影响灾期人口变动的因素中有一个很重要的就是灾民的外逃。灾期人口的逃亡在社会学中被称为自然灾害移民。"由于灾区自然环境破坏、基础设施功能丧失、社区管理体系瓦解和社区生存与安全环境等四个基本原因，加之就业市场、居住环境和福利供给等社会条件恶化，会引发大规模的自然灾害移民。"[3] 灾民的移民分为三种类型，第一种是临时性的，以生存条件的满足为主要目的，这类灾民在灾期会自发迁往安全地区，灾情结束或者缓解后立即返回；第二种是中期的，基于生存条件的持续恶化，一部分灾民会选择离乡背井去其他地区维持生计；第三种是长期的，灾民选

---

[1] 蒋杰：《关中农村人口问题》，第 166 页。

[2] 蒋杰：《关中农村人口问题》，第 179 页。

[3] 何志宁：《自然灾害社会学：理论与视角》，中国言实出版社，2017，第 197 页。

择永久性的异地生活，成为外地的新居民。自然灾害移民也是人口迁移的一种。人口迁移（migration）是指人口从原来常住地区迁到别处临时或长久居住，一般半年或者一年以上的迁移被称为永久性迁移，半年以内属于临时性迁移。[1]

中国自古以来就以农立国，土地是农民赖以生存的主要资源，农民一般不舍得离开土地，但是由于自然灾害频发，加之统治阶级暴政、横征暴敛、土地兼并严重等情况，一些农民失去土地后被迫离开家到别处谋生，有的流入城市，有的做佃户，还有一部分占山为王落草为寇，流民问题非常严重，成为社会不稳定的重要因素。"中国历史上之人口大移动，几无次不与灾荒有关。"[2] 池子华把流民来源归结为四个方面：第一，丧失土地而无所依归的农民；第二，因饥荒年岁或兵灾而流亡他乡的农民；第三，四处求乞的农民；第四，因自然经济解体的推力和城市近代化的吸力而流入都市谋生的农民。[3] 灾荒只是成为流民的动力之一，失去土地的灾民成为流民的可能性较大，很多灾民只是临时性的流动，在灾情减轻或者结束后又会返回故土，因此不是真正意义上的流民。

移民是一种非常常见的现象。灾民的迁移是一种生态移民即环境移民（environmental migration）。在中国的北方旱灾区和长江、淮河流域常发生水灾的地区，灾民习惯性地去外地"逃荒要饭"，这是一种最本能和原始的、周期性的自然生态灾害移民，是生态移民的一种类型。夏明方认为重大自然灾害引起逃荒的潮流，"随着自然灾害的日益频繁，流民的数量与规模势必呈增高之势"。[4] 因为大灾时期，从外省、外地迁入本地较少而从灾区迁出较多，因此自然灾害移民是一种单向性移民。

据华洋义赈会的统计，1929 年，陕西省因灾荒流亡 781347 人。[5] 据陕西省赈务会的统计，1928～1930 年，陕西逃亡人口达到 725517 人，几乎占了总人口的 10%。[6] "（1928～1929 年两年）当时有步入南山者，有寄食盩（盩厔）鄠（鄠县）者，有北迁邠（邠县）而东逃省者，携儿负筐，

---

① 佟新：《人口社会学》，北京大学出版社，2010，第 103 页。
② 吴文晖：《灾荒与中国人口问题》，《中国实业》第 1 卷第 10 期，1935 年，第 1868 页。
③ 池子华：《中国流民史（近代卷）》，安徽人民出版社，2001，第 2 页。
④ 夏明方：《民国时期自然灾害与乡村社会》，第 89 页。
⑤ 《陕灾周报》第 1 期，1930 年，第 34 页。
⑥ 吴文晖：《灾荒与中国人口问题》，《中国实业》第 1 卷第 10 期，1935 年，第 1896 页。

络绎不绝。"① 1930 年陕西省主席杨虎城虽然要求各县拿出方案解决灾民流亡问题，② 但是最终没有拦住灾民逃亡。1930 年汉中十二邑的灾民成群结队前往四川。③ 据 1936 年的统计，陕西 92 个县中有 47 个县报告离村现象，离村农户占全省总农户数的 62.3%，陕西在报告的 22 个省份中排第 9 位。④。当然，人口流动是一种常见现象，单纯的农民离村并不能完全看作与灾荒有关，而据当时调查者的进一步分析，陕西农村离村农民中，直接因为水灾、旱灾和其他灾患离村的比例高达 66.3%（水灾占 9.5%，旱灾占 21.8%，匪灾占 28.3%，其他灾患占 6.7%），而因为苛捐杂税或者其他原因的仅占 33.7%，其中还有 3.3% 是因为农业歉收，还是和灾荒密切相关。⑤ 在 22 个省份中，陕西因为旱灾而离村的农民比例高达 21.8%，仅次于安徽（28.7%）、江西（22.0%），⑥ 居全国第 3 位。可见，灾荒成为陕西农民离村的主要原因。

民国时期，陕西人口在灾期逃亡主要有下列特点。

第一，逃亡人口数量多，比例大。

从表 3-4 可以看出，根据对关中 10 县的调查，1928~1929 年，102 万多灾民中，外逃人员达到 19 万多人，占总人口的 10.24%。其中蒲城 19 万人口，逃亡比例竟然高达 29.57%，长安外逃人口也占总人口的 10% 左右，⑦ 根据《时事月报》，凤翔逃亡人口占 35.55%。⑧ 由于西北地区灾情持续时间较长，人口持续逃亡，数量较大。"除较大的孩子和女人一起出卖外，余均和无以谋生的壮丁采取同一的策略。大家相信'三十六计，走为上着'，均出奔了，流亡了！……若武功一县，逃亡数竟占百分之六八，

---

① 李子俊：《陕西灾后武功扶风二县视察记》，《县乡自治》第 2 期，1939 年，第 53 页。

② 《杨主席令各县妥筹安集流亡办法》，《陕灾周报》第 1 期，1930 年，"灾赈纪实"，第 1 页。

③ 《汉中赈粮难运，请义赈会放散现赈，灾民结群向川中就食》，《益世报》1930 年 3 月 27 日。

④ 《离村农家数及其估占各县总农户之百分比》，《农情报告》第 4 卷第 7 期，1936 年，第 173 页。

⑤ 《农民离村之原因》，《农情报告》第 4 卷第 7 期，1936 年，第 179 页。

⑥ 《农民离村之原因》，《农情报告》第 4 卷第 7 期，1936 年，第 179 页。

⑦ 《陕西省灾况统计表》，《陕西赈务汇刊》第 1 期第 1 册，1930 年，"灾情与灾赈"，第 23~32 页。

⑧ 《时事月报》1929 年 12 月，转引自李文海、程歗等《中国近代十大灾荒》，第 189 页。

扶风亦有百分之五十！"① 这一段话表明了灾民无奈外出谋生的心境和动机。据陕西省赈济机关的调查，1928～1931 年，陕西逃荒人数在 200 万人以上，占全省人口的 1/6。② 甚至在一些地区引起劳动力缺乏问题，如陕西富平县"以旱荒频遭，致一般做工者为生计而远逃。一般农户常感农工缺乏"。③

第二，灾期逃亡的男女性别比例相差较大。

据蒋杰对武功 211 户农家的调查，灾期共逃亡 495 人，其中男性 365 人，占逃亡总人口的 73.7%；女性 130 人，占逃亡人口总数的 26.3%。④ 可以看出，女性外逃比例远远低于男性。女子逃荒少，很大程度上是因为中国传统的缠足陋俗限制了她们的出行。古代中国是一个男权社会，女性缠足的恶习由来已久，辛亥革命后，国民政府虽然严禁女子缠足，但是在偏远落后地区，缠足现象依然严重，"查我国之有天足运动，垂三年矣。乃穷乡僻壤犹存缠足之风。……虽然，如县党部亦负有开导民众之责，奈何力量不能深入民间"。⑤ 陕西传统习惯根深蒂固，20 世纪 20 年代冯玉祥在陕西开禁缠足运动，违抗命令的将受到严厉的处罚，⑥ 但是 20 世纪二三十年代陕西关中地区，妇女缠足十分常见，"陕西地处西陲，交通不便，故民众对于风俗文化，仍照老法，而又以女子缠足为甚"。⑦ "这里的妇女，仍在封建势力下生活着，无知无识地过着奴隶生活。她们受旧礼教束缚之甚，可以在她们的一双脚上看出来。那脚小得使你见了害怕，不禁的你一定要问：她们怎样能够走路？的确，她们舍了手杖是走不起路的。十三四岁的女孩，已经把脚裹小了。正当裹而还没裹小的时候，在家中要扶着墙走路，裹成以后，手中放下手杖便出不得门，走不起路了。壮年妇女在外面是很少见到的。中年以后的妇女，手杖便是要紧，放下手杖，恐怕就得坐在地上向前移动。"⑧ 陕西妇女多缠足，不方便出行，客观上限制了她们

---

① 冯和法：《中国农村经济资料》，第 144 页。
② 张水良：《中国灾荒史（1927～1937）》，第 80 页。
③ 陕西省农牧志编纂委员会编《陕西省志·农牧志》，陕西人民出版社，1993，第 4 页。
④ 根据蒋杰《关中农村人口问题》，附录中表格整理数据。
⑤ 霜：《缠足税》，《民报》1932 年 12 月 12 日。
⑥ "Tuchun Feng Yu-hsiang of Shensi Has Issued a Proclamation Prohibiting the Practice of Footbinding among Women in his Province," *The China Presss*, 1922 - 3 - 8.
⑦ 廖影：《陕西严禁妇女缠足》，《青天汇刊》第 1 期，1930 年，第 209 页。
⑧ 《关中妇女》，《大公报》1937 年 5 月 13 日。

外出乞讨，加之受中国传统社会女子不出户观念的影响，还有在旧社会女性经济不独立、女性思想保守等原因导致女子逃亡比例比男子低很多。

第三，逃亡人群中，中青年强壮者居多。

"能逃散四方的，当然是年轻力壮的农夫，年老力衰的人们，那有力气向外逃亡！年幼力弱的孩子，亦是无力逃亡，老弱转乎沟壑，壮者散而之四方。"[①] 据蒋杰的调查，关中地区灾荒时逃亡的人群中，0~4 岁的占6.9%，5~9 岁的占 11.7%，10~14 岁的占 12.7%，15~19 岁的占14.6%，20~24 岁的占 12.7%，25~29 岁的占 8.5%，30~39 岁的占14.4%，40~44 岁的占 8.9%，44 岁以上的占 9.6%。从统计数据可以看出，逃亡人口中 15~44 岁的占 59.1%。逃亡者以中青年为主，其中 15~19 岁的年轻人所占比例最大。主要原因是 15~44 岁的人比较独立，身体相对较好，有足够的体力外出谋生，而 44 岁以上的人由于体力不足，外出谋生的较少，而 10 岁以下的人主要是随父母、家人逃荒，因此 15~44 岁人口逃亡比例最大，而 45 岁及以上灾民基本是坐以待毙，死亡率较高。

第四，关于历史流民的流向性，有反"波浪式离心运动说"以及"人口压力流动率"等说法。[②] 池子华先生认为，流民的流向主要有两个：一是经济落后地区的流民流向经济发达地区；二是人口高压区流向人口低压区或者负压区。[③]

灾荒时期陕西灾民流动具有盲目性和定向性双重特性。由于受灾面积广，时间长，消息闭塞，交通不方便，灾民往往不清楚别的地方是否有灾害，是否能从别的地方获取食物，因此逃亡有很大的盲目性。灾民主要是盲目地逃往邻近地区，他们很难及时地获得其他地区的信息，只是盲目地往外跑，如周边的城市、镇子，希望能在那里求得活路。灾民以家乡为中心，往周边地区盲目流动，主要是因为民国时期交通落后、通信闭塞，灾民不知道其他地方哪里可以获得食物，加之灾民体质较弱、缺乏逃亡的路费和干粮，也不能支撑太远的路程，只能跟随大流盲目外逃。

---

① 若波：《西北灾情与人口问题》，《西北》第 7 期，1929 年，第 5 页。
② 反"波浪式离心运动说"系姜涛在《中国近代人口史》（浙江人民出版社，1993）中提出，认为由于近代人口的迁移不再是以中原为唯一中心的"波浪式离心运动"，而是以秦岭—淮河一线为界，这一界线分割了两侧人口迁移的洪流。"人口压力流动律"即人口学的人口高压区流向人口低压区。
③ 池子华：《中国近代流民》，浙江人民出版社，1996，第 82 页。

陕西灾民的定向逃亡主要分为省际流动和省内流动。

省际流动主要是指灾民在各省之间流动，具体来讲，就是陕西灾民主要流向山西、河南、甘肃、四川等地，也有河北、东三省等地。1929 年，陕西灾民逃亡山西东部、直隶、东三省的最多。[①] 汉中的灾民则就近逃亡四川等地，据报载，"汉中十二邑灾情奇重，灾民盼赈甚急……略阳灾民结群入川求食"。[②] 此外，邻近的甘肃也是陕西灾民的逃亡地之一。岐山"灾民逃往汉中、甘肃络绎于道"，而陕北横山一带的居民主要逃往山西，"男女老幼悉逃晋东就食，城邑民流离失所，充塞道路，厥状凄惨"。[③] 据 1932 年的记载，甘肃两当地区，陕西灾民达到 4000 余人："陕省连年灾祸频仍，民不聊生，以前尚能拆屋卖田，苟延残喘，现因灾期延长，农村破产，田产求售无主，生活无法维持，乃不得不就食他方。渭北各县灾民，纷纷逃亡陕北，省西各县灾民，扶老携幼，结队成群，赴甘就食。少壮者为人做工，老弱者沿门乞讨。……陕西赴甘灾民，其他各县不计外，仅两当一县，近数月来，陕西宝鸡一带灾民逃来者，共约四千余人。……华亭县近半月来，陕省武功等县之灾民，纷纷前往，为数甚多，已由县府分往各区乞食，苟延残命。日前又赴一批，男女老幼，共约数百人，状极可怜，现住县城附近村庄云。"[④] 陕西灾民流向山西、河南、甘肃等省，主要是因为这些省份和陕西相邻，如甘肃两当与宝鸡相邻，华亭与武功相邻，汉中的略阳、镇巴等地和四川相邻，灾民自然而然往邻近省份这些地区流动。

灾荒期间陕西省内人口流动则比较复杂。据陕西省赈务会的调查，1928～1931 年大旱灾期间，岐山、汧阳、陇县、凤县一带的灾民主要逃往陇南川边、汉中以西；盩厔、鄠县、蓝田、郿县灾民主要逃往秦岭以南汉中各县。据佛坪县志，关中大旱，盩厔、武功、郿县等地大批饥民逃难到佛坪，遍布全县，县城尤多。县政府在袁家庄街办稀饭场，供饥民食。乾县的灾民多往北方和西边逃亡，"外逃灾民一般系青壮年灾民，逃亡路线，大多数往北方山区窜去，有的远至河西走廊、新疆等地"。[⑤] 泾阳、三原、

① 秦含章：《中国西北灾荒问题》，《国立劳动大学月刊》第 1 卷第 4 期，1930 年，第 30 页。
② 《陕灾民结群乞食西川》，《益世报》1930 年 3 月 27 日。
③ 《陕西省志·农牧志》，第 147 页。
④ 《陕灾民逃甘就食》，《西北文化日报》1932 年 12 月 11 日。
⑤ 韩佑民：《乾县"十八年年馑"及赈济概况》，《乾县文史资料》第 1 辑，第 5 页。

富平、耀县、淳化等地灾民主要逃往北山一带；临潼、渭南等渭河以北的灾民主要逃往北山以及潼关以外；蒲城、澄城、白水等地灾民多逃往宜川、洛川、鄜县、延安一带。① 1928～1931 年，榆林地区连年大旱，鼠疫、霍乱相继流行，一些村庄"全村不存一人，尸骨无人掩埋，尸虫穿户门而出，其状之惨，不忍卒听"，人口死亡惨重，灾民多逃往山西、延安等地。② 总体来看，由于信息闭塞，加之交通条件限制，以及历史逃荒的惯性，省内流动还是具有很大的盲目性的。

可以看出，第一，省内流动是重灾区向轻灾区流动，经济落后地区向经济状况稍好地方流动，关中向陕北、陕南流动。关中以西安为圆心，向四周流动，西北各县如乾县、醴泉、邠县等逃亡甘肃东部，东北部各县如郃阳、澄城、白水等县逃往宜川、洛川、鄜县、延安等地；而东部的临潼、潼关等县逃亡潼关以外。关中地区各县之间则少有流动，是因为关中地区大多同属渭河流域，气候、环境相同，民众生活环境也相似，灾害发生具有同步性，一旦发生灾害，关中各县无一能幸免，而陕北、陕南气候条件和关中不同，有不同步发生灾害的可能性，因此逃往这些地区活命的概率较大。

第二，农村逃往城镇。灾民首选省城西安，陕北灾民首选榆林，因此民国时期西安、榆林两个城市人口增长很快。③ 灾民由农村涌进城市，一方面使得城镇短时间内人口陡增，加大了城市的压力，原本一个城市容纳力有限，短时间内大量人口涌入，使得他们的就业、就医、衣食住行都受到影响；另一方面推动了城市市政设施建设，改进卫生、医疗的条件。

灾民在灾期四处逃亡就食，灾后回迁率较高，因此流动具有短暂性。许多灾民在灾情缓解后回到农村，但往往失去了赖以生存的土地，只能受雇于人，成为佣工、杂户等。农民是农村生产力中最活跃的因素，大量农民因灾离开农村，失去土地，造成农村劳动力紧缺。农民盲目流向城市，也对城市的容纳能力造成压力。浩平在《中国农民离村问题之研究》一文中评论道："因为农村经济的破产，才有农民离村之发生，因有农民的离村，更增高农村破产的程度；农村破产的程度愈高，而整个社会问题亦趋

---

① 《陕赈特刊》1933 年第 2 期。

② 《榆林市志》，第 143 页。

③ 朱世珩：《从中国人口说到陕西灾后人口》，《新陕西月刊》第 1 卷第 2 期，1931 年，第 39 页。

恶化。所以年来中国农村离村问题，不但促进了农村问题的尖锐化，整个中国社会问题也随之严重化了。事实是很明显的：农民在农村里不能干活，才离开农村来到城市，促成农村加速的破产，而农民到了城市又得不到生活出路，势必流为失业流民，甚至于盗匪，更使都市益趋混乱。"①

灾期人口逃亡具有盲目性、短暂性。逃荒路上充满了艰辛。定边一户人家，父亲在逃亡路上饿死，被扔进万人坑，奶奶后来也饿死，叔叔饿死在逃往宁夏的路上，小孩逃到定边县城，饿晕后被猪头会（当地政府成立的专门往万人坑里拉人的组织）误以为死亡差点被扔进万人坑，最后被一户地主揽工才得以保全性命，母亲则被父亲在死前卖给别人。② 综上所述，民国时期，严重的自然灾害是制约陕西省人口数量绝对增长、引起人口变动的重要因素。

第六节　灾害对人口素质的影响

人口素质是人口在质的方面的规定性，又称人口品质，或者人口质量，包含思想素质、文化素质、身体素质等。"普通所谓人口品质大致可以分为三个方面，体质、知能与品行。体质又包括身体特点或健康程度，生命力或者寿命三方面；知能包括知识与能力或技能两方面；品行包括对于风俗、道德、法律三方面的行为。"③ 一般认为人口素质受先天遗传和后天环境的双重影响。自然灾害对人口素质的影响是多方面的，从"积极方面"讲，灾荒使得人口进行"优胜劣汰"的选择。灾害是客观存在的，却在无意中按照身体素质好坏对人进行"筛选"。一般来说身体素质好的人在灾荒中获得生存的概率相对大一些，灾荒中出生率低而死亡率高，体质较弱的人很难熬过长时间的饥饿和疾病。蒋杰的调查显示灾情过后灾区出现高出生率、低死亡率的现象。在某种程度上，灾荒对人性进行考验的同时，也对民众的身体和心理进行锻炼。但是灾荒更多的是对人口素质负面的影响，包括两个方面，一是长期的大灾荒是对个人身体素质的直接摧

---

① 浩平：《中国农民离村问题之研究》，《民众运动》第 1 卷第 6 期，1933 年，序言。
② 周生才：《我是怎样从灾荒年里逃生的》，定边县政协文史资料委员会编印《定边文史资料》第 1 辑，1986，第 72 ~ 77 页。
③ 孙本文：《中国人口品质问题之研究（上）》，《东方杂志》第 37 卷第 21 期，1940 年 11 月 1 日，第 5 页。

残，包括干旱、洪水、地震、冰雹、飓风等造成的身体伤残，这是看得见的影响，甚至是在一瞬间，造成生命的损失或者终身疾病、残疾等。二是灾荒也是一个放大镜，长期在饥荒环境中，人会把人性中隐形的"恶"的、丑陋的、自私的一面显示出来，造成道德、伦理缺失，对生活、社会悲观失望，形成一种"灾民意识"或者"灾民效应"。

灾期食物缺乏对人的身体素质有较大影响。"食物的缺乏、不充足，直接的影响于人民的体质，矮小、衰弱，间接的有损于民族的兴亡。"① 灾民还会因为灾期粮食缺乏而营养不良，身体机能下降，疾病流行，死亡增多。疫疾往往与灾害相伴，因此有"大灾之后有大疫"之说。1919 年山西、陕西、甘肃、绥远四个省份因灾而死者有 600 万人，病者有 1400 万人，逃亡者有 400 万人，因疾病而死亡者数量超过平时 25 倍。② 关于人口死亡本书前面已经有很多论证和史料，不再赘述。

饥民处于饥饿或半饥饿状态，营养不良，自身抵抗力比较差，一旦受到恶劣气候的侵害，容易感染疾病；此外，"饮食乃疾病之媒"，饥民没有食物时，会饥不择食，寻找没有营养价值的代食品，加之不讲卫生，饮用被污染过的水，食用未煮熟的食物，导致容易感染霍乱、瘟疫、痢疾等烈性传染病。民国时期就有人分析霍乱流行的原因："致病之源，盖因食物不合卫生所致。"③ 灾期大量人口死亡，如果尸体没有得到及时处理，容易造成瘟疫传播。1932 年陕西霍乱流行，仅仅 4 个月时间，患病 50 多万人，总计死亡约 20 万人，仅关中各县发病 20 多万人，死亡 10 多万人。④ 1932 年 4~8 月，短短 4 个月的时间，陕西关中各县死亡 10 多万人，远远超过了一般疾病的死亡比例，这与 1929~1931 年西北地区旱灾加重，农民缺粮，营养不良更加严重，体质虚弱，大量人口死亡使疫疾流行，百姓饮用被污染的水有密切关系。因此，1932 年霍乱从潼关传入陕西后，很快在陕北、陕南等地传播开来。

一　灾民缺乏必需营养补充，身体机能下降

灾荒的核心问题是缺乏粮食。民国时期，陕西属于传统农业区，商品

---

① 项克宽：《中国人口品质问题的探讨》，《天南》第 6 卷，1936 年，第 48 页。
② 《村治》第 1 卷第 9 期，1929 年，第 1 页。
③ 《晨报》1920 年 9 月 25 日。
④ 曹占泉编著《陕西省志·人口志》，第 93、95 页。

经济并不发达，总体经济落后，农民靠天吃饭，自古就有"耕三余一，耕九余三，民始无饥"的说法。正常没有灾害的年份，除少数殷实之家外，大多百姓是"收一茬庄稼吃一季粮"，勉强度日，绝大部分农家很少有存粮。百姓平常依靠耕种粮食勉强度日，粮食不足的问题时刻存在。据石筍的调查，咸阳农民正常年份有 1/3 的时间要在粮食恐慌中度过。所产粮食缴纳各种赋税后，全年没有粮食度日的占 25%，不足 3 个月的占 35%，不足 5 个月的占 25%，勉强能够维持生活的仅仅占 15%。[①] 汉中自然条件比较优越，自古灌溉系统发达，盛产水稻，但是据陈翰笙的调查，汉中农民的食物主要是米糠、玉米、红薯、豆类和野菜。[②] 汉中被称为鱼米之乡，民众食物尚且如此简陋，陕北、关中等地区灌溉条件比陕南更差，旱灾频发，百姓生活更加困难。

陕西农民生存条件极为脆弱，衣食住行均极为简单。基本是"收一茬庄稼吃一季粮"，食物结构简单，一遇灾害、粮食歉收或者绝收，他们便无粮可以食用。无粮可食时，农民只能食用野菜、草根、树皮等。而随着灾情加重，食物来源减少，代食品就会越来越广泛，有些甚至称不上食品。一般灾年开头，人们吃麸皮、油渣、豆饼、干苜蓿，这是陈年积攒的牲畜饲料，这时候只好让人吃。干苜蓿怎么吃呢？人们用铡刀将其切碎，在石碾子上碾成粉末，再用粗箩一过，作馍作饭吃。干苜蓿做的食品既涩且糙，人们回忆称："干苜蓿糙，荞花（谷壳）扎，油渣好吃难消化，娃娃吃了大便不下。"[③] 这些东西吃完后，人们便开始寻找谷糠、野菜和树皮吃。等野菜、树皮吃完后，人们寻找一切可以用来充饥的东西，最后甚至食人也不可避免地发生了。

美国人马罗力所著《饥荒的中国》中收录了 18 种 1920 年北五省旱灾时灾民们的代食品，如糠、麦子叶、花的种子、木屑、棉籽、高粱皮、树皮、树芽、花生壳、玉米抽的穗子，甚至白色的泥土灾民也取来食用，一些有毒的树籽灾民也争相食用。[④]

---

① 石筍：《陕西灾后的土地问题和农村新恐慌的展开》，《新创造》第 2 卷第 1、2 期合刊，1932 年，第 228～229 页。

② 陈翰笙：《破产中的汉中贫农》，《东方杂志》第 30 卷第 1 期，1933 年 1 月 1 日，第 72 页。

③ 赵西文：《民国十八年年馑》，《渭城文史资料》第 2 辑，第 109 页。

④ 〔美〕马罗力：《饥荒的中国》，引言。

陕西的关中、陕北和陕南均以农业经济为主，百姓大多靠天吃饭，只求填饱肚子，无处谈营养问题。当时中国大部分民众也是这样，"普通人家，非逢佳节，不多见肉，寻常油脂亦少用，贫民终年不知肉味者亦有。小康之家亦不过半月或一月，乃尝肉一次，如此已可见中国人民之缺乏营养，不言而喻也。加之平常年中，尚有十分之一的人民缺乏食料，而近以连年天荒人祸的，人民之坐以待毙者，更不可计也"。① 一旦经历长时间的灾荒，各省民众食物都处于匮乏状态，基本是想尽一切办法把能见到的东西都用作食物。铜川"民国十八年年馑"的幸存者回忆："记得民国十七年秋虽无收，但一般家庭还可以凑合过日子。贫苦农民则难以过冬，将苜蓿、菜子（油菜）连根拔去吃光了。那时候，同官地广人稀，苜蓿、菜子种植面积约八到十万亩，贫苦农民靠它才勉强挨过了年关。民国十八年春，苜蓿、菜子没了，灾民只好以野菜、野草刺苋、苦菜、灰条、野扫帚、枸杞（叶）、打碗花（牵牛花）等掺些糠皮、油渣充饥。后来能吃的野菜、野草也很难找到，又将榆树皮、玉米芯、嫩叶当饭吃。"②

1929 年陕西省赈务会视察各县灾情后对各县灾民生活状况有较为详尽的记录（见表 3 - 9）。

表 3 - 9　民国时期陕西各县灾民衣食住情况统计

县名	衣	食	住
蓝田	褴褛衣	树皮、草根、糟糠之类	多无宿舍
蒲城	烂布破衣恰能蔽体者	食树皮、菜根、米糠	宿庙宇檐下墙角
白水	多穿单衣破裤	吃菜根、树叶、杂谷	多宿庙宇、土窑、街房檐下
泾阳	多穿破烂衣	吃菜根、树皮、油渣	占庙草棚
沔阳		糠谷、小谷	
凤翔		草根、树皮、油渣	破烂房屋
咸阳	破衣不遮体	无食者十分之八	有住者十分之五
兴平	多披皮毡片破衣	吃油渣、树皮、菜根、柏树籽	多宿土窑庙宇檐下
鄠县	破单夹衣无衣	草根树皮	土窑庙宇
武功	衣皆褴褛不遮体	甚有食兽遗者	房屋拆售将尽，人多穴居

① 项克宽：《中国人口品质问题的探讨》，《天南》第 6 卷，1936 年，第 49 页。
② 雷炎堃、李景民口述《民国十八年年馑之所见》，《铜川文史资料》第 4 辑，第 84 页。

续表

县名	衣	食	住
临潼	多穿□棉破烂粗衣		
郃阳			
潼关	破烂衣	多吃野菜、豆糟	客籍多住庙宇土窑
大荔	破烂衣	多吃草根、树皮、蔓□	多住贫民住所庙宇
朝邑	有夏无冬		
耀县	破烂衣	多吃油渣、棉花籽、杂薯	多住破窑古庙
鄜县		竟食草根、树皮	
韩城	衣不蔽体	多吃树皮、菜根	寄宿古庙者有之
宜川		多食菜根、树叶	
邠县	单衣及洋毛衣	吃野草、糠秕	宿古庙土窑
栒邑	破单衣	吃野草蔓、旧糠皮	宿土窑庙宇
淳化	多穿褴褛衣	吃野草、菜根	宿古庙破窑

资料来源:《陕西省赈务会视察各县灾情简明表》,《陕西赈务汇刊》第1期第1册,1930年,"灾情与灾赈",第17~22页。

从表3-9可以看出,赈灾委员在关中各县查灾见到,20多个县的民众寄宿在古庙破窑,衣不遮体,靠食草根、树皮、野草、糠秕充饥,这些草根、树皮、野草、糠秕是没有营养的,灾民即使能暂时活下来,身体机能也会下降。1930年,陕西各县庄稼几乎绝收,灾民缺粮更加严重,政府无力顾及大量的灾民,没有逃难的灾民寻找一切可以食用的东西。关中地区的妇女和儿童在墓地拾土块,"这墓上白色的土,相传是贵妃娘娘用过的粉,吃一点能止住饥饿啊"。[1] 从关中平原到河西走廊,道路两旁的树,皮被剥光当粮食了,到处是白花花的。陕南流传的歌谣"赤地遍山乡,潸然泪数行。树皮剥吃尽,豆渣是膏粱"是灾民悲惨生活的写照。[2]

1928~1931年的大旱灾中,关于灾民的食品,当时的报刊多有报道,陕西家家无粮,人人待尽,居民多以菜根酸枣为粮,稍富有者多食油渣。绥远灾民所食之物多为糠秕、榆皮、地鼠、草根等,凡七十种之多,此类食物,无一不有碍为生,而百万灾民竟不得不以此充饥,一经食下,大多

---

[1] 文芳编《黑色记忆之天灾人祸》,第298~299页。
[2] 文芳主编《天祸》,第249页。

浮肿而死。① 陕西关中地区虽然号称八百里秦川，但是人口稠密，人多地少，加之鸦片种植等原因，粮食不足，百姓生活困苦是不争的事实。因此大灾期间，百姓过着"榆树皮稻糠全吃遍，包谷芯子磨成面，红薯蔓子炒炒面，慢慢吃慢慢咽，吃到肚内充饥"的苦难生活。② "成千上万的饥民，在田野上寻找草根、树皮充饥。耕牛、骡马、猫、狗，甚至老鼠都成了饥民捕捉的对象。很多人四处拣集鸟粪，用水淘洗之后，挑食其中未完全消化的粮食颗粒。""至冬至尽将榆桐树皮及麻根，已经剥尽……大荔、澄城、韩城一带的饥民，由于饥饿难忍，就吞食观音土（一种细白土），由于肠胃无法消化，不久坠腹而死。"③ 农民将树叶、树皮、草根、棉籽之类剥食殆尽，灾区树木损失约十分之七。1928 年，豫陕甘赈灾委员会主席冯玉祥携全体赈灾委员会委员，在中央励志社宴请中央各部门负责人吃饭，席间专门陈列了陕西灾民的食物，包括皂角、糠秕、树皮、草根团成饼块等。④ 在座者无不潸然泪下。1933 年，《大公报》报道自然灾害打击下渭南灾民的生活："去年（1932）夏间麦田薄收，秋间播种失时，人民之嗷嗷待哺者，无乡无之。播种之后，三冬亢旱，麦根早受损害，麦叶经霜而萎而枯者，比比皆是。向逢丰年，产粟乡供自用，今于奇荒之中，素所谓殷实者，业已断炊。贫者草叶菜根，尚为佳馔。剥榆皮以造饭，人民食之，大便不下，面黄发肿，古之所谓民有饥色，于今见之。"⑤ 蒋杰调查了重灾区武功民众的生活，灾期农民的食物是"把小蓟、白茅、前胡、野菊，连根皆茹，榆、槐、桑、柘、栌、椿、皂、楮，无叶不食，真是树皮草根，几罗掘殆尽。同时杀牛宰驴，捕鼠食犬，把所有的动物，几屠杀无存。他若麸糠、油渣、观音粉、棉花之叶、茨荆之类、玉米轴心，都作为食物。而其中最凄惨最残忍者，莫过于吞食死尸。各县饿毙之尸，每无臀无足，多被饥民断取充饥"。⑥

陕南的洛南，百姓平常过着"糠菜半年粮"的日子，灾年饥不择食，据统计在荒年采挖灰灰、自芥、石兰子叶、灵硼拐、圪拉叶、苦苣菜、全

① 《陕灾惨重饿殍载途》，《大公报》1933 年 3 月 27 日。
② 文芳主编《天祸》，第 251 页。
③ 席会芬、郭彦森、郭学德：《百年大灾大难》，中国经济出版社，2000，第 54 页。
④ 《本会全体委员会宴记》，《赈灾汇刊》，1928 年 12 月，第 44 页。
⑤ 《大旱灾演进中之陕西》，《大公报》1933 年 3 月 16 日。
⑥ 蒋杰：《关中农村人口问题》，第 187 页。

芽菜、榆叶、柿叶、橡子核、老鸦蒜、火头根、山药蛋、榆树皮、麦麸皮、玉米芯、稻皮等，都用来做代食品充饥，甚至把麦草铡碎磨面吃。老鸦蒜、火头根等吃了使人肚子肿胀，身体浮肿。榆树皮做的面、馍，人吃了便不下。永丰人冀举元因饥饿过甚，突然得到榆树皮汤，顾不得煎烫，穷吸猛喝，竟将咽喉、胃肠烫坏，在地下乱滚，后来无治而死。[①]

民国学者曾经调查过灾区的食物，包括：（1）树皮，如榆皮；（2）树叶，如槐叶、榆叶、杨叶；（3）树根；（4）草叶，灰灰菩叶、驴耳朵草、苦菜叶、季菜；（5）草根，菜根；（6）豆皮，绿豆皮、黑豆皮、黄豆皮、花生壳；（7）糠，谷秕糠、高粱糠；（8）辟谷丹，用核桃仁、黄蜡、芝麻等制成，每丹约重五钱；（9）石面，油渣石面、牛骨石面；（10）橡子；（11）滑石（饥民食滑石，常于十余日后，大肠肿结而死）；（12）稻草、麦草；（13）番薯梗；（14）棉籽；（15）干草和生柿晒干制馍；（16）观音粉、观音土；（17）地梨；（18）黄姜；（19）木瓜；（20）苕梗苕叶；（21）酸枣；（22）油渣；（23）荞花；（24）木屑；（25）花之种子；（26）叶粉；（27）高粱皮；（28）玉蜀黍之穗轴；（29）豆饼；（30）荞头；（31）胡豆荚；（32）白糯泥；（33）枯勒，糠秕、榆树皮与苜蓿叶拌和蒸成；（34）糠饼，糠秕与榆树皮煎而无苜叶；（35）地鼠；（36）猫犬牛羊野兽飞禽；（37）车辆上皮件套绳；（38）牛马粪之余泽；（39）鞋底；（40）拿糕，秕糠与榆树皮合蒸而食；（41）糊糊，秕糠、榆树皮与红粮合煮；（42）锯屑；（43）鹅儿肠[②]；（44）奶浆菜。[③] 可以看出，上面列举的 44 种食物看似种类很多，灾民有很多代食品，实际上，大部分是不可食用的，或是有毒，或是食用易引发疾病，食用这些代食品只是暂时消除了饥饿感，延长了灾民的生命，本身并无营养价值。

民国时期的文献中多处提到各地灾民食用观音土的现象，1937 年，报刊还报道"关中地区灾民纷纷食用观音土"。[④] 那么观音土到底是什么呢？是否有营养价值呢？观音土特指在旧社会穷人在青黄不接时或灾荒年间，

---

① 时运生、樊孝廉整理《关于洛南光绪三年及民国十八年旱灾的历史回顾》，《洛南文史》第 5 辑，第 3~4 页。
② 陕南田间的一种草本植物，无毒，一般农村用作猪草。
③ 吴文晖：《灾荒与中国粮食问题》，《中国实业》第 1 卷第 10 期，1935 年，第 1888~1889 页。
④ 《遍地哀鸿待哺声：灾童争食"观音土"，观音土是一种泥》，《陕西画报》第 5 期，1937 年。

为求活命食用的土。"观音土"不能被人体消化吸收，少量吃不会致命，但会导致腹胀、排便困难。由于没有营养，不能消化，绝大部分饥荒的人食用后还是会死的。据当时吃过观音土的人回忆，"其味苦涩粗硬，无异吃泥，且食后不消化，多患饱胀病"。① 民国时期的科学家对此进行了实验："余作观音土分析之目的，以其每能维持灾民若干日之生命，意者其中或含有少许滋养料？果所揣度不虚，则加以少量之谷类，观音土或可以配合为一种较佳之食品，以救灾民燃眉之急，或且因土质之减少，可以免除腹胀之患。"为了测验观音土是否含有对人体有益的微量元素，考虑是否可以掺以谷类来合成一种解决灾民燃眉之急的代食品，相关研究者进行了无机定性分析、无机定量分析、有机定量分析、有机定性分析后，发现观音土只是一种普通泥土，并无可以直接提供给人的营养价值，"余将定性分析既竟，不禁大失所望，此种失望，非余在学理上之失望，乃为灾民大失所望也"。②

随着灾荒的加重，甚至草根树皮亦不可轻易获得，为了活命，人相食的现象就不可避免地出现了。"省垣饥民蜂聚蚁屯，街衢食物任意攫取，各县现在白昼家家闭户，路少行人，气象阴森，如游墟墓。馒首每斤合钱十八吊……縻谷一升合洋一元有零，青年妇女向人哀求，只图一饱便可得归。牛骡驴犬杂猫之类早已食尽无余，即雀鼠现亦绝迹，道上有饿毙者，甫行仆地，即被人碎割，血肉狼藉不堪，目不忍视，甚至刨墓掘尸，割裂烹食，厥状尤惨。刻下关中道沿途积雪尚三尺余，冷寒刺骨，一般无衣无食居民因冻饿而死者约计每县每日不下五六百人。"灾民没有食物，发生人相食的惨剧，已经影响到社会的稳定。汉中也"骨肉相食时有所闻"。

1936 年，甚至出现灾民争食死尸的现象："陕西镇巴，地处川边严山中，地瘦民贫，去冬已饥荒严重，入春尤害，近全县人口已饿大半，地方正呼吁赈济，饿殍靠食死尸，全县树皮剥食殆尽。"③

灾民粮食缺乏首先是由于灾害导致的粮食歉收，这是主要的原因。中国农民长期处于一种自给自足的状态，由于农业生产力长期没有发展，加之人口的增加，在正常年份农民靠天吃饭，处于半温饱或者基本温饱状态，传统的仓储制度在近代基本被破坏，所以农民不可能依靠自助来度过饥荒。而政府的赈粮还受到交通、分配方式、粮价等多种因素的影响。因

---

① 《湖口饿殍载道，乡民吞食观音土》，《农村》第 2 卷第 4 期，1935 年，第 33 页。
② 《观音土之化学分析》，《中国农民银行月刊》第 2 卷第 6 期，1937 年，第 33 页。
③ 《陕灾惨重，镇巴饿殍争食死尸》，《绥远农村周刊》第 94 期，1936 年。

此一般遇到小荒年，百姓吃糠咽菜熬一熬就过去了。但是连续的灾荒改变了整个农村的生态结构，农民依靠传统度荒方式很难熬过去。因此收成好坏成了影响农民是否遭受饥荒的重要因素。1928～1930 年陕西关中大部分地区几乎颗粒无收，甚至到了 1931 年、1932 年，收成还是非常差。表 3-10 是 1931～1932 年陕北、陕南、关中主要农作物收成的情况

表 3-10　1931～1932 年陕西省主要农作物收获量与十足年（丰年）收获量之比较

单位：%

地区		小麦	大麦	早稻	晚稻	小米	玉米	棉花
陕北 12 县	1931 年	45	45	89	74	56	44	40
	1932 年	44	45	78	47	71	70	80
关中 45 县	1931 年	45	50	89	73	49	52	45
	1932 年	29	29	80	50	34	36	29
陕南 15 县	1931 年	67	62	74	77	44	54	58
	1932 年	55	50	64	52	37	61	67
全省	1931 年	46	51	78	73	51	52	46
	1932 年	31	32	69	50	41	43	43

资料来源：张心一《陕西省的灾况与民食问题》，《农林新报》第 10 卷第 10 期，1933 年，第 5～6 页。

从表 3-10 可以看出，在灾情逐渐缓解的 1931 年、1932 年，陕西主要农作物的收成还是很低的。陕北主产小米，1931 年小米的收成只有丰收年的 56%，到 1932 年也只有七成多。小麦、大麦是关中主产，但是 1931 小麦和大麦收成都不到或只有丰年的 50%，到 1932 年小麦收成更是下降到只有丰年的 29%。陕南主产水稻，而且灌溉条件比关中、陕北要好，但是 1931 年水稻收成只有丰收年的 70% 多，算是比较高的水平了，1932 年早稻收成则下降到只有丰年的六成多，晚稻只有丰年的 52%。由此可见，民国时期，农业歉收是一种常态，这是居民常年处于半温饱状态的主要原因。1928～1931 年，陕西由于农业歉收，家中有余粮的农户很少，多数农户家中没有积存，集市粮食价格暴涨。粮食价格昂贵到一般人都买不起，对灾民来说更是雪上加霜。1930 年凤县小麦价格涨到每斗（70 斤）12 元，[①] 玉米高达每斗

---

① 《民国十八九年凤县最大旱灾片段回忆》，凤县政协文史委员会编印《凤县文史资料》第 11 辑，1989，第 19 页。

4.2～4.5 元，汧阳小麦由每千斗 1～2 元上涨到 3～5 元，最后涨到 14～15 元，最高时甚至达到 16 元。① 三原、潼关的小麦正常年份最高不超过每斗 10 元，1929 年暴涨到每斗 40 元，上涨 300%；定边、郃阳等县小麦价格上涨 500%。② 1930 年《申报》报道灾情时，认为西北灾区粮食价格昂贵到前所未闻。北平华洋义赈会在西北灾区实地调查后，在报告中提到灾区内食粮之价，皆 10 倍于平时。小麦由灾前的每斗 5～6 元涨到 65 元，上涨 900%～1200%。③ 这样的涨价远远超过了一般农家的购买水平，大部分农民无钱购买粮食，只有在农村就近取材，采用草根树皮以图度过饥荒。

灾民们长期缺乏食物，摄取营养不足，容易营养不良和患各种急、慢性病。树皮、草根、观音土等缺乏人体所必需的蛋白质、糖分、脂肪、氨基酸及其他微量元素。观音土"食后完全无法解便，甚有涨死者"。"素所谓殷实之家，业已断炊，惟有打槐豆剥榆皮以造饭者，人民食之大便不通，面发黄肿。"④ 作为代食品的草根、树皮等，一些本身还含毒素，不能食用，但是饥民饥不择食，汉中留坝饥民采挖野菜，"中毒而死者五千余人"。据华洋义赈会的调查，1929 年西北各省旱灾期间，病者 1400 万人，疾病死亡率超过平时 25 倍。⑤

粮食缺乏对儿童的身体发育和健康会产生不良影响。斯诺在其书中多次提到饱受灾害折磨、缺粮的儿童，"成千上万的儿童由于饥饿而奄奄待毙，这场饥荒最后夺取了 500 多万人的生命！我后来经历了许多战争、贫穷、暴力和革命，但这一直是最使我震惊的经历，直到 15 年后我看到纳粹的焚尸炉和毒气室为止"。儿童的胳膊细得像树枝一样，由于以树叶和木屑充饥，他们的肚皮鼓胀得像一个气球。许多长期以野菜充饥的儿童显露出饥饿的烙印，面孔浮肿。⑥ 斯诺在书中多次描述西北的儿童，由于饥饿和营养不良，骨瘦如柴、肚子鼓鼓。灾害造成灾民营养不良，缺衣少食，居住条件恶化，一般来说"大灾之后有大疫"，灾荒更与各种疾病、疫病

---

① 文芳主编《天祸》，第 60 页。千斗，指当地老百姓使用的斗，每斗为 50 斤。

② 李德民、周世春：《论陕西近代旱荒的影响及成因》，《西北大学学报》（哲学社会科学版）1994 年第 3 期。

③ 《西北灾区调查报告》，《申报》1930 年 2 月 1 日。小麦每斗相当于 230 斤。

④ 万叶：《陕灾之剖析》，《四十年代》第 1 卷第 4 期，1933 年 7 月，第 2 页。

⑤ 《西北灾民死亡调查》，《申报》1929 年 8 月 17 日。

⑥ 〔美〕诺易斯·惠勒·斯诺编《斯诺眼中的中国》，王恩光等译，中国学术出版社，1988，第 37 页。

的流行密切相关。1932 年陕西疫病流行即与 1928～1931 年旱灾等各灾盛行关系密切。1933 年报载西安城内乞讨的儿童，"省内灾民，以妇孺占十分之八，均系西路各县逃来，家中既已房地俱无，父母转死沟壑，方离乳具之孺子，流落市井街头，每人手持小钱筒一个，沿门乞讨，每日平均讨不到铜元十枚，饿则葱须蒜梗充肠，渴则以凉水牛饮，欲得一碗面汤，颇不易易，夜则卧于街头，昼日夕露，沦肤灼骨，能逃出此伏天者恐不多见也"。[1] 可见，灾荒时期，儿童一方面不能得到食物、获得有效的营养，另一方面缺乏父母、长辈的呵护，是弱势群体中的弱势群体。

由此可见，民国时期西北地区频繁发生的自然灾害，使人民的生活水平急剧下降，成为陕西人口数量和身体素质下降的重要原因。

二 大量妇女、儿童被贩卖导致灾后人口素质下降

在自然灾害中，灾区一些人家为了维持生存，不得不出售人口。贩卖人口在社会学中也被称为特殊型的被动性和犯罪性移民方式。[2] 受重男轻女思想的影响，被出售的人口绝大部分是妇女或女童。灾期男女出售价格不同，女孩比男孩价格高（见表 3-11）。

表 3-11 陕西武功 211 户人家灾期被出售人口价格比较

单位：人,%

价格	男子		女子		合计	
	人数	百分比	人数	百分比	人数	百分比
5 元以下	1	8.3	8	13.8	9	12.9
5～9 元	3	25.0	10	17.2	13	18.6
10～14 元	2	16.7	10	17.2	12	17.1
15～19 元			9	15.5	9	12.9
20～24 元			8	13.8	8	11.4
25～29 元			1	1.7	1	1.4
30 元及以上			3	5.2	3	4.3
不详	6	50	9	15.5	15	21.4
总计					70	100

资料来源：蒋杰《关中农村人口问题》，第 209 页。

---

[1] 《陕西被灾儿童之惨状》，《兴华》第 30 卷第 22 期，1933 年，第 42～43 页。
[2] 何志宁：《自然灾害社会学：理论与视角》，第 198 页。

从表 3 - 11 可以看出，被贩卖妇女价格在 10 元及以上的人数，占被贩卖总人数的 68.9%，而男子被贩卖价格基本都在 10 元以下。

由于受价格和重男轻女观念的影响，灾期被贩卖女孩数量比男孩多得多。据蒋杰在关中农村的调查，武功 211 家贩卖女子 58 人，而男子仅有 12 人被贩卖，远远低于女子被贩卖数量。据不完全统计，1928～1931 年大灾时期，陕西被贩卖妇女超过 40 万人。① 灾期弃婴中，女孩比例也比男孩高。西北农民注重"安土重迁"，家乡观念极重，男子外出逃荒者往往在灾后重返家乡，而妇女一旦被贩卖大多无返乡的机会。

灾荒时期，孩子和妇女往往成为最大的受害者。如前面所述，由于民国时期频发的灾荒，陕西的许多妇女、儿童被公开贩卖，还出现了专门从中牟利的人贩子。甚至有教授也贩卖人口。报道称，西安国立中山大学"教务长陈兆其人，竟贩卖人口，从中渔利。前次因买得武功县灾妇张氏，奸宿月余，复图转卖，事泄被捕"。② 政府放任人口贩卖，缺乏监管，助长了贩卖人口之风。③ 陕西省政府虽通令各县禁止贩卖人口出省、严查人贩，但各县政府没有执行，甚至还从中抽取人头税。于右任曾谴责地方政府在人口贩卖中的不作为："两年内由陕卖出之儿女，在风陵渡山西方面，可稽者四十余万，除陕政府收税外，山西每人五元，收税近二百万。此无异陕政府卖之晋政府买之，又无异冯焕章卖之阎百川买之。"虽然 1933 年国民党中央责令陕西严查人口贩卖问题，但是收效甚微。④

据 1931 年陕西省赈务会对陕西 37 个县所做的调查，1928～1930 年被贩卖 30 多万人，死亡 90 多万人，逃亡 70 多万人。⑤，表 3 - 12 是陕西省赈务机关统计的在灾荒中各县被诱卖妇女人数。

---

① 冯和法：《中国农村经济资料》，第 722 页。
② 《陕省教育之现状，枵腹挣扎，弦歌等一户辍响，大学腐败教授贩卖人口》，《大公报》1930 年 8 月 18 日。
③ 蒋杰：《关中农村人口问题》，第 197、198 页。
④ 《查禁入秦贩卖人口一案业经行政院令饬陕省政府办理矣》，《中央党务月刊》第 54 期，1933 年，第 395 页。
⑤ 石笋：《陕西灾后的土地问题和农村新恐慌的展开》，《新创造》第 2 卷第 1、2 期合刊，1932 年。

表 3－12 灾期妇女被诱卖情况统计

单位：人

县名	被诱卖妇女数		被诱卖妇女总数
	妇	女	
长安	3060	1973	5033
咸阳	1025	1324	2349
兴平	3315	2684	5999
武功	166664	14146	180810
扶风	2115	1053	3168
岐山	98	36	134
凤翔	899	1052	1951
醴泉	4802	7223	12025
乾县	5300	7800	13100
邠县	232	256	488
鄠县	324	201	525
盩厔	5765	9965	15730
郿县	1939	1184	3123
宝鸡	1253	854	2107
陇县	3773	1988	5761
汧阳	237	208	445
永寿	265	379	644
长武	356	489	845
泾阳	8000	5000	13000
三原	5000	3000	8000
富平	2500	3012	5512
白水	100	400	500
华阴	428	370	798
华县	739	1152	1891
潼关	149	185	334
临潼	731	1171	1902
高陵	232	528	760
商县	3388	1555	4943
枸邑	780	297	1077

县名	诱卖妇女数		被诱卖妇女总数
	妇	女	
同官	462	615	1077
耀县	250	625	875
洛南	167	186	353
淳化	632	864	1496
澄城	1568	674	2242
郃阳	2745	1585	4330
韩城	1318	941	2259
总计	230611	74975	305586

注：蓝田县由于缺乏相关数据，在表中未列出。

资料来源：朱世珩《从中国人口说到陕西灾后人口》，《新陕西月刊》第 1 卷第 2 期，1931年，第 46~48 页。

从表 3-12 可以看出，统计的 37 个县中，被贩卖妇女达到 30 多万人，武功、盩厔、乾县、泾阳等县被贩卖妇女都在 1 万人以上。

民国时期，政府无力遏制人口贩卖，在很大程度上是因为政府也无力解决灾区妇女的吃饭问题。潼关是通往河南、山西的通道，河南、山西的人贩子把妇女、孩子一汽车一汽车地经过潼关运往外省，陕西省政府命令在潼设卡扣留。只挡了两天，就挡住了 300 多名女子。但因吃饭问题无法解决，经请示省政府，这些女子只好又交人贩子领去。陕西省规定一个男人只准带一个女人，而且要有婚约证明才能带走。但是"道高一尺，魔高一丈"，人贩子变换手法。一个男子雇几个男子，手里都拿着假婚约，其实还是照样贩卖。[1]

灾区妇女大量被贩卖产生深远的消极影响。成千上万可怜的少妇、少女沦为豪门富家的奴婢或"花房柳室"的娼妓，过着难以言状的苦痛日子。妇女本承担着繁衍下一代的任务，妇女的素质在一定程度上决定下一代的素质。身心素质好的妇女被大量卖掉，势必影响后来的人口素质。

这些妇女被贩卖出省，固然是迫不得已，但她们暂时获得了生存的机

---

[1] 文芳编《黑色记忆之天灾人祸》，第 300 页。

会，从短期来看对于被卖群体的存活以及其他家庭成员的度灾有一定的积极意义。被卖人口大多会被转运出重灾区，这也就意味着她们能获得一定的活命机会，而她们的家人面临妻离子散的人间惨剧。1928～1931 年灾荒期间，"妇孺之被卖出境者，尤多如过江之鲫，多已父子不相见，兄弟妻子离散"。① 她们返乡的机会远低于普通逃亡灾民，这必然会对陕西人口产生长远影响，致陕西地区人口质量下降。妇女在一个家庭中承担着繁衍后代、教育子女的重要职责，是维系家庭稳定的重要因素。"被卖的人口多为灾区中容貌甚美，体格甚健，智力较高的女子，而此类女子被辗转卖至都市或其他非灾区域，其结果是被作奴婢、小妾、童养媳，或竟沦落为妓；这就等于无形中失去一批农村贤妻良母或优秀份子，也就是失去一批品质优良的农村人口。"② 由于被卖的人口大多是相貌较好的女性，从遗传基因层面来说对于本地区人口质量势必有一定影响。"灾荒常引起人口贩卖之行为，此于人口品质之影响实至恶劣，盖被卖之人多为体智较优之女子，而此类女子卖后均沦为婢妾娼妓等，此即社会上无形中失去一批优秀份子也。"③ 在这些准备被出售的妇女中，最聪明的、最好看的女人容易被买走。"她们是一村之中比较最好看的、最聪明的，也是最惹人喜欢的女子；换言之，她们是身心两方面发育得比较最健全的女子。""一则我们可以当场看见，再则卖买女子的市面很大，真正丑的蠢的女子便无人顾问。""但是如今做母亲的最好的原料，身心两方面比较最健全的原料，已经价卖一个干净，再也收不回来。"④ 妇女在灾害中，没有支配自己命运的权利，被当作商品出售甚至白白送人，有人嫌他老婆面部不好，不十分称心，就把她在外省卖了，每人可得洋百元左右，再来灾地以 10 元或者 8 元购得漂亮的青少女，一举获利。陕西大部分的女人，卖到山西做人家的妻子或者小妾，最不幸的要算直接卖到直隶做娼妓去了。⑤

灾期被贩卖的妇女大多是育龄期和适婚女性，意味着大量母亲和妻子

① 《西北灾情视察团田杰生君之电报》，《陕西赈务汇刊》第 1 期第 1 册，1930 年，第 16 页。
② 吴文晖：《灾荒下中国农村人口与经济之动态》，《中山文化教育馆季刊》第 4 卷第 1 期，1937 年，第 50 页。
③ 吴文晖：《灾荒与中国人口问题》，《中国实业》第 1 卷第 10 期，1935 年，第 1875 页。
④ 潘乃穆、潘乃和编《潘光旦文集》第 3 卷，北京大学出版社，1995，第 165～166 页。
⑤ 秦含章：《中国西北灾荒问题》，《国立劳动大学月刊》第 1 卷第 4 期，1930 年，第 29 页。

流失。仅就长安等 37 个县的统计结果来看，被卖妇女人数就达到 30 万人左右，其中大部分被卖出陕西，也就意味着陕西有数万母亲流失，民国社会学者对于人口贩卖与人口质量的关系有这样的论述："人口贩卖，以人口学之观点视之，为人口移动之一种方式，即将一部分人口由甲地零星转卖到乙地；此卖出之地常为灾荒频仍人民贫困之区，买人之地则常为比较繁荣或需要人口之区；亦有辗转贩卖者。人口贩卖固为人口移动之一方式，而其与人口数量问题及人口质量问题，实有密切之关系。按被卖人口多为妇女，因此卖区之性比例常发生极不平均现象。"[①]

　　贩卖妇女还会引起男女性别比例失调。据蒋杰的研究，民国时期，男女性别比为 105：100 才能保持社会的良性发展。[②] 一个社会要良性发展，男女必须保持一定的比例，妇女大量被贩卖导致男性人口失婚比例上升，进一步影响到人口的可持续发展。

　　民国时期，男女青年结婚年龄主要集中在 15～19 岁，而 15～19 岁年龄段男女比例失调的现象在陕西非常严重。[③] 据蒋杰的调查，1928～1931 年西北大灾后，关中地区 15～44 岁的男子未婚人数占这个年龄段男子总数的 32.5%，女子未婚者仅占 5.7%，远远低于男子未婚比例，这一现象说明灾区男子失婚现象很严重。关中地区作为重灾区，本已存在的男女性别比例不平衡问题更加严重，例如武功在 1931 年后男女性别比高达 129：100。[④] 平均性别比例为 165：100，有些地区男女性别比甚至高达 225：100。男女性别比例过大意味着较多男子在适婚年龄无法找到结婚对象，面临失婚的困境，导致早婚、买卖婚姻等盛行。"由于当地性别比例的失常，社会上仍奉行买卖婚姻制度，每视女子为奇货可居，男子非有重礼不易聘娶，因此往往演成失婚的悲剧。"[⑤] 男子失婚必然会引起男子结婚年龄的推后和女子婚龄提前，买卖婚姻等社会病态问题的继续发展，直接影响人口的素质。据黎锦熙在洛川的调查，洛川民众结婚年龄普遍较低（见表 3－13）。

---

① 吴文晖：《灾荒与中国人口问题》，《中国实业》第 1 卷第 10 期，1935 年，第 1873 页。
② 蒋杰：《关中农村人口问题》，第 80 页。
③ 蒋杰：《关中农村人口问题》，第 86 页。
④ 蒋杰：《关中农村人口问题》，第 83 页。
⑤ 蒋杰：《灾荒与人口》，《农业新报》第 16 卷第 1、2 期合刊，1939 年，第 25 页。

表 3 - 13　洛川县人口结婚年龄统计

单位:%

年龄	男子百分比	女子百分比	年龄	男子百分比	女子百分比
12 岁	2	9	22 岁	7	4
13 岁	4	11	23 岁	4	
14 岁	17	10	24 岁	2	1
15 岁	4	15	25 岁	3	
16 岁	3	18	26 岁	2	
17 岁	12	13	27 岁	3	
18 岁	8	10	28 岁	4	
19 岁	2	5	29 岁	3	
20 岁	9	3	31 岁	1	
21 岁	8	1	32 岁	1	

资料来源:赵石麟、孙忠年、辛智科编《黎锦熙卫生志著述》,天则出版社,1989,第33页。

从表 3 - 13 可以看出,在 17 岁以下结婚的,男性比例为 30% ,女性为 63% ;可以看出女子结婚年龄普遍偏小。但是在 20 岁及以后结婚,男性占到 47% ,女性则只有 9% ,因为 90% 以上的女子在 20 岁之前结婚,故而 20 岁及之后许多男子处于失婚状态。洛川县男女婚姻状况一个明显的特点是女子结婚低龄化,男子在适婚年龄却无法成婚,在 20 岁及以后结婚比例偏大,意味着人口比例呈现畸形发展,使得早婚、失婚人口大量存在。

三　严重的灾害对民众心理的消极影响

自然灾害在吞噬人的生命、致残人的身体的同时,也对灾民的精神进行摧残,影响民众的道德伦理水平,扭曲人的心灵,久而久之,形成一种特殊的群体灾民心理意识。

心理学家认为,在突发性自然灾害的刺激下,人的个体心理和行为会发生一些变化,如焦虑、恐惧、否定自己和不作为、负罪感、盲从等。民国时期人口学家吴文晖著有《灾荒与中国人口问题》一文,对灾荒对人的心理素质的影响进行了论证。他在文中认为灾荒导致灾民产生自私、悲观、听天由命等消极心理。"灾荒与民族心理亦极有关系。大概灾荒愈频仍或愈严重,人民为求自己生存起见,不惜损人益己,养成自私自利之心理。亨廷顿氏以为中国人自私自利心特别浓厚，与灾荒极有关系。氏谓："凡自私自利心愈重者，生存机会愈大，多经一次荒年，人口上，自私自利心理，即深刻一分。'灾荒不特激进自私自利心理，且可养成对自然恐怖之心理。中国人多抱'听天由命'之心理而少'人定胜天'之观念，似与灾荒不无关系也。"① 他在另一篇文章中说："灾荒可以使灾区的农村人口心理变为恶劣。大概灾荒愈频繁或愈严重，人民求自己生存之心愈为急切，常常不惜损人益己，养成强固的自私自利心理。亨廷顿（E. Huntington）以为凡灾时自私自利心愈重者，生存的机会便愈大，所以多经一次灾荒，人民的自私自利心理便深刻一分。他又以为中国人自私自利心之所以特别浓厚，实与灾荒极有关系。"② 吴文晖初步阐述了灾害对民族心理的不良影响。但是，民族心理的变化是一个漫长的过程，是社会变化的综合结果，灾害并不是出现消极民族心理的唯一原因。

长期的灾害会形成一种"灾民意识"。关于灾民意识，学界有各种定义。有学者认为，"所谓灾民意识，是震后产生的一种消极社会心理现象，是一种消极被动的思想意识，主要表现为丧失信心和'等、靠、要'等消极依赖思想"。③ 还有学者认为，灾害导致物质条件的急剧恶化和精神世界的严重受损，在人们的心理和精神上形成了所谓的灾民意识。灾民意识是大灾后灾区人民精神世界遭到破坏的集中表现，是灾后常常出现的一种消极的社会心理。灾民意识有种种表现，概括起来有以下几个方面：其一，丧失生活信心和勇气；其二，消极等待救援；其三，行为规范遭到破坏；其四，人的价值观出现逆向变化。④ 灾民意识是一个较现代化的词，早期的灾民意识研究都是针对大地震对人的影响进行探讨的，是因为现代社会一般的水、旱灾害对人的影响相当小，而大地震或者大地震引起的海啸则对人的思想和行为产生长远影响。一般来讲，有的灾民意识随灾害产生而产生，也随灾害结束而终结，对一些经常发生灾害的地区而言，灾民意识会长时间存在于灾区民众心里，而且会影响他们的灾后行为，进而形成一

---

① 吴文晖：《灾荒与中国人口问题》，《中国实业》第 1 卷第 10 期，1935 年，第 1875 页。

② 吴文晖：《灾荒下中国农村人口与经济之动态》，《中山文化教育馆季刊》第 4 卷第 1 期，1937 年，第 50 页。

③ 张广利、仝利民：《家园重建需克服灾民意识，激发自立精神》，《华东理工大学学报》（社会科学版）2009 年第 1 期。

④ 王子平、陈非比、王绍玉：《灾民意识与精神救灾——关于地震的社会学思考（之二）》，《国际地震动态》1988 年第 4 期。

种长期的灾民群体意识。而对于本书所研究的民国时期陕西长时段、影响较大的灾荒来讲，灾民意识不仅包括大地震，也包括大灾荒后人们思想和行为上的反常消极状态。具体来讲，灾民意识主要有下列表现。

第一，灾民否认自我和不作为、消极的思想加重。否认是人们面临挫折、灾难、死亡等应激事件时最常用的一种心理防卫机制，是将可能发生或已经存在的事实从心理上加以否定，以减轻心理上的痛苦和焦虑感。当人开始对人生意义产生怀疑和否定时，就会漠视和破坏原有的道德和伦理准则，产生否定自身生命和他人生命的心理。民国时期大量人口在灾期自杀和他杀即是否定自己的表现。当饥荒越来越重，没有粮食，又得不到及时救助时，饥饿就成为压倒灾民的最后一根稻草，如武功"人民以求生不得，转而求死，故投河者有之，坠井者有之，吞烟悬梁者有之"。① 直到1933年该县灾情没能缓解，仍有"阖村服毒皆死者"。② 不作为就是受灾者认为自己遭了灾，处于无法生存的境地，要活下去只能靠外援的心理。在灾情产生初期，灾民自救心理、逃生心理比较强烈，随着灾害打击越来越重，超出他们的承受能力，他们的自救意识会越来越薄弱，意志消沉，情绪低落，产生一种单纯依赖外界帮助、听天由命的消极思想。《大公报》记者在陕西武功等地调查，碰到一些没有出逃的灾民。记者问："为什么不逃呢？"他们答："陕西人有安土重迁的怪脾气，总怕离开本乡本土，也想不到灾情越来越严重，也还希望政府有救济，哪知越等越厉害。后来也有人想逃，但是逃到哪里去呢？有什么力量外逃呢？要饭也无处可要啊！周围几百里，都是同样的灾，怎能跑出去？"③ 可以看出，农民在灾害发生时总是幻想外界（主要是政府）的救助。家庭在遇到灾难时是最为脆弱的组织结构，任何家庭成员生命的丧失意味着家庭结构的破坏，家庭功能遭到极大的削弱，甚至是对家庭的毁灭性打击。所以，当遭受巨大的灾害时，家庭成员如果陷于一种悲观消极的情绪之中，会影响一个家庭的整体氛围，不利于开展自救和重建。

与个人和家庭的等、靠等消极思想相对应的，是地方政府的不作为现象。各县遇到灾情时，有限的自救之外就是求救。各地政府第一时间不是想办法救灾，而是把希望寄托于中央政府救济上。笔者在查阅资料时发

---

① 《赈会代表之报告》，《大公报》1929年10月25日。
② 《武功之奇灾》，《大公报》1933年3月21日。
③ 文芳编《黑色记忆之天灾人祸》，第299页。

现，一有灾害，各地灾民代表的祈赈报告和地方政府的灾情报告便雪花般飞向中央政府，如 1928～1931 年大旱灾后，1932 年灾情稍有缓解，但是地方政府向中央要求赈济的文书依然很多。根据陕西省赈务会 1932 年的报告，各县向省政府和中央政府请赈计咸阳、临潼 13 次，乾县、宝鸡、朝邑、韩城 11 次，岐山 10 次，扶风、郃阳 9 次，鄠县、武功、蒲城、富平、大荔 8 次，渭南、高陵、平民、榆林、鄂县、永寿、宜君等县 7 次，三原、华县、蓝田、南郑、郿县、府谷、宜川、同官等县 6 次，醴泉、凤翔、白水、陇县、洛南、耀县、绥德、延长等县 5 次，岚皋、山阳、盩厔、兴平、平利、凤县、石泉、定边、安定等县 4 次，泾阳、澄城、邠县、商南、华阴、淳化、洋县、褒城、汉阴、镇坪、紫阳、洛川、甘泉、靖边、中部、清涧、吴堡 3 次。此外，长安、潼关、汧阳、宁羌、镇巴、白河、洵阳、镇安、略阳、宁陕、肤施、葭县、安塞 2 次，其他柞水、栒邑、安塞、城固、沔县、佛坪、神木、米脂、横山、保安、延川 1 次。① 各县财政无力解决庞大的灾民问题，只能请求省政府，正如前面谈到的，省级财政也是非常困难，陕西省当局在各县地方政府请求赈济后没有及时予以救济，即使救济也是杯水车薪，导致地方政府再三向中央政府请求，而中央政府财力、救济能力有限，使得灾区陷入万劫不复的悲惨境地。地方政府明知中央政府救灾能力非常有限而又如此频繁地向上级请求赈济，不能努力"自救"，既反映了灾荒之重，超出了所有政府当时的财政能力，也反映了地方政府在这样一种长期灾荒打击下，出现了消极的、一味依靠上面支持的"懒政"行为，这在某种程度上也是"灾民意识"的集体体现。

第二，灾害加重了灾民的负罪感和迷信心理。负罪感是一种自我良心谴责、自我怀疑或者否定的不正常心理。在传统社会由于人们无法有效了解自然灾害，逐渐形成一种宿命论，自然灾害频繁发生而且严重，远远超出了民众的抵抗能力，民众只有无助地承受自然灾害所带来的危害，加上受天命观的影响，会在心理上对自己和社会进行否定，认为遭受的大灾难是"上天"对人类的惩罚，把希望寄托在"上天"身上，对超自然力量"天"产生很深的敬畏心理，迷信心理普遍加重。如很多百姓把自然灾害视为人类造孽而遭受的惩罚。"民国十九年，遭了大干旱，山芋头籴不见，

① 《陕西省各县二十一年灾情简明表（民国二十一年十二月十三日）》，《陕赈特刊》1933 年第 2 期，"报告"，第 1～19 页。

榆树皮儿磨成面，吃到口里不好咽，想寻五谷不得见。大人死了一大半，还是人的作孽验。"① 这首歌谣反映出陕西民众把由"民国十八年年馑"所遭受的无衣无食、流亡、死亡等这些苦难认为是人"作孽"的一种报应，这里他们所认识的"报应"并不是人对大自然过度开发导致的大自然的报复，而是建立在一种因果业报的基础上，认为人做了坏事会遭到上天的惩罚。

迷信和宗教信仰是有本质区别的。迷信是在突发事件发生时人们丧失理智的一种表现，是人对自然界或者其他打击无力抵抗而形成的一种消极意识。而宗教的最早产生也有这样的历史渊源，即源于人类科技水平低下，认识水平不足。宗教具有很强的严肃性，宗教人士遵守清规戒律，老百姓一般认为他们比较"干净"，因此巫师、和尚、道士在进行他们的宗教活动的同时，也承当了很多例如祈雨、拜山、拜水（河神）的社会功能。古代一旦有自然灾害发生，民众就公开请喇嘛、巫师作法，这是很常见的事情。遇旱求雨是中国农业社会典型的生产祭祀活动。由于自然灾害发生过于频繁，而且死亡非常严重，请宗教人士进行相关的祈祷是一种很常见的现象。后来灾害并没有消弭，从而造成这种"祈雨"有增无减，官府甚至也加入这种活动中，使得祈雨成为一种官方活动，各地形成了特色各异的"祈雨"习俗。有学者调查了陕北安定的祈雨情形：

> "禁止屠宰猪，羊，鸡，牛"和"禁吃葱，韭，蒜，酒等腥荤"的警告，由官厅公然派人鸣锣传说的家喻户晓了！
> ……
> 祈雨工具 黑龙王哪，黄龙王哪，以及阎龙王哪，很多很多的——的神楼子；香，表，雄鸡，水晶瓶，和旗子，锣，卦木，柳条，许许多多的杂东西。
> 祈雨的布置 先于庙内设"祈雨坛"，家家户户忌腥，男觋女巫喃喃了三天，然后进行祈雨。祈雨的人，大大小小各赤着双脚儿，头顶着柳条编的圈圈做帽子，神楼子上，左，右，后，四面插遍柳枝，前面走的是抬神楼子的人，中间跟的是掌旗和敲锣的人，后面就是巫觋和膈肢窝夹雄鸡并持水晶瓶和捧香、表……盘的人，最后才是农，

---

① 宗鸣安注《陕西近代歌谣辑注》，陕西人民教育出版社，2007，第226页。

工，商，学，兵，五等人和一大群小孩子。

祈雨的动作 照上边那样布置好了，抬神楼子的就跳足拔步，东扭西歪……后边的掌旗的，敲罐的，巫，觋，以及持水晶瓶的，捧香，表，盘的，和祈雨的人，也都赤足跟在那儿。……如果神楼到了水边，旋转不已，便是神暗示赐雨的地方到了，于是搁下楼子，大家伙跟着巫，觋，环跪在神前做半圆周，捧盘的向前焚香，烧表，奠酒，叩头，祈雨的人也随着叩头，并读"祈雨祭文"，巫者手摇厶马厶马刀（铁做，有环），口中念念有词，一会儿，取卦木由厶马厶马刀上滚下，看仰面卦上讨得个什么字。——因为卦木是八棱，每棱上下端画八卦里边同样的一卦，中间写着："口愿不还""三日雨足""五谷丰登""远行大吉""四季平安""风调雨顺"……等等的八行迷信语。——假如讨得个"口愿不还"，就要疑虑到那村人许下口愿给神没还，赶快要究文出来还的；或者没有这人，几村便要宰羊献神，叫做"领牲"。于未宰之先，用酒浇在羊头，羊头一点，全身抖擞一阵子，便以为神领了这头牲了；如果羊头不点，身不擞的时候，许多人便跪在羊前做大环形，并道……领牲已毕，便是按户"分牲"——如果讨得个"三日雨足"，那就人人欢欣鼓舞得了不得啊！总之：无论讨得个啥卦，即刻叩头谢神，再由持黑黝黝的瓷水晶瓶的人，捉着系瓶的红绳，忽地抛落水中，水若浸占了瓶，个个笑吟吟道："拆起水了！"一人取块红布，紧绷瓶口，另一人砍掉鸡头，取红纸沾鸡血，封住持水晶瓶的口……大踏步的返回，供在社里设的"祈雨坛"上，个个叩头，以待甘霖之沛降；然而"拆不起水"，持瓶的便懒洋洋地抱着空水晶瓶抱回，仍旧供在"祈雨坛"上，斋戒沐浴三天后，重新祈雨。[1]

可以看出整个祈雨过程庄重、肃穆，又充满仪式感，不仅有神职人员参与，社会各界工、农、商、学、兵也均有参与，这就不能仅仅用迷信来概括了，虽然民国时期科学知识已经相当普及，但是官方往往支持，甚至主导祈雨仪式，这可以看作传统习俗裹挟下的默认和服从。

这种祈雨的习俗在全国各地都存在，只是各地的程序或者道具略有不同。1933年报载陕西东部地区的祈雨习俗，俗称"取水"，推举乡里有

---

[1] 赵鼎铭：《安定祈雨的情形》，《少年》第9卷第8期，1929年，第98~102页。

"望面富"的老年人为会长，主持祈雨。祈雨前三日，乡民忌杀生，忌食葱、蒜、韭菜等蔬菜，庙里设香案，敬泥像，插旗子，门口戒备森严。三日后，推举村里诚心吃苦耐劳的三人去"取水"，他们俗称"水老"，拂晓之前，沐浴更新衣，头戴柳条编制的帽子，足蹬草鞋，带干粮、香火等去取水。三人中一人背筐，筐内装红绳系口之瓶子，一人背干粮等食物，一人提一铜罐，一路走一路敲，夜间宿途经的庙宇，对庙中神灵焚香叩拜。到了目的地后，对山中各处庙宇燃香跪拜，敬神后，用瓶子盛溪中或池中的水，在盛水时，若瓶子入水后很快水满，他们便很高兴，因为"神很愿意给雨"；若瓶入水中久久才满，"云神不愿给水"，若遇到此种情况，三水老便不停地乞求。他们一边盛水一边许愿。盛水之后，用红纸封了瓶口，供于神前，次日背下山。在路上一面敲罐，一面念"阿弥陀佛，某某神受苦难，降下甘霖万民安"。水老走到离村子十里或者二十里的地方，便停在途经庙中，由一人回去报告会长，称为"报水"，然后还有隆重的"接水"仪式。接水后将水瓶口拆开，供奉水瓶七天，即为"雨坛"。七日之内水老不能回家，日夜跪在庙内烧香，每天早晚全村老小均来庙中叩拜，请求神灵降雨。还要经过降香、游水、求雨、夸神、谢奖、送神、上山敬神等虔诚而烦琐的仪式。[①]

从上面两个案例可以看出，因为陕北、关中风土人情、习俗差别较大，祈雨仪式两地差别也是相当大。但是有一点是相同的，即都是非常隆重的仪式，庄严、肃穆，体现了民间对上天的敬畏。

1928~1931年大旱灾期间，是陕西各地祈雨最频繁的时期。"陕西各县，设坛求雨，锣声不绝。"[②] 甚至民国四大高僧之一太虚法师也专程来陕西，为灾民祈雨。"陕西连年荒旱，今夏收成不好，现天久不雨，蝗虫又起，秋收亦绝望。太虚法师……特乘平浦车赴平，转道西安，诵经祈雨。"[③] 政府官员甚至成为祈雨的主体，在某种程度上，他们把祈雨视为救灾的一种方式，或者说安慰老百姓的一种方式。1929年春天，潼关县城饥民充溢，怨声载道。县长邓德模为安定人心，带领地方士绅组织百姓学生

① 刘伯益：《西北风俗——陕东一带乡农的祈雨风俗》，《西北评论》第2卷第5期，1935年，第371~374页。
② 许涤新：《灾荒打击下的中国农民》，陈翰笙、薛暮桥、冯和法合编《解放前的中国农村》第1辑，中国展望出版社，1985，第469页。
③ 《太虚法师赴陕祈雨》，《威言》第31期，1931年，第1页。

到泰山庙祈雨。潼关大街贴满了黄纸，街上的标语写着"油然作云""沛然下雨""甘霖沛降""普济万民"等。参加祈雨的百姓和学生人人头戴柳条帽，邓县长率众绅士在前，选印台村属龙的李善人光脚赤臂，头顶水罐随后，锣鼓喧天，一行人浩浩荡荡出县城北门到泰山庙的无量祖师洞敬神烧香，然后由李善人用罐子在神前的灵泉汲水一罐，仍用头顶着，送至关帝庙设坛祝祷，又选二人陪伴李善人昼夜跪拜坛前，祈神降雨。①

灾情严重时，军队甚至也加入了祈雨的队伍。1929 年夏天，左协中旅长率部驻同官（今铜川）。因久旱不雨，"该部驻军列队，三个神汉抬三个大木炭火盆，火盆中烧着犁地铁铧，神汉围着火盆边走边跳，祈雨队伍出城南门，一直走到三里洞的药王洞，烧香燃表，敬神后，从药王洞内取水一罐，迎至南坛，设坛祭祀等雨。20 天后无雨水才散去"。② 1937 年，宁羌干旱无雨，县政府束手无策，秘书金化鹏代行县长职务，带领民众及公务人员数百人，前往南山石羊栈龙洞潭祈雨，以慰民心。③

陕北至今还流传着民国时期的祈雨歌谣：

> 一炷香，一礼拜，弟子们诚心上香来。
> 请下龙王早铺云，早下大雨救灾民。

> 一朵莲花一朵云，我愿菩萨早铺云。
> 云彩铺在半空中，稀不溜溜南风往上涌。
> 行看看，黑洞洞，高空闪电雨儿淋。
> 龙王老爷下大雨，早下大雨救万民！④

民国时期耀县的求雨歌谣唱道："民国成立天大旱，潼关有个黑树原，天干火烧秋不安。大家商议上青山，三十两银子腰中揣，外带二串小盘川，走耀州，过三原，泾阳县里住两天。羊肉包子哨子面，烧酒壶壶手中攥，泾渭河里把水蘸，琵琶叶子买几串，进岔口，实好看，绿红旗，摆两

---

① 雷炎堃、李景民口述《民国十八年年馑之所见》，《铜川文史资料》第 4 辑，第 81 页。
② 雷炎堃、李景民口述《民国十八年年馑之所见》，《铜川文史资料》第 4 辑，第 84 页。
③ 宁羌县志编纂委员会编《宁羌县志》，陕西师范大学出版社，1995，第 110 页。
④ 延安地区文化文物局编印《中国民间歌谣集成（陕西卷延安地区分册）》，1987，第 138、139 页。

边，铜鼓架事喧破天。搭神棚，接雨架，人人都盼天爷下，乡约击锣验水，水身子在庙里日鬼（捣乱）呀。"[1]

"传统社会的环境适应方式和地方性知识在面对灾难时具有很强的恢复和适应能力。"[2] 对于长期的灾害形成的民众遇旱求雨、遇水祭河（神）等特定的活动，既不能单纯看作一种迷信活动，也不能简单看作一种宗教信仰。这些互动具备迷信形成的"土壤"，主要是天命主义宿命论主导下的人的自我否定，民众悲观失望，期望借助天命或者其他获得援助，在活动过程中又有很强的宗教仪式感，肃穆、虔诚等，应该说是一种特殊环境下形成的迷信和宗教结合的特殊文化。

第三，长期的灾害使灾区民众形成一些特殊的性格或体格，社会学家潘光旦称之为"牛皮糖"式体格，即富有顺应力和忍耐力，缺乏进取创新精神。"中国人的体格显然是千百年来饥馑荐臻人口过剩所淘汰成的一种特殊体格。说他坏，坏在没有多量的火气，以致不能冲锋陷阵，多做些冒险进取开拓的事业。说他好，好在富有一种特别的顺应力或位育力，干些、湿些、冷些、暖些、饱些，似乎都不在乎；有许多别的民族认为很凶险的病菌，他也能从容抵抗。"[3] 民众在与各种自然灾害斗争中生存，长此以往，在灾区多发地民众形成了忍耐、适应各种恶劣环境的从容心理，但是也失去了抗争的锐气。"灾荒的淘汰的影响，……不但教我们的自利心突飞猛进的发展了，并且降低了乡村人口的智力，养成了一种牢不可破的逆来顺受的体力和心态。自私心的增益即等于同情心的减少；见人急事，不但不加援手，反要引为笑乐；这种变态的性格未始不出荒年之赐。政治腐败，社会混乱，生机凋敝，而可以漠然无动于中；这种西洋人所不能了解的逆来顺受的本领，也未始不出荒年之赐。对于荒年已能充量'位育'的民族，试问还有什么吃消不下的横逆？所以要改革民族在这方面的品行，非先改革荒年与荒年的成因不可。"[4]

第四，伦理道德意识的削弱。人口质量之中有一个很重要的因素就是人的品行。人的品行包括对己对人对事的行为。通常社会上有各种公认的

---

① 宗鸣安注《陕西近代歌谣辑注》，第 224 页。
② 庄孔韶、张庆宁：《人类学灾难研究的面向与本土实践思考》，《西南民族大学学报》（人文社科版）2009 年第 5 期。
③ 潘乃穆、潘乃和编《潘光旦文集》第 3 卷，第 208～209 页。
④ 潘乃穆、潘乃和编《潘光旦文集》第 3 卷，第 213～214 页。

行为规范或者规则，为个人行为的标准，大体包括遵守风俗（习俗）、遵守道德、遵守法律。[①] 马斯洛需求理论把人类在正常生活条件下形成的某种既定的需要从最低的生存需求到高层次的精神需求分为五个层次，中国古人也讲"仓廪实而知礼节"。一旦外界环境发生较大变化，人的需求层次也会调整。在灾时条件下，一方面人类的生存条件遭到破坏，基本物质需求被提升到前所未有的高度，灾民会在生存需求的低层次上选择自己的行为归属和目标，从而出现行为偏差；另一方面，由于社会环境和个人自身条件的急剧变化，人们某些在平常状态下潜伏的或被压抑的需求会被激发出来，表现为灾时种种的越轨动机和异常行为。重大自然灾害或者连续的自然灾害发生后，人们的生存环境发生变化。食物减少时，人们的需求层次下降。当粮食匮乏而无法维持生存时，最初级的生存需求层次会成为人的第一需求层次，其他需求则降低到次要和从属的地位，并以此为基础重新调整人与人之间的社会交往。长时间严重的灾害会使人们在正常情况下形成的内容不同的需求被最基础、最迫切的共同需求——生存需求所代替，生存成为大家共同的第一需要。

在几千年的历史长河中，社会上已经形成了一些一般人所奉行的基本社会规则，如中国人形成了孝道、礼让等伦理道德，对人性进行约束与制约，但是在灾期，这些伦理道德往往会逐渐被销蚀甚至荡然无存。究其原因，是饥饿使社会准则、道德与法律被抛之脑后。约翰·卡斯特罗认为，正是饥饿削弱了人类对其他事务的兴趣，人们为了食物不择手段，甚至把人类形成的良好品质都抛开不顾。亨廷顿在《水旱饥馑与中国特性》一文中认为，灾荒使部分人形成了吝啬、强悍、自私自利的心理，为了求食，往往有极暴戾的行为发生。[②]

灾期犯罪也是一个值得关注的问题。盗窃、抢劫、哄抢、贩卖人口、掘墓、人相食等都是灾期最常见的犯罪行为。灾期犯罪，社会学称之为自然灾害引发的越轨行为，指在灾区社会出现的与自然灾害直接有关的个体或者群体背离社会生活正常轨道，超出社会行为规范或直接触犯国家刑律的侵犯他人和社会的行为。灾期引发越轨和犯罪行为的主要因素包括生存

①　孙本文：《中国人口品质问题之研究（下）》，《东方杂志》第 38 卷第 3 期，1941 年 2 月 1 日，第 7 页。
②　成汀泓：《灾荒与中国农村人口》，《大学生言论》第 4 期，1934 年，第 47~48 页。

需求危机、社会失控、心理失调、认知错误等。① 民国时期，灾期陕西多次发生人相残，父子、兄弟骨肉相食的惨剧。1922 年、1923 年多有人相食的记载。1928 年前后，关于陕西"食人"的报告更是非常多。据《大公报》登载，陇县一户姓柳的人家，父将 12 岁的女儿吃了。② "今年灾重区域，饥民多以死人之臀足充腹，司空见惯，不以为怪。最近于终南山麓发生一灾民吃人案……（一张姓贩卖眼镜者）前往鄠县贩卖，至终南山麓被饥民截杀，分食其肉，惨酷已然极。"③ 郃阳一家七口，两个孩子被卖了，父亲因为和三个儿子争夺食物被活活掐死了。④ 据报载，"陕省自十七年即遭旱灾，迄今六年，无年无灾，无灾不重，全省被灾者二十余县，以武功、扶风、郿县、醴泉、岐山、盩厔、兴平、乾县八处受灾为重，而八县之中，以武功扶风二县为尤惨，山尽童山野均不毛，灾民多卖妻鬻女，易子而食……"⑤ "岐山灾民易子而食。"⑥ 1935 年、1936 年冬春之交，镇巴遭受饥荒，"入春尤甚，饿死大半，地方正呼吁赈灾。饿殍争食死尸，全县树皮剥食殆尽"。⑦

于右任灾期回陕，目睹陕西老家食人惨状，写下这样的诗句："迟我遗黎有几何？天饕人虐两难过。河声岳色都非昔，老入关门涕泪多。"⑧ 陕西在西部地区文化程度一直较高，但是在灾荒的摧残下，民众自私自利、只求自己一饱的心理显露出来，并且在灾荒一次一次的打击下，这种性格被塑化并且进一步巩固，长时间下去就形成了带有某种共同特质的性格。

综上所述，自然灾害是近代陕西人口非正常死亡和流动的主要原因，也是造成陕西人口长时间低水平增长的主要因素。长期的灾荒、食物的缺乏，导致育龄妇女、适婚女子被大量贩卖，对人口的再生产形成了制约。在极度饥饿状态下的人相食、"易子而食"撕下了人情、亲情中最后的面纱，对人口素质的制约作用明显。尽管从长期发展来看，自然灾害不能阻

① 何志宁：《自然灾害社会学：理论与视角》，第 209 页。
② 《陕灾情愈重，饿殍载道伏尸累累，春粮失时生路断绝，陇县麦价每斗已涨至十元》，《大公报》1929 年 5 月 6 日。
③ 《灾况预计移民——豫陕最近灾况》，《兴华》第 27 卷第 13 期，1930 年，第 42～43 页。
④ 钱钢、耿庆国主编《二十世纪中国重灾百录》，上海人民出版社，1999，第 188 页。
⑤ 《惨不忍闻之陕灾》，《申报》1933 年 6 月 19 日。
⑥ 《饥民抢粮风潮——扶风渭南业经发生，岐山灾民易之而食》，《大公报》1933 年 3 月 16 日。
⑦ 《陕灾惨重，镇巴饿殍争食死尸》，《绥远农村周刊》第 94 期，1936 年。
⑧ 庞：《长安冰雹大似核桃，岐山县人兽相食》，《益世报》1930 年 5 月 1 日。

止陕西人口的总体发展,陕西人口在近代以来基本呈现增长趋势,但是在一些大灾害时期,人口减少还是非常严重的。如 1920 年北五省旱灾,1928～1931 年西北大旱灾,1933 年陕甘瘟疫流行,陕西人口暂时性呈现下降趋势。因此,民国时期,自然灾害是制约陕西人口再生产的重要因素。

从灾民意识或者灾民心理角度来讲,灾害对人造成的影响主要是负面的。如消极悲观、自私自利而无暇他顾、道德沦丧而挑战人类道德底线,如卖子鬻女甚至食人等。从某种程度上讲,灾荒是对人的体格、人性的一种考验。长期的灾荒造成了所谓的"灾民意识"。但是,灾荒也对人的意识、习惯有一些积极的塑造,例如节俭、爱惜粮食等习惯的形成。经历过"民国十八年年馑"的人回忆,"关中人经历了十八年年馑,从此对粮食看得更珍贵了"。①

---

① 赵西文:《民国十八年年馑》,《渭城文史资料》第 2 辑,第 114 页。

第四章 灾荒与农村经济变动、基层社会

自然灾害作为人与自然失衡的产物，对人类社会影响深远。在传统农耕社会，风调雨顺是农民对天气最大的企盼，也饱含着对自然灾害的深深恐惧。严重的自然灾害不仅造成人口死亡、逃亡，导致劳动力短缺，还直接导致粮食减产甚至绝收，导致农村生产关系、基层社会发生一系列变化。而随着灾情的缓解，劳动力增加。农村生产力有着强大的修复能力，加之不同灾害对农业生产的影响也有所不同、现代生产技术的应用等，很难长时段考察自然灾害对农业生产的影响。故本章以 1928～1931 年大旱灾为例，从农业歉收、土地抛荒、地权转移和基层社会权力失控等方面，全面考察这次灾害给陕西农村经济与社会带来的变化。

第一节 农业歉收与减产

陕西大部位于黄土高原和关中平原，属于大陆性气候，干旱少雨，发生旱灾的频率很高，在以旱农为主的地区，每遇旱灾，或无法下种，或禾苗枯死，或种子不能发芽，导致农业减产或绝收。

各地有"三十年一大旱，十年一小旱""十年有大旱五年""五年大旱三年小旱"等不同说法，更有五十年或一百年一遇特大旱灾的说法。

饥荒的核心问题是粮食缺乏。陕西农民靠天吃饭，长期的干旱必然导致农业减产或者农耕失时。1927～1929 年连续无雨期（降水量≤5 毫米）长达 260 天，1928 年的降水量仅为正常年份的 15%～20%。1928 年，自春徂秋，"滴雨未沾，井泉涸竭，泾、渭、汉、褒诸水，平时皆可通舟楫，夏间断流，车马可由河道通行。三道夏秋收成不到二成……冬亢旱，麦未种，或种未出"。[①]陕北连续三年歉收，"东部客岁（1928 年）农收占二成

---

① 翟佑安主编《中国气象灾害大典·陕西卷》，第 26 页。

至二成五，西部仅占一成至一成五"。① 据统计，1928年全省受灾85县，灾民855.4万人；1929年受灾63县，灾民530.2万人；1930年受灾76县，灾民558.5万人。受灾各县农业基本绝收。咸阳"1928年秋收两季无雨，旱地全无收成。秋后断断续续下了一点小雨，勉强播下麦种。但冬季无雪，1929年春夏又滴雨未降，麦苗稀疏低矮，收获时无法下镰，只能用手拔，最高亩产不过数升（每升大约3市斤），连麦种也未收回"。② 据西北灾情视察团1929年10月的调查，西安城郊各乡村"田黍枯萎，焦如火焚，高低尺余，收获不足一成，棉花亦然。居民十室十空，板房售卖者十之四五，树皮果实，早经采罄，现食糠秕土粉，灾民遍野，日有饿毙。因无麦籽，田未耕种者十有八九"；咸阳"全县秋收，不足一成，棉花尤少……麦种每斗廿四斤，价值六元，尚无买处"；武功"农田尽成荒土，学校全停，冬麦未种，死者载道，掩埋无人，夫买其妻，父买其子以求生，食馒首每元三斤，灾童满城，为状尤惨"；扶风"秋收尚不足二成……春麦全未播种"；泾阳"秋收仅二成"；三原"春麦未种者十之九，秋禾棉花收约二成"；富平"秋收有三成，全县麦田无力下种者二千顷"。③

据统计，1929年陕西小麦收成为平常年份收成的55.1%，大麦为平常年份收成的44.5%，玉米为平常年份收成的48.2%。④ 1930年灾荒严重程度超出了上年，陕西92个县"无处非灾区，除沿河各县，略见青苗外，余均满目荒凉，尽是不毛之地"。陕南自1927年以来，"无岁不灾，而去年（1930年）自春去徂秋，滴雨全无，草木尽枯，五谷悉未登场，川泽为竭，饮料难觅"。有调查者称，陕南"亢旱三年，颗粒无收，灾情之重，父老相传，为空前所未闻"。⑤ 陕西的旱灾到1931年并未缓解，当年关中地区农业"夏秋未收，故省垣以西渭河以北如咸（阳）、醴（泉）、乾（县）、陇（县）、兴（平）、武（功）、扶（风）、岐（山）、宝（鸡）、郿（县）、邠（县）、凤（翔）、高（陵）、耀（县）、泾（阳）、（三）原、盩

① 高厚儒：《陕北赈务总干事十八年度报告》，华洋义赈救灾总会：《民国十八年度赈务报告书》，1930，第43页。

② 区政协文史征集组：《民国十八年年馑与关中蝗灾》，灞桥区政协文史委员会编印《灞桥文史资料》第5辑，1990，第171页。

③ 梁敬錞：《江南民食与西北灾荒》，《时事月报》第1卷第2期，1929年，第88页。

④ 立法院统计处：《民国十八年各省农产收获与平常年收获比较表》，《建国月刊》第2卷第2期，1929年，第2页。

⑤ 康天国：《西北最近十年来史料》，西北学会，1931，第119、133、122页。

（屋）、鄠（县）、蒲（城）、富（平）、临（潼）、渭（南）、大（荔）、郃（阳）、朝（邑）、韩（城）等县尤系极重灾区"。① 当年陕西粮食亩产量只有常年的四成至七成，据统计小麦相当于正常年份的46%，大麦相当于正常年份的51%，旱稻相当于正常年份的78%，晚稻相当于正常年份的73%，小米相当于正常年份的51%，玉米相当于正常年份的52%，高粱相当于正常年份的55%，大豆相当于正常年份的41%，棉花相当于正常年份的46%。② 武功县小麦等18种农作物的平均收成与常年比较，1931年为51%，1932年为34%，1933年为54%，1934年为56%。③ 足见这次灾害对陕西农业影响之深。

遇到灾害，农作物普遍减产或者绝收，一方面干旱、水灾、雹灾等直接使农作物不能正常发芽、扬花，甚至直接将果实摧残殆尽，另一方面无法按时下种，也影响到农作物的收成，从前面灾情汇总可以看出，各地在报告灾情时都提到"秋禾不能按时下种"的情况。1926年"陕西春夏连旱，麦苗稀疏矮小，成熟后无法下镰收割，严重歉收"。1928年，据华洋义赈会的报告估计，陕西东北部的收成为二成到二成半，西部已经连旱三年，只有一成到一成半的收入。④ 1928年"三道（旧指关中、陕北、陕南）夏秋收成统计不到二成，秋季颗粒未登"。陕北南泥湾一户人家在这一年种麦时撒种3石6斗，1929年只收麦3斗，足以说明歉收程度。⑤ 1931年，"临潼亢旱如故，栎阳、阎良、武家屯等地夏收全无，秋禾未种"。⑥ 陕西省赈务会记载陕西的情况："查陕省自十七年至今（民国20年）历岁凶荒，元气早竭，就中以关中区为最重。本年夏秋未收，故省垣以西渭河以北如咸（阳）、醴（泉）、乾（县）、陇（县）、兴（平）、武（功）、扶（风）、岐（山）、宝（鸡）、郿（县）、邠（县）、凤（翔）、高（陵）、耀（县）、泾（阳）、（三）原、盩（屋）、鄠（县）、蒲（城）、富

① 《陕西省各县二十一年灾情简明表（民国二十一年十二月十三日）》，《陕赈特刊》1933年第2期，"报告"，第19页。

② 何挺杰：《陕西农村之破产及趋势》，《中国经济》第1卷第4、5期合刊，1933年8月，第26～27页。

③ 马玉麟：《武功县土地问题之研究》，萧铮主编《民国二十年代中国大陆土地问题资料》，台北，成文出版社，（美国）中文资料中心，1977，第35520页。

④ 李文海、程歗等：《中国近代十大灾荒》，第171页。

⑤ 文芳主编《天祸》，第59页。

⑥ 渭南地区志编纂委员会编《渭南地区志》，三秦出版社，1996，第753、754页。

（平）、临（潼）、渭（南）、大（荔）、郃（阳）、朝（邑）、韩（城）等县尤系极重灾区。至榆林区虽稍有收获而雹灾极重故多损伤。汉中区秋苗虽可而旱霜普遍，夏收仍不免歉薄……各县确系非振不能生活。"① 据立法院统计处的统计，1929 年陕西小麦收成为平常年份收成的 55.1%，大麦为平常年份收成的 44.5%，玉米为平常年份收成的 48.2%。②

表 4-1　陕西省灾期主要农作物收获量与足年收获量之百分比

单位：%

主要作物	陕北		关中		陕南		全省	
	1931 年	1932 年	1931 年	1932 年	1931 年	1932 年	1931 年	1932 年
小麦	45	44	45	29	67	55	46	31
大麦	45	45	50	29	62	50	51	32
早稻	89	78	89	80	74	64	78	69
晚稻	74	47	73	50	77	52	73	50
小米	56	71	49	34	44	37	51	41
玉米	44	70	52	36	54	61	52	43
高粱	55	67	52	32	76	80	55	44
大豆	57	79	36	28	60	57	41	53
棉花	40	80	45	29	58	67	46	43

资料来源：张心一《陕西省的灾况与民食问题》，《农林新报》第 10 卷第 10 期，1933 年，第 187 页。

表 4-1 是陕北、关中、陕南 1931 年、1932 年的收成统计。从中可以看出，直到 1931 年，陕西的主要农作物仍减产非常厉害。陕西最重要的农作物是小麦、小米、玉米、棉花，就区域而言，陕北最重要的农作物是小麦和小米，关中是小麦、大麦、玉米及棉花，陕南是小麦和早晚稻。陕北小麦在 1931 年和 1932 年收成均只有正常年份的四成多，而小米 1931 年只有平常年份五成多的收成，1932 年稍有好转，有平常年份七成多的收成；关中小麦收成 1931 年只有四成半，1932 年竟不到三成，大麦 1931 年仅五成，到 1932 年竟然也只有不到三成，玉米 1931 年有五成多，到 1932 年下

① 《陕西省各县二十一年灾情简明表（民国二十一年十二月十三日）》，《陕赈特刊》1933 年第 2 期，"报告"，第 19 页。
② 马玉麟：《武功县土地问题之研究》，萧铮主编《民国二十年代中国大陆土地问题资料》，第 35520 页。

降到三成多，棉花 1931 年不到五成，1932 年不到三成；陕南 1932 年小麦也仅有五成多，水稻为五至七成，情况稍好。小麦作为陕西全省种植最为广泛的主要粮食，1931 年全省收成只相当于平常年份收成的 46%，1932 年只有平常年份的 31%。据记载，"西路汧（阳）、陇（县）、邠（县）、宝（鸡）等县，虽云均有麦田少许，而邠县被雹，陇县遭雹兼蝗，汧阳并兼旱灾，宝鸡又受蝗害，总核夏田收成，不及十分之一。至兴平、咸阳之北源，以及乾（县）、醴（泉）、扶（风）、武（功）全境，年来多系旱田，夏收亦等于零。而东北路而如陕省仓库之蒲（城）、韩（城）、郃（阳）、澄（城）、白（水）等县，所有麦苗不过一尺。白水兼遭黑霜，收成尤歉。东路临（潼）、渭（南）两县之河北一带，历史更形荒旱，麦收亦不到二成。……即或各县少有播种者，更因遭受旱灾，兼受雹霜飞蝗之摧伤，致使全省夏禾收获成数，不到十分之三"。①

由此可见，1928～1931 年，陕西农村粮食问题严重，除了大量没有耕种抛荒的土地，还有一些虽勉强耕种但是严重减产，这是饥荒出现的根本原因。这一时期粮食为何减产这么厉害？主要原因是气候不适，连续干旱，一是连续无雨期比平常年份长，二是降水量比平常年份少很多，而且连续三年气候不正常。没有风调雨顺，在传统农业社会，粮食减产是不可避免的了。

民国时期，粮食不足是普遍的社会问题。据乔启明的研究，20 世纪 30 年代，全国粮食不足问题比较突出，"本部十八省除赣、湘、鄂外，均感粮食不足……陕西、安徽、福建三省，则在二百五十万到三百万之间，……甘肃、云南、陕西、广西、福建等五省所缺粮食，都在百分之三十至四十之间"。② 陕西地处内陆，商品经济不发达，是传统的农耕社会，大部分人靠天吃饭。而连续的灾荒导致粮食减产，对农民的生存造成巨大的威胁，使他们不能获取基本的粮食，成为大饥荒发生的直接导火线。

第二节 土地抛荒

灾荒之后农村劳动人口锐减，耕畜、农具、种子、肥料等匮乏，导致

---

① 《陕省天灾，各县夏田均告歉收，旧灾未去新灾又兴》，《中央日报》1931 年 6 月 25 日。
② 蒋杰、乔启明：《中国人口与食粮问题》，上海中华书局，1937，第 60、62 页。

大量耕地暂时或长时间抛荒。据 1917 年的调查，陕西全省有官荒 355470
亩，公荒 383630 亩，私荒 824090 亩，共计 1563190 亩；1928～1931 年旱
灾之后，陕西大量土地抛荒，荒地增加到 300 余万亩，较灾前几乎多出一
倍有余。① 关中是西北著名的小麦产区，到 1931 年也是一片荒凉，种麦的
田有十分之一二罢了。② 本地的媒体也刊登这样的消息：陕省因人口减少
地多被荒弃不种。1931 年秋麦田平均不过占全耕地面积百分之三四，而被
灾最重之县武功等处，几乎全荒。③ 灾情过后，记者从西安到凤翔，看到
沿途各县——咸阳、兴平、武功、扶风、岐山大半还是荒田。④ 1931 年，
根据《大公报》《民意日报》等调查的情况，陕西关中各县废弃耕地比例
相当大。

从表 4－2 可以看出，陕西受灾严重的 22 个县，在 1931 年土地荒芜情
况十分普遍和严重，情况略好的咸阳耕地荒芜面积占总耕地面积的 30%，
其他 20 多个县土地荒芜面积均占该县总耕地面积的 40% 及以上，醴泉、
武功、扶风在灾后土地荒芜至少 80%，更有甚者，陇县、榆林、永寿、紫
阳、蓝田因为土地过于干旱而无法下种子，导致全县土地 100% 抛荒。

表 4－2　陕西省各县灾后耕地统计

单位:%

县名	灾后已耕面积占总耕地面积的比重	灾后耕地荒弃面积占总耕地面积的比重	县名	灾后已耕面积占总耕地面积的比重	灾后耕地荒弃面积占总耕地面积的比重
武功	20	80	榆林	未下种	100
兴平	50	50	紫阳	未下种	100
扶风	20	80	永寿	未下种	100
岐山	50	50	澄城	30	70
大荔	25	75	醴泉	10	90
盩厔	5	95	韩城	35	65
三原	60	40	临潼	60	40

① 冯和法：《中国农村经济资料》，第 778 页。
② 朱立哉：《陕灾救济办法与防灾政策之研究》，《大公报》1931 年 1 月 13 日。
③ 石筍：《陕西灾后的土地问题和农村新恐慌的展开》，《新创造》第 2 卷第 1、2 期合刊，
1932 年，第 215 页。
④ 王璋峰：《怎样耕种灾区中的荒田》，《新陕西月刊》第 1 卷第 4 期，1931 年，第 83 页。

续表

县名	灾后已耕面积占总耕地面积的比重	灾后耕地荒弃面积占总耕地面积的比重	县名	灾后已耕面积占总耕地面积的比重	灾后耕地荒弃面积占总耕地面积的比重
陇县	未下种	100	蓝田	未下种	100
咸阳	70	30	华县	20	80
邰阳	50	50	白水	50	50
凤翔	60	40	乾县	20	80

资料来源：冯和法《中国农村经济资料》，第779页；何庆云：《陕西实业考察记》，文海出版社，1933，第64页。

据西北灾情视察团报告，大灾之后"因无麦种，田未耕者十有八九"，关中大地"赤地连阡，一望无垠，欲种无籽，欲耕无畜，大好美田，今已变为荒土"。[①] 又有调查指出，"最近三年的大旱，关中道素称繁富之县如咸阳兴平醴泉武功乾县等，都是赤地千里"。[②] 据1931年的调查，陕西被灾地区荒弃的土地少则占30%，多则全部抛荒。如陇县、榆林、蓝田、紫阳、永寿占100%（未下种），盩厔占95%，醴泉占90%，武功、扶风、华县占80%，大荔占75%，澄城占70%，韩城占65%，兴平、岐山、白水占50%，三原、临潼占40%，咸阳占30%。[③] 凤翔县东区灾前田税数为6099.7石，灾后荒废田税为1881.2石；西区灾前田税为8085.5石，灾后荒废田税为2697石；南区灾前田税为9034.2石，灾后荒废田税为3178.6石；北区灾前田税为5289.5石，灾后荒废田税为2217.3石。田税大幅度减少的主要原因是土地荒芜、无牲畜耕种、缺乏种子、人口绝户。[④] 直到1933年，陕西仍有大量荒芜耕地，渭河两岸原为西北地区著名产粮区，还有16万亩无人耕种的荒地，[⑤] 足见灾后抛荒面积之大。1933年，国民政府派林森等人赴西北视察时，所看到的仍然是"农家种籽既绝，土地任其荒芜。……有汽车直驰四十分钟之时间，而不见地面青苗者。其荒凉之程度

---

① 《西北灾情视察团对于陕灾之报告》，《陕西赈务汇刊》第1期第1册，1930年。
② 陈必睍：《陕西农村金融枯竭之真相及其救济方法》，《新陕西月刊》第1卷第1期，1931年，第11页。
③ 石笋：《陕西灾后的土地问题和农村新恐慌的展开》，《新创造》第2卷第1、2期合刊，1932年，第215~216页。
④ 冯和法：《中国农村经济资料》，第787页。
⑤ 《荒旱连年至陕西，渭滨荒地可惊》，《大公报》1933年3月15日。

可知。即受灾较微之地带，播种之地，亦只有十之二三"。① 据官方统计，1936 年陕西全省官有荒地 1545090 亩，民有荒地 35025 亩。② 是什么原因导致灾后大量土地被抛荒？民国时期学者认为，其一，人多死亡，未死者亦多弃地而走；其二，缺乏籽种，灾民日求一饱且不可得，无有多余的种籽播在地上；其三，牲畜全无，灾荒中农民多将牲畜屠宰售卖，兵匪拉畜不择牛羊驴骡，所过则空；其四，当下种时正值军兴，人民逃避他处，置耕地于不顾；其五，麦出土时蝗犹未死，致多被噬食。③ 归纳起来，主要原因有二。

一是劳动力缺乏，导致土地抛荒。在这次旱灾中，有大量的人口或死亡或逃荒，导致农村十室九空，这在第三章已经有详尽的论述。如据详细调查，郿县共计死亡 48764 人，诱卖妇女 3123 人，逃亡 3331 人，荒芜土地 130087 亩。④ 凤翔县东区荒芜土地田税数为 1881 石 2 斗，南区为 3178 石 6 斗，北区为 2217 石 3 斗，西区为 2697 石，原因是无人口、牲畜和种子。⑤ 民国时期一些学者在谈到陕西农村荒地增多时，提到劳动力减少的问题，"由于人口减少，劳力资本缺乏的农民贫穷化，增多了二千万亩的荒地"；⑥ "由于农村人口减少……田地多无人耕种，使农村经济走入万劫不复的境地"，其中表现之一就是大量土地荒芜。⑦ 在受灾地区，年轻力壮者大多出外逃荒或自谋生路，乡村剩下的是妇老孩童。乾县西乡的白家庄，东乡的安家寺、小青仁村及乳台村，每村原有 20～30 户人家，灾荒期间每村仅剩人口不全的 5～8 户，"且多系妇老"。⑧ 大量青壮年劳力逃荒离村，即使在 1931 年陕西少数地方下雨，土地依然无人耕种或无力耕种，任其荒芜。"陕省因人口减，地多荒弃不种。去秋麦田平均不过占全耕地面

① 何挺杰：《陕西农村之破产及趋势》，《中国经济》第 1 卷第 4、5 期合刊，1933 年 8 月，第 26 页。
② 《陕西官有民有荒地统计》，《知行月刊》第 1 卷第 4 期，1936 年，第 17 页。
③ 石筍：《陕西灾后的土地问题和农村新恐慌的展开》，《新创造》第 2 卷第 1、2 期合刊，1932 年，第 215 页。
④ 庐兆珽：《一月来陕西之灾情与赈务》，《新陕西月刊》第 6 卷第 3 期，1936 年，第 126 页。
⑤ 17 师宣传队：《凤翔农村状况》，《新陕西月刊》第 1 卷第 2 期，1931 年，第 63～66 页。
⑥ 赵俊峰：《陕西农村经济破产真象之回顾与改进方式之探讨》，《新秦先锋》第 2 卷第 2 期，1935 年，第 60 页。
⑦ 冯和法：《中国农村经济资料》，第 778 页。
⑧ 韩佑民：《乾县"十八年年馑"及赈济概况》，《乾县文史资料》第 1 辑，第 59 页。

积百分之三四，而被灾最重之乾县武功等处，几乎全荒。"①

二是生产资料缺乏，导致土地抛荒。灾害发生期间，农民为了糊口不得不出卖牲畜、农具等生产资料，或宰杀耕畜，或吃掉预留的籽种。"陕省在灾荒期间，农民为生计所迫，宰杀耕牛，以及专卖，借维生活。"② 陕西兴平、武功、咸阳、泾阳等县来的农民"到市上来贩卖门窗、梁栋、锄犁、耙、耱、镂、镰、担、笼、掘[镢]以及水车、柳罐、耕牛、大车等"。③ 西安钟楼、北大街"竟成农具市场。农具中最有价值之犁耙及辘轳、绳索，平时新置均须十数元，现至多售一二元，至于镢头、镰刀，只值二三角"。④ "今年夏天到西安去的人们，还可以在中山北大街旁的炭市上看见那些从兴平、武功、咸阳、泾阳等县来的农民。他们到市上来贩卖门、窗、梁、栋、锄、犁、耙、镂、镰、担、笼、掘，以及水车、柳罐、耕牛、大车等。关中农民正在破产的过程中讨他们最可怜悯的生活。"⑤ 灾荒期间农村的牛马牲口都变卖换粮，乾县"成群的牲口被卖到外省外地，流往山西的马驴骡最多，耕牛多数被卖往彬（县）、长（武）、永（寿）和甘省等地。灾民所留的少量牲口和鸡犬则被宰杀充饥"。⑥ 灾荒期间，农民将大量耕畜和农具卖出，导致耕畜和农具大量减少，1928～1931年，陕西凤翔耕畜减少70%以上。⑦ 邰阳县是此次旱灾中受灾较轻的县份，牲畜也在减少，据陈翰笙的研究，灾后无耕畜之家由29%增加到了47%；有二三头耕畜之家，则由13%减至8%。⑧ 陕西省建设厅对37个县做了调查，牛、马、驴、骡等耕畜减少了36.5万头。⑨ 由于灾期农民大量出卖生产资料，耕畜减少，农具、籽种不足。据对关中40余县的调查，有耕牛

---

① 石笋：《陕西灾后的土地问题和农村新恐慌的展开》，《新创造》第2卷第1、2期合刊，1932年，第215页。

② 《关中四十余县耕牛数量调查》，《农村经济》第2卷第6期，1935年，第99页。

③ 陈翰笙：《崩溃中的关中的小农经济》，《申报月刊》第1卷第6期，1932年12月，第14页。

④ 冯和法：《中国农村经济资料》，第771页。

⑤ 冯和法：《中国农村经济资料》，第805页。

⑥ 韩佑民：《乾县"十八年年馑"及赈济概况》，《乾县文史资料》第1辑，第60页。

⑦ 冯和法：《中国农村经济资料》，第805页。

⑧ 陈翰笙：《现代中国的土地问题》，《中国土地问题和商业高利贷》第2辑，1937，第91～92页。

⑨ 《陕西省志·农牧志》，第148页。

301308 头，缺少 169676 头，① 缺额占 36%。各县大量耕地抛荒，主要原因是缺乏耕牛、农具和籽种。② "许多灾后孑遗，家中变卖一空，无力购置耕牛。耕田时只得以人代牛。其法以两人扛一长椽，有绳系椽之中，下拖一犁，前者挽，后者推，行颇迟。数步一歇，汗如雨下。间后有小孩帮耕挽犁，其苦痛可知。武功、兴平、扶风……等县都因为用那种'人耕'方法去犁田，力小不能深入。不但是每季耕地太少，良田听其荒芜，生产竭力减缩；而且因为不能深耕，更容易成功旱荒。"③ 灾民在灾期为了活命，宰杀耕牛，出售农具，等到气候好转了，却面临一个重要问题，即缺乏耕牛、农具甚至种子，只好用人力代替畜力，生产效率就大打折扣，无法顺利地进行灾后重建，使得一部分耕地继续荒芜。

即便到了 1933 年，许多农民仍无法耕种，"因为他们没有现金购买种子，没有农具耕种，这些东西早已经卖了。结果只有任田地荒芜"。④ 因此，灾后陕西各地缺乏农具、牲畜、籽种成为普遍现象。

由以上论述可以看出，1928～1931 年大旱灾发生之后，陕西农业歉收或绝收，灾民为了获得生存的机会或逃亡，或出卖各种生产资料。在劳动力不足和生产资料缺乏的情形下，大量耕地被抛荒，土地抛荒又导致农村经济恢复十分缓慢。因此，这次旱灾导致了农村经济的破产和农民更加贫困化。民国时期的农村基本处于这样的恶性循环之中，经常是还未从一个灾荒中恢复元气，另一次灾荒又悄然而至，最终导致本已贫困的农村失去了恢复、重建的能力。

第三节　地价降低与地权集中趋势

农地价格是由土地上获得的纯收益决定的。⑤ 20 世纪 20 年代末 30 年代初的大旱灾，导致农业歉收或绝收，土地荒芜，农地价格急剧下降。据载，陕西"每亩数十元或数百元之田地，有跌至十余元者，有跌至三五元

---

① 《关中四十余县耕牛数量调查》，《农村经济》第 2 卷第 6 期，1935 年，第 100 页。
② 冯和法：《中国农村经济资料》，第 779 页。
③ 石筍：《陕西灾后的土地问题和农村新恐慌的展开》，《新创造》第 2 卷第 1、2 期合刊，1932 年，第 230 页。
④ 素之：《一九三三年中国农村经济之趋势》，《中华月报》第 1 卷第 6 期，1933 年，第 A24 页。
⑤ 孔雪雄：《最近我国农地价格之变动及其原因》，《中山文化教育馆季刊》第 3 卷第 4 期，1936 年，第 111 页。

者，其至有减低至每银一元可买田数亩者"。① 渭河以北地区，田地售价每亩1元尚无人问津，武功田价跌到每亩5角，只相当于2斤半小米的价格。② 1929 年，一商人到长安县收买土地，"居民闻风而尾随求售者十余人，平素价值五十余金之地，刻售七八元，买主尚不肯收"。③ 兴平县"田价每亩二三元，尚无人买"；武功县"东望四十五里，全无人烟，农田尽成荒土……田价每亩五角"。④ 1930 年乾县"地价平时每亩值三十元者，现仅五六元"，⑤ 1928～1931 年陕西府谷地价下降50%～81%，⑥ 郿县地价最低时只有1角。⑦ 鄠县秦镇张良寨村灾荒初发时每亩地可卖到3～4块银元，后来1块银元也无人问津。⑧ 乾县缺粮的灾民为了买粮糊口，变卖田地，每亩平川好地，"在灾民的恳求救命声中，仅付给一至三个银元"。⑨ 又有报告提到，"渭河北岸，泾阳、三原、淳化等县的旱田，每亩仅有五角至八角。西安附近，鄠县、盩厔的水田，每亩亦仅售十元"。⑩ 淳化县因人口死亡，荒地增多，地价猛跌，"旱地每亩5～8角，水田不过10元"。⑪ 也就是说，旱灾中旱田地价比水田下降得更快（详见表4-3）。

表4-3 1912 年与旱灾后陕西农地价格指数统计

平原旱地				水田				山坡旱地			
1912年	1931年	1932年	1933年	1912年	1931年	1932年	1933年	1912年	1931年	1932年	1933年
119	100	82	57	119	100	87	74	105	100	80	64

资料来源：《各省历年地价之变迁》，《农情报告》第7卷第4期，1939年，第4页。

① 石笋：《陕西灾后的土地问题和农村新恐慌的展开》，《新创造》第2卷第1、2期合刊，1932年，第218页。
② 《陕灾惨象》，《民国日报》1929 年10 月25 日，第4 版。
③ 《西北灾情视察团对于陕灾之报告》，《陕西赈务汇刊》第1 期第1 册，1930 年，"灾情与灾赈"，第3 页。
④ 梁敬錞：《江南民食与西北灾荒》，《时事月报》第1 卷第2 期，1929 年，第88 页。
⑤ 浪波：《西北灾情的实况及其救济的方策》，《西北》第11 期，1930 年，第2 页。
⑥ 章有义编《中国近代农业史资料》第3 辑，第707 页。
⑦ 解生：《中国农业恐慌底现阶段》，《中华月报》第1 卷第6 期，1933 年，第A26 页。
⑧ 朱学道：《秦镇地区民国十八年年馑略述》，鄠县政协文史委员会编印《鄠县文史资料》第10 辑，1995，第95 页。
⑨ 韩佑民：《乾县"十八年年馑"及赈济概况》，《乾县文史资料》第1 辑，第57 页。
⑩ 蒋杰：《关中农村人口调查》，《西北农林》第3 期，1938 年，第53 页。
⑪ 马林：《淳化大事记》，淳化县政协文史委员会编印《淳化文史资料》第8 辑，1994，第37 页。

从表 4-3 可以看出，从 1912~1933 年长时段的趋势来看，无论是平原旱地、水田还是山坡旱地，地价一直处于下降趋势。1912 年，陕西的平原旱地、山坡旱地和水田的价格指数均高于 1931 年，1932~1933 年均有大幅度下降。其中平原旱地的价格是下降最厉害的，1933 地价下降到几乎只有 1912 年的一半。因为关中地区多属平原旱地，多干旱，20 世纪 30 年代关中大型水利工程修成之前，收成较低，因此地价一直滑坡。相对而言，水田多在陕南，虽然天气干旱，但是水田在一些年头还是有收成的，这就导致水田地价下滑幅度没有平原旱地那么大。可见，传统社会被农民视为命根子的土地，一旦遇到灾害，收益减少厉害或者没有收益，地价也会受到严重冲击。

表 4-4 是国立西北农林专科学校教师蒋杰对灾后关中地区地价做的一个较详尽的调查和分析，包括关中东部三原、蒲城、华阴的 211 个村庄和关中西部的鄠县、武功、凤翔的 171 个村庄，共计 382 个村庄的地价情况。可以看出，第一，旱灾期间，整个关中地区的地价下降幅度相当大。总体上由 1927 年的 16.3 元/亩降低为大旱灾期间的 5.7 元/亩，短短两三年的时间降低了 65%。第二，关中西部和关中东部总体差异不大，关中西部总体由 1927 年的 19.4 元/亩降低为大旱灾期间的 6.4 元/亩，降低 67%，关中东部总体则由 1927 年的 12.8 元/亩降低到 5.0 元/亩，降低了 61%。第三，各县地价变化总体都很大，但还是存在差异。在统计的 6 个县中，武功的 68 个村庄地价由 1927 年的 22.7 元/亩，下降到灾期的 3.8 元/亩，下降了 83%，是调查县中地价掉得最厉害的。华阴则没这么严重，54 个村庄 1927 年地价为 23.8 元/亩，和武功相似，在大灾荒中下降到 14.8 元/亩，仅下降了 38%，远远低于关中地价下降的平均水平。灾害越严重的地方地价降低的幅度越大，如武功、蒲城、三原等地。而灌溉条件较好，灾荒期间还略有收入的地区，如华阴靠近黄河，有较多水浇地，鄠县临近秦岭，部分山坡旱地尚有少量收入，地价下降幅度就比其他地区小一些。有学者研究认为，20 世纪 30 年代初期地价降低的原因有三：一是纯收益的减少，二是灾祸频仍，三是农村信用的紧缩。① 这一分析符合当时的状况。

---

① 孔雪雄：《最近我国农地价格之变动及其原因》，《中山文化教育馆季刊》第 3 卷第 4 期，1936 年，第 112~113 页。

表 4 - 4　陕西关中地区 382 个村地价比较

单位：个，元/亩

调查地点	调查村庄数	各村平均地价			指数		
		1927 年	旱灾期间	1937 年	1927 年	旱灾期间	1937 年
总体	382	16.3	5.7	17	100	35	104.3
关中东部	211	12.8	5.0	16.2	100	39.1	126.6
三原	59	14	4.0	21.6	100	30	154.3
蒲城	98	6.4	1.7	6.1	100	26.6	95.3
华阴	54	23.8	14.8	28.9	100	62.2	121.4
关中西部	171	19.4	6.4	17.6	100	33	90.7
鄠县	41	30.3	13.2	27.1	100	43.6	89.4
武功	68	22.7	3.8	20.5	100	16.7	90.3
凤翔	62	10.7	3.4	10.1	100	31.8	94.4

资料来源：蒋杰《关中农村人口调查》，《西北农林》第 3 期，1938 年，第 52 页。

　　灾期地价降低，但是粮价居高不下。据统计，1931 年、1932 年全省粮价指数特高，小麦是陕的主要粮食作物之一，与 1933 年相比，1931 年小麦的物价指数，在陕西中部县达到 167，凤翔达到 160，华县达到 155，武功达到 143，兴平达到 137，高陵 136，泾阳达到 134，横山、榆林等地在 130 以上，府谷 147，鄠县达到 130，南郑、城固、西乡均在 140 左右。[1] 棉花是重要的经济作物，由于关中盛产棉花之地区都因连续干旱无法下种，棉花价格也在灾期飙升。与 1933 年相比，1931 ~ 1932 年西乡、城固、南郑等县棉花价格指数都在 140 左右，泾阳高达 167，陇县、武功等地为 130 左右，高陵、郃阳、清涧等地为 120。[2] 再具体来看各类生产资料的价格情况，耕牛是农民重要的生产资料，与 1933 年相比，1931 年、1932 年各县的耕牛价格指数都有很大幅度的升高，如潼关为 175，朝邑、平民、咸阳、华阴等县都在 160 以上，盩厔为 143，兴平、咸阳在 130 左右。[3] 这些县的耕牛价格在 1933 年后开始下降，直到 1935 年尚没有恢复到灾期水平。陕西农民在灾期被迫低价出售土地，但是粮食、生产资料的价格升高，加重了社会脆弱性，无疑使得灾民的生活雪上加霜。关于灾后地价的恢复情况，从蒋杰的调查可以看出，到 1937 年，关中地区地价相对于 1927 年的

① 《全国各县乡村物价指数表》，《农情报告》第 4 卷第 7 期，1936 年，第 182 ~ 183 页。
② 《全国各县乡村物价指数表》，《农情报告》第 4 卷第 7 期，1936 年，第 184 ~ 185 页。
③ 《全国各县乡村物价指数表》，《农情报告》第 4 卷第 7 期，1936 年，第 186 ~ 187 页。

指数是 104.3，说明关中地区平均地价已经恢复到 1927 年的水平，甚至略有回升。而关中东部相对于关中西部地区回升更快，关中东部总体上 1937 年地价比灾前的 1927 年高出 26.6%，比大旱灾期间更是高出 2.24 倍。三原县地价是回升最快的，1937 年地价已经上升到 21.6 元/亩，比 1927 年 14 元/亩的水平高出 50% 以上，更是远远高于大旱灾期间 4.0 元/亩的价格，溢价 4.4 倍。华阴地价回升也很快，1937 年地价比 1927 年高出 21.4%。但是关中西部地价灾后回升较慢，总体上三个县的 171 个村庄地价 1937 年还没有恢复到 1927 年灾前水平，只相当于 1927 年的 90.7%，但是比灾荒时期上升 1.75 倍。此外，蒲城、鄠县、武功、凤翔直到 1937 年，地价都没能恢复到灾前状态，但是比大旱灾期间有了很大提高。由此可见，灾后随着天气好转，农业生产慢慢恢复，农业效益逐步提高，土地价位也逐渐回升。

　　20 世纪 20 年代末 30 年代初的大旱灾之后地价的降低，加速了土地在短时间内的流转，"灾荒前后的地权，往往转移甚巨"。① 灾害刚开始时，只有受灾最严重、土地最少的人出售土地，富农、中农会出于本能买些田地。但是随着灾情加重，富者变穷，穷者破产，越来越多的人加入出售土地维持生存的行列。一般的自耕农，甚至中农、富农都会出售土地。这时候再愿意买进土地和有实力买进土地的只有少数人。根据各县政府的报告，"在此次灾荒中，税契的数量，甚于灾前。这是灾荒中地权移（动）频繁底铁证"。一方面，由于土地收益大幅度减少，农村金融枯竭，农民为了生存，不得不卖掉土地换取活命的食物。对于自家耕种的土地，"灾民为救死计，大都忍痛售出"。"每亩数十元或数百元之田地，有跌至十余元者，有跌至三五元者，甚至有减低至每银一元可买田数亩者。于是富者遂乘机收买，灾民为救死计，大都忍痛售出。"② 如关中"小农大批地出卖田地，单说咸阳、泾阳、三原、高陵、临潼五县，他们出卖的耕地已占本县耕地面积的百分之二十"。另一方面，地主、商人利用地价走低的情形，大量购买土地。天津《大公报》报道："在充满着封建思想的陕西商人、高利贷者看来，当此干戈扰攘的时候，剩余资本只有用来收买土地……当着灾荒期中，土地每亩价格自百余元跌到两三元甚至七八角，更引诱着一

① 蒋杰：《关中农村人口调查》，《西北农林》第 3 期，1938 年，第 52 页。
② 石筍：《陕西灾后的土地问题和农村新恐慌的展开》，《新创造》第 2 卷第 1、2 期合刊，1932 年，第 218 页。

般地主、商人、高利贷去投资。"① 低廉的地价激起了地主、商人"吸收土地的狂欲"。于是，他们"把平时从土田、高利贷资本、商业资本上所剥削来的累积着的资本，便开始在土地上活动起来……当他们巧遇着连年荒旱，地价跌落的时候，更是所向披靡地大显威风！三原富商的广置田宅，以及陈录地产之迅速的增加，都是一九二八～一九三〇年大灾荒中的事实"。② 因此，灾后地权转移是该地区农村社会的主要问题。耕地是农民最主要的生产资料，不到万不得已时他们不会出售自己的土地。但随着灾情加重，越来越多的人加入出售土地维持生存的行列，如咸阳、泾阳、三原、高陵、临潼五县农家出卖的耕地占全县总面积的20%。结果大量农户失去土地，如凤翔县因灾荒而完全失去农地的农户就有2280户。③

灾荒期间，地主豪绅趁机从饥民那里贱价购买土地甚至强买土地。1930年天津《大公报》载，陕西"农村中之关系更有极大之变易，实有大影响于国计民生者，即土地所有权之转移与土地之集中。盖农民卖妻鬻女者，其于卖妻鬻女之前已将平时赖以生存之土地早以时价典卖一空矣。收买此种土地者，自为乡村中之富豪与城市中之官吏。去岁渭北旱地有以一元二亩出售者，西安附近及省西南一带之水浇地可以十余元购一亩，因此土地集中之趋势极为迅速。麦收后流离在外之农民渐归原处，但其所耕之地，多已不为己有。无田可耕成为有人无田之状"。④ 这个时候能够买得起土地的人"大多数是经营高利贷的那些军人、官僚、商人和赈务人员。田权已很快地集中到他们手里，在他们中间，有数百亩的很多，甚至拥田产有过一万亩的"。⑤ 陕西兴平县"每亩土地卖3至4元（银圆），财主家大量收买，土地便集中到少数富户手中"。⑥ 因地价超低，一些地主、商人和放高利贷者趁机巧取豪夺，在"数百亩农田，只换来二三日的粮食"的情形下，"资本家乃利用农民的弱点，投起资来。欺诡引诱，用极经济的

① 石筍：《陕西灾后的土地问题和农村新恐慌的展开》，《新创造》第2卷第1、2期合刊，1932年，第217页。

② 石筍：《陕西灾后的土地问题和农村新恐慌的展开》，《新创造》第2卷第1、2期合刊，1932年，第217～218页。

③ 陈翰笙：《崩溃中的关中的小农经济》，《申报月刊》第1卷第6期，1932年12月，第13页。

④ 《陕省灾后现状》，《大公报》1930年8月4日。

⑤ 陈翰笙：《崩溃中的关中的小农经济》，《申报月刊》第1卷第6期，1932年12月，第13页。

⑥ 申炳南：《民国十八年年馑前后》，《兴平文史资料》第14辑，第114页。

手段，将农地窃取过来，——听说灾情蔓延的时候，百亩农地，几块钱就可以买得。这种情形的结果，是造成大资本家大地主的绝好机会，将来以定会弄得劳苦的农民，无立锥之地，而资本家大地主不事生产的，倒有连阡累陌的田地起来"。① 鄠县金渠东边直至麻家堡村、年家庄村之间的大片土地，就被姓华和姓姚的两家地主买去，建立了新的庄园。② 一些农民因借高利贷而失去土地，在关中渭河流域，"个别富户家里有钱有粮，高利息向外贷钱贷粮，穷人用土地做抵押，按期不能归还，便将土地作价，一张卖契归了财主。年馑过后，穷人地少更穷了，财主地多更富了"。③ 荒年是陕甘土地兼并较为严重的时期，也是加剧贫富分化的时期。

在地主趁机购买的过程中，政府对土地缺乏监管，地主巧取豪夺，导致土地越来越集中。自然灾害发生后，大量农民被迫临时离开土地外出谋生，政府对"无主"土地没有有效的监管，一些地主趁灾民暂时外出逃生之际，明目张胆地掠夺灾民土地。政府充当了土豪、官僚夺取灾民土地的保护伞，纵容他们掠夺"无主"土地，导致土地集中更加严重。一些"无主"土地被强行霸占或以贱价强行被出售。在大灾之年，趁机购买土地的除了地主，还有商人、地方武人和城居士绅等。根据陕西省赈务会的调查，关中地区灾后转移的田产十分之七集中在武人手中，十分之三集中在文人和商人手中。④

严重的自然灾害是导致自耕农没落、土地集中的因素之一。尤其是1928～1931年大旱期间，陕西田地兼并的结果是，"三千亩以上之地主，占全农户百分之一，100～300亩之富农地主，已成为很平常的户头。反之，雇农特别加多，约占农民总数百分之五十，自耕农则急速的减少"。⑤灾荒期间大量贫困农民失去土地，陕甘地权呈集中趋势。据统计，灾后咸阳土地占有情况是，占有5～10亩土地的农家由30%减少到25%，减少了5个百分点；占有10～50亩土地的农家由55.6%减少到45%，减少了10.6

---

① 连瑞琦：《土地问题之商榷》，《新陕西月刊》第1卷第5期，1931年，第88页。

② 廉洁之：《鄠县荒年见闻记》，鄠县政协文史委员会编印《鄠县文史资料选辑》第1辑，1985，第56页。

③ 赵西文：《民国十八年年馑》，《渭城文史资料》第2辑，第112页。

④ 陈翰笙：《崩溃中的关中的小农经济》，《申报月刊》第1卷第6期，1932年12月，第13页。

⑤ 许涤新：《灾荒打击下的中国农村》，陈翰笙、薛暮桥、冯和法合编《解放前的中国农村》第1辑，第468页。

个百分点；占有 50～100 亩土地的农家由 11.2% 增加到 25%，增加了 13.8 个百分点；占有 100 亩以上土地的农家由 4.4% 增加到 10%，增加了 5.6 个百分点。① 一是小土地所有者大量减少，二是 50 亩以上的中等和大土地所有者增加，说明地权在灾后逐渐集中，造成更多农民无田可耕。安康灾后的情形是"耕者大半无地，有地者大半不耕，虽有自耕农，实居少数"。② 陕西关中地区，在大旱灾发生前，"每家平均耕地数为三十亩"，灾后"减至不足二十亩"，特别是"在灾情较重之五县至七县，有百分之二〇的土地都出卖了"。③ 说明灾荒期间土地兼并比较严重。表 4－5 是陕西邠阳三个村庄农家地权变动状况。

表 4－5　1923～1933 年邠阳农家地权变动情况

耕地面积	1923 年		1928 年		1933 年	
	家数	百分比（%）	家数	百分比（%）	家数	百分比（%）
20 亩以下	70	19.23	95	29.97	123	39.81
20 亩至 50 亩	236	64.84	173	54.57	125	40.45
50 亩以上	58	15.93	49	15.46	61	19.74
总计	364	100.00	317	100.00	309	100.00

资料来源：陈翰笙、黄汝骧《现代中国的土地问题》，《中国经济》第 1 卷第 4、5 期合刊，1933 年。

邠阳并不是陕西旱灾最严重的县份，但灾后土地兼并依然比较严重。从表 4－5 可以看出，旱灾前后有 20 亩以下土地的农家从 95 家增至 123 家，从占 29.97% 增至 39.81%；有 50 亩以上土地的农家由 49 户增至 61 户，从占 15.46% 增至 19.74%；有 20～50 亩土地的自耕农由 173 家减少至 125 家，从占 54.57% 降低至 40.45%。另据统计，从 1919 年到 1932 年，陕西土地不满 10 亩的农户比例由 30.4% 增加到 37.9%，增加了 7.5 个百分点；有土地 10～20 亩的农户比例由 34.4% 减少到 33.8%；有土地

---

① 冯和法：《中国农村经济资料》，第 786 页。

② 陈翰笙：《破产中的汉中贫农》，《东方杂志》第 30 卷第 1 期，1933 年 1 月 1 日，第 67 页。

③ 陈翰笙、黄汝骧：《现代中国的土地问题》，《中国经济》第 1 卷第 4、5 期合刊，1933 年，第 13 页。

30～50 亩的农户比例由 19.2% 减少到 16.4%；有土地 50～100 亩的农户比例则由 2.2% 增加到 7.5%。[①] 正如当时在中国做调查的斯坦普尔博士所指出的，"在一九三〇年灾荒中，三天口粮可以买到二十英亩的土地。该省（陕西）有钱阶级利用这个机会购置了大批地产，自耕农人数锐减"。[②]

灾荒后地主极其廉价地收购了农民的土地，使失去土地的贫困农户和地主的数量增加，加剧了自耕农的破产。正如陈翰笙所说，"要是没有灾荒，田权的集中决不能像过去的五年中那样快。灾荒底前半期地价猛跌，购置田产的人家很少。一九二九年渭河北岸如泾阳、三原、淳化、富平、耀县、蒲城等地方，旱田一亩值五角，至多七八角。西安附近和鄠县鳌屋底水浇田也不过十余元。在这时期，大地主和商人在农村中差不多已经绝迹，留在乡间的还有许多富农。富农有钱原不多；可是在田价很低的时候倒也收买得一些。所以灾后富农的田产显然增加"。[③]

20 世纪 90 年代，在关于中国地权分配问题的讨论中，秦晖先生提出了"关中模式"，其关键词是"关中无地主"、"关中无租佃"和"关中有封建"。[④] 核心内容是关中地权分散，租佃关系不发达。关中模式的提出在学术界引起了关于关中地权的讨论，如胡英泽用黄河滩地地册文献质疑了关中模式，从地册所反映的地权状况不能推论出清初至民国的"关中模式"，并以清朝至民国时期黄河小北干流区域为例，认为"地权集中、分散并存"。[⑤] 本书无意讨论关中模式是否存在，但从 20 世纪 20 年代末 30 年代初的旱灾之后地权转移的状况来看，关中地区"地权集中与分散并存"更符合历史的真实，而且在某个特定的时段内有集中的趋势，正如当时的学者在对旱灾后陕西土地进行调查后所说："陕西一九二八～三〇年

[①] 何挺杰：《陕西农村之破产及趋势》，《中国经济》第 1 卷第 4、5 期合刊，1933 年 8 月，第 30 页。

[②] 转引自〔美〕斯诺《西行漫记》，董乐山译，三联书店，1979，第 154 页。

[③] 陈翰笙：《崩溃中的关中的小农经济》，《申报月刊》第 1 卷第 6 期，1932 年 12 月，第 13 页。

[④] 秦晖：《封建社会的"关中模式"——土改前关中农村经济研析之一》，《中国经济史研究》1993 年第 1 期；《"关中模式"的社会历史渊源：清初至民国——关中农村经济与社会史研析之二》，《中国经济史研究》1995 年第 1 期。

[⑤] 胡英泽：《流动的土地与固化的地权——清代至民国关中东部地册研究》，《近代史研究》2008 年第 3 期；《近代地权研究的资料、工具与方法——再论"关中模式"》，《近代史研究》2011 年第 4 期。

大旱，田地兼并结果，三千亩以上之地主，占全农户百分之一，一百亩至三百亩之富农地主，已成为很平常的户头；反之，雇农特别加多，约占农民总户数百分之五十，自耕农则急激的减少。"[1] 陈翰笙也指出："在陕西中部，很惨苦的证明土地的集中，往往以百亩之田换取全家三日之粮。"[2] 有的地方大部分农民失去土地变成雇农，如"咸阳农户五十亩以下的灾后减少百分之十五，当然多数的小农早已无地化了"。又如陕军十七师宣传队在凤翔县的调查结果，"因灾荒而完全失去耕地的农户就有二千二百八十户。这些无地化的农户求为雇农而不得。灾后凤翔农村中失业的人数增加了百分之六十二"。[3] 西北旱灾期间，"农民迫于生计的急需，已到卖妻鬻女的地步，而平时所赖以生存的田庄土地，早已售罄……因此，土地集中的趋势，极其迅速。麦收后流离在外的农民，旋归原处，所耕的土地，已不为己有，成为有人无田的状态"。[4] 因此，灾荒后，地权转移与土地集中是陕西农村经济的主要变化。

表 4 - 6　1919 ~ 1932 年陕西土地占有情况

年份		不满 10 亩	10 ~ 20 亩	30 ~ 50 亩	50 ~ 100 亩	100 亩以上	总户数
1919	户数	397897	451610	251510	146786	57553	1305356
	百分比（%）	30.5	34.6	19.3	11.2	4.4	
1932	户数	496053	443652	214131	98537	55759	1308132
	百分比（%）	37.9	33.9	16.4	7.5	4.3	
变化	户数	增 98156	减 7958	减 37379	减 48249	减 1794	
	百分比	增 7.4 个百分点	减 0.7 个百分点	减 2.9 个百分点	减 3.7 个百分点	减 0.1 个百分点	

资料来源：钱志超《陕西农村的破产现状》，《益世报》1936 年 9 月 19 日。

　　表 4 - 6 具有典型意义，因为 1919 ~ 1932 年，陕西恰好经历了 1920 年、1925 ~ 1926 年、1928 ~ 1931 年等持续时间长的灾荒，是民国时期陕西

---

[1] 达生（许涤新）：《灾荒打击下底中国农村》，《东方杂志》第 31 卷第 21 期，1934 年 11 月 1 日，第 40 页。

[2] 陈翰笙、黄汝骧：《现代中国的土地问题》，《中国经济》第 1 卷第 4、5 期合刊，1933 年，第 8 页。

[3] 陈翰笙：《崩溃中的关中的小农经济》，《申报月刊》第 1 卷第 6 期，1932 年 12 月，第 14 页。

[4] 仵建华：《西北农村经济之出路（续）》，《西北农学社刊》第 3 卷第 1 期，1936 年。

灾荒最集中、最严重的时候，可以看出灾荒对地权变化的影响。从表4-6可以看出，陕西地权较长时间段内呈现一种分散的趋势。1919~1932年，经历了1920年、1925年、1928~1931年大旱灾后，地产在10亩以下的家庭增加很多，从397897户增加到496053户，增加了24.7%。这种家庭人均耕地不足2亩，基本属于贫雇农家庭，这个阶层所占比重很大，在1919年时占全省总户数的30.5%，到1932年增加到近40%，这个阶层户数的增加恰恰反映了农村低下阶层失地化、无地化的趋势。"以前十亩上下的自耕农，现在已十之六七成为无产，就是从前五十亩上下的中产，到现在亦有成为无产的，而大部分都是靠高利贷在那边维持生产和生活。"[1] 而地产在10亩以上的家庭却有了不同程度的减少。进一步统计表明，有地产10~20亩的家庭1919~1932年减少了不到8000户，仅减少了1.7%，基本属于正常变动，但是这个阶层占全省总户数的34.6%左右，这个比例在灾荒前后变化不大。有地产30~50亩的家庭13年时间减少了近40000户，减少14.9%；有地产50~100亩的家庭减少了近50000户，减少了32.9%。综合起来看，拥有地产30~100亩的家庭经历了这几次大的灾荒后，减少了8万多户，以每家5口计算，即是42.8万人。而拥有土地在100亩以上的家庭在1919年所占比例并不大，占总户数的4.4%，到1932年的时候降低到4.3%，仅减少1000多家，考虑到大户地主分家会导致田产变少等因素，这也属于基本正常的变动。拥有土地不满10亩的农家急剧增加，其他农户都急剧减少，可以看出这一时期，灾荒对地权转移产生了重要影响，而对拥有土地10亩以下的贫雇农和有地产30~100亩的中农、富农阶层的影响更大一些。

还有一个值得注意的现象，1919~1932年，全省总户数增加了2000多户，1932年总户数应该比之前少才符合逻辑，因为在灾荒中有大量人口死亡、逃亡，关中地区绝户（就是整户消亡）的情况很多，如第三章提到的咸阳陵照村全村原有73户，经历了"民国十八年年馑"后，到1932年灾情过去，绝户了15户。[2] 兴平北韩寨子两个村本来有四五十家，经过1928~1931年灾荒后仅剩下10多户，只好两个村合并成一个村。[3] 乾县的西南地区，白家庄、安家寺、小青仁、乳台等村，灾前每村有二三十户人

---

① 冯和法：《中国农村经济资料》，第801页。
② 赵西文：《民国十八年年馑》，《渭城文史资料》第2辑，第114页。
③ 申炳南：《民国十八年年馑前后》，《兴平文史资料》第14辑，第114页。

家，灾荒期间，每村只剩下 5 至 8 户，户数减少 70% 以上。[①] 但是在 1932 年全省增加了 2000 多户，结合前面关于土地情况的变动，不满 10 亩土地的家庭在增加，有土地 10 亩以上的家庭在减少，以及蒋杰调查关中地区平均每户人家人口在减少，恰恰说明了经历灾荒之后，农民分家析产情况比较多，分家析产导致地产分散，家庭户数增多，所以从各个角度可以看出，严重的灾荒对普通家庭结构产生影响，是导致家庭析产变小这样一个趋势的重要因素。

地权集中只是灾后短时间内的一个趋势，在严重的灾荒不再来的时候，陕西地权又逐渐分散。据 1936 年实业部对陕西的统计，占有 10 亩以下土地的农户占 24.8%，占有 10 ~ 20 亩土地的农户占 19.9%，占有 20 ~ 30 亩土地的农户占 15.9%，占有 30 ~ 50 亩土地的农户占 25.7%，占有 50 亩以上土地农户仅为 13.7%。[②] 表明 1928 ~ 1931 年的旱灾过了大概 5 年，陕西的地权又逐渐恢复常态，占有 20 ~ 50 亩土地的农户占 41.6%，比例最大。也表明灾荒发生的短时间内地权转移比较剧烈，但是经过一段时间，又会恢复到灾前水平。

表 4 - 7 是同一时期的农户情况。从中可以看出，陕西仍然是自耕农占绝对优势。这说明虽然灾荒的破坏力很大，但是从长远看，对阶级的影响并不大。陕西为自耕农社会，即使经历了 1920 年、1928 ~ 1931 年举世罕见的灾荒，也没有改变这一情况。到 40 年代，这一情况还是如此，如根据 1941 年国立西北农林专科学校在陕西各地的调查，武功自耕农占 74.7%，渭南自耕农占 90.8%，宝鸡自耕农占 92.5%，南郑自耕农占 55.1%，各地平均自耕农占比高达 78.3%，[③] 这和表 4 - 7 的结论基本是一致的。民国时期，陕西城镇、商业等并不发达，灾荒对农村打击最大，而从我们搜集到的资料来看，对地权、阶级结构长时期的影响却不大，这是什么原因呢？一方面与农村的自我修复有关，另一方面与政府积极解决灾后土地问题有关。

[①] 韩佑民：《乾县"十八年年馑"及赈济概况》，《乾县文史资料》第 1 辑，第 59 页。
[②] 许济航：《陕西省经济调查报告》，第 41 页。
[③] 许济航：《陕西省经济调查报告》，第 42 页。

表 4 - 7 陕西农佃比例统计

单位：个，%

报告县数	年份	佃农	自耕农	半自耕农
51	1931	25	52	23
	1932	27	50	23
	1933	27	51	22
	1934	20	58*	22

注：* 原文为 98，应为 58。

资料来源：许济航《陕西省经济调查报告》，1945，第 42 页。

第四节　陕西省为解决土地问题而复兴农村的努力

20 世纪 30 年代，对于灾荒造成的大量土地荒芜、地权集中、农村凋敝的现象，陕西各界非常关注，1929 年陕西省政府发布通告，限制私置田亩，"凡私人置地，不得过百亩，法人不得超过五百亩"。[①] 但随着灾情的加重，农村土地的买卖处于失控状态。1930 年各界针对土地问题进行讨论达到半年之久。陕西省召开党政联席会议讨论此问题，以当时的长安县县长、后来担任陕西绥靖办公厅主任的陈子坚和《陕灾周报》的党晴梵最具影响力。陈子坚认为，灾荒期间百姓迫于生计出售赖以生存的土地，主要是"富商大贾，土豪劣绅，利用地价之低落，巧为金钱之操纵，坐食之人，变为地主，力田啬夫，转为佃农，驯致形成贫富立分，阶级悬殊"。他又指出，"地价低落，并非土地本身价值之关系，实因受巨灾之影响"，认为这种情况下的土地买卖是有失公平的交易。这种畸形的经济发展必然会成为社会隐患。[②] 因此主张，"将十七、八、九等年人民在灾荒下成立之买卖田地契约，均将地价作为贷款，以二分或三分行息，即以所卖之田地作为抵押品，限于民国二十三年以内，无论地权转移于何人之手，均可由原售主算同本息，备价取赎"。陈子坚认为灾期农民出售土地是被迫的，一是迫于生计，二是迫于地主豪绅的巧取豪夺，灾期地权变动造成了大地主的增多，农民的佃农化。因此主张 1928～1930 年因灾荒而出售的土地，

[①] 《陕省府限制私置田亩》，《中央日报》1929 年 4 月 9 日。

[②] 《长安县长陈子坚呈省府请将在灾荒期中灾民售卖田产作为有息贷款限期赎还文》，《陕灾周报》第 8 期，1931 年，第 1 页。

把买卖价格作为贷款，加以适当利息，允许原来卖主在1934年前赎回。陈子坚的主张得到了略阳县县长张默夫的响应，张默夫又发表《关于灾后土地问题的研究》支持陈子坚的观点，并做了进一步补充。[①]

党晴梵则对此表示了反对。他认为，陕西的大地主、大豪绅并不是在灾荒中形成的，"关中道四十四县，在过去最近的历史上，曾数遇极惨烈的灾害，如清咸丰，同治间的回乱，光绪三年、二十六年的旱灾，千里凋敝，鸡犬无声，然亦未见若何大地主的产生，即大荔之赵、凤翔之周、岐山之马、渭南之常、邰阳之王，要皆富商，然均专从事于商业的活动，即使有收买土地之动机与机会，亦皆在他省而不在陕西……新军阀产生，始以政治的力量，有在鳌鄠一带收买水田者，在大荔一带收买员郭之肥田者，然不过数人而已，收买田地的数量，亦不过数十顷而已（每百亩为一顷）。政变多次，后来者必谓前者为逆产，仍旧归于小农"。因此陕西土地问题、农民贫困问题的根源不在于灾期土地的买卖。他认为农民出售土地的主要原因不在于地主豪绅的巧取豪夺，而在于农民耕种土地附加效益太低，加之赋税太重，"河南每百亩，纳赋不过二十元。陕西近年每一亩正赋及杂差，竟纳二至四五元……田非自耕，不但生无利之可言，即纳赋亦有不足"。"土地到手，尚未收获，先纳重赋苛差，无论土劣不为，即吾人亦不愿为。不多几日，听得同乡，有在灾荒中，非以经济的压迫，乃因政治的压迫（重赋苛差），欲以低价卖田者，经年不能觅得买主，甚至有以无贷价的，只求免纳税差，而欲卖田者，亦不可得"。[②] 在党晴梵看来，民国时期由于田赋和附加在土地上的杂捐繁重，农民耕种土地已经无利可图，因此土地基本很少有人问津，如果按照陈子坚的方案，农民未必愿意赎回土地，而且有可能进一步加重农民的负担。他主张要彻底解决农民土地问题，就必须学习欧美，实行农业资本主义化。"土地要集体化，农作机器化，并适应现代的生产方式。"[③]

陈子坚和党晴梵之争，引起了社会的广泛关注，《大公报》特地专刊报道了此次讨论。[④] 这场关于陕西灾后土地问题的讨论主要围绕三种方案展开：第一，主张将1928～1930年在灾荒中买卖的田地，以地价作为贷

① 《灾后之陕西土地问题，各方重视限期赎回》，《大公报》1931年2月16日。
② 晴梵：《关于灾后土地问题的问题》，《陕灾周报》第9期，1931年，第2～3页。
③ 晴梵：《关于灾后土地问题的问题》，《陕灾周报》第9期，1931年，第7页。
④ 《灾后之陕西土地问题，各方重视限期赎回》，《大公报》1931年2月16日。

款，以 2 分或者 3 分利息，限期赎回；第二，主张土地集体化，采用英美等国大机器生产方式；第三，主张富农大商将在灾荒中收买的土地无条件地交还农民。第一种和第三种观点其实没有实质性差别，争论的焦点在于是发还农民在灾期出售的土地使他们继续维持小农经济，还是利用目前土地集中的情况来发展大农业的机器生产经营方式，简单地说即要不要恢复农村已经没落的小农经济。陈子坚立足于扶持小农，使失去土地的农民重新赎回土地；党晴梵则主张关中地区放弃小农经济，走资本主义农业发展道路，彻底解决农村问题。"小农业社会的没落，既成为必然的现象……莫有近代的租佃银制度，就不会有近代式的文明。"

　　直到 1933 年，陕西省还有大量的无主荒地。针对土地问题，1933 年陕西省水利局局长李仪祉等拟定《灾后荒田救济办法》，主要内容包括三方面。第一，招抚流亡，耕种灾荒期间荒芜的田地。"本办法所谓逃亡灾黎及荒废农田，以民国二十年秋季以前逃亡，田亩荒废者为限。"具体办法是由省政府令谕各县政府招抚流亡，凡在逃灾黎，必须在 1933 年春、夏、秋耕种季节内归籍耕种原来的田地。当年秋天仍不归者，其荒田暂由县政府令乡公所代为保管，招租耕种，其地租亦由乡公所代为存储，如果原主归来，除乡公所收取百分之十的手续费及应纳田赋外，余悉交归地主。如果 1935 年秋收后，荒田原主人仍不归籍，其地即为租户所有。[①] 第二，减免流亡期间的赋税，规定"在逃灾黎凡二十一年终以前所欠地丁粮赋，及地方一切杂款，一概豁免，不论县差乡约，及任何方面，均不得借故追索，阻障逃户归里，致免农田荒废"。第三，对归籍流民实行农贷。"逃户归籍登记后，如无种子食粮耕畜等费，耕种已荒田亩，得以其现有土地作抵，由乡公所担保呈请县政府转向振灾机关，酌量地方情形另订妥善办法。"[②]

　　1933 年 10 月，行政院第 128 次会议通过了修正《陕西整理各县灾后土地办法》十一条。相较于原来的荒田救济办法，主要的变化有：第一，对于原业主要求收回土地的时间做了调整，"（第五条）前项土地，自省政府核准之日起，暂归县农村兴复委员会招租耕种，租期不得逾十年，十年以内，原业主得随时请求发还，十年期满，无原业主请求发还者，地归租

　　① 《陕省拟定灾后荒田救济办法》，《农业周报》第 2 卷第 34 期，1933 年，第 20～21 页。
　　② 《陕省拟定灾后荒田救济办法》，《农业周报》第 2 卷第 34 期，1933 年，第 20～21 页。

户所有"；① 第二，对承租人的田赋杂税做了规定，"（第六条）承租人自承租之日起，除暂不收租外，基于土地而发生之一切正杂各款，应负责完纳"；第三，对于原主人和后来的租户可能发生的纠纷，规定"（第七条）土地发还原业主后，承租人得继续耕种半数，免缴租金，各半负担正杂款项。但自承租之日起五年后，原业主愿收回自种时，得全数收回"。②

可以看出，国民政府采取了招抚流亡、鼓励原业主归籍耕种的方法，表明国民政府当时无力彻底解决农民问题，亦不可能采用西方大农业生产方式，只能采用恢复和重建小农经济的方式，这主要是基于完成赋税、稳定农村经济以解决灾后的土地问题。

第五节　灾荒与基层社会的失控

灾荒和土匪互为因果。一方面，匪患是灾荒中百姓生活困难的原因之一。杜斌丞分析陕北灾荒时，认为其产生原因有三，一曰兵，二曰匪，三曰旱。③ 另一方面，灾荒又造成了大量无以为生的灾民落草为寇。"在流民的生成的合力军中，最直接的力，或莫过于天灾人祸。"④ 最为悲惨的是，民国时期，陕西的自然灾害往往和匪患交织在一起，故赈务机构在报告灾情时把匪患计算在内。在某种意义上，兵匪也是一种灾荒，称之为灾祸更恰当。大旱灾不仅导致大量人口死亡，而且加剧了农民的贫困化，造成大量饥民和流民。武功县是陕西旱灾最严重的地区，据1929年的调查，全县18万人口，"饿毙七万余，逃亡五万余，尚有六万灾民待赈孔亟"；凤翔全县人口16万人，"死去五万一千，逃散者三万一千余……城外旧有八九十户之村庄，现只存三五家，鬻卖妻女甚多。且有将子女投井者，饥民嗷嗷待哺，尚无办法"；泾阳、三原、耀县、富平、蒲城、大荔六县"无衣无食灾民共达四十万"，⑤ 其中富平逃亡人口占全县人口之半数，失业有3000

---

① 《修正陕西省整理各县灾后土地办法》，《农村复兴委员会会报》第5期，1933年，第36~37页。
② 《修正陕西省整理各县灾后土地办法》，《农村复兴委员会会报》第5期，1933年，第36~37页。
③ 《构成陕灾之三大因》，《赈灾汇刊》，1928年12月，第19~20页。
④ 池子华：《中国流民史（现代卷）》，第69页。
⑤ 梁敬錞：《江南民食与西北灾荒》，《时事月报》第1卷第2期，1929年，第88页。

余人;① 同官县灾民达 2 万余人,占总人数的一半;② 略阳县人口 901054
人,其中极贫灾民已达 69313 人,流亡者 9212 人;岐山县灾荒发生后,流
亡人口达 3 万余人。③ 这些饥民没有在灾荒中饿死,走上了不同的生存与
人生道路,尤其年轻力壮者有的投军,有的拦路抢劫,有的上山落草。正
如民国时期学者所言,"农民的破产、失业、饥饿、流亡、自杀等等的悲
哀,和农村中的聚劫、暴动、盗匪等等不安的现象。这许多悲哀和不安,
特别是在灾荒的行程中反映得深刻"。④ 地方政府在灾荒中无法对乡村社会
进行有效控制。

在受灾地区,饥民抢粮事件不断发生。1924 年岚皋旱情严重,"灾情
重大,为从来所未存。人民始而吃草根、啜树皮,继则生寡食众,草根、
树皮亦不可得。自去岁阴历十二月间,各处发生吃大户之事,每起四五百
人,群向有粮之家索食,食完则准其加入团体,又走第二家;以此递进,
故人数愈加愈多,全县震动"。⑤ 1928 年,长安周边地区发现贫民抢粮食
事件,据报载,"终南山之子午峪一带,近有贫民结伙抢粮,闻杜城、温
圪堎、双桥头等处均屡发生此事"。⑥ 1929 年,淳化夏田颗粒无收,秋田
大多未能下种,时有饥民抢粮事件发生。⑦ 定边县有个叫朱二的农民,联
络灾民向大户(地主)借粮,地主不借,灾民就打开寨子赶跑地主,挖出
粮食大家分吃。⑧ 洛南县永丰乡焦村农民焦长玉组织本村 60 名青年准备到
闫山底抢收谢德甲的大麦,谢闻风提前收割,"便将苜蓿尽皆割食"。1929
年 4 月 18 日,该县永丰街发生抢粮事件。⑨ 陕西兴平县"社会秩序大乱,
乱夺乱抢者到处都有。要是谁家有升、斗之粮,被人发现,也难吃到自己
嘴里。即白天无人来抢,晚上你就不得安宁"。"小偷、土匪到处横行,本
村人多还可互相保护,小村群众简直无法生活。北原上的北韩寨子,两个

① 解生:《中国农业恐慌底现阶段》,《中华月报》第 1 卷第 6 期,1933 年,第 A30 页。
② 雷炎堃、李景民口述《民国十八年年馑之所见》,《铜川文史资料》第 4 辑,第 79 页。
③ 秦含章:《中国西北灾荒问题》,《国立劳动大学月刊》第 1 卷第 4 期,1930 年,第 13 页。
④ 石筍:《陕西灾后的土地问题和农村新恐慌的展开》,《新创造》第 2 卷第 1、2 期合刊,
   1932 年,第 203 页。
⑤ 《近闻》,《农商公报》第 3 期,1925 年 6 月,第 10 页。
⑥ 《子午峪发现抢粮贫民》,《新闻报》1928 年 10 月 29 日。
⑦ 马林:《淳化大事记》,《淳化文史资料》第 8 辑,第 37 页。
⑧ 李春元供稿,畅予整理《饥馑年间的安边铁闻》,《定边文史资料》第 1 辑,第 82 页。
⑨ 时运生、樊孝廉整理《关于洛南光绪三年及民国十八年旱灾的历史回顾》,《洛南文史》
   第 5 辑,第 12 页。

村子四五十户人家，就无法自我保护，土匪常常抢劫。群众原本就少吃没喝，再加上土匪横行，大多数人只好逃荒在外。"1933 年，在渭南、扶风、兴平等地都发生了抢粮事件。《大公报》报道："今于奇荒之中，素所谓殷实者，业已断炊。贫者草叶菜根，尚为佳馔。剥榆皮以造饭，人民食之，大便不下，面黄发肿，古之所谓民有饥色，于今见之。每三五成群，初则晚间抢米劫面，继则明目张胆，抢掠无忌。此种事实迭次发现，无日无之。"① 灾民成群结队到富裕人家讨饭吃叫"吃大户"，这是灾民向地主讨活路的一种重要方法。灾荒期间，各地都有"吃大户"的灾民队伍。陕西岐山、扶风也有灾民不断到富户家里分食地主豪绅的粮食。② 抢粮、拦路抢劫、"吃大户"成为灾荒期间乡村社会的一种乱象。

民生凋敝是造成土匪活动出现的主要社会背景。匪多为患，一直为一大社会问题。③ 近代土匪问题尤其严重，"自古已然于今更烈之匪患"，④ "破产的贫农为侥幸免死起见，大批地加入土匪队伍；土匪的焚掠将富饶地方变成赤贫，转使更多的贫农破产而逃亡"。⑤ 辛亥革命之后，土匪活动大大增加，那些年农民生活困苦和其他因素，使这个问题更加突出。⑥ 民国时期，陕西是土匪的"重灾区"。马克·赛尔登认为，"20 世纪陕西处在深刻的农村危机之中。自然灾害和不停的军阀、土匪争夺造成了农村的贫穷与压迫，人们的生活到了不能忍受的边缘。农民面对的最紧要的问题包括饥饿、战争和土匪的破坏、长期恶化的债务、租佃增多、离乡城居地主的出现、沉重的税收和土壤干燥。这些情况促使农村秩序破坏，满足不了人们生存的最低需要"。⑦ 灾荒造成的贫困和土匪问题最终使得乡村失序。

饥民和流民增多，地方政府无法对其进行救济与安置，灾区农村不同程度地出现了盗窃和聚众抢劫等恶性事件。"据许多调查灾情的慈善家说：

① 《大旱灾演进中之陕西——饥民抢粮潮》，《大公报》1933 年 3 月 16 日。
② 周文镐整理《岐山交农运动》，岐山县政协文史委员会编印《岐山文史资料》第 4 辑，1989，第 57 页。
③ 池子华：《中国近代流民》，第 160 页。
④ 周谷城：《中国社会史论》下册，齐鲁书社，1988，第 543 页。
⑤ 冯和法：《中国农村经济资料》，第 812 页。
⑥ 〔英〕贝思飞：《民国时期的土匪》，徐有威、李俊杰等译，上海人民出版社，1992，第 4 页。
⑦ 〔美〕马克·赛尔登：《革命中的中国：延安道路》，魏晓明、冯崇义译，社会科学文献出版社，2002，第 13 页。

凡是极重灾区，土匪众多，烧杀劫掠，全无顾忌，惟对于施赈者不加以侵害，并且还要加以保护（这个情形，甘省亦然），惟对于冯玉祥当日统治之下，省政府或各厅里派出来的行政人员及征收人员，就起了蓝色的恐怖，决意把他们要处以惨酷的极刑，或是加以侮辱。"① 可见一些落草为寇者主要是为灾荒所迫、为饥饿所致或者为官差所逼，故对赈灾人员不加伤害。"陕西各县各乡，无地没有土匪，农村中间，可说是夜夜防盗，日日防贼！不但夜间不敢安眠，就是白昼有时也不敢在家中。"② 泾阳县一些灾民或结伙在夜间抢粮食、财物，有的直接拦路抢劫，或针对富户、有名望的人直接入户抢劫，如拿不到钱财，即行烧房子或残害人命；有的采取绑票的办法，逼富户拿钱或烟土赎回人质。该县罗家堡王承中家的孩子被绑票后，用 3000 元赎回。③ 土匪是被官府认定为不合法的各种农村武装团体，"他们会为那些家破人亡，妻离子散的人组成一个暂时的避难处"。④ 因此，1928 年大旱之后，一无所有、无家可归的灾民成为土匪的主要来源。尤其是曾经拦路抢劫、偷盗和参与绑票的饥民，一方面，回家后可能会遭到官府的逮捕，或会被当作共产党员遭到杀害；另一方面，饥民在逃出来前把土地、耕牛全部变卖，回家也无地可种，只能挨饿等死。他们的出路不是流落他乡，就是加入民团或土匪武装，落草为寇。吴新田镇守陕南期间，1924～1929 年派款共计在 1500 万元以上。"经手税捐的当地土劣流氓至少还要加派一倍；民间所出不下三四千万。地主，商人和富农不难将重担移转给大批的贫农，如大水一样冲洗了二十五县乡村的那些苛捐杂税便紧迫着这些贫农，使他们很迅速地破产。破产的贫农为侥幸免死起见，大批地加入土匪队伍；土匪的焚掠将富饶地方变成赤贫，转使更多的贫农破产而逃亡。"逃亡的灾民使陕南的土匪势力日众，土匪陈安定、王三春、韩剥皮聚集了三四万人和数千条枪，1929～1930 年先后盘踞在西乡、镇巴、紫阳、石泉、岚皋、平利和安康等县。土匪沈尔亭、狗大王聚集 4000 余人盘踞在汉阴的凤凰山，土匪张丹屏盘踞在白河、洵阳两县，其

① 静芝：《土匪?！饥民?！》，《陕灾周报》第 3 期，1930 年，第 2 页。
② 子青：《陕西农村问题解决的步骤》，《新秦先锋》第 1 卷第 4 期，1932 年，第 91 页。
③ 王兴林：《民国十八年年馑》，泾阳县政协文史委员会编印《泾阳文史资料》第 3 辑，1987，第 84～86 页。
④ 〔美〕菲尔·比林斯利：《民国时期的土匪》，王贤知等译，中国青年出版社，1991，第 27 页。

他各县有零星土匪，数不胜数，[1] 陕南完全变成了"土匪世界"。1928年，土匪李伦（字刚五）在宁羌、沔县南山一带，拉票绑架，抢劫民财，并搜罗游民发展势力。1929年3月率数百人攻打沔县县城，攻陷县城后，焚毁县政府第一科房屋，大肆抢劫民财，满载而去。当地国民军兵力单薄，竟然将土匪收编为宁、略、沔保甲团，委任李伦为团长，驻扎黎坪、漆树坝、大河坝、宁羌、褒城、沔县一带。李伦将沔县、略阳、宁羌、褒城等地"搞得鸡犬不宁，粮食搜掠殆尽，猪、羊、鸡、鸭一扫而尽"。土匪为了取柴，竟然将沔县书院瓦房60余间全部拆毁，木料、桌子、凳子一律烧光。[2] 镇坪县在1925年以后匪患愈烈，"大股土匪有五六百人、七八百人甚至上千人；小股土匪三四十人、五六十人不等。老百姓家里吃的、穿的都被抢光，连地里长的青包谷穗、洋芋、药材也抢"。[3] 一个叫吕大章的人因为饿得没有力气上山当土匪，夫妻二人及孩子均被土匪烧死，其弟将尸首草草掩埋后逃亡他乡，后来从黄龙坝逃亡的人经过这间屋子，饥饿难耐，发现尸体后，把四个死人的肉全部吃光，只剩下骨架。[4]

黄龙山和子午岭山麓是灾民落草最多的地方。黄龙山位于黄河西岸，地域包括韩城、宜川、洛川、白水、澄城、郃阳、甘泉、鄜县等8个县。清朝同治、光绪年间，因战争和灾荒，居民或逃或死，方圆数百里少有人烟，逐渐成为荒山野岭。民国以降成为"八不管"地区，因有大片荒地，成为陕豫等省难民聚集之地。[5] 特殊的地理环境为土匪生存提供了优越的条件：一是这里山峦起伏，地广人稀，便于隐藏；二是距离中心城市较远，地方政府对这些地区控制较弱。1928年大旱之后，各地灾民蜂拥而至，落草黄龙山。势力较强的有贾德功活动在圪台川一带，陈老十活动在石堡地区，梁占魁活动在黄龙庙沟一带，薛子敬千余人驻圪台川孙家沟门一带，另有杨谋

① 陈翰笙：《破产中的汉中贫农》，《东方杂志》第30卷第1期，1933年1月1日，第69页。

② 刘效先：《三十年代前后勉县匪乱情况》，勉县政协文史委员会编印《勉县文史资料》第3辑，1987，第68~67页。

③ 《荒年见闻》，镇坪县政协文史委员会编印《镇坪文史资料》第1辑，1987，第34页。

④ 《荒年见闻》，《镇坪文史资料》第1辑，第35~36页。

⑤ 如1912年以三岔黄家塔为据点，活动着一股土匪，首领人称黄大爷；1914年，河南难民樊老二（钟秀）聚集一批河南难民拉起一股土匪，1917年受陕西靖国军收编；1916年前后，活动在黄龙山圪台川一带的土匪有13股，千余人；从1918年至1928年，先后有曹老九、郭金榜、徐老毛等股匪［刘在时：《黄龙山区"山大王"去向记（1912~1938）》，黄龙县政协文史委员会编印《黄龙文史资料》第2辑，1990，第158~159页］。

子、郭宝珊、梁黑二等，分散在黄龙山各地。他们的生活来源全部靠抢劫和绑票，主要对象是周边各县的"财东"，即地主或有钱的大户。他们给当地社会和民众带来了很大的危害，如 1928 年陈老十从洛川百益镇拉来高小校长及学生 30 余人作为人质，进行敲诈。1932 年正月，贾德功劫掠石堡镇后，"石堡、曹店等村住户很多人逃往澄城、洛川附近各县避居"。① 子午岭位于陕甘交界地区，南北走向，山大沟深，森林茂密，人烟稀少，20 世纪 20 年代末 30 年代初的旱灾后，这里聚集了多股农民武装。据统计，1931 年前后，甘肃庆阳各县境内活动的土匪有上百股之多，如正宁县有 10 余股，合水县有 20 余股，② 活动在子午岭中段南梁一带的农民武装有 52 股之多。③ 这些饥民组织起来的队伍，有的占一道川，有的占一座山。这些农民武装大多数是由灾民组成的，如 1930 年庆阳县李培霄组织本县灾民起事后，活动在宁县东部山区，因人多势众，要挟宁县政府拨给粮饷，县政府无奈之下，劝他们驻扎在早胜镇"就地取食"。④ 土匪之多，英国学者贝思飞称陕西成了"土匪世界"，⑤ 其势力之众，已经能够威胁地方政府了。

有学者指出 20 世纪初的中国农村各地为乡村士绅所控制，士绅阶级主要由有半官方身份的地主家庭所构成，⑥ 陕西也不例外，士绅对乡村社会秩序有主导作用。⑦ 但是经历了 20 世纪一系列的社会变革，尤其是 20 年代末 30 年代初的旱灾，士绅家成为灾民"吃大户"和土匪抢劫的对象，大批士绅迁居城市，乡村权力出现了"真空"，导致陕甘地方社会完全陷入土匪困境之中。"在军阀势力的统治下，陕西成了各色暴力行动的汇集地，从名副其实的农民起义到军阀支持的土匪武装，乃至豪强地主自行组成的民团，无所不有。"不仅陕北、陕南土匪迭起，"甚至土地肥沃的渭河流域，在民国期间也成为剽悍凶残的土匪猖獗活动的老巢"，陕西变为"土匪世界"。在某种程度上，灾害打击了传统的士绅阶层，士绅迅速衰落，灾后的乡村社会已经不再是传统的以士绅为核心的权力网络，而陷入

① 刘在时：《黄龙山区"山大王"去向记（1912～1938）》，《黄龙文史资料》第 2 辑，第 158～160 页。
② 庆阳地区志编纂委员会编《庆阳地区志》第 4 卷，兰州大学出版社，1998，第 248 页。
③ 华池县志编写领导小组《华池县志》，甘肃人民出版社，1984，第 48 页。
④ 宁县志编纂委员会编《宁县志》，第 415 页。
⑤ 〔英〕贝思飞：《民国时期的土匪》，第 37 页。
⑥ 〔美〕马克·赛尔登：《革命中的中国：延安道路》，第 20 页。
⑦ 秦燕：《清末民初的陕北社会》，陕西人民出版社，2000，第 212～218 页。

了混乱之中。直到杨虎城主政陕西，一方面大力发展农田水利，关中八惠的修建、汉中水利工程的恢复，使得农业生产逐渐恢复；另一方面陕西大力绥靖地方，对土匪进行强有力的围剿，这种土匪为患的情况才有所改观，陕西的农村社会秩序才逐渐恢复。

第五章　灾荒与城镇变迁

城镇是人类文明的产物。关于城镇的定义，在不同的国家和不同的时代有不同的看法，对城镇人口的定义也存在较大的差异。一些国家和研究者按居民点的人口规模区分城镇人口和农村人口，并规定具体的数量界线，界线以上属于城镇人口，界线以下属于农村人口。就 20 世纪 70 年代而言，这一标准较低者是 200 人，或是 2000 人，而采用 2000 人或者 2500 人的国家比较多。此外，有的国家还兼顾人口的职业构成，其中最基本的指标就是"非农业人口比重"。中国规定，县及县以上机关所在地，或常住人口在 2000 人以上 10 万人以下，其中非农业人口占 50% 以上的居民点，都是城镇。城镇人口的标准不是一个固定不变的常数，在不同的时期，随着人口总数的变化和社会经济的发展程度不同，城镇人口的标准也有所不同。在 20 世纪中后期，通常将 50 万人以上的城市称为大城市，这种大城市的数量也较多。但在近代史上，一般将 10 万人以上的城市称为大城市。一般把区、镇等地方政府所在地或者交通发达、商业较为发达、人口比较密集的地方称为镇。城镇，通常指的是以非农业人口为主，具有一定规模工商业的居民点。集镇是介于乡村和城市之间的过渡型居民点，是以非农业人口为主，具有一定规模工商业的居民点。美国学者施坚雅以 2000 人为线。[1] 乔启明先生认为中国一向没有城镇人口与乡村人口的规定，为此有必要对村庄、市镇、城市三个单位的人口数量进行研究。在对华南、华北、华中社会调查的基础上，乔启明认为人口在 2000 人以下的居民点为村庄，超过此数则为市镇。其中 2000 ~ 8000 人的为市镇，10000 人以上的为城市。[2]

民国时期，陕西的城镇发展水平很低。首先是城镇数量少。全面抗战

---

[1] 〔美〕施坚雅主编《中华晚期帝国的城市》，叶光庭等译，中华书局，2000。

[2] 乔启明：《中国农村社会经济学》，商务印书馆，1945，第 17 ~ 20 页。

爆发前，陕西人口在 10 万 ~ 20 万人的只有西安、汉中两地；人口在 5 万 ~ 10 万人的仅有大荔、三原、渭南、安康等中小城市和城镇。[①] 总体来讲，城市发展比较滞后，城市规模小，人口少，市政设施落后。

其次是城市规模小，如城镇人口过万的不到一半。

表 5 - 1　20 世纪 20 年代末 30 年代初陕西各城镇人口情况

城镇	人口规模	城镇	人口规模
西安	30 万人	南郑	5 万人
咸阳	3500 余户，人口 2.2 万人	留坝	800 人
临潼	5000 ~ 6000 人	褒城	2000 人
蓝田	约 4000 人	凤县	2000 人
三原	约 5 万人	宁羌	1500 人
渭南	约 2000 人	沔县	700 人
醴泉	2000 人	略阳	2500 人
同官	700 户	安康	3.5 万人
耀县	1.3 万人	洵阳	1500 人
商县	1 万人	白河	2000 人
洛南	3000 人	紫阳	1500 人
潼关	5000 人	肤施	7000 人
华县	3500 户	宜川	1500 人
华阴	2000 人	延长	3000 人
大荔	2 万人	延川	1500 人
乾县	8000 人	鄜县	7000 人
永寿	700 人	洛川	1000 人
邠县	3000 人	中部	700 人
长武	1200 人	宜君	800 人
凤翔	城内人口，十年前号称 86000 人，后以屡经事变，迁徙流难者颇多，其数大减	吴堡	150 人
宝鸡	7600 人	绥德	1000 余户
郃阳	1200 人	甘泉	600 人

---

① 沈汝生：《中国都市之分布》，《地理学报》第 4 卷第 1 期，1937 年，第 20 页。

续表

城镇	人口规模	城镇	人口规模
富平	6000 人	韩城	10000 人
白水	400 多户		

资料来源：刘国安《陕西交通挈要》，中华书局，1928；陈言：《陕甘调查记》，1931，陕西省图书馆近代文献室藏；顾执中：《西行记》，甘肃人民出版社，2003。

　　表 5-1 中的数据大多是 1928 年的，从中可以看出，1928 年称得上城市的只有西安、南郑（汉中）。西安有 30 万人口，南郑有 5 万人。其他如宝鸡尚不足 1 万人，因此除西安、南郑外，其他都只是"镇"。就西安城而言，也是规模很小，经济破败，据记载，"西安城周围约四十里，东西长南北短。长方形之城壁高三丈基厚六丈，顶厚三丈八尺，内外均敷以砖……门有四大门，东长乐、西安定、南永宁、北安远，四隅有箭楼四"。"据日野氏伊黎纪行称西安人口五十万，辛亥革命之后锐减，嗣经（一九一五）调查，至多不过三十万。内汉人二十五万，余回人约四万余。而满人孑遗亦约二三千人。其居住之区域，城之东北隅为满城，占全城四分之一，辛亥起义时，焚杀掠夺，大有破坏。民国元年，拆城为路，除三二古庙外，满目荒凉，不见人影之处居多。城之西北隅，多为回坊，居住之面积人口约占全城五分之一，其居民悉营商贾生活。"西安是西北最发达的城市，但商业也只有延长石油和少数的面粉公司、工艺厂、皮革厂、纺织公司、电话公司、人力车公司等。如纺织公司仅有 30 多个工人。[1] 汉中作为除西安外最大的城市，人口达 5 万人，主要经营四川、湖北、甘肃等地的商品，如药材、棉花、木耳、生丝、纸、牛皮、皮布、杂货、盐、火柴、砂糖等。有 4 家药材交易行，交易额在 10 万两之内。[2]

　　西安作为著名的历史古都，在进入近代以后很长一段时间内，虽然仍然保持着区域性的政治中心地位，但由于不具备优越的现代交通地理条件，对外开放和经济发展落后，城市衰落，到 1933 年，西安人口仅相当于 1843 年的 40%，直到全面抗战爆发，大量战争难民涌入后方，西安人口才增加到 1843 年的一半，而只有 15.5 万人。[3]

　　自然灾害本身对城镇有一定的破坏。灾害对城镇的影响取决于两个因

---

[1]　刘国安：《陕西交通挈要》，第 30~35 页。

[2]　刘国安：《陕西交通挈要》，第 67~68 页。

[3]　何一民主编《近代中国衰落城市研究》，巴蜀书社，2007，第 288 页。

素，一是灾害自身的程度。自然灾害越严重，波及范围越广，持续时间越长，破坏力越大，对城镇的影响就越大。反之，自然灾害越弱，波及范围越小，持续时间越短，破坏力越小，对城镇的影响就越小。二是城镇承受灾害的能力。城镇的承受能力主要取决于城镇规模、经济实力、市政设施等方面。一般来讲，城镇越大，经济实力越强，设施越完善，抵御灾害的能力就越强。反之，城镇规模越小，经济、设施越落后，抵御灾害的能力就越弱。民国时期西北地区城镇规模较小，发展滞后，受灾害的影响也较大。自然灾害对城镇的影响表现在如下方面：第一，灾害导致灾区城镇人口减少；第二，自然灾害使灾民大量迁移、流离，城市成为灾民聚集的主要地区；第三，自然灾害使得城市建筑物受损，城市生活受到影响；第四，自然灾害使城市经济遭受巨大的损失和破坏，导致城市发展速度减慢；第五，灾害时期资金、人口向非灾城市集中，在一定程度上推动了非灾城市金融等行业的发展，使之呈现"畸形"繁荣等。①

自然灾害也与城市的发展密切相关。历史上自然灾害导致城市衰落现象屡屡出现。民国时期自然灾害不仅频繁，而且破坏力极强，不可避免地对发展缓慢的城镇造成影响，一方面城镇直接遭到自然灾害的破坏，建筑设施被破坏、城镇人口受到损害，农村经济的衰落，粮食减产、绝收使得城镇的粮食供应中断，直接影响到城镇居民生活；另一方面，农村人口大量涌入城镇，既刺激了城市的购买力，造成工商业暂时的繁荣，又超出了城镇的承载能力，造成一系列社会问题，迫使城市进行市政设施、治安设施建设、改造，以适应人口增多的需要。从某种意义上讲，灾荒既破坏市政建设，也促进市政建设发展。

第一节　大量农村灾民流入城镇

中国农民占人口的大多数，因此农民离村问题引起多方关注。民国时期，农民离村问题愈演愈烈。据不完全统计，20世纪20年代中国农民离村人口比例为1.44%～8.72%，平均为4.61%。② 到1932年，全国22个省101个县有农民离村现象，离村人口比例为4.8%。③ 据1936年实业部

---

① 何一民主编《近代中国衰落城市研究》，第597～607页。
② 田中忠夫：《中国农民的离村问题》，《社会月刊》第1卷第6期，1929年，第3页。
③ 吴至信：《中国农民离村问题》，《东方杂志》第34卷第15期，1937年8月1日，第19页。

中央农业试验所的调查统计，全国 70.7% 的县报告有农村家庭人口离村现象，其中全家离村的占 4.8%，男女青年离村的为 8.9%；陕西 92 个县中有 47 个县报告有离村现象，全家都离村的有 61825 户，占总户数的 7.2%，远高于全国平均水平，但是低于察哈尔、绥远、甘肃、湖北、贵州、福建等省；青年男女离村的有 65761 户，占 7.6%，低于全国平均水平。① 学者认为民国时期农民离村进城主要基于下列原因：第一，外国资本主义的侵略导致农村自然经济解体；第二，苛捐杂税和战争使农民不堪重负；第三，地主豪绅的榨取使农民不堪重租和高利贷而逃亡；第四，土匪的烧杀劫掠；第五，天灾。②

民国时期，陕西农民离村的真正原因是什么呢？据 1936 年的统计，陕西人口离村，其中 1.7% 是因为耕地面积过小，1.1% 是因为农村人口过密，2.2% 是因为农村经济凋敝，9.5% 是因为水灾，28.9% 是因为旱灾，8.4% 是因为其他灾患，6.7% 是因为生计困顿，5.6% 是因为苛捐杂税，3.3% 是因为农业歉收，1.1% 是因为农作物价格过低，1.1% 是因为求学，1.7% 是因为经营商业。③ 可以看出，民国时期陕西农民离村源于直接的自然灾害，以及自然灾害导致的经济困顿。从这个统计也可以看出，民国时期，陕西农村人口离村并非因为受资本主义发展的吸引，而主要是因为自然灾害导致农民在农村无法生存，被迫背井离乡寻找活路。

农村人口迁徙有两种倾向，一是向新土地迁徙，二是向城市迁移。④在农村灾情严重的时候，特别是周边都成为灾区的时候，新土地不再有吸引力，因为即使到了新土地也面临饿死的困境，在这种情况下，城市成为灾民首先选择的地方。1928～1931 年西北大旱灾期间，陕西只有西安、榆林短时间内人口出现了较迅速的增长，其他地区人口则锐减。⑤据陕西省赈务会的调查，陕西流亡人口达到 100 万人，关于灾民为何涌入城市，一言以蔽

---

① 《离村农家数及其占报告各县总农户之百分比》，《农情报告》第 4 卷第 7 期，1936 年，第 173 页。

② 马松玲：《中国农民的离村向市问题》，《生存月刊》第 4 卷第 1 号，1932 年，第 84～90 页。

③ 《农民离村之原因》，《农情报告》第 4 卷第 7 期，1936 年，第 177 页。

④ 金绅良：《中国农民离村问题的研究》，《政治旬刊》1931 年第 15 期，第 7 页。

⑤ 西安从 1928 年到 1930 年底增长 12277 人，榆林 1928 年到 1930 年底增长了 10929 人。因此死亡人口过多，加之一部分人口流亡外省，这两个地区增长人口远远低于其他地区人口减少的数量。

之，就是城镇获得救济的机会相对多一些。"凡是没有饿死的人，都是尽可能的跑到都市里去求活，特别是有钱的人，甚至跑到外省去做寓公……西安是省会，榆林是陕北繁盛之区，所以灾荒中这两处的人口特别增多。"[1] 据1936年的统计，陕西全家离村的家庭，20.6%到城市逃难，16.7%到城市做工，12.3%到城市谋生，9.7%到城市住家，11.1%是到别村逃难，14.6%到别村务农，8.2%是迁居别村，只有5.1%是到垦区开垦，其他占1.7%。[2] 可以看出近60%的家庭选择到城市寻求生存机会。而青年男女离村到城市的比例就更高。因此，在灾荒严重时，西安虽然也有人饿死，但是外来迁入人口数量很快超过了死亡人数。灾期城镇人口增长主要与大量灾民涌入省城有关。社会学家认为，农村人口迁移是一种自然现象，主要是工业革命影响所致。但是民国时期陕西居民大量涌进西安、榆林，则并不是这种自然需求。有学者认为这是一种极度不正常的现象，"可是在我们中国，目下所发生的农民离村问题，并非是如上面所说的是一种自然现象，乃是一种病态的畸形现象"。[3] "因为在灾荒中乡村完全被破坏了，凡是没有饥饿死的人，都是尽可能的跑到都市求告幸免死亡！像西安是陕西的省会，榆林是陕北繁盛之区，故在灾荒中，这两处的人口，是较前增加。"[4] 因此这种农民离村到城市的原因不是人口过剩，也不是城市化需要，而是灾民把城镇当作最后一根救命稻草。

1932年之后，国民政府出于抗战的需要，把西安作为陪都，改名西京，一直到1945年撤销"西京筹备委员会"，西安人口稳定增长，市政也有了很大改进。顾执中在《西行记》中提到，他随陕西实业考察团在陕西考察时，西安市公安局相关人士告诉他，当年（1932年）西安市的人口较前一年增加1万多人。[5]

灾民为什么大量涌入城市？原因是：第一，城市商品经济发达，他们认为在城市找到工作或者其他谋生手段的机会较多，灾害时期待在农村，许多人会活活饿死；第二，城镇人口数量较多，居住比较密集，灾民乞讨所得更

① 吴至信：《中国农民离村问题》，《东方杂志》第34卷第15期，1937年8月1日，第17页。
② 《全家离村之处所占百分比》，《农情报告》第4卷第7期，1936年，第177页。
③ 金绅良：《中国农民离村问题的研究》，《政治旬刊》1931年第15期，第8页。
④ 朱世珩：《从中国人口说到陕西灾后人口》，《新陕西月刊》第1卷第2期，1931年，第45~46页。
⑤ 顾执中：《西行记》，第15页。

多；第三，城镇一般是各级政府机关所在地，灾民更容易引起关注或得到安置。城镇相对农村而言，具有较强的抵御自然灾害的能力，同时拥有相对多的生存机会，因此大量灾民涌入城市。今天西安的一些街巷和地区的名称与当时灾民涌入密切相关，如东木头市、西木头市、骡马市、民乐园等。

据陕西省赈务会的报告，扶风、武功等地受灾最严重地区，灾民除逃往陇西、汉中外，大多逃往省城。灾民在省城的生活状态如何呢？基本是以乞讨为生。"灾民之在本乡既无以为生，乃扶老携幼，就食他乡，近山者多逃往南北两山，否则即来省垣，鸠形鹄面，络绎于途，故西安市上之乞丐，日来骤形增加，而收容所及粥厂复因经费困难，人数均有限制。此等灾民，日则沿街乞讨，夜则露宿街头，寒风侵袭，呻吟之声不绝于耳，见之令人心肠欲裂。"① 1933 年，各地灾民涌入西安，甚至包围了省赈务会。"外县灾民来长安市就食者，日益增多，兹将市上日来所见惨状，分志如次。房料市场，陕省灾期甚长，农村早已破坏，一般农民初则尚可借贷，及至现在富者亦成赤贫，不惟告无门，即售卖田产亦无人过问，故一般灾民多将房屋拆毁，连同家具什物运省出售。西安炭市地方，遂成灾民出售木料之一大市场，举凡椽柱、门窗、桌椅、车辆、衣物、农具等无一非其售品，近日占地更形扩大，但因西安市亦甚凋蔽，故虽贱价出售，亦苦无顾主，鹄候振救，省赈务会执掌全省赈灾事宜，故来省灾民，多往求赈，致日来该会门首，灾民麇集，日则无食，夜则露宿，小儿啼哭，老弱呻吟，凄惨之状，令人心酸，但该会以赈救缺乏，灾民等虽日夜等候，亦无所得。标草售子，一般灾民，既无力以自养，何能俯蓄妻子，故西安市上日来常有售子之惨剧，并于小儿衣上插一谷草，口喊'卖娃'，其代价有索以洋数元者，有仅易以食物者，当其交易成功，临分别时，其父子母女无不抱头痛哭，旁观者亦为之伤心落泪。"②

灾民涌入城镇后大多以乞讨为生。流入省城的灾民可谓悲惨，《申报》报道，"西安城内居民，在十二月中，约有百分之二死于饥寒，若辈几尽倒毙街中，每过一宵。街中辄增死尸若干……曾在城隅，见骷髅一堆，不下二三十枚，又见多数尸身，皆有野狗咬食痕迹，皮骨狼藉，惨不忍睹！"③ 流入

---

① 《陕西灾况：沿门乞讨》，《兴华》第 30 卷第 10 期，1933 年，第 43 页。
② 何挺杰：《陕西农村之破产及趋势》，《中国经济》第 1 卷第 4、5 期合刊，1933 年 8 月，第 18 页。
③ 《克拉克报告西北灾状》，《申报》1930 年 2 月 10 日。

县城的灾民同样处于悲惨境地。当时到陕西调查者描绘灾民乞讨的情景，"武功东大街是一个汽车站，车停歇半小时，我们下车，到小饭馆吃饭。二十多个灾民立刻围上来，都是瘦得可怕的。一个八岁的女孩子，家人都死完了。她两颔突进去，胳膊，只见皮不见肉。我们剩下的西瓜皮和西瓜子，他们都抢着吃得干干净净。当我们吃罢了饭，他们又抢着吃碗盘里的剩饭和菜，吃完了还舔，舔完了碗碟舔桌面"。[①]

第二节　灾荒与城镇商业

商业的发展得力于流通。城市人口较多，需求量大，因此商业在城市较为发达。另外，一些集镇往往是一个地区的商品集散地和原料收集地，农民往往到镇上购买生活必需品，出售多余的农产品，因此一些常住人口并不多的集镇往往商贸也比较发达。自然灾害也会引发从农村到城市的多米诺效应。天灾人祸不断，军阀混战，境内商业萧条，农产品、工业品匮乏，最终导致物价上涨，城镇商业萧条。

首先，物价上涨，使居民生活大受影响。连续大旱灾后，各地的粮食交易受到冲击最大。如民国时期的学者所描述的西北三年大旱后农村和城市情况："由于人口、耕畜、农具、种籽底缺乏，和荒地底增加，使粮食底出产，激剧地减少。一九二八年以前，西安屯积的粮食，还可以供全城半年以上的需要。所以民国十五年西安被困八个月之久，而人民的死亡，并不及这次灾荒的厉害。近来西安偶然经过一二日的雨雪，乡下农民不便进城来，一切生活品就要涨价。这都表示灾后农产的减少，市场空虚的现象。"[②] 从表面看，灾荒似乎对农村影响比较大而对城市影响不大，但实际上，因为城市居民生活资源主要依赖农村，灾荒也会波及城市民众的生活。灾期由于粮食歉收，周边农村的粮食无法及时供应城镇，从外边购入必然会增加运输成本。另外，灾期农村粮食涨价的风潮必然会波及城镇。因此，灾期城镇的粮食价格上涨，也会影响城镇居民的生活质量。

其次，商业凋敝。商业作为买和卖的中间环节，既受农业、工业的影响，又受买方市场的影响，特别是受到购买人购买能力的制约。商业的营销

---

① 《陕西省农村调查》，第 162 页。
② 石笋：《陕西灾后的土地问题和农村新恐慌的展开》，《新创造》第 2 卷第 1、2 期合刊，1932 年，第 216 页。

情况是城镇的风向标。自然灾害对城镇商业的影响主要通过市场营销情况体现出来。城市商业萧条由下列情形可见："陕省灾期甚长，农村早已破坏……一般灾民多将房屋拆毁，连同家具什物运省出售。西安炭市地方，遂成灾民出售木料之一大市场，举凡椽柱、门窗、桌椅、车辆、衣物、农具等无一非其售品，近日占地更形扩大，但因西安市亦甚凋蔽，故虽贱价出售，亦苦无顾主。"农村灾民无以为生，把生活用具都拿到西安出售，似乎是一片繁荣景象，但是实际上当时只有卖方市场，而几乎无买方市场，所以交易非常少，城市购买力低下体现了商业萧条。"西安目下商业概况，产销收成既歉，销路异常迟滞。输入货物，而以民生困苦，消费减少，是以商业萧条。表面虽尚有趋于繁华表现，而实际中下社会民生之维艰，直可罗雀。盖经济荣枯基于人民财富若何。"[1]

灾期，城镇、乡村居民购买力下降，商铺大量关门、破产。有学者对西安1926年围城前后与1928～1931年灾荒前后的商业数量做了比较（见表5-2）。

表 5-2　西安 1926 年围城、1928～1931 年灾荒前后商号比较

时期	商号数目	比较增减
1926 年围城之前	约 5000 家	无增减
1926 年围城之后	约 4500 家	减少约 1/10
1928 年灾荒以前	约 4000 家	减少约 1/10
1931 年灾荒以后	约 3200 家	减少约 2/10

从表5-2可以看出，1926年之前，西安商号正常经营，1926年经历西安围城后，到1931年，这一时期陕西接连经历了西安围城、1928～1931年大灾荒，西安的商号数量呈现明显减少的趋势，从5000家减少到3200家，减少了36%。作者认为，"围城的损失小，而灾荒的损失大，其所以如此，因为围城前多有积蓄，经过围城损失后，尚未恢复，故一遇灾荒，其歇业之家数遂因而激增。且由此证明，西安商业渐趋衰颓，即商号之数目逐渐减少，简直没有增加的希望"。[2]

民国时期，陕西城镇经济的衰落不尽然是灾荒导致的，但不可否认的是，灾害使得大多城镇在灾期商业萧条。因为人们的购买力短时间内难以

---

① 《国内要闻——西安商业概况》，《银行周报》第 16 卷第 50 期，1932 年，第 6 页。
② 何宽泽：《西安商业概况》，《新陕西月刊》第 1 卷第 2 期，1931 年，第 56 页。

恢复,在灾后很长一段时间内商业还会受到影响。如陕北榆林东临沙漠,毗邻蒙古,传统皮毛交易比较发达,据统计,每年出产价值约为200多万元,1928年后则一落千丈,边客(指旅蒙商人)陪累,市贩倒闭。[①] 西安是陕西乃至西北的经济中心,商业、金融均较为发达。据统计,全市共有商铺4400余家,但1928～1931年倒闭甚多(见表5-3)。

表5-3 西安灾期商业倒闭统计

店别	数量	店别	数量
杂货店	四家	钱铺	二家
川货店	二家	棉花店	四家
纸烟店	二家	青器店	二家
羊肉店	四家	盐卤店	二家
皮货店	四家	手帕店	一家
粗布店	五家	旧货店	二家
旅馆	二家	弹花店	一家
馍面店	四家	估衣店	二家
鞍鞒店	一家	坊材店	一家
帽店	六家	纸店	二家
洋货店	三家	碎货店	二家
汽车行	二家	烟馆	十四家
茶叶洋糖店	四家	柴炭店	三家
洋袜店	一家	京货店	三家
铜铁店	二家	烟酒店	一家

资料来源:原载《中央日报》1933年3月8日,转引自万叶《陕灾之剖析》,《四十年代》第1卷第4期,1933年7月,第13页。

从表5-3可以看出,灾期倒闭的涉及杂货、皮货、茶叶、洋糖、烟酒、柴炭、衣帽、棉花、旅馆、钱庄等与百姓生活相关的各个行业。商行倒闭还是因为百姓因灾贫困,购买力难以恢复。"西安、咸阳、泾阳、三原、渭南等地各棉市。虽尚各有相当存棉,而苦无人购办,市场疲滞。……日常生活尚属不给,一切消费势必减少,是以各种匹头呢绒洋广

---

① 万叶:《陕灾之剖析》,《四十年代》第1卷第4期,1933年7月,第12页。

杂货，所有日用必需以及消耗品，无不因消费力之减低，而市呈萧条。"[①]

30 年代初，灾荒导致陕西民众购买力低下，直接波及西安的商业。"西安南院门，算是西安市上商业中心，以五洲大药房、世界大药房，及新开之竞业商店资本最大。近以经济界之不景气，处于苛捐杂税压迫下之陕西人民，购买力完全消失……虽各商家竞以大减价相号召，以新装饰相吸引，而顾客仍属寥寥。据商界中人谈，各家减价，均以五折计算，各店竞争，不以获利多少相较，而以赔本若干为准。于此可见陕西人民之痛苦矣！又本年春节，城乡景象惨淡，金融空前奇紧，商号倒闭者甚多，有破产者数家，号长均自戕。"[②] 直到 1933 年，仍然有大量的商铺关闭、破产，据记载，"商业空前凋蔽，就西安市言，不特陕西全省精华之所聚地，亦为西北方面唯一之市场，乃去年以来，倒闭破产者占十分之三四，新式商店，且甫开即闭……商人受莫大之影响"[③]。据 1934 年陕西省银行的调查，"西安人口尚只十二万，商店号称五千余家而小贩居多，七十二行成立公会者，仅三十六行，资本最大之商店为广货庄五万元，最小之商店为书籍笔墨业一百元。因天灾人祸关系，商店且又亏累停业者，如盐行三十家，停业者五家，杂布行廿七家，停业者八家，皮货行十一家，停业者二家，山货行十九家，停业者一家"[④]。可见，受到 1928～1931 年旱灾的影响，30 年代西安的商业一蹶不振。

据统计，陕西 1930 年商店营业状况相当于平常年份的 44%，1931 年相当于平常年份的 47%，1932 年相当于平常年份的 49%，1933 年相当于平常年份的 55%，1934 年相当于平常年份的 63%，1935 年相当于平常年份的 60%。[⑤] 可以看出，30 年代陕西商业总体处于衰落状况，特别是 1930～1932 年的营业状况相当于正常年份的一半都不到，但是 1933 年之后逐渐修复，营业达到正常年份的 60% 左右，证明灾荒对商业的影响在逐渐降低。

城镇商业的萎缩还体现为一些传统的商业行业和贸易区衰落。

① 《国内要闻——西安商业概况》，《银行周报》第 16 卷第 50 期，1932 年，第 6～7 页。
② 心：《西安市之不景气》，《西北问题》第 1 卷第 4 期，1933 年，第 5 页。
③ 《关中灾重匪祸未除，西安时闻啼饥卖儿之声，农村破产商业凋敝不堪》，《民报》1933 年 2 月 25 日。
④ 《十年来之陕西经济（1931～1941）》，第 151 页。
⑤ 《近六年来商店营业状况占平常年之百分比》，《农情报告》第 5 卷第 7 期，1937 年，第 228 页。

民国时期，陇海铁路贯通到陕西之前，三原、泾阳等城镇是西北重要的商品集散地。甘肃的水烟、湖南的砖茶，以泾阳为集散地，经过蓝田、龙驹寨、老河口，通过汉江运到汉口再运销外埠，外来的商品又沿这个路线运到泾阳，再分散到西北各地；西北各地如甘肃、青海、新疆输入的药材，河南、湖北等地输入的布匹，以三原为集散地。① 陇海铁路修建到陕西后，西安成为西北商品集散中心。据调查，西安商业主要集中于盐行、杂布行、皮货行、山货行、粮食行、药材行、五金行、洋杂货行、油店、杂货店等。但是 1929 年西北旱灾时，三原、泾阳等地是灾情最严重的地区，商业几乎全部萎缩，加之陇海铁路贯通，这些地区的商业彻底衰落；武功在 1929 年以前，县城有商店 200 余家，遭受 1928～1931 年旱灾后，到 1934 年仅有 50 余家，以土行居多。② 受灾害的影响，西安大量商店停业。据 1934 年的统计，西安原有盐行 30 家，停业 5 家；杂布行 27 家，停业 8 家；皮货行 11 家，停业 3 家；山货行 19 家，停业 1 家。③ 紫阳因为临近汉江，交通便利，商务一直比较发达，但遭受了 1929 年前后的自然灾害，加之匪祸盛行，境内商号"各处分庄，相率引去，本地商号，一律歇业，到 1934 年，仅存小本商人贩卖盐布即日用之零物而已"。④ 洛南在清末民初商业比较发达，经过 1929 年前后的旱灾，"县城商务，毫无可称，仅有十余镇市买卖花布、京货及日用必需之杂货，其中并有代客买卖之载行"。⑤ 可见商业萧条的程度。

灾害对城市具有双重作用。一方面灾害造成了城市人口的死亡、设施的破坏，给城镇居民生活带来不便。陕西城镇因为人口少，经济链条脆弱，经济基础极为薄弱，自我防御和救助活动难以开展，而且产业结构单一，难以在短时间内容纳大量劳动力，因此承受灾害的能力相当弱。特别是大多小型城镇对外交通不便，灾害发生时很难得到救济，一旦遇到大的自然灾害就容易衰落，如陕西汉中、安康等地饱受汉江洪水的危害。同时农村粮食的减产或者绝收，势必影响到城市的粮食供应，大量人口涌入城市、农村粮食的涨价会引起连锁反应，导致城市粮食价格上涨。而且由于农村原料供应不

① 《十年来之陕西经济（1931～1941）》，第 186 页。
② 《十年来之陕西经济（1931～1941）》，第 199 页。
③ 《十年来之陕西经济（1931～1941）》，第 186 页。
④ 《十年来之陕西经济（1931～1941）》，第 199 页。
⑤ 《十年来之陕西经济（1931～1941）》，第 199 页。

足，城市手工业、工业减产。另一方面，灾害发生后，由于人口、商业资金大量涌向城市，城市发展获得了必要的劳动力和资金，在一定程度上推动了城市金融、商业的繁荣，使得灾区周围的城市出现短暂的畸形繁荣。

从表5-4可以看出，灾害时期，21个县市中，盈余商家1220家，亏损商家820家，盈余的商家不仅在数量上比亏损的多，在盈余金额上也远远高于亏损的金额，盈余55100元，亏损23500元。单从数据统计看，在灾期，总体经济受到负面影响，但城镇商业似乎没有随着灾害的发展而衰落，反而呈现繁荣景象。具体到各地，第一，单纯从盈亏商家数量来看，凤翔、定远、山阳、商县、宝鸡、富平等县的盈余商家数量远远大于亏损的商家数量，差异最大的山阳盈余170余家，亏损20家，最低的白水盈余20家，亏损不足10家。而西安、三原、临潼等地都是盈余商家少于亏损商家数量。西安盈余50余家，亏损不足80家，三原盈余10余家，亏损不足70家，临潼盈余80余家，亏损120家。其余各县如长武、渭南、汧阳等则盈亏相当。榆林因为从事蒙汉贸易，加之灾期人口大量涌入，商业反而呈现一时的繁荣。榆林、横山、神木、米脂等地的许多边商巨贾，聚集大量资金在内蒙古"设庄"，从事蒙汉贸易，仅榆林城常年在内蒙古从事蒙汉贸易的巨商就有36家，小贩边商1000余人。1921~1931年，每年榆林边商从内蒙古收购运回紫绒5000~6000包（每包100市斤），春毛700万~800万市斤，秋毛50万~60万市斤，驼毛80余万市斤，山羊皮14万~15万张，绵羊皮30余万张，白羔皮3万余张，黑猪皮6万余张，狐皮1万余张，獾皮3000余张，黄鼬皮600余张，黄鼠狼皮600余张，马皮3000~6000张，牛皮2万余张，马1万余匹，驴3000余头，骆驼5000多峰，活羊近10万只，此外还有大量的碱、麻油、酥油、药材等。这些产品除当地使用一小部分外，大部行销太原、天津等地。当时榆林边商每年行销内蒙古货物有砖茶1.2万余箱（每箱36块），水烟100余万包（每包5两），赤白糖6000余市斤，烧酒100余万市斤，各色棉布1.6万余匹（每匹11丈），各种绸缎8000余匹（每匹9丈），各种中西药材5000余市斤。此外还有大量的棉花及裘制品、挽具、酒器、银器、铜器、地毯等手工业品。[1]

---

[1]　《榆林市场》，陕西省地方志编纂委员会编《陕西省志·商业志》，陕西人民出版社，1999，第327页。

表5-4 陕西灾荒中各县市商号盈亏数量比较

单位：家，元

县市	盈余的商家数量	盈余金额	亏损的商家数量	亏损金额
西安	50 强	50000	80 弱	35000 强
凤翔	110 弱	15000	10 强	5000 弱
澄城	10 弱	1000 弱	10	5000 弱
泾阳	30 弱	15000 弱	40 弱	5000 强
汧阳	20	5000 强	20 强	5000 弱
定远	100 强	5000	10 强	5000 弱
神木	70 强	5000		
白水	20	10000	10 弱	5000 弱
绥德	10	5000 强	20 弱	10000 弱
白河	30 强	115000 弱	10 弱	10000 弱
山阳	170 强	185000	20	30000 弱
商县	160 强	20000	20 强	5000 弱
三原	10 强	5000 弱	70 弱	45000 强
宝鸡	160 强	30000 弱	30	5000 强
临潼	80 强	5000	120	
富平	120 强	50000	20	10000
韩城	10 弱	5000 弱		
华县			300	45000 弱
南郑	30	10000		
渭南	20	10000 弱	20	5000
长武	10	5000	10 强	5000
合计	1220	551000	820	235000

资料来源：冯和法《中国农村经济资料》，第771、772页。

第三节　灾期城镇居民和灾民关系

在中国传统社会，城乡关系基本情况是城市在经济上依赖农村，在政治上统一农村，形成对立统一的二重性城乡关系。近代以来，随着外国势力的入侵、中国主要通商口岸城市对外贸易和工商业的兴起与发展，城市经济对农村辐射和聚集功能增强，城乡社会分工明确，贸易扩大，人口流动频繁，导致城市与乡村间的经济联系日益加强，城市工业原料、固定工人需求增多，同时需要农村供给的粮食、蔬菜等也增多；而农村自给自足的自然经济日益解体，更多的生活资料需要与城镇交换，更多的破产农民需要到城镇就业，这就导致城市与农村的相互依赖关系增强。同时，随着城镇经济的发展，城市能够承担起更多的救助功能，如相关慈善机构的建立，救助难民，工厂可以容纳更多的人做工，吸收农村剩余劳动力，更多的人参与慈善救济，等等。因此当自然灾害发生后，特别是农村灾情比城市严重的时候，城市往往承担起救助农村的功能。城市救助功能与城市发展程度、规模、人口、经济状况都有关系。一般情况下，城市规模越大，经济越发达，城市设施越健全，受农村灾害影响就越小，吸纳、救济灾民的能力越强。相反，如果城镇规模小，一旦农村灾情发生，很容易波及城镇居民的生活，如粮食供应不足、粮食等生活资料价格上涨，它们往往没有能力去吸纳、救济灾民。

由于城镇经济不发达、城镇人口少，城市规模小，吸纳人口的能力较弱，无力安置大量的外来人口，无力承担起救助农村的功能。据1946年的统计，西安人口的职业分配为：6.35% 从事农业，0.07% 从事矿业，10.12% 从事工业，19.63% 从事商业，7.98% 从事运输业，6.77% 从事公职，3.68% 从事自由职业，32.44% 从事服务业，4.43% 从事其他行业，10.26% 无业。[1] 也就是说，城市大量人口失业，这些农村灾民涌入城市后很可能无法得到一份工作，无法找到谋生的手段。而城市里面从事农业、矿业、运输业、服务业的高达46.84%，他们都是低收入阶层，生活相当困难，无法帮助其他人。而城市中只有从事自由职业和公职的收入相对稳定，但是比例只有 10.45%。因此，城市经济也是比较脆弱的，难以承受如此多的灾民。故当大量灾民涌入城镇时，他们并不能得到妥善的安置，"省内灾民，以妇孺占十分之八，均系西部各县逃来，家中既已房地俱无，父母转死沟壑，方离孔具之孺子，流落市井街头，每人手持小铁筒一个，沿门乞讨，每日平均不到铜元 10 枚，饿则葱须蒜梗充肠"。[2]

在正常年份，城镇的粮食主要从附近农村就近获得，而城镇人口也是基本稳定的，物价相对稳定，因此受到农村影响较小，城市居民和农村居

---

① 张庆军：《民国时期都市人口结构分析》，《民国档案》1992 年第 1 期。
② 张水良：《中国灾荒史（1927～1937）》，第 84 页。

民之间并无对立或者仇视。但是在灾情严重的时候，粮食因供应短缺及大量灾民涌入而价格上涨。城镇居民大量失业，生活受到严重影响，无力顾及越来越多的乞食者。另外，灾民大量涌入，使得城市原有的交通、设施都受到影响，加之灾荒时期，商人囤积居奇、哄抬物价，城市原住居民的生活受到严重影响。

一般来说，城镇居民对灾民的态度往往经历同情到麻木，再到淡漠，最后甚至会反感的过程。初期涌入城镇的灾民比较少，一般会受到同情，得到力所能及的帮助。但是越来越多的灾民涌入，城镇居民更多的是感到无力，时间长了也就麻木了。灾民大量涌入，必然会影响城市市容和城镇居民的生活。据南京赈务处的报告，"省垣（西安）饿民蜂聚蚁屯，街衢食物任意攫取"。① 可以看出灾民已经无序化，开始抢夺居民的食物。当城镇居民的生活受到较大影响的时候，灾民往往得不到应有的同情和帮助，反而遭到城镇居民的排斥，甚至出现居民对灾民的厌恶。据记载，西安的街道上，饭馆里的桌子周围站满了讨吃的灾民，他们要不来就硬抢，用手从碗里抓面，抓到馍给上面吐唾沫、抹鼻涕。顾客不要了，他们才拿去充饥。② 灾民的种种不合时宜的行为只会招来城镇居民的反感和厌恶。"乡下饥荒，城里也一样。咸阳街上和西安街上，经常有饥民抢食。农民与外来人若买一块馍，等不得吃便被抢走，若被赶上，便将馍馍往污水、牛粪里一扔，赶的人一走，又将馍馍拾起来用水一冲吃下去。还有些饥民联合起来，晚上偷偷摸进单位厨房或饭馆，见食物便吃，吃了就跑。"③ 为了生存，城市里甚至出现了"吃大户""抢吃"等现象，严重影响原有居民的生活，因此他们对灾民采取漠视的态度。大量涌入城里的饥民基本都是身无分文，并不能拉动城里的消费，反而会严重影响店铺的生意。据记载，很多商家采取各种方式轰赶门前的灾民。"街道上七零八乱的横卧着一个一个的男妇，许多在商号的店台上卧着，也有卧在街道当心……人们也很残酷，他们厌恶这些将死的人卧在他们店台上（如果卧着死去了，就要他们负责埋），他们在台基上倒满水，防止乞儿们再来卧，但他们（灾民）

① 《陕灾惨状，省垣饿民蜂聚蚁屯，街衢食物任意攫取》，《赈务月刊》第1卷第2期，1930年，"灾赈纪实"，第5页。
② 文芳编《黑色记忆之天灾人祸》，第290页。
③ 赵西文：《民国十八年年馑》，《渭城文史资料》第2辑，第110页。

似乎也不怕这些事，他们仍然躺在水坑里。"① 城镇居民往台基上泼水防止乞丐卧躺，显示了他们已经不再抱以同情，反而比较厌恶。

"见西安街头灾民众多，屋檐下横竖躺着衣衫褴褛的穷人。走在街上，常常可见到行人围观饿毙者。皇城、满城、后宰门一带的土坑里扔着饿毙者的尸首，群狗抢着吃，叫人惨不忍睹。"② 展现的也是一种对灾民的冷漠。

可见，民国时期，在严重而频繁的灾害打击下，城镇萧条，无力承担起帮扶、救济农村的职责，城镇居民对涌入的灾民由同情到漠视，最后到敌视，城市和农村在某种程度上处于一种对立状态。

第四节　城市市政设施的逐渐完善

城市的发展与社会经济的发展密切相关，城市人口增加，经济发展，城市市政设施往往相应发生改进。城市市政设施和灾害也关系密切。民国时期，西安的市政设施有所改进取决于三个因素。第一，灾害频繁发生，大量灾民涌入西安，导致市政设施远远满足不了需求，城市混乱。第二，1931 年九一八事变后，国民政府把西北作为长期抗战的基地，把西安作为陪都建设。第三，抗战爆发后，大量战争难民、工厂、学校迁到西北，促进了西安人口的增长。1924 年西安人口为 12 万人左右，到 1930 年因为灾害只剩下 9 万人左右，当时居民主要集中在城西今天南院门、马坊门、五味十字、粉巷一带和东关地区。

民国初期，西安不但人口少，城市规模小，而且市政设施非常落后，直到 1917 年，部分路段才有了路灯和室内照明。③ 1927 年西安首次设市，1930 年，国民政府颁布新的《市组织法》，提高了设立"市"的标准，西安由于人口不足 20 万人，未达到设立市的标准，同年被陕西省政府撤销西安市建制。直到 1932 年，传统的手工业，如铁器业、铜器业、洋铁白铁业、木工业、竹器业、伞店业、针篦业、制毡业、扎纸业、麻绳业等小型店铺和作坊，仍然集中于西大街南院门、北院门、马坊门、五味十字、粉

---

① 康天国：《西北最近十年来史料》，黄诏年编《中国国民党商民运动经过》，台北，文海出版社，1990，第 102 页。

② 雷炎堃、李景民口述《民国十八年年馑之所见》，《铜川文史资料》第 4 辑，第 82 页。

③ 王圣学、刘科伟：《陕西城市发展研究》，西安地图出版社，1995，第 86 页。

巷一带。街道狭小，城市功能没有分开，卫生条件差,[1] 可见，当时西安城市发展水平总体比较低下。

在20世纪30年代以后，随着西安人口的增加，城市规划开始受到当局的重视。1932年，陕西当局确定西安市的规划区域为"东至灞桥，西至沣水，北至渭水，南至终南山",[2] 开辟了新城区，扩大了城区范围。1936年，对西安进行了城区划分，如西京市政建设委员会将娼寮区集中规划于新市区"岁"字地段，而在涝巷、开元寺、新市区"寒"字地段分别规划一个菜市场，另外在玉祥门设立屠羊场，西关南火巷和城外北隅分别设立一个屠猪场。同时颁布一系列法规，如《西京暂行建筑规则》《新市场建筑办法》《西安市沿街商户搭盖凉棚暂行办法》等，对城市进行有效的管理。

随着新城区的开发、城市的合理规划，市政设施有了一定改进，首先是道路拓宽。1935年拟定了《城厢道路系统图》，开始修整马路，添置路牌。把全市道路划分为甲、乙、丙、丁及通巷5个等级。规定甲等路面总宽为30米，路面宽为20米，人行道各宽5米；乙等路面总宽为20米，路面宽12米，人行道各宽4米；丙等路面总宽为16米，路面宽10米，人行道各宽3米；丁等路面总宽为10米，路面宽6米，人行道各宽2米；其余通巷宽度一律定为5米。当时定为甲等路的有：东西南北四大街，尚仁路、大差市路、东新街、崇礼路、玉祥门路、王家巷、莲寿坊、西北三路、老关庙街、洒金桥、北桥梓口、琉璃庙街、南北四府街。西安其他街道也制定了等级并进行建设。市内交通要道、巷子铺设碎石路面，其次采用煤渣、碎砖等材料铺设。[3] 据统计，截至1940年10月，西安城区已经筑成碎石马路共90多条，总长41.819公里，修筑煤渣路20多条，新修白鹭湾、龙渠路两条碎砖路，整修了29条土路。另外修建环城路16公里，中正门外中正桥和中山桥先后补修完竣，南四府新开城门之桥涵均得到修补。[4]

其次，修建厕所，建设下水道与自来水工程。总体来讲，民国时期西安的市政设施很差，史料记载民国时期西安商业比较繁荣的东关的卫生情

① 吴宏岐：《西安历史地理研究》，西安地图出版社，2006，第353页。
② 吴宏岐：《西安历史地理研究》，第394页。
③ 吴宏岐：《西安历史地理研究》，第446页。
④ 陕西省档案馆：《西京筹备委员会及市政建设委员会二十九年工作实施报告》，1940。

况："东关修了一次马路，拆的是南边板房，放宽了两米，可是板房后据下有一条阴沟，直通到城河，多年未修，有时污水横溢，臭气难闻，也是产生蚊蝇之所在。还有东板巷东头，开过粮食店，人叫老粮食市，里边场子很大，一般人都到里边大小便，毫不卫生。"[1] 1935 年，西京市政建设委员会市政工程处开始调查旧有厕所及便池，并先行规划建设了 10 座新厕所。但新建的 10 座厕所仍然不能满足需求，便又在市民较为集中的地方修建了 16 座。

再次是改善排水系统。民国时期很长一段时间，西安城内没有排水系统，生活污水没处排放，导致污水横流，卫生条件很差，容易引发传染病。稍有水灾，马路、街面大量积水，非常影响市容。1934 年后，西京市政建设委员会开始重视城市供排水系统，1935 年完成了全市水准测量和设计，根据西安的地势确定了排水的方向："本地地势，除了局部的不平外，大概东南高而西北低，所以水流方向，也就随着地势而东南流向西北。因此全市的总出水方向，大体分为两处，一由北大街向北出北门，一由莲寿坊向西出玉祥门，均泄入城壕。以及其他几处出口如西门、南四府街等处。"还成立了专门负责下水道修建、管理、维护的机构"沟渠工程处"（不久改为下水道公务所），开始改建城区下水道。首先对人口聚集较多的东大街马路两旁阴沟盖板以"加添十四号钢丝网于混凝土盖板内"的方法进行加厚，以便于保护下水道。为了防止杂物堵塞下水道，在东大街水沟工程完工之际，专门在各水沟盖子水孔处设铁箅一个（共 86 个），"以防止杂物随水入沟"。[2] 后来又陆续进行了北大街排水暗沟、炭市街至西华门干沟、龙渠、北院门水沟、端履门与南新街一带水沟，尚任路、崇耻路、后宰门、崇孝路等地水沟的建设。到 1939 年，市内铺设碎石路面的街巷都开挖了水沟，使得城市下水道系统初步形成，城市污水在主要街道开始有序排放，以往下暴雨时街道成河流的局面开始改善。

民国时期，城市规模的扩大和市政设施的改善，如道路整修、城市规划、公共厕所的修建、排水系统的修建，是西安城市化发展过程中的重要一步。背后的原因是多方面的，如越来越多的移民涌入，使得城市拥挤，脏乱不堪，特别是西安定为陪都后，政府努力改善市政设施。但是不可否

① 郭敬仪：《旧社会西安东关商业掠影》，政协陕西文史资料委员会编印《陕西文史资料》第 16 辑，1984，第 168 页。
② 吴宏岐：《西安历史地理研究》，第 449 页。

认，20 世纪二三十年代西北地区连接不断的灾害，关中等地区大量的灾民涌入省城，给西安的市政管理方面造成了不小的压力，也迫使政府在改善卫生条件等方面做出一些努力。

第五节　灾荒与城市公共卫生体系的发展

民国时期，西北地区灾害频发，伴随各种疾病流行。大量人口涌入城市，也推动了城市疾病防治、卫生防疫体系逐步建立起来。1932 年 6 月，陕西发生霍乱大疫（当时俗称虎疫），杨叔吉和石解人、李润生等临危受命，主持防治事宜。设立潼关防治虎疫分处，派出防治人员于华阴、华县、渭南、临潼、长安、朝邑等县防治。后来因为疫区扩大，防疫人才缺乏，又举办培训班，培训防疫人员赴鄠县、醴泉、郿县、商县等 19 个县进行预防接种，扑灭疫情。① 1932 年 11 月成立了陕西省防疫处，下设研究科、医务科、事务科等，其中医务科下设传染病院附设门诊部。后来又设立了贫民诊疗所。②

一　疫苗制造、预防接种工作的开展与卫生防疫体系的逐步建立

陕西省防疫处自成立后，所需防疫药品除了从外省购买外，附设的制造科也开始自制疫苗。1932～1935 年只制造霍乱疫苗、伤寒疫苗，1935 年起增制牛痘苗、狂犬疫苗、霍乱伤寒混合疫苗以及赤痢疫苗等。防疫处卫生技术部更名为陕西省卫生试验所后，该所所属之生物制品科主要生产牛痘苗、霍乱疫苗、霍乱伤寒混合疫苗、鼠疫苗、白喉抗毒素等（见表 5 - 5）。

表 5 - 5　民国时期陕西省防疫处生物制品统计

疫苗种类	单位	1938 年	1939 年	1945 年	1946 年	1947 年
牛痘苗	打	60000	21107	67651	100000	43695
霍乱疫苗	瓶	49000	9505	79600		
伤寒疫苗	瓶			3410		
霍乱伤寒混合疫苗	瓶		7139	54702		

① 《陕西省预防医学简史》，第 303 页。
② 《陕西防疫处组织系统一览》，《陕西卫生月刊》第 2 卷第 5 期，1936 年，第 2 页。

续表

疫苗种类	单位	1938 年	1939 年	1945 年	1946 年	1947 年
伤寒副伤寒混合疫苗	瓶		38			
赤痢疫苗	瓶		169	33295		
狂犬疫苗	合支	1590	1134	265	264	465
白喉类毒素	瓶					1400
百日咳疫苗	瓶		253			

资料来源：《陕西省预防医学简史》，第 307 页。

此外，陕西省防疫处成立后，也积极宣传疫苗接种，开展疫苗接种工作。据不完全统计，1934 年接种牛痘疫苗 24095 人次，接种霍乱疫苗 95375 人次，接种赤痢疫苗 365 人次；1939 年接种伤寒混合疫苗 164910 人次；1942 年接种牛痘苗 905169 人次，接种霍乱疫苗 45444 人次，接种伤寒混合疫苗 15929 人次；1945 年接种牛痘苗 1060677 人次，接种伤寒混合疫苗 1259136 人次；1946 年接种牛痘苗 1224500 人次，接种伤寒混合疫苗 1364508 人次；1947 年接种牛痘苗 598816 人次，接受赤痢疫苗 597899 人次。[1] 可见，1932 年遍及关中的霍乱催生了专门的防疫机构——陕西省防疫处，而后陕西省防疫处进行疫苗研制，在居民中宣传疫病防治知识，针对天花、霍乱、伤寒、痢疾等传染性极强的疾病，积极推行疫苗接种，在这些领域推行疫苗种植也最有成效，牛痘苗最多一年接种人数达到 100 万人以上，接种霍乱疫苗达到近 10 万人，接种霍乱伤寒混合疫苗也达到百万人以上。其中种植牛痘和伤寒、混合疫苗的基本占到全省人口的 1/10，而注射疫苗的人群集中在城镇，如据 1935 年对西安春季牛痘苗接种情况的统计，陕西省防疫处在防疫处接种 118 人次，在国立西北农林专科水利组预备班接种 42 人次，在陕西第一监狱接种 143 人次，在小学教师预备所接种 122 人次，在贫民戒烟院接种 544 人次，在军政部十八陆军医院接种 263 人次，在省立医院接种 527 人次，在红十字医院接种 1190 人次。[2] 1935 年，西安市共计 2949 人次接种牛痘苗。此外，陕西省防疫处附设的传染病院也积极收治各种急性、慢性传染病病人（见表 5 - 6）。

---

[1] 《陕西省预防医学简史》，第 306 页。
[2] 《陕西防疫处二十四年春季西安市布种牛痘人数统计表》，《陕西卫生月刊》第 1 卷第 2 期，1935 年，第 38～40 页。

表 5 - 6　陕西省防疫处附设传染病院三年内治疗人数统计

单位：人

疾病名称	收治人数	治愈人数	死亡人数
猩红热	95	90	5
猩红热合并白喉	19	19	0
猩红热合并丹毒	6	4	2
猩红热合并气管	10	10	0
痘疮	12	10	2
水痘	7	6	1
白喉	29	22	7
白喉合并肺炎	7	6	1
伤寒	12	11	1
发疹伤寒	10	8	2
伤寒合并格鲁布性肺炎	9	9	0
赤痢	21	20	1
赤痢合并肺结核	16	16	0
赤痢合并毛细气管支肺炎	25	25	0
阿米巴性赤痢	18	17	1
副伤寒合并肺结核	18	18	0
阿米巴性赤痢合并实质性扁桃体炎	16	16	0
百日咳	7	5	2
百日咳合并肺炎	9	6	3
流行性感冒	49	49	0
流行性耳下腺炎	10	10	0
狂犬病	8	8	0
疟疾	11	11	0
风疹	37	37	0
丹毒	10	10	0
咽头丹毒	14	14	0
加达儿性肺炎	8	8	0
格鲁布性肺炎	12	12	0

资料来源：《陕西防疫处附设传染病院三周年内治疗人数统计表》，《陕西卫生月刊》第 1 卷第 5 期，1935 年，第 74～78 页。

从表 5 - 6 的数据看，陕西省防疫处附设传染病院在成立后的三年时间里，收治各类急性传染病病人 505 人，治愈 477 人，治愈率达到 94.45%，这是传统的医疗机构所达不到的，此外该院在三年内还收治各类慢性传染病病人 1456 人。从接种疫苗对疾病进行预防，到传染病院对各种急性传染病的高治愈率，可见城市的防疫体系已经基本建立起来。

二　公共卫生设施的发展

城市的生活卫生条件与各类疾病息息相关，民国初期，相关城镇并没有完善的卫生设施，乡村、城镇卫生条件堪忧，"城固等处，疥疮盛行，跳蚤之多，亦冠全国；巨鼠横行，啮枕求食；皆足使客居者震惊，而疥疮尤甚；谚云：神仙难逃汉中疥。盖由地气温润，民俗又不重洗涤，以澡身为伤元气，汉水汤汤，仍惜水如金也，益以害虫传染，疾疫遂繁，而又医疗乏术，迷信神方……""同官地瘠民贫……人畜聚处，粪溺杂陈，蚊蝇纷集；光线不足，且多潮湿……以故疾病丛生，身体衰弱，尤以妇女为甚。一人感疫，全家传染。"① 西安市民的住宿条件差，饮用水环境也比较恶劣，"西京的住所可以说是集了古今的大成，也可说是一个人类住所进化的展览会。在西京，前进的人们住在一九三六年式的大洋楼上，睥睨一切；最落伍的贫民还挖着地洞营着穴居生活。普通的市民，大都住在一种古式的民房里"。"人民饮料尤其成了严重的问题，西京市上的饮水，有甜水和苦水两种，甜水只限于西门一带的井内，因此全市人民的饮料，都得化钱到西门去买，而水价又特别昂贵，里面还满含泥汁。其余各处的井水，全是苦汁，不能取饮。"②

20 世纪 30 年代开始，西安市政开展了一系列环境卫生活动。除了前面所说的修建公共厕所外，还进行了一些卫生防疫工作。1933 年出版《西京医药》月刊（1934 年 9 月改为《西京新医药》季刊）；陕西省卫生处编辑出版《陕卫》，先为月刊，停办一段时间后改为半月刊出版。省市卫生行政机关制定了饮食店、公共水井、浴室、理发店、旅店、乳场、肉店、屠宰场以及饮食摊贩等的卫生管理规则，在从业人员中进行宣传教育：

---

① 赵石麟、孙忠年、辛智科编《黎锦熙卫生志著述》，第 16、65 页。

② 倪锡英：《都市——西京地理小丛书》，上海中华书局，1936，第 133 页。

污烟秽气腾潼关，虎疫猖獗为传染，乡曲愚民死万千，真堪怜！卫生不讲更何言？跪拜土木求福佑，香火戏剧报神衍，无如病亡日相连，拭目看，新坟累累尸堆山。[①]

1940 年，陕西省会卫生事务所成立，1944 年，改组为西安市卫生事务所，隶属西安市政府，环境卫生为其职责之一。当时颁布《清洁卫生工作竞赛实施办法》，订立《西安市推行私厕改良要点及标准图式》等规则条例 10 多种。陕西省防疫处、卫生处曾在西安举办卫生展览会 10 多次，其中第 13 届展览会观众达 30 多万人次。编写的多种传染病防治常识读本及《接生婆须知》等印发全省。

从表 5 - 7 可以看出，西安在公共卫生防疫方面做了一系列工作，包括改良水井、对水井进行消毒、对与饮用水有关的河水进行改良处理、对公共厕所进行改进、推行人畜分居等，还对公共堆放的垃圾进行集中处理。而且这些方面工作的数量是逐渐增加的，例如改良水井，1942 年仅 507 座，到 1947 年就达到 3059 座；1942 年仅对 743 座水井进行消毒，到 1947 年增加到 2865 座；1942 年改造厕所仅 1000 余座，到 1947 年增加到 3000 多座。此外，还对饮食行业相关的屠宰场、蔬菜店、饮食店、糕饼店、鱼店、菜场进行定期检查，报告环境情况并进行整改，如 1935 年夏季西安防疫处对全市经营的冷饮进行了检查，为了防止因卫生不达标出现流行性疾病，提出了整改意见："目前降雨后，气候骤为凉爽，冷热失调，疫菌最易匿藏，且本市前日已有人因饮冰而死者，故诚恐有贪图牟利之商贩，不顾市民之健康，对于前次该处检查所示之点不能履行，现决即派员复行检查并拟定卫生章则，分发各冷食店遵行。"[②] 还对民生相关的理发店、浴室、旅店进行改造，例如1947 年西安市卫生事务所检查理发店 120 余家、浴室 42 家、旅店 47 家，改造理发店 8 家，取缔不符合卫生要求的菜场 9 家。[③]

---

① 吉星北：《长相思》，《西京医药》创刊号，1933 年 1 月，第 24 页。
② 《西安防疫处以本市各冰厂所销售之冷食品》，《陕西卫生月刊》第 1 卷第 2 期，1935 年，第 50 页。
③ 《西安市卫生事务所环境卫生报告表》，《西安市政府公报》第 1 卷第 3 期，1947 年，第 36～37 页。

表 5－7　民国时期陕西开展环境卫生工作情况

环境卫生工作	1942 年	1946 年	1947 年
改良水井（座）	507	2190	3059
水井消毒（座）	743	234	2865
河水分改处理（个）	337	1907	1926
改造厕所（座）	1134	3527	3934
推行人畜分居（户）		5209	5339
灭虱（人次）	11939	1019	
垃圾处理（担）		2750921	3306525

资料来源：《陕西省预防医学简史》，第 308 页。

民国时期，虽然陕西的城市防疫体系已经基本建立，但是防疫工作仍然收效甚微。时人指出："医疗救济，妇婴卫生，多趋重于城市，而忽略了乡村，利于士绅阶级有钱阶级，而一般民众尤其是贫苦民众，不容得到实惠。环境卫生，城市地方卫生尚可，乡村则几乎视同化外，即城市地方亦办的不彻底。"[①]

第六节　城市社会救济体系的逐步建立

民国时期，大量灾民和难民涌入城镇，他们很难找到工作，也找不到栖身之处。无处安身之人不得不在城墙上挖洞居住。1927 年以前，西安只有少数清代遗留下来的社会救济设施，除了地方绅士、宗教团体举办的慈善机构外，救济工作很少。但是混乱的城市、大量的难民迫使政府在社会救济方面做了一些工作。如在西安城设立粮食救济会，[②] 西安市冬令救济委员会等专门组织，[③] 对残老孤幼和灾民、贫民分别实行贫穷救济（在救济设施内进行收养、免费医疗、免费助产、廉价或免费供给住宅、无息或低息贷给资金、提供粮食）、感化救济（实行感化教育及公民训练）、职业救济（职业介绍、技能训练）和临时救济（发放现款或食物、衣服等必需品，减

---

① 张善钧：《陕省卫生事业之检讨与改进》，《陕政》第 7 卷第 1、2 期合刊，1945 年，第 27 页。

② 《西安设粮食救济会》，《海潮音》第 9 卷第 12 期，1928 年，第 15 页。

③ 《陕西省西安市冬令救济委员会组织大纲》，《陕西省政府公报》第 932 期，1944 年，第 4 页。

免赋税等），还设立西安难民输运站等。[①] 关于民国时期城市中的一些组织收留妇女、教养灾童，后文将具体论述。表 5 - 8 是 1948 年西安市收容乞丐情况。

表 5 - 8　1948 年西安市收容乞丐情况

收容机关	收容人数		救济款额	
	人数（人）	比重（%）	款额（万元）	比重（%）
私立庆澜育幼院	184	77.64	12845	74.04
省救济院习艺所	36	15.19	3118	17.97
红十字会残疾所	13	5.49	996	5.74
红十字会育婴所	4	1.69	390	2.25
合计	237	100.00	17349	100.00

资料来源：西安市档案馆《西安市政统计报告（1947~1948）》，第 67 页。

从表 5 - 8 可以看出，1948 年，西安各类机构收容 237 名乞丐，救济金额达 17349 万元，发挥了一定的救助作用，当然，就民国时期而言，需要救助的人数远远超过了这个数目。城市在缓慢发展过程中，逐渐完善救助机构，承担起社会救助的职责。

严重的灾害造成农业减产、绝收，农民的死亡与逃亡，荒地增多，使得 20 世纪二三十年代农村濒临破产。对于刚刚开始近代化进程的城镇打击也是沉重的，一方面使得城镇物价上涨、生活困难，造成大量人口失业、死亡；另一方面城镇的农村原料市场和产品销售市场大大萎缩，使得工商业凋敝，城市经济衰退。虽然农村人口大量涌入城镇，包括部分资金集中于城镇，为城镇工业发展创造了一定契机，造成了城镇经济的暂时繁荣，但是这种繁荣是表面的、畸形的，很多涌入城镇的农村人口在灾后返乡，无法真正转化为城市劳动力，经济发展也是不平衡的，基础工业并没有得到改善。更重要的是，大量灾民涌入城市，城镇无力容纳、救济他们而无法担负起救助农村的责任，甚至造成城镇市民和灾民之间的对立。综合起来看，灾害对城镇的消极影响大于积极影响，阻碍了城镇的发展，延缓了城镇的近代化进程。

---

① 《总署设西安难民输运站》，《善后救济总署河南分署周报》第 68、69 期合刊，1947 年，第 11 页。

　　还有一点值得注意，灾民大量涌入城镇，还会带来很多社会问题，使得西安等城市本已存在的娼妓、烟毒、盗窃、抢劫等治安问题更加严重。民国时期西安城内众多妓院的存在和各种性病的传染与灾民大量涌入也有关系。随着大量灾民涌入，一些无以为生的妇女被卖或者自卖，从事流娼和暗娼活动以求生存。据记载，"一般贫民，因天灾人祸，无资生活，为糊口，将未成年幼女，忍辱出卖，为数甚多，多堕入娼妓……"[①] 加之陇海铁路通车，外地娼妓大量流入西安，西安妓院不断增多，并逐渐形成比较集中的花街柳巷，其中西安钟楼东南的开元寺、端履门、降子巷、小保吉巷、鸭子坑、游艺市场、二马路等 15 条街巷均是娼妓集中之处。[②] 据1949 年西安市卫生局统计，当年西安公开营业的妓院多达 268 家，妓女近千人。娼妓泛滥，导致各种性病患者增多。据统计，1947～1948 年不到一年的时间里，西安各医院、卫生所收治的梅毒、淋病和其他性病患者达到5639 人，占全市患病人数的 18.65%。

　　当然，民国时期陕西城镇出现的社会问题并不完全是灾害引起的，还有战争等其他因素。但是大量灾民失业，无衣无食，求生的欲望使他们盲目地涌入城市，也加重了城市的负担，这是毋庸置疑的。

---

① 《省府拯救灾荒中被骗妇女》，《陕灾周报》第 9 期，1931 年，"灾赈纪实"，第 1～2 页。
② 吴宏岐：《西安历史地理研究》，第 371 页。

第六章 救灾制度的构建：社会对灾荒的应对（之一）

中国是世界上自然灾害发生最频繁的国家之一。灾害和社会是一种互动关系，灾害给人的生命、财产、生活造成重大损失的同时，也催生了各种救灾方法和救灾思想。自古以来，各种自然灾害不断发生，中华民族在同自然做斗争的过程中生生不息，人们不断总结经验，进行积累。灾荒救济是统治阶级的重要职责，而且历代统治阶级都把赈济作为重要的工作，在长期的摸索中形成了一套较为完整的荒政思想和荒政体系。"天时补偿，水旱为冷，则地利有所不能殖，人和有所不足，圣人有忧之，是故为之荒政以聚万民，所以救天时之补偿，而济地利人和之不及也。"① 救灾水平和手段是随着社会经济发展而变化的，封建社会统治阶级主要采用蠲免、赈粮、赈款、整治河工等方式。近代以来，随着中国的近代化，政府的组织能力进一步提升，救灾方式也逐渐发生变化，总体上讲，政府救灾程序更加完善，由于新兴阶层的兴起和新式交通、通信方式的出现，更多的社会团体与个人关注和投入赈灾。

从古至今，人类的救灾活动从主体方面大致分为两个层面：一是官方的救灾活动，主要是中央政府和地方政府的各种救灾活动，救灾、救济是政府的职责之一；二是灾民的自救和民间团体的救灾活动。二者相辅相成，构成了救灾的主体。在古代，在敬天保民的思想下，赈灾的主要职责由政府承担，民间的救灾是一种补充。

近代以来，随着中西交往的日益深入，中国的灾情也受到西方民众的关注。随着西方各种思潮和现代慈善救济理念的传入，一些中国人逐渐把传统救灾理念和西方救灾理念结合在一起。在救灾过程中，中国得到西方政府和民众的捐助，西方一些慈善团体还直接参与中国的救灾活动，中西

---

① 高迈：《灾荒与荒政》，《中央日报》1935 年 9 月 28 日。

方的救灾方式相互融合，一些民间和官方相结合的国际救灾组织也在中国建立起来，推动中国救灾制度和体系向现代化过渡。

第一节　中央救灾机构的演变

1912～1949 年，民国先后经历了南京临时政府时期、北京政府时期和南京国民政府时期。民国成立初期，并没有设立专门的救灾机构，政治组织机构的日趋完善，以及救灾的需要，推动了从中央到地方专门救灾机构的建立和完善。

一　北京政府时期的中央救灾机构

南京临时政府成立之初，内务部负有社会救济、福利等职责，因此灾害救济的对口管理部门为内务部下设的民政司，主要负责社会救济、灾害赈济及慈善等事宜。南京临时政府存在时间不长，随着袁世凯当选大总统，国民政府迁都北京。北京政府统治初期，并没有设立专门的救灾机构，而是继续由内务部下设机构民政厅管理赈恤、救济、慈善等事宜，地方由民政厅及下属单位兼管救济事宜。此时灾害救济和一般的社会救济并没有分开，1913 年规定由内务部民治司负责救济、慈善等事宜，同时规定如果各地灾情比较严重，设立临时性的机构专门办理赈务。1915 年珠江大水，1920 年陕西、河南、直隶、河北、山东等北方五省大旱灾和甘肃地震，催生了专门的救灾机构，赈务处得以设立，按照《赈务处暂行章程》，"特设赈务处综理直鲁豫秦晋各灾区赈济及善后事宜"，设赈务督办 1 人，由大总统特派，赈务会办 1～2 人，赈务坐办 1 人，均由大总统简派。[①] 赈务处还不完全是全国性机构，只是一个临时机构，主要负责灾情较为严重的陕西、河南、直隶、山东、山西等省赈务，但是负责办理赈务的官员都由总统特派或者简派，一开始就具有较高的权威。同时颁布了《办赈犯罪惩治暂行条例》《办赈奖惩暂行条例》等，对由总统或者各级派出的办理赈务的人员，规定了具体的奖惩措施和标准，使得办理赈务人员一开始就受到相关规章制度的约束，在某种程度上代行了尚未产生的中央赈务机构的职责，也催生了正式的全国性统一赈灾机构。同年还设立了筹议赈灾临

时委员会，根据该委员会章程规定，筹议赈灾临时委员会由内务、财政、农商、交通各部组成，设会长1人，副会长3人，委员20人，名誉委员若干人，会长以内务次长兼任，副会长由各部主管司长兼任，各省灾区赈灾事项，由地方官员随时遴选赈务委员与该会接洽。① 如果说赈务处是一个临时的中央赈灾决策机构，筹议赈灾临时委员会则是由与救灾相关的内务、财政、农商、交通等部门组织的一个咨询和办赈机构。从赈务处和筹议赈灾临时委员会的设立，可以看出在20世纪20年代，北京政府在专职救灾机构的建设上迈出了一步。

此外，北京政府时期还出现了部门性的赈灾机构。1920年9月，交通部为了办理赈灾事宜，在其下成立赈灾委员会，颁布了《交通部赈灾委员会章程》，规定设会长1人，由交通次长兼任，副会长1人，从交通部参事、司长中选择，会员若干，专门负责处理交通系统赈灾相关事情。② 同年12月税务处也在其下成立筹赈委员会，颁布了章程，规定该委员会的宗旨是"补助赈务"，设委员长1人，专门负责本系统赈灾事宜。③ 1922年又颁布了《修正交通部赈灾委员会章程》。

1921年，北京政府颁布《全国防灾委员会章程》，根据章程设立了专门的救灾机构——全国防灾委员会，其宗旨是"讨论受灾原因，筹设防灾办法，消弭各省区灾歉之发生"，全国防灾委员会下设6股，由农林股掌管农田水利、森林及农业改良事宜，由工程股掌管河流工程、道路工程事业，粮食股掌管积储、粮食的调节，移植股掌管移民和开荒事宜，劳工股掌管工业、职业劳动者之赈务推行、救助等，另外还设立了总务股。④ 1924年，北京政府设立督办赈务公署，主办全国赈务。《督办赈务公署组织条例》规定，督办赈务公署直属于大总统，办理全国官赈事务，设督办1人，管理赈款的规划、出入、监督、分配、查放官赈及公署一切事务；坐办1人，由内务次长兼任，由督办赈务公署会同内务总长呈请中央简派。督办赈务公署下设总务处、赈务处、稽查处三处。⑤ 1924年9月由高凌霨

① 《筹议赈灾临时委员会章程》（1920年9月14日公布），《赈务通告》1920年第1期，"法令"，第9页。

② 《交通部赈灾委员会章程》，《赈务通告》1920年第1期，"法令"，第11页。

③ 《税务处筹赈委员会章程》（1920年12月公布），《赈务通告》1920年第6期，"法令"，第19～20页。

④ 朱汉国主编《中国社会通史·民国卷》，山西教育出版社，1996，第504页。

⑤ 《督办赈务公署组织条例》，《胶澳公报》第174期，1924年，第12～13页。

兼任首任赈务督办，① 但是12月改派龚心湛兼赈务督办，② 1926年又改派屈光映任赈务督办。③ 赈务坐办也接连发生变化，如1924年12月由王耒兼督办赈务公署坐办，④ 1926年1月由内务次长刘馥兼任督办赈务公署坐办，⑤ 1927年2月又派齐耀珹任督办赈务公署坐办。⑥ 为了解决赈款来源问题，将海关附加的收入归于该署，"凡海关附加税收入概交由赈务委员会保管，以及其他各项赈款均作赈济之用，丝毫不得挪移"，⑦ 用于赈灾事宜。总体来看，北京政府时期赈务机构有了向专门化转变的趋势，督办赈务公署从名称和职责看是专门的救灾机构，也有了专门的经费，但是赈务督办和坐办多由内务部官员兼任，因此这一时期的赈务并没有从民政机构中独立出来。

内务部的民政厅—内务部民治司—赈务处—全国防灾委员会—督办赈务公署，赈灾机构一步步走向专业化，机构职能一步步完善。可以看出，在北京政府时期，由于大范围的灾荒发生，中央政府救灾机构的设立也一步步提上议事日程；同时，从最初的内务部民政厅把灾害赈济和社会救济等临时救助相提并论，到成立全国防灾委员会，力图把与救灾、防灾密切相关的农田水利开发、保护森林、移民垦荒等工作协调到一个部门，也可以看出北京政府的救灾思想从单纯的社会救济向灾害救济、灾害防治以及社会发展统筹考虑转变，虽然统治时期政府更迭频繁，很多举措并没有真正实施，但是相对于封建社会的救灾机构而言，是一个较大的创新。同时在开始有专门的救灾机构时，就设立了奖惩机制，1924年的督办赈务公署专门设立了稽查机构。表明北京政府从开始就设想将赈务人员以及办赈的程序等置于监督之下，从制度上杜绝灾害救济中的腐败、不作为等问题，保证救灾的有效化。

---

① 《兼充赈务督办高凌霨就职暨启用关防日期通告》，《政府公报》第3036期，1924年，第8页。

② 《兼办赈务督办龚心湛就职日期通告》，《政府公报》第3129期，1924年，第7页。

③ 《兼赈务督办屈光映就职日期通告》，《政府公报》第3567期，1926年，第10页。

④ 《兼赈务公署坐办王耒就职日期通告》，《政府公报》第3138期，1924年，第17页。

⑤ 《暂行兼代赈务公署刘馥就职日期通告》，《政府公报》第3514期，1926年，第10页。

⑥ 《督办赈务公署坐办齐耀珹就职日期通告》，《政府公报》第3897期，1927年，第16页。

⑦ 《督办赈务公署组织条例》，《胶澳公报》第174期，1924年，第13页。

二 南京国民政府时期中央救灾机构的演变

与北京政府时期相比，南京国民政府成立后，救灾职能机构较为明显地分为常规救济和灾时救济两类。而常规救济机构主要由内务部分负责。南京国民政府成立后，内务部名称发生了变化，改为内政部，按照1931年颁布的《修正内政部组织法》，内政部下设卫生、总务、民政等七个司，民政司的职掌之一就是"关于赈灾救贫及其他慈善事项"。① 民政司总体承担社会救济、赈灾、慈善的职责直到抗战时期也没有太大改变。1942年，国民政府立法院再次修改了《内政部组织法》，内政部的相关内部机构发生了变化，民政司虽然仍然保留，但是其职掌发生了明显变化，特别是不再负责社会救济、慈善相关事务。② 而相关的职责由社会部承担，如"流亡同胞之抚揖……老弱残废之保育，孤儿寡妇之扶助"。③

南京国民政府时期，专职的救灾机构正式出现。专职的救灾机构并不是伴随国民政府立即成立的，而是在20世纪二三十年代救济大灾荒的背景下产生的。1928年直隶、山东发生水旱灾害，国民政府设立了直鲁振灾委员会，后改为河北山东振灾委员会，专门办理两省的赈务，由许世英担任主席，李煜瀛、王震、张继、虞洽卿、丁惟汾、何思源等12人担任委员。这是区域性的专门救灾组织。④ 同年，旱灾蔓延陕西、山西、河南、山东、河北、察哈尔、绥远、安徽等地，国民政府为应对各地的紧急灾害局面，成立振务处振款委员会分掌全国赈务，由薛笃弼、许世英担任主席，宋子文、熊斌、王正廷、陈嘉庚等21人担任委员。并在全国较重灾区先后成立了跨区域的救灾委员会，分别是豫陕甘赈灾委员会，冯玉祥担任主席，孙科、王宠惠、朱庆澜、胡汉民等29人担任委员；晋冀察绥救灾委员会，阎锡山担任主席，张继、白崇禧、唐绍仪、孔祥熙、熊希龄等30人担任委员；两粤振灾委员会，胡汉民担任主席，李济深、李宗仁、陈铭枢等12人担任委员。由于这些区域性的救灾组织在具体救灾过程中"对外募捐及施

---

① 《修正内政部组织法》，《国闻周报》第8卷第11期，1931年，"附录"，第3页。
② 《修正内政部组织法》（1942年6月8日公布），《陕西省政府公报》第882期，1942年，第13～15页。
③ 《社会部工作纲要》，《社会部公报》第1期，1940年，第32页。
④ 《振务机关之成立》，《振务特刊》，1931年4月，第2页。

政方针多不一致"，① 在工作中急需一个全国性的组织进行协调救灾。在这种背景下，1928 年 12 月，国民政府成立筹备振灾委员会，并进行了募捐活动。② 1929 年 2 月，"明令各振务机关一律合并组成国民政府振灾委员会继以所司各事"。③ 1929 年 3 月 15 日，国民政府振灾委员会成立，④ 1929 年 4 月，《修正振灾委员会组织条例》颁布，规定振灾委员会隶属行政院，办理各灾区赈灾事宜，由国民政府特派委员若干人组织之，指定常务委员 9～11 人并以其中一人为主席，以内政、外交、财政、交通、农矿、工商、铁道、卫生各部部长为当然常务委员；振灾委员会下设总务组、赈款组、保管组、赈济组、审核组、设计组等。⑤ 由许世英担任第一届振灾委员会主席，唐绍仪、李宗仁、吴铁成、孙科等 93 人为委员。1930 年 1 月，振灾委员会改为振务委员会，根据《修正振务委员会组织条例》，振务委员会仍然隶属于行政院，除了内政、外交、财政、交通、实业、道路各部部长为当然委员外，另特派委员 11 人，其中常务委员 5 人，指定 1 人为委员长。下设机构改为总务科、筹赈科、审核科等三个科。⑥ 从振灾委员会到振务委员会，不仅委员人数明显有所减少，除当然委员外只有 11 个委员，所属结构也进行了精简。

民国时期，随着中央专职救灾机构的成立，各省的专门救灾机构也逐渐建立。1929 年，国民政府颁布《各省赈务会组织章程》，规定了各省赈务会的组成原则。该章程指出：由省政府聘请省政府委员 2 人、省党部聘请委员 2 人、民间团体 3～5 人，各推 1 人为常务委员，由省政府从常务委员中指定 1 人为主席；赈款除由省政府及国民政府振款委员会拨给外，自行募捐；省赈务会主要进行"筹募赈款、调查灾区及赈务状况、发放赈款及赈品、采购及运输赈品、农赈工赈"等工作。⑦ 按照这个章程，截至 1930 年 3 月，陕西、甘肃、山西、绥远、河南、河北、察哈尔、山东、江苏、浙江、安徽、湖南、湖北、广东等 18 个省成立了赈务会。⑧ 抗战全面

① 《振务机关之成立》，《振务特刊》，1931 年 4 月，第 2 页。
② 《筹备振灾委员会募捐启事》，《国立清华大学校刊》，1928 年 12 月 28 日。
③ 《振务机关之成立》，《振务特刊》，1931 年 4 月，第 2 页。
④ 《振务机关之成立》，《振务特刊》，1931 年 4 月，第 16 页。
⑤ 《修正振灾委员会组织条例》，《浙江民政月刊》第 19 期，1929 年，第 1～3 页。
⑥ 《修正振务委员会组织条例》，《振务月刊》第 2 卷第 8 期，1931 年，第 1～2 页。
⑦ 《各省赈务会组织章程》，《湖南民政刊要》第 2 期，1929 年，第 22～23 页。
⑧ 文芳编《黑色记忆之天灾人祸》，第 293 页。

爆发后，国民政府振务委员会和行政院非常时期难民救济委员会总会合并，于 1938 年 4 月 27 日成立"振济委员会"，[①] 并将内政部民政司所职掌的救济行政划归振济委员会掌管。从此振济委员会负责赈款之募集、保管、分配，灾民、难民之救护、收容、运送、给养，灾民、难民之生产事业之举办及补助等事务。抗战结束前，该会将其权力移交给 1945 年 1 月成立的行政院善后救济总署。

从振济委员会的设立过程可以看出，民国时期专门性的全国救灾机构——振济委员会的成立并成为政府常设机构，其推动力来自两个方面，一是民国时期不断发生的严重灾害。正是严重的超过一省甚至几省范围的灾害催生了区域性专门救灾机构，从 1920 年北方大旱中设立的振务处，到 1924 年的督办赈务公署，到 1928 年因遍布中国的水旱灾害成立的直鲁振灾委员会、豫陕甘赈灾委员会、晋冀察绥救灾委员会、两粤振灾委员会等，都是在这种背景下建立的。区域性的救灾组织林立，不能适应灾情蔓延的需要，随着灾情的发展，建立全国性的专门灾害救治组织显得非常必要，因此为了协调、动员各种社会力量，组织救灾工作，在募捐、施政方针上保持一致，全国性的专门救灾机构应运而生。第二个推动力是政府组织机构和职能的逐渐完善。

在中国古代社会，虽然在皇权统治下也建立了相关机构处理政务，但是政府职能分工比较简单，不够精细。进入民国后，按照政府组织条例，建立起相对完备的政府机构，职责分工也日益科学。北京政府时期，试图建立起专职的救灾机构，但是由于混乱的政局，特别是政局更迭频繁，这种努力归于失败。南京国民政府建立之初，救灾机构并没有从内政部门中分离出来，而民国时期严重的自然灾害迫使政府动用各种社会力量，协调各种社会组织进行灾害救济，这既是认识的进步，也是现实的需要。最终救济灾害的职能从内政部分离出来，直接隶属于行政院，表明中央政府对灾害救济重视程度加深，这也是政府职能进一步合理、科学分工进而发挥更大效能的体现。

---

① 《赈济委员会组织法》，《万县县政旬刊》第 1 卷第 14 期，1939 年，第 25～26 页。

第二节　陕西地方政府救灾机构

在中国古代，救灾是中央政府和地方政府的重要职责。民国以前，地方政府机构分工比较简单，因此各地并无专门的救灾机构。民国时期政府职能的一个重要变化就是分工更细，更加专门化。与中央的民政司相对应，各省成立了民政厅，甚至各县也有专门对应的部门。民政部门是常设的机构，救济是其职责之一。民国初年，陕西省军政府成立后，设民政厅掌管民抚恤救济等事务，1927 年，陕西省又设内务厅、政务厅掌管民政事务。

民国时期，各省的灾害救济主要是由民政部门和专门的灾害救济机构承担。民国时期，在陕西施行、协助进行救灾的机构大致分为下列六类。

一是省政府下属民政机构，属于官方常设机构。1927 年 4 月，国民政府在南京成立，设置内政部管理民政事务。7 月 18 日，陕西省政府成立，7 月 29 日，成立陕西省民政厅，掌理事务有：关于县市行政官吏任免事项，关于县市所属地方自治事项，关于行政区划、户政管理事项，关于警政治安事项，关于选举事项，关于卫生行政事项，关于赈灾救济及社会团体管理事项，关于宗教、礼俗事项，关于禁烟禁毒事项，关于协助兵役事项，关于土地行政事项，其他有关民政事项。[1] 根据陕西省 1928 年修正公布的《省政府组织法》，省民政厅掌理赈灾事项。根据 1931 年陕西省政府颁布的《陕西省民政厅组织规程》，民政厅设秘书、四个科和专职视察员，其中第二科的执掌是"关于县市行政官吏之任免、考绩及禁烟、卫生、救济、土地行政事项"，即由第二科掌管"赈灾救济等事项"；[2] 1931 年，民政厅下设陕西省防疫处，专掌卫生防疫、试验工作。1931～1934 年，陕西省民政厅直接领导的与灾荒救济有关的单位有省赈务会、省防疫处等。1935 年，民政厅增设第五科，主管土地行政、赈灾救济、劳资纠纷处理、行政区划等事项。1939 年民政厅第二科仍然掌管"关于仓储及粮食调剂事项、关于灾荒管理及慈善团体管理事项"。[3]

---

① 陕西省编制委员会、陕西省档案馆合编《民国时期陕西省行政机构沿革（1927～1949）》，陕西人民教育出版社，1990，第 120 页。

② 李松如：《陕西省民政厅组织规程》，《新陕西月刊》第 1 卷第 1 期，1931 年，第 122 页。

③ 《民国时期陕西省行政机构沿革（1927～1949）》，第 122 页。

表 6 - 1　陕西省民政厅厅长名录

姓名	任职时间	备注
邓长耀	1927 年 7 月至 1930 年 11 月	
杨虎城	1930 年 11 月至 1932 年 4 月	兼
李志刚	1932 年 5 月至 1933 年 1 月	
王典章	1933 年 1 月至 1933 年 6 月	
胡毓威	1933 年 6 月至 1935 年 6 月	
邵力子	1935 年 6 月至 1935 年 8 月	兼
彭昭贤	1935 年 8 月至 1936 年 11 月	
王一山	1936 年 11 月至 1937 年 1 月	兼
彭昭贤	1937 年 1 月至 1939 年 1 月	
王德溥	1939 年 1 月至 1941 年 7 月	
彭昭贤	1941 年 7 月至 1945 年 5 月	

资料来源：陕西省地方志编纂委员会编《陕西省志·民政志》，陕西人民出版社，2003，第 8～11 页。

　　1941 年陕西省负责社会救济的部门开始发生变化，临时救济事项划归第四科，社会福利事项则由新增的社会科负责。[①] 1942 年 2 月陕西省成立社会处，直属省政府，职掌之一是"关于全省社会福利、救济、社会服务及职业介绍之指导与监督事项；关于全省老弱病残收容教养事项"。[②] 其中第三科职掌"关于社会福利、救济之指导实施事项……关于老弱病残之收容教养事项，其他有关社会福利事项"。[③] 从此，原来民政厅所属有关救济、慈善的职能由陕西省社会处来承担。1945 年社会处增设第四科，专门负责"全省公私救济机关团体设置、监督、管理及慈善救济事业倡导与改进事项，关于全省临时灾害查勘、救济、急赈之规划查放及老弱幼残收容教养事项，关于救济经费、各种赈济款之筹措、支配、审核及有关社会救济事项"。[④] 1942～1944 年陕西省社会处还附设救济院、育婴所、妇女教养

①　《民国时期陕西省行政机构沿革（1927～1949）》，第 124、125 页。
②　《民国时期陕西省行政机构沿革（1927～1949）》，第 294 页。
③　《民国时期陕西省行政机构沿革（1927～1949）》，第 295 页。
④　《民国时期陕西省行政机构沿革（1927～1949）》，第 296 页。

院、安老所等机构，主要收容、救济妇孺老弱病残等弱势群体。可见，关于灾荒救济、慈善等事项的事务由民政厅划归社会处后，对其管理进一步细化。

第二种是陕西省专职的救济机构。民国时期，陕西专门的赈务机关经历了一个发展过程。民国初年，陕西省由省长提名地方绅士，报请国民政府任命督办等职，综理全省赈济事宜。1919 年 9 月，国民政府特命绅士王恒晋为督办，绅士刘晖、刘济坤为帮办，办理全省赈济工作。1920 年设陕西省赈灾会，会长张凤翙。1921 年设立陕西赈务局，是年 12 月改为陕西省赈务处，各县相继成立赈务分会。同年，陕西水旱灾害相继发生，加之全国灾害频发。1923 年高增爵为陕西省赈务处会办。1924 年赈务处被撤销。"民九年、十、十一等年曾因天灾流行，先于省垣设立赈务处，各县赈务分处亦次第成立，办理数年，成效卓著。故虽饥馑荐臻，人民尚无流离失所之处。去岁该所撤销。"① 1925 年全省灾情严重，民众纷纷要求重新设立赈济部门，经刘培仁、龚锡贤等 27 名省议会议员提议，恢复赈务处。"撤销以后灾情重大，灾区浩广十倍于民九等年，而中道所属之渭、华、蒲、朝，南道所属之安、汉、沔、略，北道所属之延、榆、富、绥等县被灾尤巨，其余各县大抵皆然。然本会以事关民命，建议咨请调查灾区，提前赈济，稽迟至今尚无若何救济办法，以故被在各县人民迫于饥寒，结党成群，聚食大户，抢劫之案时有所闻。千金之子，百石之富，顷刻间即饥寒交迫者比比皆是。灾荒如此其甚，而赈款反如此其艰何？昔日多仗义之风，而今日乏疏财之谊，推原其故，皆由无办赈之机关与募赈之员。而军政当局事务汇集，无暇及此。"② 根据《陕西赈务处简章》，"由省长电陈中央定名为陕西赈务处……本处督办一员由省长兼任，会办二员由中央任命，坐办三员由省长照会充任并电呈中央备案"。③ 陕西省赈务处设立之初机构简单，除了赈务处处长、会办、坐办外，还有文牍主任及文牍、会计、庶务、监印、收发员各 1 名，书记员 6 名。查灾员和施赈员若干，④ 并没有下设相关科室，但是赈务处的处长由省长兼任，而会办、坐办则由中央、省政府分别任命，显示赈务处一开始就得到了中央、陕西省

---

① 《陕西省议会提议恢复赈务处文》，《陕西乙丑急赈录》，第 101 页。
② 《陕西省议会提议恢复赈务处文》，《陕西乙丑急赈录》，第 101 ~ 102 页。
③ 《陕西赈务处简章》，《陕西乙丑急赈录》，第 2 ~ 4 页。
④ 《陕西赈务处简章》，《陕西乙丑急赈录》，第 2 ~ 3 页。

政府的认可，具有省级权威救灾机构的职能。1925 年 4 月，聘南岳峻、祝鸿元为陕西省赈务处会办，白建勋为坐办。

1928 年，陕西省设立了陕西救灾委员会和陕西省赈务会。按照《陕西救灾委员会简章》，陕西救灾委员会的宗旨是"救济全省灾荒"。救灾委员会由 11 人组成，公推 1 人为委员长，下设总务处、水利处、平粜处、赈务处办理具体赈灾事务。① 1928 年，第一届陕西救灾委员会共有职员 178 人，由宋哲元、邓长耀担任委员长，杨仁天担任常务委员兼任赈务处处长，吕益斋兼任水利处处长，周镛兼平粜处处长，路孝愉兼总务处处长（见表6－2），附设 4 个粥厂、1 个收容所，在东路八县、东北路七县、南路七县、西路七县、西北路七县以及北路七县分别设立了督筹赈务专员。②

表 6－2　陕西救灾委员会主要职员一览（1928 年 10 月）

姓名	籍贯	职务	姓名	籍贯	职务
宋哲元	山东乐陵	委员长	邓长耀	河北静海	委员长
杨仁天	陕西蓝田	常务委员兼赈务处处长	吕益斋	陕西华阴	常务委员兼水利处处长
过之翰	安徽蒙城	委员	黄统	陕西白河	委员
周镛	陕西泾阳	委员兼平粜处处长	段韶九	陕西华阴	委员
张兴尧	陕西兴平	委员	张钟灵	陕西潼关	委员兼水利处
路孝愉	陕西盩厔	委员兼总务处处长	张维藩	山东	委员
孙维栋	陕西三原	委员	萧振瀛	吉林	委员
甄士仁	陕西麟游	委员	刘必达	陕西华阴	委员
董克昌	陕西长安	总务处文牍主任	曹遴	陕西高陵	总务处事务主任
蔡雄霆	浙江诸暨	总务处宣传主任	邓霖生	陕西泾阳	赈务处调查主任
陈鸿恩	陕西临潼	水利处测量主任	朱廷榘	四川简阳	平粜处经粜主任
李自新	陕西蓝田	赈务处散放主任	吕诚一		第二粥厂厂长
康寄遥	陕西临潼	第一粥厂厂长	黄树馨	陕西咸阳	收容所所长

① 《陕西救灾委员会简章》，《陕西赈务汇刊》第 1 期第 1 册，1930 年，"法规"，第 1～3 页。
② 《陕西赈务汇刊》第 1 期第 2 册，1930 年，"附录"，第 97～114 页。

姓名	籍贯	职务	姓名	籍贯	职务
俞嗣如		第三粥厂厂长	阮俊卿		驻渭南运输主任
李炳煜		收容所副所长	陈良策		驻陕县运输主任
严立堂		驻潼关运输主任	李应泰		东路八县督筹赈务专员
王彤友		驻灵宝运输主任	杨晖西		西路七县督筹赈务专员
郭宗泰		西北路七县督筹赈务专员	许联科		东北路七县督筹赈务专员
王廷楠		南路七县督筹赈务专员			

注：表中只录入赈务委员及各机构负责人 37 人，各部门的职员 151 人尚未录入。

资料来源：《陕西省救灾委员会职员一览表》（1928 年 10 月），《陕西赈务汇刊》第 1 期第 2 册，1930 年，第 97～115 页。

陕西省赈务会则是按照国民政府颁布的《各省赈务会组织章程》相关规定而设立的。该章程规定，"有灾各省设省赈务会办理赈务"。[1] 1928 年国民政府振款委员会成立后，规定"各省振务须设一专员办理，当订规章呈准。凡被灾各省均设立省赈务会，并于各县设立振务分会。省赈务会之组织系以省政府委员党部委员及民众团体各推举二三人共同组织"。依照中央调整全国赈济机构法令，1929 年 2 月，陕西省赈务处改为陕西省赈务会。省政府主席为主任委员，常务会员 2 人由委员互推，委员从省政府委员、省党部委员、民众团体、地方公正绅士中遴选。[2] 陕西省赈务会其实是国民政府振务委员会在陕西省的分支机构，按照《陕西省赈务会章程》，聘请省政府委员 2 人、省党部委员 2 人、民众代表 5 人，在这 9 人中互推 3 人为常务委员，由省政府在常务委员中推举 1 人为主席。赈务会机构由总务组、筹赈组、审核组组成，"凡是热心地方慈善事业之公正士绅，得聘任为顾问及名誉委员"。[3] 1930 年赈务会共有职员 470 名，除赈务会主席外，另设 2 名常务委员，4 名委员，下设总务组、筹赈组、审核组，附设 15 个收容所，5 个妇女习艺所，1 个孩童教养所。邓长耀担任赈务会主席，杨仁天、孙维栋担任常务委员，还设立了 7 名名誉委员，分别是萧振瀛（时任西安市市长）、甄士仁（时任陕西省印花税局局长）、刘必达（时任

[1] 《各省赈务会组织章程》，《陕西赈务汇刊》第 1 期第 1 册，1930 年，"法规"，第 29 页。

[2] 《地方振赈机关》，《振务特刊》，1931 年 4 月，第 17～18 页。

[3] 《陕西省赈务会章程》，陕西省档案馆藏，64-1-3。

南郑区行政长)、周镛(时任陕西省通志局提调)、路孝愉、吕益斋、张典尧(时任孤儿教养院院长);[1] 同时又聘请了 14 名顾问委员,分别是范凝绩(时任陕西省民政厅秘书)、丁午桥(法国人)、郭毓璋、吴敬之、安汉(时任陕西省党务指导委员会常务委员)、张守约(时任陕西省党务指导委员会常务委员)、宋联奎(前陕西巡按使)、宋伯鲁(时任陕西省通志局总纂)、胡仕学(陕西省议会前议长)、毛昌杰、张文穆(时任陕西省政府民众联合处处长)、韩清芳、傅正舜、魏兰田等(见表6-3)。[2]

表6-3 陕西省赈务会职员一览(1930年)

姓名	籍贯	职务
邓长耀	河北静海	主席
杨仁天	陕西蓝田	常务委员
孙维栋	陕西三原	常务委员
黄统	陕西白河	委员
王执□	山西	委员
张维藩	山东	委员
周镛	陕西泾阳	委员

资料来源:《陕西省赈务会职员一览表》,《陕西赈务汇刊》第 1 期第 2 册,1930 年,第 97 ~ 115 页。

陕西省赈务会成立后,颁布了《各县赈务分会组织章程》。该章程第一条规定,"有灾各县设立赈务分会办理赈务",[3] 按照这个原则,各县纷纷设立分会。1930 年,长安、高陵等 68 个县设立了赈务分会。从分布情况看,关中所有县均设立了赈务机构,尚有陕北吴堡、甘泉、安塞、安定、保安、葭县、绥德、横山、靖边、米脂、神木、鄜县等 12 个县,陕南镇坪、商南、汉阴、佛坪、宁陕、留坝、平利、镇安、白河、洵阳、山

---

[1] 《陕西省赈务会名誉委员一览表》,《陕西赈务汇刊》第 1 期第 2 册,1930 年,第 95 页。
[2] 《陕西省赈务会顾问一览表》,《陕西赈务汇刊》第 1 期第 2 册,1930 年,第 95 ~ 97 页。
[3] 《各县赈务分会组织章程》,《陕灾周报》第 3 期,1930 年,第 37 ~ 38 页。

阳、安康等 12 个县没有设立赈务分会。①

　　陕西救灾委员会和陕西省赈务会成立后，救灾委员会有职员近 200 名，赈务会有各类人员 400 多名，各县也有专门办赈人员。这个庞大的救灾团体，本身参差不齐，面对灾民众多、情况复杂、灾民流动性大等情况，如何及时熟悉赈务，有效办赈，使死亡人口最小化，其实是个棘手的问题。对此，针对"办赈人员对办赈方法、施赈须知不能彻底了解"，② 陕西省赈务会组织了赈务人员培训班。首先采用社会公开招考的形式，第一期开班有 300 多人报考，由康寄遥、曹铁三、张笙午、李润甫、郭景羲、李杰三、马良甫、康福田等 12 人组成审核组，对考生进行审核。采取笔试形式，主要考核办理赈务的志向与办理赈务的经历。最后正式录取 60 名，备取 107 人。③ 在审核录取后就开始对这些人员进行培训。赈务会聘请胡驭卿、柏择庭、霍维白、王荫之、张笙午、路禾甫、李静慈等为教师，主要讲授的课程包括赈监摘要、三民主义、施粥办法、收容所办法、查赈提要、平粜办法、放赈提要等。从课程设置可以看出，对赈务人员的培训更多的是使他们了解施赈的具体要诀和方法，包括施粥、收容、平粜及查赈等。④ 赈务培训班为期两周，考核合格方可毕业，考核内容分为收容类、平粜类、赈监类、施粥类、查赈类等，如平粜类试题考核学员在某些灾情奇重之区赈务如何实施，以及如何区别平粜等，查赈考核在查灾时的相关注意事项。⑤ 通过学习和考核，这些人员转变为真正具有专业知识的赈务工作者。

　　从北京政府时期陕西省设立的陕西省赈务处，到南京国民政府时期设立的陕西救灾委员会和陕西省赈务会，不仅机构设置更加细化，职员人数也不断增多。陕西省赈务处只有处长、会办、坐办，下设办事员几个，而陕西救灾委员会下设总务处、水利处、平粜处、赈务处，并设若干粥厂和收容所，陕西省赈务会也设总务组、筹赈组、审核组等三个机构，并且会

① 《陕西各县赈务分会职员一览表》，《陕西赈务汇刊》第 1 期第 2 册，1930 年，第 155～164 页。
② 《省赈会赈务人员训练班不日开班》，《陕灾周报》第 1 期，1930 年，"赈会消息"，第 1 页。
③ 《赈会赈训班入学试验揭晓》，《陕灾周报》第 2 期，1930 年，"赈会消息"，第 1 页。
④ 《赈会赈训班之教师及课程》，《陕灾周报》第 2 期，1930 年，"赈会消息"，第 2 页。
⑤ 《振务人员训练班举行毕业试验》，《陕灾周报》第 4 期，1930 年，"赈会消息"，第 2 页。

同民政厅在 1928 年旱灾时设收容所，收容灾民。但是后来涌入省城的灾民愈来愈多，赈务会决定成立 4 个收容所，"本会收容所贫民，逐渐增加，房舍不敷容纳，且气候已热，诚恐疫气流行，发生种种困难，经第一次例会决议，除原有收容所外，分设第一、二、三、四收容所四处，第一所归东关粥厂厂长兼办，第二所归南关粥厂厂长兼办，第三所归西关粥厂厂长兼办，第四所归北关粥厂厂长兼办，将原收贫民，分拨各所收养"。① 后来收容所增加到 15 个。1928 年大量妇女被拐卖至外地或沦为娼妓，省主席杨虎城下令救济，"一般贫民，往往因剥削所迫，无资存活，将未成年幼女，忍辱价卖，暂顾燃眉，其中受人欺骗，堕入娼窑者，当复不少……着由省会公安局即日派员，四处详细查明，如有上项被骗幼女，勒令交出，由该局呈送省振务会转发第二妇女习艺所，暂习工艺，以便养成生活技能"。② 陕西省赈务会先后设置 5 个妇女习艺所，还有 1 个孩童教养所。可以看出民国时期省级救灾机构的职能进一步专业化，而且机构更规范化。但是陕西救灾委员会和陕西省赈务会存在重复设置的情况，正反映了南京国民政府时期机构重复设置的乱象，在一定程度上影响救灾效果。

抗日战争中，陕西是抗战大后方，从外省来的战争难民日益增多。1938 年 5 月，陕西省政府成立了非常时期难民赈济委员会陕西分会，1939 年 2 月，陕西省赈务会和非常时期难民赈济委员会合并为陕西省赈济会。据统计，到 1940 年，全省有 61 个县设立了赈济会，每个赈济会均设总务、财务、筹募、救济、查核 5 个组。③ 1942 年，为了增强战争救济、军烈属抚慰等职能，陕西省成立了社会处，其主管事务为民众训练、社会福利、社会救济、人口动员及优待抚属等。1945 年 9 月，陕西省赈济会被撤销，其主管业务归并社会处设科管理。可以看出，抗日战争时期，随着国家体制转入战时轨道，救济的对象也由灾民变成了战争难民。

第三种是政府主导或者指导的各类官办、民间慈善机构，它们也兼有救济功能。1947 年，陕西省社会处统计了全省的救济机构（见表 6 - 4）。

---

① 《呈省政府具报本会第一次例会决议分设一二三四收容所请备案》，《陕西赈务汇刊》第 1 期第 2 册，1930 年，"公牍"，第 104 页。

② 《杨主席救济被骗卖之妇女》，《陕灾周报》第 4 期，1930 年，"灾赈纪实"，第 4 ~ 5 页。

③ 陈国庆、安树彬主编《近代陕西乡村生活变迁与慈善事业》，西北大学出版社，2014，第 309 页。

表6-4　陕西省各县市处救济机关团体名称一览（1947年1月）

救济机关团体所在地	救济机关团体名称
西安市	陕西省救济院
	陕西省西安市第一、二、三、四难民收容所
	陕西省红心字会
	中国华洋义赈救灾总会陕西分会
	世界红十字会西方主会
	中华民国红十字会西京分会
	陕西省普济化俗文教总会
	陕西省私立庆澜育幼院
	西安私立子宜育幼院
	中国济生会西京市分会
榆林县	救济院
	私立天恩育幼院
	西方境私立育婴所
	育婴堂
府谷县	公立育幼所
神木县	救济院
洛川县	私立保育院
	救济战区难民收容所
宜川县	私立育婴所
	私立育幼所
黄龙山垦牧局	黄龙山子桥保育院
洛南县	保安镇育幼所
山阳县	残废教养所
	育幼所
柞水县	安老所
安康县	救济院
	慈善会
	中国红十字会安康分会
华阴县	救济院
平利县	救济院
	慈善会

救济机关团体所在地	救济机关团体名称
紫阳县	救济院
岚皋县	救济院
石泉县	残废教养所
南郑县	救济院
	育幼所
	孤儿所
	社会部陕西第一育幼院
	世界红十字会南郑县分会
	慈善会
	难民收容所
	天主教育婴堂
城固县	救济院
	社会部城固育幼院
	私立托儿所
	古路坝天主堂育婴堂
	城固县天主堂育婴堂
西乡县	慈善会
洋县	救济院
褒城县	高乡镇难民收容所
	协税镇难民收容所
宁羌县	世界红十字会宁羌县分会
	安老所
镇巴县	慈善会
乾县	慈善会
醴泉县	难民招待所
长武县	妇女教养所
	豫灾救济会
大荔县	第八区救济院
郃阳县	公立育婴所
澄城县	救济院
朝邑县	救济院
潼关县	世界红十字会潼关分会

续表

救济机关团体所在地	救济机关团体名称
宝鸡县	救济院
	世界红十字会宝鸡分会
	国际救济委员会
	社会救济委员会
	宝鸡县私立荣军育幼院
	陕西省虢镇难民收容所
凤翔县	世界红十字会凤翔分会
扶风县	陕西省扶风私立育幼院
武功县	救济院
岐山县	世界红十字会、西方主会联合救济岐山第五队
	世界红十字会岐山分会
	陕西省救助会岐山育幼所
郿县	中华慈幼协会陕西慈幼院
	陕西省槐芽镇难民收容所
	陕西省齐家寨难民收容所
	郿县难民收容所
长安县	救济院
	难民招待所
	西京盲哑教养院
临潼县	救济院
咸阳县	世界红十字会咸阳分会
泗阳县	救济院
兴平县	义生善堂
三原县	世界红十字会三原分会
	善堂
高陵县	慈婴院
	残废院
	育婴堂

资料来源：《陕西省各县市处救济机关团体名称一览表》，陕西省档案馆藏，90-3-480。

表6-4中这些救济机构多为官办，亦有民间慈善团体。与专门的救灾机构相比，民间慈善团体虽然不是像救灾委员会、赈济会那样专门负责救

灾，承担更多、更广泛的社会救济功能，但是在灾荒时期或者过后也责无旁贷地承担起救济灾民、难民的功能，特别是在灾期救济妇孺方面发挥了重要作用。如《陕西省救济院组织条例》规定，救济院分设养老所、孤儿所、残废所、育婴所、施医所、贷款所、妇女教养所等，① 对灾期的老弱病残予以救助。

此外，民国时期，陕西还有大量的私立慈善机构，也对灾民进行救济（见表6-5）。

表6-5　西安市私立救济机构统计

机构名称	性质	地址	创办时间	救济对象	机构沿革
西安市济生会	私立	大皮院	1921年	救济贫寒难胞老弱残疾无以为生者及教育贫儿	于辛酉年冬成立济公慈善会，于民国15年丙寅围城之役曾办理难民收容所五所，收容七千余人，供给食宿，围解后又于城关西郊设立粥厂多处；民国18年陕西空前旱灾，改组为中国济生会长安分会，派员前往各县灾区施放赈粮赈款，民国33年奉陕西省社会处训令改名西京市济生会，本年10月奉市政府令更易今名
西安孤儿教养院	私立	太乙宫	1922年	孤儿、雏妓、婢女、残废	民国18年陕西旱灾严重，北平孝惠学社由郿县一带收容女孩百余名交由本院收养；此后省会警察局查获之雏妓、婢女亦多送入本院收养；军兴以后对于抗战将士眷属复竭力收容；民国28年秋因敌机轰炸，在太乙宫购地建筑房舍，同年12月全体迁移
陕西灾童教养院	私立	崇忠路	1929年	灾难儿童	自民国18年创办以来广事收容救济灾童，华北慈善联合会主办，历年为数甚巨，教养兼施、工读并进；际七七事变，抗战又起，救济沦陷区逃来陕西难民，数年以来川流不息，亦在数万人，奈本院系私立，一切开支灾童教养各费均系本院生产活动捐募自筹办理，政府补助为数甚微。 本院设高小学校，教材均按照教育部规定，设有技艺局等室，夏季每日三餐，冬季每日二餐，稀饭、面条、馒头斗发，单衣二套，夹衣一套，棉衣、棉被各一套，鞋袜毛巾等

① 《陕西省救济院组织条例》，陕西省档案馆藏，9-2-988。

续表

机构名称	性质	地址	创办时间	救济对象	机构沿革
陕西省红心字会	私立	红埠街	1937 年	普通及赤贫民众	本会初名世界红心字会中华陕西总会，民国 24 年 3 月备案，于民国 26 年 3 月党部许可正式成立，直属于陕西省宗教哲学研究社，旋以名实不副于民国 32 年 7 月呈准陕西省社会处改称今名
陕西省普济化俗文教总会	私立	红埠街	1923 年	贫穷	民国 12 年 4 月在陕西省警察厅立案，民国 18 年在省政府民政厅、公安局立案，民国 25 年在省党部立案，民国 31 年在社会处立案；设粥厂、春赈、冬赈、施衣、施棺、种痘等
南京信德孤贫儿童教养院	私立	尚仁路	1914 年	无父母之孤贫儿童以及难民等	民国 3 年成立于南京，民国 26 年因战事发生由南京迁陕；自民国 3 年至 26 年救济人数三千余人，自民国 27 年至 34 年救济人数九百余人；本院原设有初中补习班及小学部，儿童除每日半日读书外并习纺纱、织布等工作；现战事结束即准迁回南京
世界红十字会西方主会	私立	盐店街	1924 年	难民、学生、难童、弃婴	救济难民、学生、难童、弃婴；治疗贫病、救济流亡、空袭救济、掩埋尸体等。民国 10 年在内务部立案，民国 13 年由总会推郑、孔、王诸会长来陕协助成立，民国 19 年因旱灾筹办赈务复兴；附设育婴堂养育婴儿八十余名，残废院收养残废六十余名，收养难童八十余名，难童女子化育小学七十五名；育婴堂所收婴儿分觅保姆抚育之，化育小学校所收学生三百余名概免学费，残废院所收学生因无基金，不能延师学艺使之生产
西安中医救济医院	私立	西关正街	1939 年	贫苦病人、产妇、抗属病人	本院成立于民国 28 年，由朱庆澜先生创办，专收贫苦及抗属病人及产妇等，有时如遇敌机轰炸亦收容受伤之市民，成立时经费充足，供给住院者饮食医药被服等，其后由振济委员会每月补助四千元，但以后物价日则只能施诊施药不供食用至振委会结束补助费，现仍施诊、施行助产等。民国 34 年振委会结束，由华北慈善联合会办理
陕西省战时救助会	私立	尚俭路	1944 年	灾民、难民、灾童、赤贫、无业游民、患者、残废者、乞丐	除解灾难同胞之痛苦并在生活上设法予以最低之保障，对残废衰老无力谋生者收养之；年壮无业游荡者，加以技艺教育，使其具有谋生能力，以参加生产工作；对婴孩灾童则收容保育而训教之，以免其失学；设立西安诊疗所，对灾民、难民、赤贫免费施疗，每日救济三十至四十人

资料来源：《西安市公立、私立救济机关概况》，陕西省档案馆藏，90-1-271。

　　频发的灾荒造成大量儿童失去亲人庇护，流离失所。"省内灾民，以妇孺占十分之八，均系西路各县逃来，家中既已房地俱无，父母转死沟壑，方离乳具之孺子，流落市井街头，每人手持小钱筒一个，沿门乞讨，每日平均讨不到铜元十枚，饿则葱须蒜梗充肠，渴则以凉水牛饮，欲得一碗面汤，颇不易易，夜则卧于街头，昼日夕露，沧肤灼骨，能逃出此伏天者恐不多见也。"① 灾期儿童也受到了社会各界特别是救灾团体的关注。1929 年陕西大旱灾后，一些慈善人士在陕西设立专门的灾童救济机构，华北慈善联合会陕西灾童教养院就是在这种背景下创立的。"创办于民十八年陕省旱灾之际，朱子桥先生来陕施救，目睹灾区男女幼童流落村市、无所依归，情实堪悯，即以振款设立灾童教养院，隶属于华北慈善联合会，收容男女灾童以教养。"② 较早成立的是西安和扶风儿童教养院，"查民国十八年朱子桥将军来陕救济旱灾，曾联合各方慈善团体组设华北慈善联合会，策动群力普办振务，活人莫不称颂，迄今其设立目的纯为拯救旱灾难胞，其活动范围亦系以本省为限，嗣即创办西安及扶风灾童教养院又黄龙山保育院以收容教养灾童"。③

　　1931 年又设立贫孤儿童教养院，"吾秦惨遭空前未有之兵劫旱灾，流离失所之孤贫学龄儿童当不下千万，急宜为之设法教养"，④ 旨在对灾期流离失所的儿童予以救济。

　　振济委员会西安儿童教养院原系南阳临时儿童教养所，以地不适宜，于 1940 年秋奉令迁至西安；朱庆澜任所长。同年 9 月组织成立并定名为振济委员会长安儿童教养所，迨 1945 年间各院所奉令选拔年长儿童分送青新教养，以人数减少，于 12 月 1 日复奉令兴平六所合并归一，始改称振济委员会西安儿童教养院；收容儿童不下千人，已离院者以三百计，或升学深造，或就业习艺，均经妥为安排，道入正轨；振委会裁撤后由社会部接管。

　　此外表 6 - 5 中所载西安孤儿教养院、陕西灾童教养院都是 1929 年陕西大旱期间创立，专门救济儿童的机构。除了省城，各县也有相关的公私

---

① 《陕西被灾儿童之惨状》，《兴华》第 30 卷第 22 期，1933 年，第 42～43 页。
② 《华北慈善联合会陕西儿童教养院补助费》，陕西省档案馆藏，90 - 3 - 55。
③ 《陕西省慈善会发起人履历表、中国知行学社陕西支设发起人履历表》，陕西省档案馆藏，90 - 3 - 192。
④ 《第一届全省教育局长会议议决案》，陕西省档案馆藏，9 - 2 - 988。

经营的儿童教养机构（见表6-6）。

表6-6　陕西省省会及各县救济儿童教养慈善团体情况

县市别	名称	详细地址	负责人
西安	河南旅陕同乡会附设儿童教养院	中正门外自强路	张钫
	华北慈善联合会陕西灾童教养院	崇忠路公字四号	路孝愉
	西安孤儿教养院	尚仁路公字五号	张子宜
	中华民国红十字会西京分会	东大街公字六号	王子端
	世界红十字会西方主会	盐店街四号	路禾父
	陕西省普济化俗文教总会	红埠街	惠善波？
	中国济生会长安分会	大皮院公字一号	路孝愉
	华洋义赈会陕西分会	中山门内三号	康寄遥
	战时儿童保育会陕西分会第二儿童保育院	后宰门	皮以书
	南京信德孤贫儿童教养院	尚仁路广仁医院内	
	西京盲哑教养院		
耀县	耀县儿童教养所	县内仁义巷公字一号	张植三
西乡	西乡县宏善堂	县东关中街	刘舜丞
	西乡县孤儿教养院	县内大神庙	县政府
	西乡县慈善会	县城广庆寺街	任玉成
兴平	兴平县义生善堂	县内操场巷	张雨生
	兴平县儿童教养所	操场巷义生善堂内	张雨生
武功	武功县救济院	县东门外东狱庙	华陌若
岚皋	岚皋县养济院	县城西门外	刘孝成
凤翔	世界红十字会凤翔分会	县城内东大街	贾宗谊
	凤翔中华慈幼协会难童教养院	凤翔县王堡村	黄振英
	凤翔天主堂灾童教养院	凤翔城内南大街	张希贤
凤县	凤县复东慈幼院	凤县双石铺	薛鸣九
镇安	镇安县乐善堂	县城内	冯守愚
	镇安县儿童教养院	县内□街观音堂	杨少卿
富平	富平红十字会筹备处	县城远映门前街	杨介石
	中国佛教会富平分会	县西门外金佛寺内	礼法善
咸阳	世界红十字会咸阳分会	县城内仪凤车街	张仲彦
山阳	山阳残废教养所	县内永安寺	
	山阳县儿童教养所	县城外西寺庙	温振齐

续表

县市别	名称	详细地址	负责人
宝鸡	世界红十字会宝鸡分会	城内西街三官殿三七号	王和亭
	救济院		
陇县	陇县儿童教养所	县内兴内寺	李霆丞
镇巴	镇巴县慈善会	县内中山街	周东屏
泾阳	泾阳县救济院	县内文庙巷	胥峻山
三原	战时儿童保育会陕西分会第一儿童保育所		吕清夫
	三原善堂	东关渠岸□□	刘玉堂
	第一战区难童教养院陕西分院	县北城关街四四号	李廷荣
	中华基督教会渭北区会	县东关油房道	慕润才
	息灾会	山西文庙内	王鸿运
	文教会	山西街	王镜亭
	天主教会	东关油坊道	董国昌
	天主堂	三原城内袁门道	谢霖嘉
安康	安康县儿童教养所	县新城文庙	文延美
黄龙山垦牧局	黄龙山子桥保育院	黄龙山垦区雷店村	陈小庆
朝邑	朝邑县儿童教养所	中和镇龙尾沟	李侃北
平利	平利县儿童教养所	县城旧财政局	所长由县长兼
扶风	华北慈善联合会扶风灾童教养院	城内东街特户八号	路禾父
岐山	世界红十字会岐山分会	县城东大街	闫山溪
	战时儿童保育会陕西分会第一保育院	蔡家坡	王秀青
郿县	中华慈幼协会郿县难童教养院	金坚镇□□府太白庙	魏国栋
	中华慈幼协会郿县渭北难童教养院	郿县车站仙兴寺	李西岑
佛坪	儿童保育所	袁家庄	察树楷
榆林	世界红十字会榆林分会	县城内东山	张化宣
	榆林县西方境保育所	榆林城内西方境庙内	正心
	榆林县龙王庙保育所	中山北街龙王庙	高西垣
	榆林县救济院	县城内东山大□附近	张秀三
华县	华县儿童教养所		武革庵

资料来源:《调查省会公私儿童教养机关卷》,陕西省档案馆藏,90-3-49。

社会各界对于灾童救济的重视,除源于儿童属于弱势群体外,还有更深层次的原因。正如 1947 年陕西省社会处在工作总结中提到的，"儿童福利工作关系民族复兴国家富强至大，本处自成立以来对斯项工作即积极推进，除于本处救济院内设立育婴育幼两所，直接收容无依无靠之婴幼儿童，给以适当之教养使其仍成为健强有为之儿童外，对本省公私立专设或兼收之二十九儿童教养机构均予随时检查辅导考核"。① 截至 1947 年，陕西省除了社会处直接管理的 2 处儿童救济机构，全省有 29 所相关儿童教养机构，陕西省社会处对其都进行了监督管理。

　　第四种是与陕西有关的跨省救灾机构，多为临时性的救灾机构。如1928 年国民政府为救济河南、陕西、甘肃三省的旱灾，特设豫陕甘赈灾委员会，按照《豫陕甘赈灾委员会组织条例》，其由国民政府特派委员若干人组成，指定常务委员 3 人，以其中 1 人为主席，赈款除由国民政府拨给外，由该委员会筹募。豫陕甘赈灾委员会下设事务处、执行处、监察处三处。② 国民政府对豫陕甘赈灾委员会的人员组织、赈款都做了较为严格的规定，从职掌和经费来源情况看，其不是地方性救灾机构，而是全国性救灾机构的雏形，后归入全国性救灾组织——振灾委员会。豫陕甘赈灾委员会以冯玉祥为主席，许世英、刘治洲为常务委员，胡汉民、王宠惠、孙科、王正廷、孔祥熙、戴传贤（季陶）、薛笃弼、李济深、熊希龄、王震、穆湘玥、王瑚、朱庆澜、丘莘昀、刘尔炘、王人文、王芝祥、李元鼎、虞和德、冯少山、胡文虎、李双辉、吴香初、李云书、奎印、程源铨、林云纶、马福祥等 29 人为委员。③ 这些委员包括国民政府军政部、立法院、司法院、考试院、外交部、卫生部、工商部等中央部门官员，也包括甘肃、陕西、河南等地方政府工作人员，还包括上海红十字会、爪哇商社、海总商会等民间团体、组织代表人，既有民国元老，也有商界新人，还有海内外慈善组织代表，在新加坡、香港等地有 48 名会员，④ 具有较为广泛的代表性，虽然是区域性的救灾组织，但是已经具有全国性救灾组织的雏形。⑤这种跨区域的临时性救灾机构虽然存在时间都不是很长，但是影响力比较大，并且发挥了积极作用。

---

① 《五年来陕西省社会福利》，陕西省档案馆藏，90 - 2 - 535。
② 《豫陕甘赈灾委员会组织条例》，《赈灾汇刊》，1928 年 12 月，"章则"，第 1 页。
③ 《豫陕甘赈灾委员会会员一览》，《豫陕甘赈灾委员会征信录》，1929，第 1~4 页。
④ 《豫陕甘赈灾委员会会员一览》，《豫陕甘赈灾委员会征信录》，第 17~22 页。
⑤ 文芳编《黑色记忆之天灾人祸》，第 293 页。

第五种是全国性的救灾团体和组织，多为民间救灾组织和慈善团体，它们在陕西大灾时期也发挥了重要作用。

民国时期，北京国际统一救灾总会、华洋义赈会、济生会、红十字会等国际、国内救灾组织在陕西都设有分支机构，通过其在陕西的分支机构对陕西的灾情进行关注和救助。据《救灾会刊》记载，1928～1931年大旱灾期间，陕西赈务可以分为省政府及慈善团体两种，陕西省赈务会设置粥厂84处，每日可养灾民5万人，灾民栖息所4处，可赈灾民4700人，平粜面粉10万袋；各慈善团体包括上海华洋义赈会设置粥厂5处，灾民栖息所1处，共赈款项20500元，浸礼会施粥厂1万元，天主教会施急赈800元，上海中华基督教施赈800元，孔教会设置粥厂1处，每日可养灾民500人，慈善会平粜7万元，商会平粜3万元，济生会施赈205000元。①这些组织是常规救灾组织，除了对陕西也对全国其他地区的救灾予以关注。

1920年包括陕西在内的北方五省大旱灾引起了国际、国内民众的广泛关注，并催生了新的国际、国内联合救灾组织——华洋义赈会。其全称为中国华洋义赈救灾总会，英文名称是 Chinese International Famine Relief Commission（CIFRK）。其成立的社会背景是近代经济的产生与发展，新兴社会力量如买办、绅商、工商业者的成长以及中国近代社会思潮的激烈动荡和传教士与救济新理念的传播。特别是1920年发生遍布北方五省的严重灾荒，而北京政府陷于内战之中，无能为力，灾情十分紧急，为了防止如晚清丁戊奇荒那样的惨剧再次发生，各地民间救灾组织纷纷组织义赈，为了整合各地分散的民间义赈组织，促进各地华洋合作的救灾机构建立。"政府已无望矣，吾不得不希望商民的努力！"② 蔡勤禹认为，华洋义赈会的成立改变了自古以来由官府办理救灾事务的惯例，并在一段时间内使救灾活动进入民间组织主导时期。③ 华洋义赈会作为专门的跨国界的救灾组织，以"筹办天灾赈济，提倡防灾工作"为宗旨，确定了其专业性与作用范围、空间，从而集中有限社会资源服务于社会某一领域，成立之初就救灾与防灾并重，反映了一种积极的救灾理念。其下设工程水利分委办会、

---

① 《陕西赈务》，《救灾会刊》第6卷第5期，1929年，第35页。
② 杨瑞六：《饥馑之根本救济法》，《东方杂志》第17卷第9期，1920年5月10日，第15页。
③ 蔡勤禹：《民间组织与灾荒救治——民国华洋义赈会研究》，第52页。

农利分委办会、公告分委办会、森林分委办会、殖垦分委办会、技术部等。从这些部门的设置也可以看出华洋义赈会和过去政府或者民间临时成立的救灾组织不同，分工明确，同时寓救灾于防灾之中的用意明显。华洋义赈会在成立之初就划分区域，实行区域救济原则，设立了天津、上海、山东、河南、山西、陕西、湖北、湖南等8个分会。此外，华洋义赈会把自身功能定位为政府的"助手"，帮忙而不添乱，这有利于与政府良性互动，从而实现政治资源与社会资源的有效对接。鉴于当时国际国内复杂的政治环境，华洋义赈会认为赈灾救难是人道主义行为，不应带有政治色彩或进行宗教宣传；救灾不是盲目地施济，而是必须基于一定的调查。故制定了较为详尽的章程和细则，如规定对前来报告灾情并请求赈济者，该会必派人前往亲自调查。调查因地、因时制宜，采取逐户调查、抽样调查、综合调查等不同形式。实行工赈的积极救助方式，工赈的内容包括设立学校、开办工厂、兴工筑路、浚河修渠、植树造林等，对推进灾区和灾区民众长远、可持续发展意义重大。[①] 华洋义赈会把全国灾区分为若干区域分别救济，救济范围见表6-7。

表6-7 华洋义赈会救济区域

会名	赈灾区域
北京国际统一救灾总会	除别处认赈各地外之直隶省全部
天津华北华洋义赈会	直隶省之东部
山东华洋义赈会	山东全省除去美国红十字会所承担之部分
美国红十字会	山东西部位于津浦路黄河及直隶省界之间
河南华洋义赈会	河南省
陕西华洋义赈会	陕西省
上海华洋义赈会	浙江、湖南及福建被水之区
汉口华洋义赈会	湖北一小部分
兰州甘肃地震华洋义赈会	甘肃省

资料来源：《北京国际统一救灾总会报告书》，"总论"，第2~3页。

华洋义赈会成立后，对陕西的灾情较为关注，除了在海外、国内劝募

---

① 《西安市志》，第82页。

赈款，还多次参与陕西灾区的救灾活动，包括急赈和工赈。1921 年，华洋义赈会陕西分会在西安成立。陕西分会先后聘请杨虎城、邵力子担任名誉会长，康寄遥担任会长，武德逊担任副会长，路睿生担任总干事，此外还设立了司库、董事、干事、农历主任等职位。①

中国济生会是 1910 年在上海成立的一个重要的全国性慈善团体，以救济国内灾荒为己任，以"救急不救贫为办理赈济务宗旨"；查赈原则是"先辨别灾况，旱灾一县，水灾一片，兵灾一线"；查勘标准是，水灾，以房屋被动坍、衣食全无为极贫，旱灾，虽有房屋，衣食全无为极贫。② 1929 年，中国济生会在陕西急赈，与陕西本地的救灾组织联合成立了上海中国济生会长安分会，"本会曾名济公慈善会，因十五年以后，连年灾荒频仍，流亡载道，欲谋求救济之方。国内无援而外无助，适逢十八年上海中国济生总会放赈来陕，本会见其宗旨与本会相同，因此联合遂改会名为上海中国济生总会长安分会"。③ 该会 1934 年聘请陕西省赈务会常务委员杨仁天担任名誉委员长。④

世界红十字会中华总会成立于 1922 年 10 月，相继在全国各省、市、县设立分支机构 317 处，并在朝鲜、香港、南洋等地设立分会。世界红十字会中华总会以办理赈务救济及各项慈善事业为宗旨，实行董事制，熊希龄、王正廷曾任董事长。《世界红十字会四明分会章程》第十八条规定董事会下设六股：总务股、储计股、防灾股、救济股、慈善股、交际股。⑤ 民国时期，红十字会在陕西设有 6 个分会，分别在西安、潼关、榆林、汉中、岐山、凤翔等地。

第六种是针对陕西重灾进行募捐和救济的临时赈灾团体，属于临时性组织。在陕西灾情严重时，全国各地的企业、团体，各界人士甚至国外人士都予以关注和援助，并组成了各种赈灾、募款组织，由外地陕西籍人士发动组织的，如旅沪陕西赈灾会、旅平陕灾救济会；也有外省人士单独或者联合成立的，如北平陕灾急赈募款委员会、东省筹赈会、回教救灾会、

---

① 中国华洋义赈救灾总会：《民国二十三年度赈务报告》，1934，第 73 页。
② 《上海中国济生会查赈须知》，《民国时期赈灾史料续编》，国家图书馆出版社，2009，第 57 页。
③ 《济生会召开常年大会，路禾父被选为委员长》，《西京日报》1934 年 1 月 7 日。
④ 《济生会聘名誉委员，杨仁天已允担任》，《西京日报》1934 年 2 月 24 日。
⑤ 《世界红十字会四明分会章程》，《正俗杂志》第 2 卷第 7 期，1937 年，第 22 页。

南京陕灾救济会、北平陕灾救济会、上海筹募陕灾临时急赈会、天津陕灾急赈会、鲁陕灾急赈会等。这些组织存在时间或长或短，都积极利用多种渠道募集赈款，给陕西民众力所能及的支持。

1920 年陕西遭受北方五省旱灾后，1921 年又遭受了严重水灾，社会各界成立了陕西各团体辛酉救灾联合会，"民国十年岁辛酉，夏秋之间，吾陕惨蒙水灾，汉南则江涨堤崩，陕北则冰雹为虐，关中则秋雨霖竟达四十余日，冲毁田舍，淹毙人民不计其数。据赈灾处调查，灾民总数达四百余万……丙昌、添长省农会日与同人谋所以救济之法。适北京钱干丞诸先生有各省水灾救济联合会之组成通电宣布，于是省农会开职员会，议决联合省中各民意法团组织救灾机关，于十月十三日在省议会开联合大会"。① 根据《陕西各团体辛酉救灾联合会简章》，该救灾联合会有陕西省议会、教育会、农会、实业会、商会、自治协进会、律师协公会、红十字会、太平洋会议学生后援会、陕西神州医药分会、义赈统一委员会、各县赈灾代表联合会、陕西天足总会、西安贫儿教养院等共计 14 个团体参加，其宗旨主要是辅助政府办理赈务，设正会长 1 人，副会长 2 人，每团体推代表 1 人，遇有要事由会长临时召集各代表商议一切事务；该会经费由各团体分摊。② 后各团体代表公推张丙昌为会长，王授金、张慎五为副会长。1922 年 7 月底，陕西各团体辛酉救灾联合会宣告结束。此外北京还设立了陕西驻京筹赈处，积极筹集救灾经费。据不完全统计，1921 年，全国设立包括辛酉被灾各省救济联合会、中国慈善会等救灾团体 17 个。③

1922 年陕西旱灾严重，1923 年陕西各界成立"陕西癸亥旱灾救济会"，"吾陕去年秋收歉薄，雨水短少，二麦多半未种，入冬雪雨尤少，以致各县粮价昂贵，人民恐惶，省垣各法团发起癸亥旱灾救济会，业已正式成立，公推理事五人，主持会务并由各法团及慈善家共推评议员若干人襄助一切，地址设于省垣四府卫陕西文献征集处内"。④

1928～1931 年陕灾严重时，北平、上海、南京、山东、东北的陕籍人士和当地团体先后成立了临时性救灾组织，据不完全统计，有陕灾急赈

---

① 《陕西各团体辛酉救灾联合会结束报告》，"弁言三"。
② 《陕西各团体辛酉救灾联合会简章》，《陕西各团体辛酉救灾联合会结束报告》，第 21～22 页。
③ 《义赈及慈善团体一览表》，《赈务通告》1922 年第 2 期，"专件"，第 1～3 页。
④ 《陕西癸亥旱灾救济会成立》，《劝农浅说》第 13 期，1923 年，第 23 页。

会、陕灾临时急赈委员会、陕灾急赈募款委员会、旅沪陕西赈灾会、旅平陕灾救济会、北平陕灾急赈募款委员会、天津陕灾急赈募款委员会、东省筹赈会、回教救灾会、南京陕灾救济会、北平陕灾救济会、上海筹募陕灾临时急赈会、天津陕灾急赈会、鲁陕灾急赈会等。上海筹募陕灾临时急赈会是1928~1931年大旱灾期间，国民政府振务委员会委员长许世英、常务委员朱子桥联合上海绅商于1931年3月成立的，主席团成员有于右任、许世英、张群、朱庆澜、黄庆澜、王震、虞和德、王晓籁、邬志豪等，杜月笙、王震、邬志豪、张啸林、虞洽卿、王晓籁、林康侯、袁履登、张子廉、黄涵之等为筹募组委员。募款方法有特捐、各业募捐、分队募捐、游艺募捐、妇女慈善家募捐等。上海筹募陕灾临时急赈会成立募捐总组，朱子桥为主任，杜月笙、王一亭、虞洽卿、王晓籁、张公权、姬觉弥、秦润卿、王延松、黄金荣、张啸林、陆伯鸿等为副主任。上海筹募陕灾临时急赈会从1931年3月3日成立到7月21日结束，共募集赈款39万57元2角2分，支放赈款37万226元6角6分2厘。天津陕灾急赈募款委员会在较短时间内，募集救灾资金20万元。①

综上，上述救助机构，无论是官方性质的还是私人性质的，无一例外都是在灾荒推动下成立的。这些机构往往交叉在一起，在查赈、放赈等方面进行了较好的配合。官方和民间救灾机构的良好互动是民国时期陕西救灾中一个显著的特点，二者共同推动了陕西救灾事业的发展。

第三节　赈务法律和规定

20世纪以来，世界主要国家都颁布了灾害救助方面的专门法规。如日本拥有各类防灾减灾法律近40部，美国、芬兰、澳大利亚、南非和孟加拉国等国也都根据本国灾害情况和政府管理体制，分别制定了灾害法规。②而中国作为一个灾害频发的国家，自古以来，封建统治阶级就比较重视救灾法律法规。有学者认为在汉代，中国的荒政就已经具备了制度化、法制

---

① 《天津陕灾急赈会昨招待报界报告月底结束，已募赈款二十余万元》，《大公报》1930年6月19日。
② 靳尔刚、王振耀主编《国外救灾救助法规汇编》，中国社会出版社，2004，"序言"，第1页。

化和程序化的特征。① 也有学者认为汉代是中国古代赈灾法律制度初步形成时期。② 清代的灾荒立法已经比较完备了，《大清律例》《钦定大清会典事例》《钦定六部处分则例》《钦定户部则例》等在灾期呈报、勘灾程序、应急性赈灾措施启动、救灾等方面都有明确规定。

　　民国时期，救灾法律则更进一步发展和完备，为了保证有效救济灾荒，国民政府除了设置专门的救灾机构外，还颁布了一系列的法律法规。正是民国时期严重而频发的灾荒推动了救灾防灾法律的发展，可以说，任何一门法律的发展，社会需要都是最终的推动力量。如1933年振务委员会颁布的《振务法规一览》，③ 将相关法律法规分为六类：第一类为组织类，包括《修正振务委员会组织条例》《振务委员会驻平驻沪办事处暂行组织章程》《修正各省振务会组织章程》；第二类为赈款类，包括《振务委员会收存振款暂行办法》《振务委员会提付振款暂行办法》《修正各省振务会振款管理规则》《各省振务委员会及其市县分会会计规程》；第三类为赈品类，主要是《振灾麦粉免税办法》；第四类为奖惩类，包括《办理振务公务员奖惩条例》《办振团体及在事人员奖励条例》《振务委员会助振给奖章程》《办振人员惩罚条例》；第五类为备荒类，主要是《救灾准备金法》；第六类为会务类，包括《振务委员会规程》《振务委员会放振调查视察人员出差旅费规则》《修正振务委员会职员奖惩规程》《振务委员会职员考核等办法》《修正振务委员会职员请假规则》。这六类18部法规、章程都颁布于1929~1933年，这个时间段恰好也是各类灾害发生最集中、最严重时期。另据《民国时期的减灾研究（1912~1937）》一书的统计，1912~1937年国民政府相关部门颁布了与减灾有关的法律共计88部，大致分为八类，包括《修正振务委员会组织条例》等组织管理类12部，《振务委员会收存振款暂行办法》等赈款出纳类4部，《勘报灾歉条例》等赈灾类4部，《救灾准备金法》《义仓管理规则》等备荒防灾类34部，《传染病预防条例》等防疫类9部，《森林法》等保护资源环境类9部，《赈灾物品免税章程》等援助类4部，《振款给奖章程》《办赈人员奖惩条例》等奖惩类12部。④ 现将民国时期颁布的与灾防、救灾有关的法律列举如下（见表6-8）。

---

① 陈业新：《两汉荒政特征探析》，《史学月刊》2008年第8期。
② 张杨：《清代赈灾法律制度探析》，硕士学位论文，南昌大学，2009。
③ 振务委员会秘书处编印《振务法规一览》，1933。
④ 杨琪：《民国时期的减灾研究（1912~1937）》，第87~92页。

表 6-8　民国时期主要救灾法规一览

名称	颁布及修正时间	名称	颁布及修正时间
《勘报灾歉条例》	1914 年公布1928 年、1934 年修正	《办赈人员惩罚条例》	1931 年 10 月
《传染病预防条例》	1916 年 3 月	《征工兴办水利办法》	1932 年 12 月
《森林法实施细则》	1915 年 6 月	《森林法》	1932 年 9 月
《赈务处暂行章程》	1920 年 10 月	《清理荒地暂行办法》	1933 年 5 月
《灾区农田出卖救济办法令》	1923 年 2 月	《中华红十字会管理条例实施细则》	1933 年 6 月
《义仓管理规则》	1928 年 7 月	《各省堤防造林计划大纲》	1933 年 11 月
《振款给奖章程》	1928 年 11 月	《兴办水利奖励条例》	1933 年 10 月
《防疫人员奖励条例》	1929 年 2 月	《实业部农业病虫害取缔规则》	1933 年 12 月
《赈灾物品免税章程》	1929 年 3 月	《实业部商品检验局植物病虫害检验施行细则》	1934 年 6 月
《监督慈善团体法》	1929 年 6 月	《实业部中央农业试验所、上海商品检验局防治所委员会组织规程》	1934 年 6 月
《捐资举办救济事业褒奖条例》	1929 年 4 月	《实业部商品检验施行细则》	1935 年 4 月
《兴办水利防御水灾给奖章程》	1929 年 12 月	《农业仓法》	1935 年 5 月
《发给办振护照办法》	1929 年 10 月	《救灾准备金保管委员会组织规程》	1935 年 6 月
《修正振款委员会组织条例》	1930 年 1 月	《实施救灾准备金暂行办法》	1935 年 6 月
《各地方仓储管理条例》	1930 年 1 月	《土地赋税减免规程》	1936 年 4 月
《农业办理振务人员奖恤章程》	1930 年 5 月	《勘报灾歉规程》	1936 年 8 月
《各省振务委员会振款管理规则》	1930 年 7 月	《内地各省市荒地实施垦殖督促办法》	1936 年 9 月
《救灾准备金法》	1930 年 10 月	《各地方建仓积谷办法大纲》	1936 年 11 月
《各省振务委员会及其市县分会会计规程》	1930 年 7 月	《全国建仓积谷查验实施办法》	1937 年 4 月
《保护耕牛规则》	1931 年 1 月		

在 1912~1937 年颁布的多部相关法律中，只有少数几部如《国有荒地承垦条例》《勘报灾歉条例》《灾区农田出卖救济办法令》《火车检疫规则》等是在 1928 年之前颁布的，大部分是在 1928~1935 年颁布的，可见正是 1928~1931 年波及全国的灾荒推动了救灾、防灾法律的制定。

综合来看，民国时期国民政府制定的救灾法律法规有如下内容：第一，建立防御灾害的组织管理机构，支持鼓励慈善义赈行为；第二，确立灾害的查、勘、报、救、蠲免制度，以减轻灾民负担；第三，强化灾害御御机制，建立救灾准备金制度，规定救灾款的来源、保管、出纳制度，确立仓储备荒制度；第四，鼓励兴修水利，奖励造林、垦荒、垦殖，实行废田还湖，保护生态环境；第五，加强疫情防控，防止烈性传染病的传播，加强农业疫情管理，防治农业病虫害；第六，建立灾害援助机制。[①]与清代及之前的赈灾法律相比，民国时期制定的与救灾相关的法律门类更多，内容更丰富，涉及领域更加广泛。明代之前的有关救灾法律基本都包含在各种会典或综合性法规中，而民国的救灾法律更加专门化，如1928年、1934年两次修订1914年颁布的《勘报灾歉条例》，1936年又重新制定《勘报灾歉规程》，对灾害的勘察、报灾、蠲免的程序和幅度做了明晰的规定。此外，民国的法律更加注重防灾法律及救灾中社会各方面的互动，如关于救灾主体除了政府职能部门外，还有中国自办、中外合办的各种慈善组织，国民政府成立后先后公布了《监督各地方私立慈善机构规则》《监督慈善团体法》《监督慈善团体法施行规则》，对从事社会救济相关工作的慈善、宗教团体的组织、人员构成、内部管理、奖惩都做了明确规定。国民政府除了重视救灾相关的法律法规，对于保护生态环境、有效防灾也制定了相关法律，如先后颁布了《兴办水利防御水灾给奖章程》《兴办水利奖励条例》《森林法》《各省堤防造林计划大纲》等，依法管理河流，鼓励兴修水利和植树造林，其目的在于保护生态环境，预防水旱灾害。

民国时期，地方法规也比较发达。既有与中央法规配套的法规和细则，也有地方的专有法律。在救灾防灾方面，陕西也颁布了相关的地方法规，包括《陕西救灾委员会简章》《陕西救灾委员会奖励捐募条例》《督办赈务专员办事纲要》《陕西省振务会驻京办事处简章》《保护奖励商运米粮条例》《陕西救灾委员会施赈规则》《陕西省赈务会赈款保管委员会组织大纲》《本会办理粥厂规则》《陕西省振务会保护商运平粜办法》《陕西省赈务会办事细则》《各县赈务分会组织章程》《陕西省赈务会赈务专员办事纲要》《陕西省赈务会临时妇女习艺所简章》《陕西省赈务会临时孩童教养所简章》《陕西省赈务会拟订临时贫民劝戒所简章》《陕省勘察灾歉蠲免田赋办法》《陕省拟定灾后荒田救济办法》等。陕西省颁布的法规、章程是

---

① 杨琪：《民国时期的减灾研究（1912～1937）》，第92～109页。

对国民政府颁布的与救灾、防灾有关法令的进一步细化，同时根据陕西的具体情况又颁布了一些章程，主要涉及报灾程序、救灾程序、施赈标准、办事流程、蠲免田赋、对办赈人员的要求等方面。据不完全统计，民国时期陕西颁布的地方救灾法规、规范等有 20 余部（见表 6－9）。

表 6－9　民国时期陕西部分地方救灾规定一览

编号	名称	编号	名称
1	《陕西救灾委员会简章》	15	《泾阳县救济院实施办法》
2	《陕西救灾委员会奖励捐募条例》	16	《保护奖励商运米粮条例》
3	《督办赈务专员办事纲要》	17	《本会办理粥厂规则》
4	《陕西省振务会驻京办事处简章》	18	《陕西省振务会保护商运平粜办法》
5	《陕西救灾委员会施赈规则》	19	《陕西省赈务会办事细则》
6	《陕西省赈务会赈款保管委员会组织大纲》	20	《各县赈务分会组织章程》
7	《陕西省救济院组织规程》	21	《陕西省赈务会赈务专员办事纲要》
8	《陕西省救济院收容规则》	22	《陕西省赈务会临时妇女习艺所简章》
9	《陕西省贫苦幼童临时收养所组织规程》	23	《陕西省赈务会临时孩童教养所简章》
10	《陕西省孤贫领养、就业、升学、婚嫁办法》	24	《陕西省赈务会拟订临时贫民劝戒所简章》
11	《西安市豫省灾童临时教养所收容灾童办法》	25	《陕省勘察灾歉蠲免田赋办法》
12	《（西安市）灾区妇孺教养院章程》	26	《陕省拟定灾后荒田救济办法》
13	《各县普办救恤事业实施办法》	27	《陕西省各县仓储管理细则》
14	《长武县救济院组织规程》		

　　陕西省颁布的与救灾有关的法规，大体包含以下内容。

　　第一，关于报灾程序和时限。1934 年国民政府颁布《修正勘报灾歉条例》，1942 年陕西省政府颁布《陕西省勘报灾歉实施办法（草案）》，其规定：（1）报灾期限，第七、八、九、十等行政区所属各县市（关中各县），夏灾限立秋前一日，秋灾限立冬前一日为止，第四、五、六等行政区所属各县市（陕南各县），夏灾限处暑前一日，秋灾限小雪前一日为止，第一、二、三等行政区所属各县市（陕北），夏灾限白露前一日，秋灾限大雪前一日为止，临时急变因而成灾者，随时电报，不受前列各款拘束；（2）勘灾期限，县市初勘应自被灾之日起，普通灾情不得逾 10 日，急灾不得逾 3 日，会委复勘应自报灾之日起，关中各县市以 15 日至 20 日为限，陕南、陕北各县市以 25 日至 40 日为限。①

第二，组织机构方面。《陕西救灾委员会简章》《陕西省赈务会章程》对救灾机构的组成、人数、办赈宗旨、下设机构、经费来源等都做了详细规定（见图 6 - 1）。

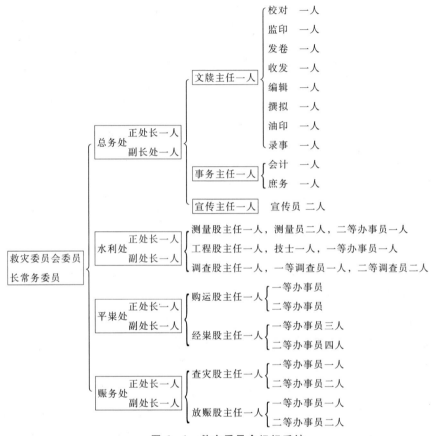

图 6 - 1　救灾委员会组织系统

资料来源：《陕西救灾委员会简章》，《陕西赈务汇刊》第 1 期第 1 册，1930 年，"法规"，第 4 页。

第三，关于施赈、赈款的相关规定。1930 年颁布的《陕西救灾委员会施赈规则》规定，各地受灾六分以上，可以由救灾委员会进行救济。施赈分为急赈、大赈、特赈等三种，施赈标准为施放赈粮每月大口给米一斗，

① 《陕西省勘报灾歉条例细则》，陕西省档案馆藏，62 - 2 - 722。

小口八升，同时规定放赈必须在 10 日内完成。① 为了有效管理赈款，防止挪用等，民国时期对赈款的管理也有严格规定，《各省振务委员会振款管理规则》规定，各省赈款的分配必须经过振务委员会集体决议，赈款由振务委员会常务委员指定银行保管，各省振务委员会对各项收支严格登记，包括现金出纳簿、日报表、库存月报表、赈粮收支簿、赈票存查簿、赈票粘贴簿、单据粘贴簿等都需保存完整。此外，振务委员会颁布的相关条例对赈务人员、放赈程序、奖惩等都有明确的要求。

第四，税收蠲免方面的规定。《陕省勘察灾歉蠲免田赋办法》规定：按照民众常年收成，被灾一分者，蠲正赋十分之一；被灾二分者，蠲正赋十分之二；被灾三分至九分者，蠲正赋分数依次递进。如果被灾十分或者因为水冲毁田地等不能耕种的，正赋全部蠲免。1929 年颁布的《赈灾物品免税章程》规定，对"米、杂粮及面粉、衣着被服、药品，粮食种子等几类赈灾物质"实行免税，② 并颁布了《请领免税赈粮护照办法》作为配套政策，有利于减轻灾区负担，节省的资金可以救助更多的灾民。根据国民政府颁布的《铁路运输赈济物品条例》，对"粗粮、赈济衣服、赈济所用之现银、棚帐及赈济药品"等赈济物资，在铁路运输时，运费实行五折优惠，并颁布了《铁道路运输赈济物品减价凭单持用办法》作为规范配套政策。从上面这些条例可以看出，南京国民政府时期，社会的联动反应比较迅速，在各地发生灾情后，交通、税务部门都有相应的减免政策，支持灾荒救济活动。

第五，对妇孺救助的相关规定。民国时期颁布的相关法律规章，一个突出的特点是重视对弱势群体——妇女、儿童的救助。《陕西省赈务会暂行妇孺收容所简章》规定在省城设立 6 个收容所，"专收妇孺"，分别位于四川会馆、城隍庙、平民住所、红十字会、商县会馆、兴善寺等地，入所灾民每日两餐，每餐均为粥，每日每人以 12 两为定额。该章程规定，收送所定期限为 40 天。③ 可以看出，妇孺收容所的目的在于保障处于弱势的妇

---

① 《陕西救灾委员会施赈规则》，《陕西赈务汇刊》第 1 期第 1 册，1930 年，"法规"，第 15 ~ 20 页。

② 《赈灾物品免税章程》，《陕西赈务汇刊》第 1 期第 1 册，1930 年，"法规"，第 48 ~ 50 页。

③ 《陕西省赈务会暂行妇孺收容所简章》，《陕西赈务汇刊》第 1 期第 1 册，1930 年，"法规"，第 64 ~ 68 页。

女、儿童获得基本的食物，从而避免被饿死。妇女习艺所供给妇女食品，也是每天两餐，早晚各一顿粥，与妇孺收容所不同的是，妇女习艺所培养女性灾民的生活技能。根据《陕西省赈务会临时妇女习艺所简章》规定，对收容妇女的工艺培训先从简单者入手，培养她们的技能，如缝纫、浣洗、纺线等，并按照各人擅长情况进行分组，每班不超过 50 人。对于所得收入，每月由妇女习艺所按五成发给各人，其余的作为灾民的储蓄金，出所时再分别返还给她们。① 陕西省赈务会在收容所结束后，针对无家可归的孩童，防止他们再次流落街头，设置了临时孩童教养所，以兴善寺为地点，收容规模为 500 名左右。《陕西省赈务会临时孩童教养所简章》规定，所有灾童也是一日两餐，两餐均食用粥。对所中灾童按照 10 人一班，10 班一组编组，除了帮助他们养成习惯，还教他们知识，如识字、计算、唱歌、游艺等，以培养人格健全的社会公民。②

第六，对办赈人员的要求、奖惩等。民国时期灾荒频发，而政府赈济资金有限，因此采用各种方式多渠道募集资金，对于积极捐助赈款人员和劝募人员也给予一定的褒奖。根据《赈灾委员会捐助赈款给奖章程》，赈款给奖分为授匾和奖章两种，凡捐款 1 万元以上，呈报国民政府授予匾额，并特等金章；捐款 5000 元以上呈请国民政府给予匾额和一等金质奖章；1000 元以上授予二等金质奖章和匾额；500 元以上授予三等金质奖章；400元以上授予一等银质奖章；300 元以上授予二等银质奖章；200 元以上授予三等银质奖章；100 元以上授予四等银质奖章。银质奖章由省赈务会授予，金质奖章则由国民政府振灾委员会授予。③ 陕西省则进一步规定，凡是捐款 100 元以上或者募捐 200 元以上，征集募捐人六寸相片悬挂于中山俱乐部；捐款在 200 元以上或者募捐在 1000 元以上，除悬挂不同规格的照片外，还根据募捐或者劝募金额刻制不同材质的纪念碑；捐款在 2 万元以上或募捐在 5 万元以上，除中央政府褒奖外，陕西救灾委员会在革命公园专

---

① 《陕西省赈务会临时妇女习艺所简章》，《陕西赈务汇刊》第 1 期第 1 册，1930 年，"法规"，第 68～70 页。

② 《陕西省赈务会临时孩童教养所简章》，《陕西赈务汇刊》第 1 期第 1 册，1930 年，"法规"，第 72～74 页。

③ 《赈灾委员会捐助赈款给奖章程》，《陕西赈务汇刊》第 1 期第 1 册，1930 年，"法规"，第 52～54 页。

门设纪念亭及铜像进行永久纪念。①

可见，从北京政府制定的现代救灾法规，到南京国民政府时期制定的与救灾有关的法规、规章制度，加之陕西省当局制定的一系列具体的实施细则和补充条例，涉及救灾组织，救灾的基本程序和原则，对救灾人员的要求，对收容、办赈、蠲免的规定，以及救灾的奖惩等，从简单的规定到制度化的建设，南京国民政府时期在制度化方面迈出了一大步。这些法规的制定诚然与民国时期法制的日趋健全有关，但是灾荒的现实推动作用也是不容忽视的，或者说正是残酷的灾荒推动了救灾法律的进一步发展，而依照法律规定建立的各类专业救灾机构，则更加体现了民国时期救灾体系进一步向制度化迈进。

民国时期是中国救灾走向近代化的重要时期，究其原因，主要是这一时期救灾方面的制度化大大迈进了一步。首先是救灾机构日趋健全，并体现出专业化的特点，特别是专设赈务处，从内务部中独立出来，并在各省专设办事机构，这是民国时期与晚清之前相比最大的变化。当然各省设立赈务机构的时间、条件也有差异。1920 年的北方各省旱灾，既是危机，对赈务机构的设立来说，也是一个契机，陕西的专职赈务机构就是在这种背景下成立的，陕西也成为中国最早成立省级赈务机构的省份之一。其次，救灾法律法规的健全。这是一个很重要的因素。近代社会不同于传统封建社会，除了经济形态发生很大变化外，逐步步入法制化社会也是一个公认的事实。在救灾方面，如前所述，国民政府制定了较为详尽的法律法规，救灾机构、救灾程序、救灾人员、救灾资金、组织协调、农田水利、减灾防灾等各方面都有专门的规定。陕西当局在国家法律的基础上，针对本省的情况，制定了一些补充性规定和地方性法规，这也是传统社会所没有的。民国法制与晚清之前相比，无论在数量还是实用性方面都大大进步，特别是民国灾荒频发，因此在法规制定方面，救灾相关法规走在其他法规的前面。也不知道这是一种幸运还是不幸。

---

① 《陕西省救灾委员会奖励捐募条例》，《陕西赈务汇刊》第 1 期第 1 册，1930 年，"法规"，第 8～10 页。

附录

陕西救灾委员会施赈规则①

第一章　总纲

第一条　凡各地方发生水旱风雹兵匪等灾害，其受灾成分在六分以上，经各县县政府暨救灾分会呈由本会查勘属实者，得酌量轻重分别施赈。

第二条　本会施赈分急赈、大赈、特赈三种。

甲急赈　各地方骤被灾害，查勘未定，极次未分，而灾民确系无衣无食流离失所，非急施赈恒不能生存者，则酌量情形将灾区内居民普赈一月或若干日，是名普赈，一曰正赈。但施赈时须就灾民栖息之地当面按名给与并造册呈核。

乙大赈　一名加赈，查明受灾分数，区别极贫、次贫，以定加赈月分，次贫视极贫递减，例如被灾十分者，极贫加赈四个月，次贫加赈三个月。被灾九分者，极贫加赈三个月，次贫加赈两个月。被灾八分、七分者，极贫加赈两个月，次贫加赈一个月。被灾六分者，极贫加赈一个月。

丙特赈　特赈分续赈、摘赈、抽赈、展赈四项。

一续赈　极贫户内老弱孤寡全无依赖，一经停赈即难存活者，须于急赈后特别续赈数月俾接至大赈（加赈）之月。

一摘赈　勘验户口时遇有老病孤苦情状危惨，非急赈之不生者，即随时由印委先行摘赈，照口米例或钱或米即日给付。

一抽赈　其不成灾之区有蠲无赈，以其毗连灾村亦波及之是名抽赈，城关同此。

一展赈　赈已告竣，逆虑其去，麦秋尚远再展（二三四五月）有加无已是名展赈，按抽赈展赈两项须俟赈务完毕，赈款宽裕时再酌量办理。

第二章　赈粮赈款

第三条　本会施放赈粮每米一石即算一石小麦，豆子、粟米亦然，如稻谷与大麦每二石作米一石，高粱、秫秫、玉米每一石五斗作米一石，其

---

①　《陕西救灾委员会施赈规则》，《陕西赈务汇刊》第1期第1册，1930年，"法规"，第15～20页。

他类推，如系面粉则按照斤两折合。

第四条 本会施放赈粮每月大口给米一斗，小口八升，如系杂粮照第三条折算。

施放赈款则按照平粜价值折算发给，遇必要时得钱米并施但先期榜示。

第五条 凡应举行某种赈济时，所有赈款赈粮由本会发给者则按照各县灾况支配妥贴，随时令知各该县救灾分会备具印领派员领运，以备散放，遇必要时本会得派员押运，其散放日期由本会指定，监赈员亦由本会临时酌派，其赈款赈粮系由各县自行筹集者，则由各救灾分会分别种类开列清单，暨应施何种赈济，应赈户口总数共若干，先期呈由本会核准定期散放，本会并得派员监赈。

第六条 凡由本会拨发各县之赈款赈粮，起运时途中应由承运员负责保护，如本会派有押运员则共同负责，到县后即由各该救灾分会暨县长负责保管。

第七条 赈款赈粮到县之日，即由印委暨救灾分会先行会呈本会备查。

第三章 限期

第八条 本会所派监赈员到县后至迟不得逾十日即须散放完竣，会呈本会回省销差，其由督筹赈务专员监赈者每一次施赈亦以十日为限。

第四章 散放

第九条 每届施赈之前三日须将应赈乡村里甲贫民分别极次（即调查表中甲乙两等），逐一列榜，通知每大口、小口各应赈若干，每户共赈若干亦须注明，领赈执照之内令其于某日某时在某厂领赈。

第十条 各施赈厂所在县城者以四关为宜，各乡赈厂须按照被灾附近村庄约在数十里内一日可以往返者，或就寺院或搭蓬设厂愈多愈好，每厂须设两门，以一出一入领赈，饥民务令鱼贯而行，毋致拥挤喧哗。

第十一条 施赈时如有外出之户闻赈归来，实系某村庄原查底册有名察其困苦者，于回日起赈。其原查底册所不载与勘不成灾村庄托名外出，及原有资产今回籍安业者，概不准给赈。凡有于领赈之后复携家外出者，多系卖票复往他处诡名重领，亦有携家口寄顿别属，而于放赈时单身回籍领粮复出者，应令地方牌邻据实举报，即时除名。凡离厂稍远之村庄有孤寡老弱病废不能赴领者，准本村亲信之人带票代领，但册内须注明代领人姓名以防窃票冒领之弊。

第十二条　本会发给各县赈款赈粮定期散放时，特由本会制定二联执照交由监赈员带往各县，即由各该县照式印刷发给饥民领赈，并于二联骑缝处空字上填写字头（例如长安县即写长字），中编号数，更于骑缝处加盖各该县救灾分会铃记，赈毕后即由监赈员将执照连问存根呈缴本会，以备查考。

第十三条　各县施赈须依下列赈票样式预先发给各饥民收执，以便届时领赈。

第五章　报销

第十四条　各县施赈完毕后，即由监赈员督同各救灾分会将赈过各乡村里甲极次贫，大小口数，逐乡逐村逐里逐甲，挨次开造花名细册，结总时须将某乡极次贫共各若干户，大小口共若干，用过赈款赈粮各若干结明，务须总散相符，南乡归南，北乡归北，不得颠倒错乱，其无田贫民即于各该乡村里甲册内附造毋漏，先行具结送由各该县县长加结汇转本会暨省政府查核。

第六章　惩奖

第十五条　经手办赈各员役对于赈粮赈款如有挽和克扣等弊，或散放不实者，经人告发或被查觉，立即究惩追赔，如能确尽职务秉公无私者酌量给奖。

第七章　经费

第十六条　各监赈员暨办赈各员之旅费由本会临时酌量发给，不得在赈款内动支分文，其他转运散放各费须由各该县另行筹措，不得擅用赈款。

第八章　附则

第十七条　本规则如有未尽事宜得随时提出会议修改之。

第十八条　本规则自呈准之日实行。

本会办理粥厂规则

一，粥厂内设厂长一人，事务员二人，验票员一人，灶头四人，散粥员二人，水夫四人。

一，厂长监督主管粥厂一切事务，有任免奖惩及分派事务员等工作之权，择公正廉干之绅士充之。

一，事务员，验票员，及散粥员等，均择诚实廉干者充之。

一，灶头，水夫等，皆挑选食粥中之壮者充之。

一，事务员承厂长之命，办理会计，庶务，并有管理米豆及器具之责。

陕西省振务会设立粥厂大纲①

第一条　本会粥厂，由本会派员设立之，其定名为某某县第　粥厂。

第二条　粥厂设厂长一人，总理厂内一切事务，粮柴保管主任一人，专司保管粮柴事件。

监察五人至七人，专司监视厂内粮柴出纳之数量，煮粥之稀稠，及维持食粥灾民之秩序。

第三条　每厂食粥灾民，以一千五百人为限，每人每日食粥一次，规定粮六两，怀抱小孩减半。

第四条　厂长及粮柴保管主任，由本会委任之。监察由各县县长遴选公正绅士聘任之。事务员三人，其任务由厂长分派。伙夫水夫，由厂长挑选灾民中之强壮者充当，但不得过八人。

第五条　每日食粥以午前十一时食毕为限。

第六条　厂长及粮柴保管主任，应按定表式分别造报。

第七条　各厂简章及办事细则，由各厂自订，呈报本会备核。

第八条　本大纲自公布日实行，如有未尽事宜，由本会随时修正之。

陕西省赈务会临时孩童教养所简章②

一，本会根据结束各粥厂各收容所善后方案，收集无家可归、无父无母或有父母年在十岁以上之灾童以教养之，故定名曰陕西省赈务会临时孩童教养所。

二，以城南兴善寺为临时孩童教养所所址。

三，所中名额渐定为五百名。

四，所内设主任一人，事务员四人至六人，教员二人至三人，门夫一人，灶头一人，水夫三人，伙夫五人，杂役二人（内务细则另订）。

五，所中孩童应按十人一班，十班一组，五组一队之编制，均由孩童

① 《陕西省振务会设立粥厂大纲》，《陕灾周报》第 3 期，1930 年，第 28 页。
② 《陕西省赈务会临时孩童教养所简章》，《陕西赈务汇刊》第 1 期第 1 册，1930 年，第 436～438 页。

中挑选年岁较长、精神活泼者充当正副班长及正副组长，其队长则由主任兼充之。

六，所中孩童应注重纪律，对于秩序上尤应整齐，但应取训化主义，不得过事严酷，务使孩童生悦服心，乐于在所受教。

七，所中应格外清洁，凡洗面、洗手、洗身、洗衣，扫寝室、扫灶房、扫院落、扫厕所等事均由队长督饬各班孩童严格实行之。

八，所中设备讲堂或露天讲堂一二处每日由教员分任教授其识字笔算。

九，每日学课二次，体操二次，每次均以一小时为限，除日课及勤务外宜时时集合教以唱歌游戏，不得任其浪漫游惰，课程及时间另订之。

十，课本文具由会中购发。

十一，孩童寒衣被具等由本会筹给之。

十二，所中孩童每日口粮暂以十二两为定额，早晚均煮稠粥以给养之。

十三，所中主任每月津贴洋十元，事务员、教员每月各津贴洋八元，灶头津贴洋五元，门夫、水夫、伙夫每月各津贴洋三元，杂役每月津贴洋二元，不分员役每日均以一斤粮计发，此外无菜费。

十四，所中粮食按五日由本会发给一次，柴领款自购公费实报实销。

十五，本简章自发表之日实行，如有未尽事宜，由会随时修改呈准照行。

陕西省赈务会临时妇女习艺所简章①

一，本会根据结束粥厂各收容所善后方案，收集无家可归之妇女以教养之，故定名曰陕西省赈务会临时妇女习艺所。

二，各粥厂各收容所结束后按其残留人数之多寡，酌设五所至十所分别安置，但每所人数不得过五百名，以便习艺。

三，所内设主任一人，副主任一人，事务员四人至六人，监工员二人，门夫一人，灶头一人，水夫三人，伙夫五人，工役二人（内务细则另订之）。

---

① 《陕西省赈务会临时妇女习艺所简章》，《陕西赈务汇刊》第 1 期第 1 册，1930 年，第 432 ~ 434 页。

四，所中妇孺应注重清洁勤谨，每日须黎明即起洗面、洗手、洗身、洗衣，扫寝室、扫灶房、扫院落、扫厕所，均须特别注意。

五，每日上午八时至九时、下午三时至四时为给粥时间，除给粥时间外，均应督饬其习艺。

六，所中工艺先从简单者入手，如缝纫、浣洗、纺线等，须由主任查明长于某事，分班编组每班人数不得过五十人，即由灾民中选提老练者二人为正副班长，专负督工、分工及收发衣服或原料之责任（其细则另订之）。

七，凡工艺上所得之款应由所按名登记，每月按五成发给应得之灾民，补助其零用，其余妥为保存作为该灾民之储蓄金，俟出所时一律发给之（其细则另订）。

八，所中妇孺每日以十二两粮为定额，早晚均煮稠粥以给养之，但大小口食量不同，每届月终应由主任平均报销之。

九，所中主任每月津贴洋拾元，副主任、事务员、监工员每月各津贴洋捌元，灶头津贴洋五元，门夫、水伙夫每月均津贴洋叁元，工役每月各津贴洋贰元，不分员役每日均以壹斤粮计发，此外无菜费。

十，所中粮食由本会按五日发一次，柴发价自购公费，实报实销。

十一，所中灾民有能自谋生活者，可听其出所。

十二，本简章自发表之日实行，如有未尽事宜，由会随时修改呈准照行。

陕省勘察灾歉蠲免田赋办法

本办法系遵照内政财政两部曾咨暨《修正勘报灾歉条例》第十一、十二两条之规定拟定之；

本省各县地方遇有水旱风暴虫伤诸灾及他项之灾伤，除依例勘察外，关于应蠲免田赋分数悉依照本法办理；

各县勘报地方灾伤，将灾户原纳正赋作十分计算，按实请蠲

被灾一分者，蠲正赋十分之一；

被灾二分者，蠲正赋十分之二；

被灾三分至九分者，蠲正赋分数依次递进。

前项按灾蠲除田赋、仍照常按定限征收不再议缓；

被灾十分及水冲沙压暂行不能耕种地亩，将灾户应纳正粮全数蠲免，田赋项下一切附加，应比照正赋蠲免分数一并蠲免；

蠲免田赋以被灾之年在乎应纳正赋及其附加为限，共有输纳在前者，依例流抵次年应完各数；

本办法未规定者，均依定例办理；

本办法自呈奉咨部核准之日施行。

第四节　媒体对陕灾的关注与呼吁

近代以来，随着新型资本主义阶层的兴起，新式书报业也发展起来。民国时期，近代报刊业进入了发展的高峰，以报刊为代表的舆论媒介在社会政治生活中扮演越来越重要的角色。民国时期，面对全国各地的灾情，《申报》《民国日报》《东方杂志》等影响力较大的报刊积极报道各地的灾期实况，呼吁社会各界投身于救灾，分析灾害发生的深层次原因，介绍防灾知识等。

一　社会舆论对陕西灾荒的关注

民国时期，各地民众通过报刊的报道来了解陕西的灾情，愈渐发达的新闻舆论网络，对交通、经济落后的陕西灾情能够为外界所知，社会各界积极予以救援发挥了重要作用。总的来看，《申报》《大公报》《民国日报》《国闻周报》《新闻报》以及陕西本地的《西北文化日报》《西京日报》对陕西灾况、救灾与救济报道最为集中。此外北京政府时期的《赈务通告》，豫陕甘赈灾委员会的《救灾会刊》，国民政府振务委员会创办的刊物如《振务月刊》《振务特刊》，以及陕西省赈务处的《陕灾周报》《陕西赈务汇刊》《陕赈特刊》都及时登载陕西的灾荒、救济情况以及文牍。其中《新陕西月刊》有"一月来之陕西赈务"专栏，专门介绍每个月陕西的救灾情况。这些载体向外界传递了陕西的灾情，呼吁救济陕灾，使外界能够关注陕西的灾情，陕西也因此得到各界的救助。

根据对民国时期发行的《申报》的一个简单统计，对陕西灾害报道最集中的时期是1929~1931年，有150多次关于该省灾害的报道。西北地处内陆，交通通信均不发达，但是《申报》对西北的灾情一直予以关注。

1928～1931 年《申报》这样报道汉中的灾情："自民国 16 年以后，无岁不灾，自去年自春徂夏，滴雨全无，草木尽枯，五谷悉未登场……草根树皮，已无可觅，房屋拆尽，鬻子鬻女，抛妇弃妇，盈城盈野，尽属饿殍，死亡枕藉，掩埋不及，秽气蒸为疫疾，每日死人，均在千数以上。"① 类似这样的报道非常多。《申报》还刊登了西北大灾时食人的情况："陕西各城饥民成群结队，扶老携幼，逢人乞讨，见有食物，任意攫取……刨墓掘尸体，割裂焚食。"② 这些媒体在报道陕西灾情时，往往通篇文章体现灾民的"苦"，甚至在报上大篇幅地登出记者在灾区拍摄的灾民特别悲惨的照片，使读者产生共鸣和同情心。

二 呼吁救济

《申报》多次刊登红十字会、中国济生会、华洋义赈会以及陕甘等省旅居北京、上海的同乡组织临时赈灾团体的乞赈电报或者公开信，呼吁各界捐赠或者赈济。1931 年 5 月《申报》登载了陕甘两省向中国红十字会乞赈电："中国红十字会顷接陕西省政府杨主席虎城来电云：陕省……灾情之惨，亘古未有，前承四中全会决议，发行公债八百万元俾实振济灾民……时逾数月，迄未实现。经各方一再呼吁，幸蒙蒋主席准发五十万元，虽可暂济眉急，究属杯水车薪……适当青黄不接，灾情愈加严重之时，若再不急行救济，则全陕孑遗，实无一线之生机矣……甘肃所受天地人三灾实在陕豫两省之上……自十七年至二十年一月底，共计因冻饿而死者，当有二百三十余万……旅甘多年，目击心伤，尤不能不为甘民请命，伏乞钧会广发慈悲……以救无告之灾民。"③《申报》的呼吁受到上海、南京等地民众的积极响应。此外还多次登载上海筹募陕灾临时急赈会的公开募捐广告和账目收支情况，短短几个月募集赈款 39 万多元和大量救灾粮食。

三 报道各地捐赠和救济情形

这些媒体报道西北地区灾况时，除了把灾情信息传达给公众，还注意报道各地赈济西北的情况，如各团体、个人捐款捐物情况，还有各团体在陕西的救济活动。如 1930 年《申报》多次在显著位置登载当红明星义演

---

① 《陕西汉中各县灾情——济生会所得报告》，《申报》1930 年 9 月 25 日。
② 《陕灾死亡中之惨状》，《申报》1930 年 3 月 2 日。
③ 《红会所得陕甘乞赈电》，《申报》1931 年 5 月 7 日。

助赈的情况，还报道了天津书画界鬻书助赈的情况，上海中小学生上街为西北赈款的情况，1931 年 9 月 2 日该报免费为一家酒店做大幅广告，南国广告决定将当天的营业额全部捐赠为陕西赈款。从 1929 年到 1933 年，《申报》多次报道华洋义赈会、中国济生会在陕西的救济活动，对于上海筹募陕灾临时急赈会的募集广告和账目都是在最显要的位置刊登。此外，对于国民政府、陕西地方政府、政要（于右任、冯玉祥、杨虎城、宋子文、张学良、王正廷、朱子桥等）的救济活动，中国济生会在陕西粥赈、开办收容所收留灾童，华洋义赈会在西北地区修建水利、公路等，拨发赈款、赈粮食等情况都予以及时报道，使各地民众能够及时了解救灾进展。上海、天津、北京等地媒体充满良知地报道陕西的赈济，反映了民国时期媒体人的责任感和使命感，既使得广大民众了解西北赈灾情况，又起了媒体示范作用，通过这种无声的行动带动大家拒绝冷漠、积极捐款，参与到陕西灾荒救济中来。

第五节　资金筹集与分配

政府进行灾荒赈济，首先面对的是筹集赈款问题。在中国古代，赈款主要来自中央政府拨款，即使用国库资金进行救济。民国以后，虽然在一战前后中国经济有个短暂的"黄金期"，南京国民政府建立后，中国经济也经历了一个所谓"黄金十年"，但是财政状况都很困难，大多数时间入不敷出（详见表 6 – 10）。

表 6 – 10　民国时期中国财政收支统计

单位：元

年份	收入数	支出数	盈余
1913	557296145	642236876	– 84940731
1914	382501188	357024030	25477158
1916	472124695	471519436	605259
1919	490419786	495762888	– 5343102
1925	461643340	634361957	– 172718617
1928	472157127	492092717	– 19935590
1929	620161500	618753152	1408348
1930	778952794	712078194	66874600

续表

年份	收入数	支出数	盈余
1931	893335073	893335073	0
1932	21707350	788346637	−766639287
1933	680415589	828921964	−148506375
1934	918111034	940000000	−21888966
1936	990658450	990700000	−41550
1937	10006490000	1000600000	9005890000

资料来源：1928 年、1929 年收入数据引自贾士毅《民国续财政史》第 2 册，第 745~748 页；支出数据引自贾士毅《民国续财政史》第 3 册，商务印书馆，1933，第 344~346 页；其余年份数据引自朱斯煌主编《民国经济史》，河南人民出版社，2016，第 166~167 页。

从表 6-10 可以看出，全面抗战之前，政府除了少数年份收入略有盈余外，大多年份为亏损状态。即使在有盈余的年份，也往往是借外债、内债以维持平衡，例如 1914 年财政虽然盈余 25477158 元，但是当年借外债高达 79799203 元，还有借内债 18765590 元。民国时期财政收支不平衡很重要的原因，是连绵不断的战乱，政府支出很大比例用于军费开支。如 1928~1931 年是陕西灾情最为严重时期，而这一时期国家军费支出惊人，1928 年国家军费支出为 210000000 元，占年度财政支出的 2.7%；1929 年军费支出为 245000000 元，占国家年度财政支出的 39.6%；1930 年因为中原大战，军费更是高达 312000000 元，占国家财政总支出的比例为 43.8%。全面抗战前，军费比例如此之高，抗战时期全民进入战时体制，军费的比例就更高了。此外，民国时期，政府借外债多，对内大量发行公债，债务与赔款在政府支出中的比例也很大。据统计，从 1928 年到 1930 年，军费、债款两者占国家支出比例在 80% 以上，1930 年竟高达 87.1%。[①] 而国家财政中用于赈灾的却寥寥无几。据《民国续财政史》统计，1929 年国家财政用于赈灾的资金为发行公债 1000000 元，仅仅占财政支出的 1.61‰；1930 年用于赈灾的资金仅为 1024000 元，占国家财政支出的 1.43‰；1931 年，全国 10 余省发生旱灾，江淮流域发生严重水灾，当年用于赈灾的资金仅为 3390000 元，占财政支出的 3.79‰。[②] 虽然在灾情发生后，中央政府也是采取各种措施筹措救灾资金，但是由于军费、债务比

---

① 贾士毅：《民国续财政史》第 3 册，第 349 页。

② 贾士毅：《民国续财政史》第 3 册，第 346 页。

例过大，最终在筹集赈灾资金上也只能是临时性的加征。虽然后有救灾准备金和救灾债券，但依然显得力不从心。

承担主要救灾职能的中央政府能够拿出的救灾资金非常有限，那么只能寄希望于地方财政。民国时期，陕西的财政状况也不乐观，甚至比中央财政状况更糟糕（详见表6-11）。

表6-11 1913~1941年陕西省财政收支统计

单位：万元

年份	岁入数	岁出数	盈余情况
1913	508.46	492.7	15.76
1914	446.97	504.69	-57.72
1916	783.33	526.5	256.83
1917	620.36	581.11	39.25
1919	623.12	655.26	-32.14
1925	484.92	1005.92	-521.00
1931	1399.48	2078.11	-678.63
1932	1255.95	1262.67	-6.72
1933	1316.96	1291.5	25.46
1934	1550.10	1589.07	-38.97
1935	1719.01	1845.3	-126.29
1936	1816.95	2075.17	-258.22
1937	1992.78	1689.79	302.99
1938	949.22	988.01	-38.79
1939	2692.11	2612.42	79.69
1940	2816.99	2708.95	108.04
1941	4445.42	3688.17	757.25

注：数字单位，1934年及之前是银元，1934年后是法币。
资料来源：《陕西省志·财政志》，第126~127、184页。

从表6-11的统计可以看出，民国时期，陕西省的财政有一半以上的年份是入不敷出的。政府财政紧张就使得能够用于救灾的资金非常有限，在一定程度上加大了救灾的难度。

面对此困境，政府必须采取多种方式筹措资金，下面主要探讨政府如何筹措资金问题。

在南京国民政府成立之前，中国的国家财政中并未设立救灾准备金，救灾资金基本是临时凑筹的。因此进行救灾，首先面临的困境就是资金的及时筹措问题，能否有充足的资金是决定救灾能否顺利进行的关键。

总的来看，民国时期，救灾资金主要来源于三个方面，一是中央政府的财政拨款，二是社会各界的捐助（可以算作民间资本），三是各地方政府的拨款。

中央政府的资金支持是各地赈款最重要的来源之一。中央政府的赈款筹措渠道不同时期也不尽相同，特别是北京政府时期和南京国民政府时期差别很大。

一　北京政府时期救灾资金来源

北京政府时期，并无专职赈灾机构，1920 年设立的赈务处也是临时机构，救灾资金并无固定财政预算。因此，当灾荒发生后，除了中央政府临时拨款，多采用临时措施筹措资金。1920 年内务部颁行《筹赈办法大纲》，规定筹款的种类有：（1）中央拨款；（2）各省筹措赈款；（3）各县筹措经费；（4）募捐筹款；（5）粮食、衣物等。① 由于省级和县级政府基本没有税源，除了募捐外能够筹措的赈款非常有限，因此民国时期赈款来源主要有两个，一个是中央政府，另一个即是募捐。

1. 中央政府筹措赈款渠道

中央政府主要采用发行赈灾公债、加征烟酒税、烟亩罚款、统捐附加、公务员捐俸等方式筹措赈款，更多的是向海内外社会各界筹募。

发行赈灾公债。民国时期，中央政府开辟的一条新的救灾资金筹集渠道就是发行赈灾公债，北京政府和南京国民政府都曾使用这种筹款手段。1920 年北五省旱灾，北京政府开始发行赈灾公债。北京政府颁布《赈灾公债条例》，规定政府为北五省赈灾起见，发行 400 万元作为赈灾公债，以各省货物税及常关税加征一成赈捐为公债本金，按每年 7 厘利息，每年上半年 5 月 31 日和下半年 11 月 30 日各付息一次，此公债由各省财政厅及各常关暨津浦货捐局解交赈务处，公债发行除划出一部分由中外各机关团体购募外，其余债额由财政部会同内务部酌商各省情形分别摊派。② 《赈灾公债条例》还规定此项公债作为办理赈务专用，严禁挪用。1924 年 4 月立法院通过《公债法原则》，规定政府募集内外债。对官员的赈捐和赋税附加的赈捐在晚清就已盛行。1920 年北方五省发生旱灾后，北京政府为了解决

① 《内务部通行各省区筹赈办法大纲》，《赈务通告》1920 年第 1 期，第 14～15 页。
② 《赈灾公债条例》，《救灾周刊》第 5 期，1920 年，第 22 页。

赈款问题，实行常关税及货物税附加赈捐。1921 年财政部颁布规定，凡海关五十里外暨内地边陆各常关及各省厘局货物税所附加赈捐在举办的一年内一律贴用赈款票。[①] 据统计，截至 1922 年，海关附加共募集资金 1989000 元。[②] 此外，经过国民政府与各国政府磋商，增加海关临时附加税一年，以海关附加为担保，向花旗银行、汇丰银行、汇理银行、金正银行等四大银行借款 400 万元。[③] 原定关税及货物税附加赈捐期限为一年，但是由于财政困难，北五省旱灾结束后，各省又接连发生灾荒，北京政府继续执行关税及货物税附加赈捐政策，此举遭到了社会各界的反对。[④] 直到 1926 年海关附加赈捐依然存在，据华洋义赈会的报告，从 1926 年 12 月到 1928 年 12 月，中国华洋义赈救灾总会陕西分会收到"关附赈款" 96057 元，成为该会的主要收入。[⑤]

烟酒税附收赈捐。北京政府还采用烟酒税附收一成作为赈捐，同时统捐附收一成作为赈捐的方式来筹集赈款。"烟酒项下所收税费，援照附加赈款票，照例办理。定于十一年一月一日起，凡商人缴纳公卖等费，无论系于何季之款，均照不缴之数计加一成。"[⑥] 按照北京政府颁布的《烟酒税附加赈捐办法》，收取的烟酒费税应按照应纳的正款数目加贴赈款票十分之一，以一年为期。[⑦] 1924 年，北京政府仿照 1920 年、1921 年成例，在铁路、邮电、航空、国税等五种收入项下附加赈捐。[⑧] 这是一种具有强迫性质的募捐方式。1927 年为了维持军费，竟然强迫从当年 6 月 1 日起烟酒税附加二成作为军费，[⑨] 加重了商人的经济负担，遭到烟酒商人的反对。[⑩]

国民政府对铁路客货实行附加赈款，1920 年 11 月颁布《国有各铁路附收赈捐规则》，规定客运票无论远近一律每张票一等座加收 2 角，二等

---

① 《常关税暨货物税附加赈捐贴用赈票施行细则》，《赈务通告》1922 年第 2 期，"法令"，第 1 页。

② 《北京国际统一救灾总会报告书》，第 17 页。

③ 《北京国际统一救灾总会报告书》，第 17 页。

④ 《反对关税附加赈捐》，《时报》1923 年 9 月 22 日。

⑤ 《中国华洋义赈救灾总会陕西分会会计报告》，《中国华洋义赈救灾总会丛刊》甲种 27，1929，第 55 页。

⑥ 《于烟酒税附加赈款》，《大公报》1922 年 1 月 1 日。

⑦ 《烟酒税附加赈捐办法》，《大公报》1922 年 8 月 26 日。

⑧ 《附加赈捐》，《益世报》1924 年 8 月 11 日。

⑨ 《烟酒税附加二成，各省区一律六月一日实行》，《益世报》1927 年 5 月 26 日。

⑩ 《烟酒业反对附加振捐》，《大公报》1922 年 1 月 1 日，第 9 版。

座加收 1 角，三等座加收 5 枚铜元，联运客票每经过一站按照乘坐等级加倍加收；货运票按照总数征收 5%，包裹按照票额总数征收 3%。①

1920 年，北京政府还发行义赈奖券，成立协理义赈券处，"此次发行义赈正副奖券专为救济各省灾黎起见，每期发行总额金，除提百分之四十分等给奖外，其余悉数充作灾区义赈款项"。②

2. 募捐

民国时期，各界的捐款是赈款的一个重要来源，国内外团体、企业和个人的捐赠活动发挥了重大作用。1920 年北五省大旱，各种赈灾组织相继成立，如全国急募赈款大会、各省急募赈款分会、中国北方救灾总会、华北赈灾会、北方工赈协会等。这些组织通过多种渠道募集捐款，救济灾民。筹议赈灾临时委员会成立后，从 1920 年 10 月 14 日至 28 日，收到海内外各界商民、社会团体和个人的捐款共计现洋 12823 元，京钞 849 元，日元 1236 元，港币 10 元。③ 督办赈务公署成立后，收到了来自各地的赈款，从 1920 年 11 月 20 日至 12 月 4 日，半个月的时间收到农商部、外交部以及各省代募的赈灾资金 52649 元，白银 3500 两，日元 1 万元。④ 从 12 月 2 日至 19 日，仅仅十几天时间收到包括侨商、航空处等募捐资金现洋 181046.21 元，京钞 2767.354 元（折合现洋 1771.11 元），共计现洋 182817.32 元，银 3500 两，日元 11961.8 元。⑤ 1920 年 10 月，交通部赈灾委员会即从京汉、京绥、正太、株萍、吉长、四洮等国有铁路代收赈款 13600 余元。⑥ 当年 11 月到 12 月交通部赈灾委员会接到电报局赈款 3379.15 元，电话局赈款 3019 元，商办局赈款 247.6 元，共计 6645.75 元。

华洋义赈会在各大报纸的主要版面刊登陕西灾情，如 1920 年，华洋义赈会在显著位置公布了陕西灾情，兹录如下：

甲）紧急灾区：耀县、同官、淳化、泾阳、三原、高陵、临潼渭

① 《国有各铁路附收赈捐规则》，《赈务通告》1920 年第 1 期，"通告"，第 16 页。
② 《办理义赈奖券处通告》，《赈务通告》1920 年第 1 期，"通告"，第 33 页。
③ 《内务部筹议赈灾临时委员会收款清单》，《赈务通告》1920 年第 1 期，"专件"，第 57～59 页。
④ 《督办赈务处收支捐款数目清单》，《赈务通告》1920 年第 5 期，"专件"，第 11～13 页。
⑤ 《督办赈务处收支捐款数目清单》，《赈务通告》1920 年第 5 期，"专件"，第 21～22 页。
⑥ 《交通部国有各路呈报十月份附收赈款数目表》，《赈务通告》1920 年第 6 期，"专件"，第 6～7 页。

河以北、渭南渭河以北、澄县、蒲城、白水、富平、乾县、麟游、韩城、邻阳、凤翔、岐山、商洛、大荔、朝邑、商南、洛南、醴泉、兴平。以上兵灾、旱灾兼备，又有雹灾，而最惨者。乙）第一灾区：咸阳、郿县、盩屋、汧阳、陇县、蓝田、永寿、扶风、武功、华县、华阴、潼关、南郑、城固、安康、柞水、山阳、镇安。以上兵灾、旱灾兼顾而重者。丙）第二灾区：凤县、留坝、褒城、沔县、宁羌、镇坪、紫阳、汉阴、石泉、洋县、白河、洵阳、佛坪、略阳、栒邑、邠县、长武。以上受兵灾、旱灾之一而稍重者。丁）第三灾区：宜川、宜君、中部、洛川、延川、延长、清涧、长安、鄠县、郿县、肤施、镇巴、平利。以上受兵灾、旱灾之一而稍轻者。①

让读者既能够了解灾情，也能够积极捐款。华洋义赈会还刊登捐助人信息，既是表达对捐助人的谢意，也是一种宣传。如在刊登灾情同日刊文致谢捐款人："华洋义赈会致谢：新记公司李咏裳君助洋一千元，并同朱子谦君经募商船会馆一千元，又募镇康号助洋五百元，又募锦记号助洋五百元，又募各善士助洋一千二百元，乐助台衔汇齐登报伸谢；华洋义赈会致谢：仁济善堂经募求安人祈堂弟病愈助洋一千元，又募无锡新纱厂荣华生君助洋五百元，又募诸大善人助洋四百五十二元，旧棉衣十件，乐助台衔汇齐伸谢。"②

　　其他各省都对陕西予以捐助。甘肃等 12 省助赈款 24692 元，吉林义赈会、五省救灾协会、中国义赈会、女界义赈会等慈善团体助赈款 16.3 万元，陕西军政学商各界捐助赈款 14.2 万元。

　　1920 年包括陕西在内的北五省灾荒得到国际的关注和支援，世界各地的华侨、国际红十字会组织、驻华使馆和外国公民都对中国的灾区抱以同情，积极地募捐。一些旅华友好人士发起成立了国际急募赈款队，并确定 1921 年 2 月 20 日至 28 日为全世界统一劝募急赈之期。美国总统威尔逊提倡设立专门的募捐机构，美国民众为中国灾区积极募捐，募得美金 600 万元，合中国银元 1200 万元，汇往中国予以救济，这是此次灾荒中收到的最大一笔赈款。美国农民捐助中国灾民约值 100 万元。美国红十字会邀各国组织

① 《华洋义赈会陕西灾区报告》，《民国日报》1920 年 10 月 20 日。
② 《华洋义赈会致谢》，《民国日报》1920 年 10 月 20 日。

救济团来中国放赈救济。美国政府帮助中国开展修筑道路、铁路及开凿运河等以工代赈借款活动。日本东京红十字会向中国北五省旱灾区派遣救济团救助，美、英、法、意、日、西班牙等国的驻华使馆还积极向国内呼吁募捐。[1] 日本学生、日华实业协会捐助陕西赈款现洋 1 万元。[2] 各教会组织也积极向中国捐款，共募集赈款 220 余万元。[3] 1920 年 9 月法国向中国捐送一船粮食，用作急赈。[4] 1920 年 9 月，收到英国赈款 1675 元，英国在华人士捐款 38 万多元，日本、丹麦、荷兰、法国、瑞士、挪威等国共向上海华洋义赈会捐款 153 万余元。1920 年 10 月，香港已筹得赈款 10 万元，又收到英国捐款 3180 元。[5]

表 6 – 12　1920 年海内外救灾团体接受赈款一览

单位：元

赈款来源	金额
美国赈款	6549000.00
海关附加税借款	3960800.00
全国急募赈款大会	2133132.91
	262889.03
	175472.66
小吕宋中国救灾会	175750.00
坎［加］拿大捐款	842844.90
远东英国殖民地	296941.52
上海华洋义赈会	1537920.40
汉口救灾委员会	127983.40
日本捐款	60296.16
中外人士普通捐款	1062166.67
利息	25487.35
售卖米袋及杂收入	58812.85

---

① 钱钢、耿庆国主编《二十世纪中国重灾百录》，第 118 页。
② 《督办赈务处经手赈款清册》，《赈务通告》1921 年第 6 期，"专件"，第 242 页。
③ 《北京国际统一救灾总会报告书》，第 17 页。
④ 《外人热心助赈》，《赈务通告》1920 年第 1 期，第 55 页。
⑤ 《中国救灾之助力》，《赈务通告》1920 年第 1 期，第 56 页。

续表

赈款来源	金额
总计	17269497.85

资料来源：《北京国际统一救灾总会报告书》，第 19 页。

此外，河南、山东、甘肃、陕西等地新成立的华洋义赈会分会也收到各界的捐款，截至 1921 年 5 月 30 日，除北京国际统一救灾总会和上海华洋义赈会之外的 7 个华洋义赈会分会共募集资金 16792454.62 元，其中陕西华洋义赈会分会收到赈款 1059500 元，大约占总数的 6.3%。[①]

据不完全统计，1920 年北五省旱灾中，北京国际统一救灾总会等华洋救灾团体共从海内外民间募集资金 1700 余万元，而北京政府的赈务处筹集经费主要包括海关借款 400 万元，常关附加税 1989000 元，交通部收入 80 万元，交通部赈款 350 余万元，社会募捐 150 余万元，共计 1170 余万元。[②]而据北京国际统一救灾总会的统计，1920～1921 年，中国共募集救灾资金 3700 余万元，而华洋救灾团体募集的资金比政府募集的资金要多。由此可见，在这次灾荒中，民间的募捐赈款远远超过政府的拨款，也反映了以北京国际统一救灾总会为首的民间救灾组织在筹募资金方面发挥了主导而不是补充作用。1923 年，上海华洋义赈会先后资助赈款 28000 元，办理机构收容灾童花费 15000 元，购买 500 吨 3 万元的大米，交由陕西的赈济机关代为在三原、咸阳、白水、高陵、蒲城等县散赈，还给咸阳、醴泉、富平、三原等地灾民赈济 1 万元用于购买籽种和耕牛，并借给陕西分会 1 万元用作灾区工赈试点，前后拨款 43000 元，协助修建泾惠渠第二、第五支渠，还赠送陕西万金油、救济水等 18000 多瓶，在长安、咸阳等地开设农村合作训练班，开办农业合作社，支出 4000 元。[③]上海华洋义赈会在三原县设粥厂三处，并以工代赈，修筑清峪河临履桥坡道。据 1924 年的统计，陕西省工赈款为 6000 元，已超过了同年急赈的赈款数。[④]

1920 年陕西灾民为 200 万～400 万人，那么分到多少赈款呢？迄今没有找到相关档案资料，各种记载都不完整，也在一定程度上反映了北京政

---

① 《北京国际统一救灾总会报告书》，第 18 页。

② 根据《北京国际统一救灾总会报告书》，第 23～25 页赈务处相关数据统计。

③ 华洋义赈会：《民国二年度赈务报告书》，《中国华洋义赈总会陕西分会十二年度报告》，第 67、68 页。

④ 《1924 年办赈用费表》，《救灾会刊》，1924 年 2 月。

府时期赈务的混乱。由于赈款缺乏翔实的统计，只能根据《赈务通告》和北京国际统一救灾总会的部分报告来做一探究。1920 年 10 月，赈务处收到海关常关税附加赈捐一成的赈款共计 39 万余元，对 11 个受灾省份进行了分配（详见表 6 – 13）。

表 6 – 13 赈务处第一次分配赈款

单位：元

省别	江苏	安徽	山东	湖北	浙江	湖南	贵州	四川	陕西	河南	直隶
分配金额	7 万	7 万	4 万	4 万	3.5 万	3.5 万	2.5 万	2 万	2 万	1.5 万	0.6 万

资料来源：《赈务处第一次分配赈款报告》，《赈务通告》1921 年第 1 期，"通告"，第 3 页。

从表 6 – 13 可以看出，旱灾严重的陕西、河南、直隶分配的赈款数量都偏少，甚至远低于江苏、安徽等省，这基于什么考虑不得而知。

1921 年赈务处公布了经手的赈款收支情况，与陕西有关的赈款分配情况摘录如下。

第一笔是海关附加一成捐税借款 400 万元，各灾区分配情况：

京兆、热河、直隶西部赈款 76 万元　　　占 19%

直隶东部赈款 72 万元　　　　　　　　占 18%

河南赈款 88 万元　　　　　　　　　　占 22%

山东赈款 54 万元　　　　　　　　　　占 13%

陕西赈款 54 万元　　　　　　　　　　占 13%

山西赈款 40 万元　　　　　　　　　　占 10%[①]

第二笔赈款还是收到的赈灾公债票面 221 万元，折合募款 198 万元，分派情况如下：

京兆债票 15 万元，折合赈款 13.5 万元

直隶债票 60 万元，折合赈款 54 万元

河南债票 45 万元，折合赈款 40.5 万元

山东债票 28 万元，折合赈款 25.2 万元

---

① 《督办赈务处赈款收支概算清册》，《赈务通告》1921 年第 16 期，"专件"，第 1 页。

山西债票 28 万元，折合赈款 25.2 万元

陕西债票 28 万元，折合赈款 25.2 万元

甘肃债票 8 万元，折合赈款 7.2 万元

热河债票 4 万元，折合赈款 3.6 万元

京师贫民救济会债票 5 万元，折合赈款 4.5 万元①

第三笔为交通部附收赈捐 80 万元，分配情况如下：

京兆赈款 6.3 万元　　　　　　　　直隶赈款 18.9 万元

河南赈款 12.6 万元　　　　　　　　山东赈款 12.6 万元

陕西赈款 12.6 万元　　　　　　　　山西赈款 12.6 万元

甘肃赈款 2 万元　　　　　　　　　　浙江赈款 1.2 万元

湖南赈款 0.8 万元　　　　　　　　　贵州赈款 0.4 万元②

第四笔为各机关团体代募赈款 1556022 元，日钞 29560 元，银 3780 两，分配情况如下：

京兆 23710 元

直隶 36165.901 元

河南 43558.449 元　　　　　　　　日钞 10780 元

山东 23707.895 元　　　　　　　　日钞 18780.35 元

山西 13005.398 元

陕西 71500 元

热河 16000 元

各团体 848355.32 元

购买赈粮、衣服用洋 394815.086 元，银 3780 两③

综合赈务处 1921 年公布的四笔赈款，海关附加税借款共计 400 万元，陕西分得 54 万，占 13%；赈灾公债 1989000 元赈款中，陕西分得 25.2 万

---

① 《督办赈务处赈款收支概算清册》，《赈务通告》1921 年第 16 期，"专件"，第 2 页。

② 《督办赈务处赈款收支概算清册》，《赈务通告》1921 年第 16 期，"专件"，第 2~3 页。

③ 《督办赈务处赈款收支概算清册》，《赈务通告》1921 年第 16 期，"专件"，第 3~4 页。

元，约占 12.7%；交通部的 80 万元赈款中，陕西分得 126000 元，约占 15.8%；收到社会捐款 155 万余元中（社会募集所得银两和日钞均没有分配到陕西），陕西分得 7 万多元，大约占 4.5%。此外，赈务处还向京都、直隶、河南、山东、山西、陕西、热河等地发放赈款 227640 元，其中向陕西发放 71500 元，占 31.4%。[①] 1920～1921 年，陕西省共计获得政府赈款 106 万元，按照赈务处统计陕西 1921 年有灾民 400 万人，平均每人仅仅获得 0.27 元。[②] 从 1920 年大旱灾中陕西获得北京政府的赈款来看，相对于大量嗷嗷待哺的灾民，中央政府的赈款真是杯水车薪，其他省份的情况也基本如此。而按照华洋义赈会预计，各华洋救灾团体所募集资金可以在陕西实行救济使之存活人数也只有 12 万人。[③] 资金紧缺成为救灾中的瓶颈问题。

1922 年，赈务处收到海关附加税余款 3889882 元，向江苏、安徽、陕西等 13 个省份拨赈款 300 万元，陕西分到赈款 12.5 万元，约占 4.2%。[④] 1922 年陕西从中央政府所得赈款比例比 1921 年有所减少，这与 1922 年长江中下游地区的江苏、安徽、湖北、湖南、江西各省水灾严重，赈务处资金更加分散有关系。

3. 地方政府筹措赈款

1925 年后，由于中央筹集救灾资金的能力有限，地方政府也积极想办法筹措赈款。陕西当局还把烟亩罚款作为赈款来源之一。晚清以来，陕西各地罂粟种植日渐增多，虽然民国政府明令禁烟，然各地政府及军阀把烟亩罚款作为重要赋税来源之一。1925 年陕西省政府命令各县动用烟亩罚款作为赈款，"本处现办急赈，端赖指定的款，若俟中央筹款，缓不济急。由各县募捐又属杯水车薪，无裨实际。前在贵署会议，拟由处查明各县灾情轻重，核定赈款数目。饬在所征本年烟亩变价项下优先拨用。其确无烟

① 《北京国际统一救灾总会报告书》，第 23～24 页。
② 另据黄泽苍《中国天灾问题》一书中，陕西共获得中外赈款 1059500 元，陕西灾民为 1243930 人，人均获得 0.85 元的救济，而直隶 800 余万灾民获得 870 余万赈款，人均获得 1 元赈款，其他河南、山西和陕西情况相似，人均不到 1 元，山东情况稍好，灾民人均获得 1.49 元赈济。见黄泽苍《中国天灾问题》，第 43 页。此处暂且不讨论民国时期统计灾民数据的混乱，各种报道差距之大，赈款杯水车薪却是不争的事实。
③ 《北京国际统一救灾总会报告书》，第 16 页。
④ 《赈务处财务委员会收支报告（民国十一年十一月三十日）》，《中国华洋义赈救灾总会丛刊》甲种 3，1923，第 19 页。

亩县分，饬邻县挹注……汉中道各县虽无烟亩名目，而烟款收入即在捐款以内，应请援照前项办法以资划一"。① 据不完全统计，各县在烟亩罚款项下筹集赈款的情况为：郿县 8000 元，兴平 5000 元（另付华阴赈款 1500元），扶风 3500 元（包括付华阴赈款 1500 元），咸阳、富平、盩屋、鄠县分别为 3000 元，栒邑、长安、乾县、澄城等县分别为 2000 元，武功 1666元（另付华阴赈款 1500 元），岐山 1092 元，凤翔 1000 元，白水 110 元。② 关中、汉中等地农民为了完成所谓"烟亩罚款"，被迫在良田沃土上改种罂粟，这是近代陕西经济陷入恶性循环，多次暴发灾荒的原因之一，上述承担大量烟亩罚款的县份也是灾情最严重的县，而政府把烟亩罚款充作赈款，无疑加重了农民负担，也限制了农民抵御灾荒的能力。

1925 年，陕西相继遭受匪旱灾，赈款筹措情况如何呢？据统计，陕西省赈务处收到赈款包括：（1）北京督办赈务公署汇来赈洋 3000 元，分配陕西三道（关中、汉中、榆林）各 1000 元；（2）华洋义赈会交来义赈现洋 2400 元，该会自行赈济南北二道各 2400 元，共计 7200 元；（3）省署交还赈务处存款 4600 元；（4）省署交还赈务处存北京交通银 10 万元；（5）于烟酒事务局交还前欠附收赈票 7000 元；（6）咸阳县提交本处经费3000 元；（7）长安县交差旅费 8400 元；③（8）财政厅借商会和天主教堂共计银 2 万元；（9）动用各县各种款项 99546 元。④

由此可见，北京政府时期，陕西赈款主要来自三个方面，一是中央政府，二是省内的财政和借款，三是华洋义赈会的资助。由于陕西省地方财政财源有限，所以在灾期挪用其他款项的情况比较严重，例如赈济关中道的 10 万元中，有 8 万多元来自各县其他款项的挪用，这样势必影响其他经费的使用。此外，借款也是一个常用办法，《陕西乙丑急赈录》中有多处关于借款的记载，如提到财政厅先借商会和天主教堂银 2 万元，又续借7000 元，很快又续借 2800 多元，然后再次借洋 5000 元。⑤ 从一个侧面反映了由于财政困难，筹措渠道不畅，办理赈务举步维艰的困境。此外，民

---

① 《咨省署请将各县赈款由烟亩罚款项下动用文》，《陕西乙丑急赈录》，"公牍类"，第 5页。
② 《陕西乙丑急赈录》，"公牍类"，第 25～26 页。
③ 《陕西赈务处另款收入清册》，《陕西乙丑急赈录》，"章制表册类"，第 10～11 页。
④ 《陕西乙丑急赈录》，"章制表册类"，第 8～9 页。
⑤ 《陕西乙丑急赈录》，"章制表册类"，第 9 页。

众也踊跃捐款，据不完全统计，有 112 个团体和个人捐款，如陕西警务处前处长捐银 2000 元，醴泉县的绅士集体捐银 11153 元，国民军指挥杨彪捐银 1000 元等。①

社会团体、个人的捐款也起了重要的补充作用，特别是 1929 年以前，中央尚未设立专门的赈济款项，赈款没有列入财政预算，中央政府拨付地方的赈济款项多属临时拨款或者临时追加，受国家财政状况影响较大，因此发生重大灾害时，社会团体和个人的捐款就发挥了重大作用。

二　南京国民政府时期的筹措资金渠道

南京国民政府成立后，救灾资金更加多样化。国民政府救灾资金中的大宗款项除了来自社会各界，主要来自赈款公债、救灾准备金（1930 年后）和捐款（包括指定捐款、捐俸助赈、普通捐款、赈款利息等）。与北京政府时期救灾资金来源多为临时性的相比，南京国民政府时期一大进步就是依靠国家力量发行赈灾公债，更是在 1930 年后设立了救灾准备金，虽然不能完全解决救灾资金不足问题，但是在制度化方面跨出了可喜的一步。

1. 赈灾公债

南京国民政府成立后，沿用了发行赈灾公债筹措救灾资金的方法，1928～1931 年西北大旱灾、1931 年江淮大水、1935 年各地灾害群发，国民政府都曾发行赈灾公债。

1929 年 1 月，《国民政府民国十八年赈灾公债条例》公布，内称"国民政府为拯救各省灾民起见，特发行公债一千万元，定名为：国民政府民国十八年赈灾公债"，该公债由财政部指定在关税增加收入项下拨付，利率为年息 8 厘，用抽签法分 10 年偿还，每次抽签还款 2 次，每次抽还总额的 1/20，至 1938 年本息还清。② 1929 年国民政府发行的 1000 万元救灾公债，500 万元作为备荒基金，500 万元赈济各省。③

---

① 《陕西各属捐款人员姓名暨捐款数目地点一览表》，《陕西乙丑急赈录》，"章制表册类"，第 16～54 页。

② 《国民政府民国十八年赈灾公债条例》，《中国公债史料》，沈云龙主编《近代中国史料丛刊三编》，台北，文海出版社，1987，第 176～178 页。

③ 《蒋主席力救灾黎，赈灾公债一千万元，亲批交财政部速办》，《民国日报》1929 年 10 月 12 日。

国民政府还曾发行救济陕西专项赈灾公债。1930 年 11 月，国民党四中全会通过宣言，提出救济西北灾荒，并明令发行赈灾公债 800 万元，赈济陕灾。① 规定这笔赈灾公债的使用范围为一半办理急赈，一半办理水利。② 这笔公债还引起了周边遭遇旱灾省份的不满，如河南有关赈务人员就对此有异议："四中全会即无豫人列席提议，然中央为全国之中央，岂可有所歧视。"③ 认为四中全会通过的对陕赈灾案，是陕西有代表出席中央全会而河南没有代表出席的缘故。同时河南方面向国民政府提出发行 1000 万元公债专救济河南灾民："豫灾惨重，远过陕灾，非豫人私言，国人所公认也，乃四中全会决议发行公债八百万救济陕灾为置豫灾不问，殊为寒心，京沪同乡已请政府及京会，援救济陕灾例请发公债一千万专救豫民，请一致进行。"④ 这场风波看似是发行公债救济陕西，导致河南与陕西争取中央赈款。当然财政部一直没有兑现这笔公债救济金，陕西方面曾多方催促财政部和国民政府早日兑现公债。⑤ 直到 1932 年，陕西民众还向国民党中央全会请愿，希望能够落实四中全会的决议案，尽快发行 800 万元公债救济陕灾。⑥ 豫陕赈款之争其实反映了救灾资金是一个困扰国民政府的难题。

1931 年，鉴于全国灾情严重，《国民政府民国二十年赈灾公债条例》公布，发行 8000 万元救济灾民，也是分 10 年还清，年利率为 8 厘。这次赈灾公债与 1929 年的不同，应还本息由财政部于国税下制定基金拨充，另外对公债的用途做了明确规定，只用于急赈、工赈及购买赈粮食。⑦

1935 年国民政府发行 2000 万元救灾公债救济水灾。这次公债中的一部分由公职人员认购，规定"凡在百元以上之公务员，按其薪给搭配二成，以一个月为限"，工资在百元以下之公务员免于搭配。⑧

---

① 《何应钦于右任提发行公债八百万元救济陕灾案决议通过》，《申报》1930 年 11 月 18 日。

② 《陕赈公债分配办法》，《申报》1930 年 12 月 19 日。

③ 《致南京国府行政院国府赈务委员会电》，《旅平河南赈灾会移送灾民垦荒就食办理赈粜征信录》，第 4 页。

④ 《上海李之中来电》，《旅平河南赈灾会移送灾民垦荒就食办理赈粜征信录》，第 214 页。

⑤ 《陕赈会请发公债》，《申报》1931 年 3 月 5 日。

⑥ 《陕灾极重，各县代表开会决向三中全会请愿，请发陕赈公债并由中央发军饷》，《大公报》1932 年 12 月 14 日。

⑦ 《国民政府民国二十年赈灾公债条例》，《中国公债史料》，沈云龙主编《近代中国史料丛刊三编》，第 207～208 页。

⑧ 《中央发行水灾公债，额定二千万元》，《救灾会刊》第 13 卷第 1 期，1935 年，第 66 页。

2. 救灾准备金

南京国民政府时期，一个重大举措就是建立救灾准备金制度。南京国民政府之前国家并无列入财政的救灾专项资金，因此救灾时主要依赖各种附加捐税和民间的募捐资金。1930 年后，南京国民政府为应对全国各地频发的灾害设立了专项救灾资金，即救灾准备金，以备不时之需。1930 年，南京国民政府通过《救灾准备金法》十一条，规定了救灾准备金的来源、数量，资金的保管、使用等。对于准备金来源与数量，《救灾准备金法》规定："国民政府每年应由经常预算总额内支出百分之一为中央救灾准备金，但积存满五千万元后得停止之；省政府每年应由经常预算收入总额内支出百分之二为省救灾准备金，省救灾准备金以人口为比例，于每年积存达二十万后得停止前向预算支出。"① 对于救灾准备金的保管也有非常严格的程序和规定，主要内容为："救灾准备金应设保管委员会，在中央由国民政府派定委员七人组织，内政部长、财政部长为当然委员；在省由省政府呈请行政院派定委员五人组织，以民政厅长、财政厅长为当然委员。保管委员会经费之支给不得动用救灾准备金。救灾准备金由保管委员会负责不得挪作别用。救灾准备金收支保管委员会应按年度造具预算决算分别承包监督机关。"此外还规定："救灾准备金应妥存国家银行或殷实之银行按期计息，前项存款有优先受清债之权。"对于救灾准备金的使用范围、顺序都有比较严格的规定，如："遇有非常灾害为市县所不能救恤时以省救灾准备金补助之，不足再以中央准备金辅助之。工赈或与救灾有关之移民得由救灾准备金内酌予补助。前两项之补助金额应由保管委员会决议呈请监督机关核准。依被灾之情况本年度救灾准备金所生之孳息不敷支付时，得动用救灾准备金，但不得超过所存额二分之一。"② 可见救灾准备金使用实行以地方为主、中央为辅的原则，有利于中央统筹使用救灾资金，使救灾资金发挥更大的效能。

《救灾准备金法》的颁布，为政府把救灾资金列入财政专项提供了法律依据和保障，同时，对于资金的来源、预算、保管、使用、监督等方面都有了较为严格的规范，为有限的救灾资金专款专用，真正用于各地救灾提供了保障。救灾准备金制度是对传统救灾方式的创新，拓宽了资金来

---

① 《振务法规一览》，第 17 页。
② 《振务法规一览》，第 17 页。

源，实行赈款分级负担，有力地保障了筹措资金的来源和途径。

由于民国时期灾荒发生过于频繁，单靠赈灾公债和救灾准备金依然不能解决救灾资金问题。南京国民政府时期沿用了募捐的方式。一种是对公务人员带有强制性质的捐赈，另一种是通过对民众广泛的宣传和动员获得的民众捐款。

3. 官员的捐俸助赈

中国自古就有官员捐俸用于办学、救灾、扶危济困、修路筑桥等慈善、公益事业的传统。晚清时期，特别是 1900 年前后一些开明官吏捐俸办学，捐俸助留学成为一种热潮。1900 年后捐俸助赈较多，最早见诸报端的是 1900 年朝阳府太守等捐俸助赈，"朝阳府地方自入春以来雨泽应时，禾稼畅茂，秋获可望丰收。讵于六月初十日午后，府北十家子三岔口、赵都巴各村突被雹灾打伤甚重。幸王太守恩、溥恒统领龄素以民瘼关怀，闻报即会同往勘，殷殷抚恤，又复同捐廉俸，亲购荞麦佳种，配搭牛具助资……"[①] 1914 年湖南等省发大水，总统袁世凯捐俸禄银数万两，副总统黎元洪等捐俸 1 万元，分送给广东、湖南、江西、广西等灾区。[②] 1920 年，北方大旱，山西官员捐俸助赈，赈款达到 52100 多元。[③] 1925 年，南京遭遇兵患水灾，各机关、议员纷纷提议捐俸助赈。[④]

1929 年后，国民政府把官员自愿捐俸助赈变成一种强制性手段，作为中央政府筹集赈款的主要方式之一，列入国家政策之中。1929 年，陕甘豫旱灾严重，加之南方一些省份灾情严重，报灾的达到 22 个省份。根据振灾委员会的提议，当年 2 月国民政府第 18 次行政会议通过了行政院呈报的《文武官吏捐俸助赈办法》，规定"凡文武官吏月俸四百元以上者捐俸一月，二百元至四百元者捐俸半月，一百元至二百元者捐俸百分之二十，中央由各机关长官，京外由省市政府财政厅财政局负责，自本年一月份起，分四个月匀扣转解赈灾委员会"。[⑤] 很快，行政院对各省政府、交通部、卫

---

① 《慨捐廉俸救济灾民》，《北洋官报》第 2521 期，1900 年，第 10 页。

② 《副总统捐俸救灾》，《公教白话报》第 6 期，1914 年，第 100～101 页。

③ 《内务部致振务处函》（1920 年 11 月 19 日），《赈务通告》1920 年第 5 期，"公函"，第 56 页。

④ 《电请各机关捐俸助赈》，《民国日报》1925 年 4 月 10 日；《电请省议员捐俸助赈》，《民国日报》1925 年 4 月 11 日。

⑤ 《转行法令：（三）令知文武官吏捐俸助赈》，《安徽教育行政周刊》第 2 卷第 7 期，1929年，第 14 页。

生部、铁道部、财政部等单位传达了捐俸助赈的相关要求，各机关单位都予以配合。根据目前可以看到的材料，有两种情况导致捐俸助赈不是很顺利。第一种是薪俸不能按期发放或者全额发放，导致每月发放的薪酬达不到国民政府规定捐俸的最低标准，主要有陕西、甘肃、青海各省的机关，外交部所属驻外官员，以及云南省教育厅机关人员，他们向国民政府振灾委员会及行政院申请予以减免。青海省政府因为"创设伊始，财政困难，所有行政人员并未发薪，只给维持费，简任职月八十元"；① 陕西省政府、甘肃省政府军政机关人员因为没有领全俸，国民政府允许变通，自由乐捐；② 驻外使馆也多次电告国民政府，因为薪水被拖欠数月，拨付的经费仅能维持现状，申请暂免捐俸助赈；③ 云南省教育厅认为该单位公务人员"薪俸微薄，且因纸币问题影响金融，生活难以维持"，申请免于捐俸。④最后国民政府同意了它们的申请。第二种情况是，上海的多数机关对捐俸助赈持消极抵制态度，公然置国民政府的命令不理。"国民政府前以各省报灾已达二十二省，灾重区广，设会办理赈务，并令行政院议决国内文武官吏捐俸助赈办法，按级捐助，自本年一月份起，分四个月匀扣转解，所有中央各机关均早已实行，按月解交国民政府赈灾委员会列收，惟上海军政司法各机关除上海特别市政府均按期照解外，其余多未解交。特分别函达，请就近速交该会驻沪办事处照收，以省汇解之烦。"⑤ 可以看出，国民政府对于上海军政司法各部分执行捐俸助赈办法进行督促，并提出为了省去它们汇解赈款的麻烦，可以就近交给振委会驻沪办事处。但是收效甚微，5 月 11 日国民政府电请上海方面尽快缴纳赈款，5 月 20 日上海市政府甚至停止了捐俸助赈。⑥ 除此之外，尚没有看到有机关或者官员公开抵制这个捐款，原因大概是国民政府通过的决议具有强制性，还有各级政府感念于灾情严重、怜悯民生的一面，但的确损害了各级官吏自身的利益。

---

① 《训令：令赈灾委员会：为青海省政府邀免捐俸助赈由》，《行政院公报》第 63 期，1929年，第 15～16 页。

② 《训令：令陕西省政府：为捐俸助赈拟请的量筹捐案经呈准照办由》，《行政院公报》第55 期，1929 年，第 12 页；第 63 期，1929 年，第 156 页。

③ 《训令：令赈灾委员会：为外交部请将驻外使馆各员免于捐俸助赈由》，《行政院公报》第 63 期，1929 年，第 16 页。

④ 《训令：令教育部：为云南教育厅请免于捐俸助赈案经呈予照准由》，《行政院公报》第53 期，1929 年，第 12 页。

⑤ 《捐俸助赈之实行》，《民国日报》1929 年 5 月 11 日。

⑥ 《捐俸助赈停止》，《民国日报》1929 年 5 月 20 日。

　　虽然国民政府多次公布捐俸助赈办法，但是征收中，拖欠的情况还是时时存在，1929 年 6 月，行政院再次催缴没有完成的捐俸赈款，"其一二两月份未缴各机关仍请令催照缴以昭公允"。①

　　1931 年，北方各省的旱情基本缓解，捐俸助赈作为一种临时性政策本应被废止，但同年江淮流域发生了罕见的洪灾，长江流域各省救灾资金压力较大，江苏省就援引前例，实行捐俸助赈。1931 年，江苏省政府委员会第 426 次会议决议实行"捐俸助赈"，该决议规定"一、省政府委员捐俸三个月，二、荐任以上捐俸一个月，三、委任自百元以上捐俸半个月，以上均于本年八、九、十三个月匀扣，军队警队学校除外"。② 这次捐俸助赈应属于江苏省政府的个别行为，尚未见到国民政府相关文件，也没有见到其他省份实行该政策。

　　1934 年，浙江、安徽、江西、江苏、湖北、湖南、河南、陕西、甘肃、贵州等省份发生水旱灾害，被灾县统计达到 369 个，农田受灾面积达到 1330 余万亩，除国民政府拨款 10 万元，举行平粜，部分省份发行公债外，中政会第 431 次会议通过了公务员捐俸助赈办法，规定：

　　　　（一）凡公务员月俸在五十元以上者，每月捐百分之二。共捐六个月，自民国二十三年十一月起，至民国二十四年四月止，其月薪在五十元以下者免捐。（二）关务盐务铁路邮政电政等机关及一切国营公营事业机关人员照捐。（三）教育行政机关国立公立中等以上学校及学术文化机关人员照捐。（四）警察机关人员照捐。（五）军事机关部队人员之薪俸已有折扣者，量力捐助。（六）收捐事务，由财政部督饬各省财政厅及各市财政局负责办理。中央各机关人员捐款，由财政部负责催收，地方各机关人员捐款，由各省财政厅及各市财政局分别负责催收汇解财政部。各机关人员捐款，均由该机关长官及会计人员负责按月收取，于下月十五日以前，连同收捐报告表，解缴财政部省财政厅或市财政局。（七）财政部按月造具收捐报告表，呈行政院查核。（八）关于捐款之支配分拨，由行政院主持办理。③

---

① 《训令》，《行政院公报》第 61 期，1929 年，第 11 页。
② 《苏省公务员议定捐俸助赈》，《时报》1931 年 8 月 19 日。
③ 《中政会决议公务员捐俸助赈办法仰遵照——训令直辖各机关》，《内政公报》第 7 卷第 48 期，1934 年，第 2515~2516 页。

1934 年制定的捐俸助赈办法，1935 年 4 月按期结束。① 但不到半年的时间，1935 年 9 月 4 日，国民党中政会第 473 次会议再次通过"公务员捐俸助赈"决议，内容和 1934 年的稍有差异，规定：

> （一）中央公务员月支薪俸在五十五元以上者，概照本年度九月份薪额捐半个月，在五十四元以下者，由主管机关规定办法，酌量捐助；（二）收捐办法，由财政部核发各机关经费支付命令时，照捐额分九、十两月（京外机关分十、十一两月扣）发之，其经费在收入内坐支者，由主管机关分九、十两月（京外机关分十、十一两月）负责扣缴；（三）党务工作人员及一切国营事业、教育行政、学术文化、警察各机关，国立中等以上学校人员概行照捐；（四）军事机关人员之捐助办法，由军事委员会商定之。②

总的看来，民国时期由国民政府组织带有强制性的捐俸助赈主要有 1929 年、1934 年、1935 年三次，其余多为地方政府的自发行为。三次的捐俸活动的共同点如下。

第一，均由中政会或者行政院通过，国民政府公布，带有明显的强制性，虽名为捐款，但不存在自愿性的问题。

第二，三次捐俸助赈行动要求的捐赈范围比较广泛，1929 年的决议把捐赈人员称为"文武官吏"，1934 年、1935 年的捐俸助赈对象就直接改为公务员，实际上囊括了国家党政、司法机关，军队，警队，驻外等一切单位，还包括一切国营企业、教育机构和学校等。

第三，对于捐俸的标准与捐赈期限，按照工资来定。1929 年的决议规定月俸 400 元以上者捐俸 1 个月，200～400 元者捐俸半个月，100～200 元者捐俸 20%，起征点为 100 元；1934 年把起征点下降到 50 元，公务员月薪在 50 元以上者，每月捐 2%，共捐 6 个月，可以看出 1934 年的捐赈比例减少，但是捐赈期限大大延长。举例来讲，同样是俸禄为 100 元的公务员，按照 1929 年的规定，需要捐赠 20 元，按照 1934 年的规定每月需要缴纳 2 元，6 个月只需缴纳 12 元，到 1935 年如果同样是薪俸 100 元，则需要缴

---

① 《公务员捐俸助赈结束》，《民报》1935 年 5 月 4 日。

② 《中政会昨通过公务员捐俸助赈》，《民报》1935 年 9 月 5 日。

纳 50 元的捐款。1935 年把起征点提高到 55 元，薪俸在 55 元以下的公务员则不做硬性要求。虽然财政部要求按期缴解，但是收缴中拖拉情况相当严重，例如 1935 年的款项要求最迟 11 月完成，但实际到 1936 年 4 月，财政部预计的公务员捐俸款 400 余万元，只收到 280 余万元，交通部、铁路部所属单位的款项还没有交上来。①

第四，对于军队公职人员的规定较为通融。1929 年的决议规定所有文武官吏必须按要求捐俸助赈，自然是包括军队公职人员在内；1934 年的决议对于军队人员，规定薪俸已有折扣者，量力捐赈，没有强制性的规定；1935 年的决议更是提出由军事委员会商议，做了一些让步。

第五，对于捐款的收缴和管理，无论是 1929 年的决议还是 1934 年、1935 年的决议，都明确规定由财政部、各省财政厅、各市财政局分别负责，最后解交财政部统一支配，体现了财政统一的原则。国民政府虽然强制公务员捐俸助赈，但是对部分省份也有变通，例如 1935 年，绥远水灾严重，绥远本省制定了捐俸助赈办法，300 元以上者半薪，151 ~ 300 元者扣薪 30%，61 ~ 150 元者扣薪 15%，31 ~ 60 元者扣薪 10%，21 ~ 30 元者扣薪 1 元，20 元之下者免扣薪。当年 9 月绥远即筹得 1000 余元。② 鉴于绥远本省公务员已经捐赈本省，财政部最后免掉了该省的公务员捐俸助赈款。③

公务员捐俸助赈的多次实行，是否影响到普通公职人员的生活，这里姑且不论。当时就有人对 1935 年的捐俸助赈办法提出了异议，认为以 55 元作为标准，55 元以上捐俸半月的原则为之不公。作者举例，如果一个人月薪 56 元，捐俸一半只剩下 28 元，而一个月薪 800 元的捐俸一半还剩下 400 元。这样势必不能筹集更多赈款，也不够公允。④ 也有人认为起征点太低，对于低薪公务员，恐会影响他们的基本生活："月薪三十五元，也要扣捐三成助赈，可为竭尽捐务的能力。但同时我们也为此等公务员着想，他们以三十五元的月薪维持首都的生活，必定捉襟现肘，若时再有家累，恐怕也是困苦万状。"⑤ 作为筹款渠道之一，捐俸助赈的确发挥了一定的作用。截至 1928 年底，国民政府的赈务机构共收到赈款 535419.699 元，其

---

① 《公务员捐俸助赈统计，共收到 282 万元》，《西北文化日报》1936 年 4 月 28 日。
② 《公务员捐俸助赈，绥远省九月份共筹款一千余元》，《新天津》1935 年 11 月 6 日。
③ 《本省公务员捐俸助赈》，《绥远西北日报》1935 年 11 月 18 日。
④ 言：《公务员捐俸助赈办法有补充必要》，《政治评论》第 171 期，1935 年，第 566 页。
⑤ 《捐俸助赈的热烈》，《兴华》第 32 卷第 36 期，1935 年，第 2 页。

中捐俸助赈为 133489.97 元，占捐款总额的 24.94%。①

有个值得注意的现象，就是北京政府时期实行捐税附加，如铁路、关税、烟酒税等征收附加，这是一种常见的募集赈款的方法。南京国民政府时期，这个成例基本很少见诸文献，是不是取消了呢？1932 年的一则消息值得关注，《民报》登载消息称，铁道部赈灾附捐，共征收 651049 元，各路已解到款 422825 元，并电告朱庆澜。② 由此可见，南京国民政府延续了北京政府的成例，捐税附加依然是一种筹集赈款的方式。

4. 募捐

南京国民政府时期，有了专职的救灾机构，筹措资金的能力有所增强，另外社会动员能力水平也比较高，加之各类媒体发挥的积极宣传作用，募捐的范围大大扩大，水平也大大提高。

民国时期，群众的募捐是赈款的一个重要来源。募捐一般分为普通募捐和指定募捐。募捐活动能得到国内外的响应，得益于多种因素，形式多样的募捐活动、媒体的广泛参与和宣传至关重要。在国民政府振灾委员会成立前，1928 年成立的豫陕甘赈灾委员会积极进行筹款，从 1928 年 11 月到 1929 年 4 月，共收赈款 102.64 万元，用于急赈。③ 据国民政府振务委员会统计，从 1928 年到 1929 年 3 月，赈务机构的收入包括：赈灾公债 1000 万元，赈款 53.53 万元（包括指定捐款 32.33 万元，捐俸助赈款 13.34 万元，普通捐款 7.86 万元），赈款利息 2900 余元，共计 1053.82 万元。

1928~1931 年持续的旱灾中，国民政府虽然成立了专门的赈济机关，并开始设立财政专项予以救助，但是尤感艰难，因此公开向社会筹募赈款。如 1929 年 4 月在报纸上发布募捐启事："天降浩劫民罹巨灾，据报去年灾区至二十二行省之广，灾民在五千万人以上，其最甚者为陕甘晋绥等省，终岁不雨赤地千里……务乞仁人君闺阁名媛大发慈悲慷慨解囊。"④ 1930 年赈务处驻沪办事处转发潘赤久捐款 1456 元，杭州红十字会捐款 544 元，共计 2000 元，指定专办赈济。

从陕西赈款筹集情况可以看出，南京国民政府时期筹款的手段多样

---

① 《指定捐款、普通捐款及捐俸助赈对于赈款全额百分比较图》，振务委员会总务组：《振灾委员会报告》，1930，第 13~14 页之间插图。

② 《铁路赈款实数》，《民报》1932 年 5 月 10 日。

③ 《豫陕甘赈灾委员会赈款（品）收入统计表》，《豫陕甘赈灾委员会征信录》，第 3 页。

④ 《国民政府赈灾委员会募赈启事》，《申报》1929 年 4 月 7 日。

化，既有通过法律的方式，实行救灾准备金制度、发行公债等，也广泛地动员社会各界，包括海外侨民进行捐款，社会动员水平比北京政府时期高。

南京国民政府在筹措救灾资金方面，虽然往制度化、常态化方向大大迈进，但是各地灾情频现，所筹资金还是杯水车薪。那么民国时期，陕西得到了多少国家救灾资金的支持呢？目前的资料中缺乏细致的统计，我们可以根据已有的一些数据做简单分析。据现有资料统计，国民政府对陕西的赈济主要有下列几次。

1928 年 11 月至 1929 年 3 月，豫陕甘赈灾委员会经手拨发陕西、甘肃、河南办赈用款总计 524528.82 元，其中拨发陕西 191027.92 元，占全部赈款的 36.42%。[①]

（1）1928 年 10 月至 1929 年 2 月，南京国民政府向陕西拨付赈款 5.1 万元，南京筹备振灾委员会则救济陕西 109 万元。[②] 此外，1928 年 9 月，国民政府第一次拨发华侨捐款 30 万元，具体分配情况如下（见表 6 - 14）。

表 6 - 14　国民政府 1928 年第一次赈款分配

单位：万元

省份	分配金额	省份	分配金额
陕西	4.5	河南	4.5
甘肃	4.5	山东	5.5
山西	4.5	河北	2.5
绥远	1	共计	29
察哈尔	2		

注：这次分配结余 1 万元在第二次分配中使用。
资料来源：《一年来振务之设施》，第 7 页。

从表 6 - 14 可以看出，1928 年国民政府第一次拨款 29 万元，陕西分到 4.5 万元，占 15.52%，和甘肃、山西、河南的份额一样，略低于山东。

（2）1929 年 10 月，国民政府拨款 3 万元，连同第一次剩余 1 万元，分配情况如下（见表 6 - 15）。

---

① 《豫陕甘振灾委员会分配振款数目表》，《振务特刊》，1931 年 4 月，第 34 页。
② 《陕西省赈务会收支各款统计表（由十七年十月十六日前救灾委员会开办起至十八年十二月底止）》，《陕西赈务汇刊》第 1 期第 1 册，1930 年。

表 6 − 15　国民政府 1929 年第二次赈款分配

单位：元

省份	分配金额	省份	分配金额
陕西	6000	湖南	6000
甘肃	6000	安徽	6000
山西	6000	浙江	4000
河南	6000	合计	40000

资料来源：《国民政府一九二九年第二次拨赈款分配表》，《一年来振务之设施》，第 8 ~ 9 页。

从国民政府第二次分配赈款情况来看，国民政府分配的 40000 元中，陕西和甘肃、山西、河南、湖南、安徽等六省均获得了 15% 的赈款份额。

（3）1929 年 12 月，国民政府拨付豫陕甘赈灾委员会赈款 20 万元（可以计作第三次），分配情况如下：陕西 6.8 万元，甘肃 6.6 万元，河南 6.6 万元。豫陕甘赈灾委员会从 1928 年 11 月 3 日至 1929 年 3 月 31 日，共经手捐款 27.7 万元，陕西分配额为 40%，河南和甘肃分别为 30%，陕西的比例略高，从另一个角度印证了陕西灾情的严重性。

（4）1928 年 12 月，东北振务委员会捐助 30 万元赈粮款，各省分配情况如下（见表 6 − 16）。

表 6 − 16　东北振务委员会捐助赈粮款分配

单位：万元

省份	分配金额	省份	分配金额
陕西	4.5	河南	4.5
甘肃	4.5	河北	4.5
山西	4.5	绥远	3
察哈尔	1.5		

资料来源：《东北振务委员会捐助赈款分配表》，《一年来振务之设施》，第 9 ~ 10 页。

这次赈款分配中，陕西获得了 15% 的份额。

（5）1929 年 2 月，国民政府决定发行公债 1000 万元，先拨付 340 万元救助较重的 7 个地区，分配情况如下（见表 6 − 17）。

表 6 - 17 1929 年赈灾公债第一期赈款分配

单位：万元

省份	分配金额	省份	分配金额
陕西	95	察哈尔	25
甘肃	55	河南	40
山西	55	山东	35
绥远	35	共计	340

资料来源：《一九二九年振灾公债第一期振款分配表》，《一年来振务之设施》，第 11 页。

1929 年的 1000 万元公债受到当时各界的密切关注，振灾委员会多次开会，调整方案，首先按照核定的灾区标准，分为甲乙丙丁戊五个等级进行分配；其次，确定按照等级分配赈款 963 万元，预留 37 万元作为机动费用；再一次召开会议确定陕西、甘肃、山西、绥远四省灾情过重，陕甘晋三省各追加 10 万元，绥远追加 7 万元。最终经过 7 次会议，确定了 1000 万元公债的分配方案（见表 6 - 18）。

表 6 - 18 振灾委员会第一、四、五次常务会议议定分配赈款情况

单位：万元

甲等灾区	赈款	乙等灾区	赈款	丙等灾区	赈款	丁等灾区	赈款	戊等灾区	赈款
陕西	200	河南	80	河北	45	湖北		北平	3
甘肃	120	山东	70	广东	35	湖南	105		
山西	120	察哈尔	50	广西	35	江西			
绥远	77	合计	200	安徽	30	江苏			
合计	517			浙江	30				

资料来源：《赈灾委员会关于一九二九赈灾公债一千万元分配情形呈》，中国第二历史档案馆编《中华民国史档案资料汇编》第 5 辑第 1 编《财政经济》（7），江苏古籍出版社，1994，第 494～496 页。

1929 年 3 月至 1930 年 1 月振灾委员会经手发放两笔赈款，一笔是 1000 万元赈灾公债，分给 23 个省份，实际分配陕西 200 万元，[1] 占 20％，其他遭受灾害的如河南、山西、绥远、山东、察哈尔、河北、广东、广

---

[1] 《国民政府赈款委员会经手发放振款分配表》，振务委员会编印《救灾经过及防灾计划》，1932，第 8 页。

西、安徽、浙江、湖南、湖北、江苏、江西、黑龙江、北平、福建、贵州、云南等 22 个省份获得公债赈款 800 万元，占 80%；另一笔赈款为各类募捐的赈款，总计 450844. 325 元，分发 25 个地区办赈，陕西为 73849. 79 元，[①] 占总数的 16. 38%，其他 20 余个地区获得的赈款占 83. 62%。[②] 1930 年 2 月至 1931 年 3 月，振务委员会经手的赈款合计 1127960 元，分配河南、甘肃、山西、陕西、河北、察哈尔、绥远、安徽、江苏、浙江、东北、北平、南京、湖南、贵州、四川、山东、辽宁、江西、湖北、福建、热河、上海、海外等 24 个地区（见表 6 - 19）。

表 6 - 19　振务委员会分配灾区赈款数目一览（1930 年 2 月至 1931 年 3 月）

单位：元

地区	赈款
河南	267511. 105
陕西	86826. 94
甘肃	91270. 29
山西	3378. 74
河北	10013. 66
察哈尔	66336. 9
绥远	1886. 9
安徽	50418
江苏	45000
浙江	15000
东北	7177
北平	14836. 97
南京	6300
湖南	52397
贵州	13000
四川	5000
山东	20053
辽宁	13363. 74

① 《振灾委员会分配各灾区振灾公债及振数目一览表》，《振务特刊》，1931 年 4 月，第 34 ~ 36 页。

② 国民政府振灾委员会：《振灾委员会报告》，1929，"工作述略"，第 13 ~ 15 页。

续表

地区	赈款
海外	11000
江西	72168.215
湖北	10000
福建	30000
热河	2250
上海	1000
总计	1196188.46（含 1930 年 1 月于右任回陕带赈款 20 万元，1930 年 11 月财政部直接汇款河南省政府 10 万元）

资料来源：《振灾委员会分配各灾区振灾公债及振数目一览表》，《振务特刊》，1931 年 4 月，第 8 页。

该次赈款共计 1196188.46 元，陕西共获得赈款 86826.94 元，占 7.7%。[①] 综合来看，在赈款问题上，国民政府还是力所能及地给予救济。

1931~1932 年，因中国江淮发生大水灾，日本又先后发动九一八事变和一·二八事变，大量的灾民、东北难民流离失所，以及一·二八事变后上海民众生活困难等，国民政府振务委员会先后拨付赈款。1931 年 8 月到 1932 年 4 月，国民政府拨付各地共计 21 笔赈款 70101510 元，其中 30105510 元是 1932 年拨付的。[②] 当年中国财政收入仅为 2000 多万元，当年财政赤字为 6 亿多元，因此仅仅依靠国民政府的财政拨款很难解决救灾资金问题。而 1931~1932 年陕西虽然依旧是重灾区，却没有得到国民政府的救灾资金，只能依靠外界的募捐。1931 年华洋义赈会共计收入 1819153 元，分拨 18 个省分会，陕西分会获得拨款 4.2 万元，陕北赈务会获得 170 元，[③] 也可谓是杯水车薪。

因此，除了向国民政府请求赈款外，陕西省通过各种手段向外界争取赈款。社会各界关切陕西灾情并给予援助。[④]

---

① 《振灾委员会报告》，"工作述略"，第 13~15 页。
② 《赈务委员会一九三一年八月起至一九三二年四月止拨发赈款一览表》（1932 年 5 月 26 日），中国第二历史档案馆编《中华民国史档案资料汇编》第 5 辑第 1 编《财政经济》（7），第 501~503 页。
③ 《总分各会二十年度赈款收支一览表》，《中国华洋义赈救灾总会丛刊》甲种 35，1932，第 21 页。
④ 甘肃省救灾联合会：《辛酉联合会来往稿》，1921。

据陕西省赈务会的不完全统计，从 1928 年 10 月到 1929 年 12 月，陕西省赈务会共收到来自国民政府振务委员会以及世界红十字会等政府和社会团体的赈款 140 多万元（详见表 6 - 20）。

表 6 - 20　陕西省赈务会收款统计（1928 年 10 月 16 日至 1929 年 12 月底）

单位：元

赈款来源	赈款数量	赈款来源	赈款数量
南京政府赈款	5.1 万	宋哲元	7200 元
冯玉祥	5 万	上海红十字会	1.5 万
各界零星募赈款	37249	于右任代募	5184
北平世界红十字会	5000	平粜大米粮价	53403
各方零星捐助铜子票	1976 串	其他	1512
平粜面粉粮价	173323	总计	1489574
南京赈灾委员会	109 万		

资料来源：《陕西省赈务会收治各款统计表（自 1928 年 10 月 16 日至 1929 年 12 月底）》，《陕西赈务汇刊》第 1 期第 1 册，1930 年。

陕灾发生后，通过旅居平津、上海、武汉等地的陕西学生团体，《大公报》《申报》等媒体，陕西的灾情迅速被外界所知，社会各界团体和个人积极向陕西捐款。华洋义赈会、上海济生会、孝惠学社组织募捐、亲自赴陕办赈。在饿殍载道、灾民生活悲惨的灾荒时期，社会各界的积极踊跃捐款、捐物甚至亲赴灾区救助让灾民看到了希望，是值得称道的事情。

1928 年，陕灾引起全国各地各界人士的重视。北京的中小学生纷纷结队出游街市，劝募捐款，中学生佩戴徽章，手持集赈罐，在北京的大街小巷募捐。北京国际统一救灾总会还派代表到南京、长沙、汉口、广西等地分途演说，用幻灯片放映灾区实况，劝募捐款。短时间内，南京募得 8000 元，广西募得 1 万元，北京募得 8 万元。一些临时成立的以募款为主要任务的组织，包括省赈灾机关在各地的机关、代表，各地政府、民间团体、宗教团体、临时组成的救灾机构、社会各界爱心人士等，积极进行劝募工作。

1928 年 10 月至 1929 年 12 月，陕西省赈务会收到来自西安市政府、济南市公安局、河南省邮政管理局等 100 家单位共计 37721 元。[①]　各种捐

---

① 《陕西省赈务会经收募捐项芳名表》，《陕西赈务汇刊》第 1 期第 1 册，1930 年。

款随着陕西灾情日重，源源不断地汇来。1929年上海各大善士以郃阳窦村等6村灾情极惨，捐助6000元，由华北慈善联合分会委员长朱子桥电请该会驻陕人员散发。中国华洋义赈救济总会、红十字总会、五台山普济佛教会及旅平汉中12县救灾会等4个团体，共募捐救济款银元13000元，赈济城固县灾民。孝惠学社常务委员饶聘卿先生前赴乾县散放急赈3万余元。中国济生会长安分会向重灾区散放赈票1800元，在该会指定地点凭票领款。北平总会向陕西捐赈冬棉衣、棉裤2000件，电饬平汉、陇海铁路免费运送。

1930年，为了帮助陕西筹集赈款，各大报刊举办"陕赈纪念周"，《大公报》积极参与陕赈纪念周的募捐活动，"（自五月十二日至十八日）连著'社评'向读者募捐，闻风响应者，颇极一时之盛。计第一日收到捐款一千三百余元，第二日收六千七百余元，第三日增至一万七千四百余元，第四日亦收七千一百余元，谅此后三日之成绩，亦必不恶"。[①] 平津各地人士纷纷捐款，截至1930年5月18日，该报社共为陕灾募集赈款6万余元，其中截止日期的前一天收到赈款14936元。[②] 在陕赈纪念周筹集陕灾赈款活动中，香山慈幼院的学生通过决议，全体学生减食一个月，大约1500个学生每天少吃一餐，共计节省450元，救济陕灾。[③] 河北昌黎县成立昌黎县陕灾筹赈会，由青年学生上街宣传募捐，筹集赈款1500元，并继续派人分赴乡村扩大募捐。[④] 天津陕灾急赈会在较短时间内募集救灾资金20万元。[⑤] 孝惠学社热心陕西灾荒，购买玉米红粮7000余包，运抵陕西灾区。[⑥]

上海各慈善团体及商业团体也积极募捐，其中上海筹募陕灾临时急赈会成立于1931年3月3日，结束于当年7月，在西北大旱灾期间发挥了重要作用。1931年3月，国民政府振务委员会委员长许世英、常务委员朱子桥联合上海绅商发起成立上海筹募陕灾临时急赈会，主席团成员有于右任、许世英、张群、朱庆澜、黄庆澜、王震、虞和德、王晓籁、邬志豪

---

① 《平津人士热心陕灾》，《国闻周报》第7卷第19期，1930年，第7~8页。

② 《昨日捐款总报告》，《大公报》1930年5月18日。

③ 《香山慈幼院学生减食救灾》，《大公报》1930年5月18日。

④ 《昌黎筹募陕赈款》，《大公报》1930年6月16日。

⑤ 《天津陕灾急赈会昨招待报界报告月底结束，已募赈款二十余万元》，《大公报》1930年6月19日。

⑥ 《热心陕灾者》，《大公报》1930年2月19日。

等，杜月笙、王震、邬志豪、张啸林、虞洽卿、王晓籁、林康侯、袁履登、张子廉、黄涵之等为筹募组委员。3月9日，上海筹募陕灾临时急赈会成立募捐总组，朱子桥为主任，杜月笙、王一亭、虞洽卿、王晓籁、张公权、姬觉弥、秦润卿、王延松、黄金荣、张啸林、陆伯鸿等为副主任。① 因为发起该组织的都是政要和社会名流，其引起了社会很大关注。上海筹募陕灾临时急赈会的募款方法有特捐、各业募捐、分队募捐、游艺募捐、妇女慈善家募捐等。② 还有一种就是利用酒宴筹募赈款，如就在急赈会成立当天，张啸林、杜月笙在私宅宴请朱子桥夫妇，各界作陪者百余人。宴罢，二人向来宾劝募并各捐了 5000 元，二人担任总董事长的中国赛马会捐了 2000 元，杜月笙夫人捐了 500 元。于是，参加宴会的杜月笙的门生故旧及各界人士也纷纷解囊，两小时内募得 61520 元。③ 还采用把各大团体负责人纳入急赈会作为会员的方式，拓宽赈款渠道。另外，通过陕西政要于右任书写 100 副对联，送给上海等地的慈善家，取得他们对西北赈灾的支持。④ 3月26日，该会在各大媒体上发表筹募启事："陕西的灾情，大家都知道了。目下数百万灾民，嗷嗷待哺，非筹大宗款项，不能彻底救济。本会成立以来，各界热心人士，纷纷捐款，颇为踊跃。足见好善之心，人所同具。惟救灾如救火，本会募捐日期，限定一月。现在朱子桥先生急于前往陕西散放急赈，并筹办关于灾赈种种的工作，凡我父老昆季，诸姑姊表，务恳大发宏愿。慷慨仁囊，愈多愈妙，即捐助数元，亦可救人一命。"

对于上海筹募陕灾临时急赈会发出的募捐公告，各团体积极响应，上海律师公会的通告号召捐款："陕省奇灾惨苦已极，去秋得雨渐有生机，然早麦之收尚待夏至，当次青黄不接之际，饥疲待赈之时，果能过此难关，灾民始有生望。是此时急赈实为数年来生死之大关，且修水利、筑通衢正在筹划以工待赈，款不虚糜，尤为根本救济之图。百年之所利赖，亟恳诸大善士哀此陕黎。"⑤ 在短时间内即筹得 18 万元。⑥

为了方便大家捐款，在上海商会、振务委员会办事处、中国济生会等

---

① 《募集陕灾急赈会昨开首次会议》，《民国日报》1931 年 3 月 7 日。
② 《筹募陕灾急赈会昨开全委会》，《申报》1931 年 3 月 4 日、6 日、7 日。
③ 《上海筹募陕灾临时急赈会报告》，《申报》1931 年 3 月 11 日、13 日。
④ 《陕灾急赈会昨开委员会》，《申报》1931 年 3 月 15 日。
⑤ 《通告各会员函》，《上海律师公会报告书》第 29 期，1931 年，第 95～96 页。
⑥ 《筹款赈陕省灾民已得十八万元》，《兴华》第 28 卷第 9 期，1931 年，第 43～44 页。

地设立捐赠点，并将募捐的赈款及时在报刊上公开，当天的报纸同时刊登出捐款者的名单和捐款数目。据当天的报灾，该会四次募捐 145604 元，外加一些债券等。捐款者包括上海的各界民众、团体、企业和政府机关职员。这里面就提到江焕卿、崇德堂把寿宴收到的共 3000 元礼金捐献出来。① 还通过与上海各界开茶会，筹募赈款。截至 1931 年 5 月 1 日，收到各界赈款 354353 元。② 上海筹募陕灾临时急赈会定期公布账目，一方面做到工作透明，另一方面使更多的人参与赈灾。1931 年 4 月 16 日，上海筹募陕灾临时急赈会在《申报》发表第 8 次报告，报告赈款总数为 285532.32 元，银 417 两 5 钱。③ 5 月 30 日，上海筹募陕灾临时急赈会在《申报》上以头版大篇幅的形式发表题为《上海筹募陕灾临时急赈会经手赈款第十次报告》的报告，详细公布了筹募赈款的情况，包括捐款人捐款数量、姓名、经手人等，从捐款数量看，有上至千元的，也有穷苦民众捐款几角的，捐款人数到几千人，共募捐 10700 元，同时公布了第一次到第九次募集赈款总数 394291.92 元。④ 急赈会从 1931 年 3 月 3 日成立到 7 月21 日结束，共募集赈款 390057.22 元，支放赈款 370226.622 元。⑤

上海筹募陕灾临时急赈会收到赵晋卿捐面粉 500 包，交代陕西省赈务会主席康寄遥趁购买大宗面粉 15000 袋之机运送，收到化学社捐产品 15种，正益机制品厂出产米粉 850 袋，及各界捐助药品；中国国货商场筹办游艺陕灾急赈会。上海筹募陕灾临时急赈会还向苏杭筹捐，1931 年 4 月 9日苏州开大会当场认捐 1.6 万元。⑥

省立上海学校学生放映陕西灾情影片，走上街头募捐，募得 334.1 元，交由上海济生会转交陕西救灾委员会；⑦ 上海筹募豫皖鄂灾区临时义赈会本为上海各界为鄂豫皖三省严重水旱灾害募捐成立的临时组织，看到陕灾严重，从赈款中拨出 6000 元救济陕灾。⑧

---

① 《申报》1931 年 3 月 26 日。

② 《陕灾急赈会茶会记》，《申报》1931 年 5 月 1 日。

③ 《上海筹募陕灾临时急赈会经手赈款第八次报告》，《申报》1931 年 4 月 16 日。

④ 《上海筹募陕灾临时急赈会经手赈款第十次报告》，《申报》1931 年 5 月 30 日。

⑤ 《申报》1931 年 9 月 21 日。此处和 1931 年 5 月 30 日公布的有出入，5 月 30 日公布的因为有详细的名单和数量，应为可信，9 月 21 日数字应该有误。

⑥ 《陕灾急赈会纪要》，《申报》1931 年 4 月 13 日。

⑦ 《上海中学赈济陕灾》，《申报》1931 年 6 月 12 日。

⑧ 《三省义赈会救济陕灾》，《申报》1933 年 3 月 3 日。

由于上海筹募陕灾临时急赈会开展工作有效，募集大量的赈款和粮食运回陕西灾区，有力地补充了陕西地方政府和其他团体的救灾活动。

一些陕籍人士也为陕西的救济积极奔走，旅居上海、北京、海外的陕籍人士积极筹备各种赈灾组织，筹集赈款、赈粮食，源源不断地支援西北地区的救灾活动。于右任作为陕西三原人，对家乡灾情尤为关切，1929 年西北大旱灾，于右任回陕视察时，看见同官（铜川）灾情严重，即向省政府建议，拨发同官小麦 200 包（每包 200 市斤），县府将粮食一部分散赈，发放灾民，一部分在南街用于开设粥厂，救济老弱病残，群众称为"吃舍饭"。当时粥厂将粮食带皮磨成糁子，用大锅煮成稀饭，一日供应一次。① 一些饥民为了活命，挖坟掘墓，盗取葬品，连于右任在三原老家的伯母房太夫人的坟茔也不能幸免。于右任两岁丧母，由伯母一手抚养成人，两人感情颇深，"无母无家两岁儿，十年留养报无期"。闻知伯母坟墓被破坏，于右任悲痛万分，但他深知家乡灾情奇重，很快复电三原"不要追究"。1929 年他返回家乡视察灾情，给伯母扫墓时含悲赋诗道："发冢原情亦可怜，报恩无计慰黄泉。关西赤地人相食，白首孤儿哭暮年。"② 于右任 1931 年从陕西视察灾情返回，报告灾情时引用陕西旅平赈务会报告说："据称两年内由陕卖出之儿女，在风陵渡山西方面，可稽者四十余万，除陕政府收税外，山西每人五元，收税近二百万。"③

于右任多次回陕视察灾情，在 1929 年秋回陕西勘办赈务，亲自带回30 万元赈款。1930 年他陪何应钦赴西北查灾，并争取火车一列运输西北赈品。④ 后又在南京的一些会议上痛哭流涕地为民请命："此次我请假回陕，将所见所闻，来向中央作一报告。此种惨事，实近三百年来所仅有也。我不是作筹赈的宣传，故意铺张灾情，亦不是专提倡地方观念，是什么地方人说什么地方话，我所报告实天下之公，人人看见，人人听见，皆要落泪。青天白日旗帜下之陕西，说是有二百余万人饿死逃亡，那一个信得过。……渭北省西所见：华北义赈会及济生会救济金已用数百万。近华北义赈会与省政府及五县人民议开水利，引泾工程已动工。被灾区域，麦子

---

① 文芳编《黑色记忆之天灾人祸》，第 291 页。
② 于右任：《斗口村扫墓杂诗之二》，庞齐编著《于右任诗歌萃编》，陕西人民出版社，1986，第 211 页。
③ 李振民：《陕西通史·民国卷》，第 169 页。
④ 《灾赈记事》，《陕灾周报》第 1 期，1930 年。

下种，不过十分之三。省府新调查人口，统计每县约损十之四，乡间房屋约损十之六，树木约损十之七，农村不特破产，无人烟者比比皆是，乡间学校完全毁坏，不入城市，不见学生，杨部师长冯钦哉孙蔚如语我，伊部入陕后，西路扶风武功一带在其部下之兵士，以久役于外，请假回家省视，归后，不特不见父母，不见妻子，而且不见房屋，不见邻里者，不可胜计，多痛哭而返。此真天下之惨闻也。我报告至此，且举陕西旅平赈务会委员之报告作一结束，据称两年内由陕卖出之儿女，在风陵渡山西方面，可稽者四十余万，除陕政府收税外，山西每人五元，收税近二百万。此无异陕政府卖之晋政府买之，又无异冯焕章卖之阎百川买之。政治之黑暗至此，使冯焕章化一老百姓，深入民间，得其种种实情，必知我言之非诬也。诸位同志，闻此惨状后，如何感愤，能合力奋斗，使此种惨状不再发见于国内，不仅陕民之幸也。"① 他把筹到的款项全部汇回灾区。1933年通过他的积极呼吁，铁道部拨款 62500 元救济陕灾害。② 1929 年后，国民政府决定发行 800 万元公债救济陕灾，豫陕甘赈灾委员会救济 1000 万元公债，后来在具体实施时，提高了陕西、甘肃的比例。一方面陕西、甘肃灾情本来严重，另一方面与于右任等人在国民政府会议和国民政府要员中积极呼吁和争取有关。

　　1928 年陕西大旱中，陕西名士党晴梵鬻书助赈。当时他在一些媒体上公开鬻字，内容是对联一副大洋 4 元，单条横批同，中堂 6 元，屏条每副 2 元，匾额每字大洋 2 元，书名外加大洋 2 元，墓志每件 50 元，以 500 字为限，逾 500 字加倍，以上是行草楷书，润格篆、隶加倍。③ 因为他的名气，求字者络绎不绝，他把所得款项全部捐给陕西省赈务会。④ 1929 年冯玉祥润笔助赈，短时间内获得赈款 2871 元，全部交给赈济机关。⑤

　　演艺界也积极组织义演，支持陕西灾区。1930 年，著名戏剧演员程砚秋除向陕西灾区捐款 400 元外，还和郝寿臣、王少楼等在北平举行义演，

① 于右任：《陕灾述略——二十年一月十九日在中央党部总理纪念周讲》，《中央党务月刊》第 30 期，1931 年。

② 《于右任电汇赈款救济陕灾》，《申报》1933 年 5 月 17 日。

③ 《党晴梵鬻书助赈》，《陕灾周报》第 1 期，1930 年，第 52 页。

④ 《豫陕甘赈灾委员会征信录》，《民国赈灾史料续编》第 13 册，第 171 页。

⑤ 《豫陕甘赈灾委员会征信录》，《民国赈灾史料续编》第 13 册，第 171 页。

为陕西募捐。① 据陕西省赈务会公布的《捐款人芳名录》，共有 2928 人向陕西省赈务会捐款，捐款数额从 5 分到 20 元不等。② 1931 年 5 月《申报》登出《陕灾筹赈演艺会》的大幅广告，上面写道"电影明星票界名宿联合表演评剧"，列出了包括著名影星胡蝶在内的庞大明星阵容，广告上面还写有"购票一张，救人一命"，演出地点定在市政厅，票价为前排 2 元，后排 1 元。③ 当然，捐款的人和团体还在继续增加。于右任、胡次珊的孩子结婚礼金 5184 元也汇往陕西赈济灾民。④

华洋义赈会是在陕西坚持时间最长、开展救济活动最为有效的组织。1930 年，中国华洋义赈会经手的 500233 元赈款中，拨付陕西的项目计有陕西工赈 25082 元、陕北赈务 1600 元、陕西豆种 4500 元、陕西赈务 500 元、陕西防疫费用 10000 元、陕南粥赈 5000 元、陕西豆种拨款 7627 元、陕西赈务拨款 108268 元，共计 162577 元，占总经费的 32.5%。⑤ 经手的美国华灾协济会驻沪办委托办理的赈款 1293366 元，拨付陕西的项目包括陕西豆种 100000 元、陕西灾民收容所 25000 元、陕赈拨款 399021 元，共计 524021 元，占 40.5%。⑥ 可见，面对陕西严重的灾情，华洋义赈组织给予及时的救助，并且把较大比例的赈款拨付陕西。

1937 年，陕北赈灾会派人带 23 万元赴山西购粮，阎锡山以"赈粮由晋运陕北，所需运费包装等费约十万元，除此项耗费外，灾民所得仅及半数有奇，甚为悯恻"，特令实物准备库，按照原价售出，并设法减低运费输送陕北以惠灾民。⑦

值得一提的是，在民国的历次灾荒中，海外华侨都给予了积极的捐助，如据国民政府振灾委员会的统计，1930 年 2 ~ 12 月，共收到捐款（救灾债券、公务员捐俸助赈款除外）128869.1 元，其中华侨捐款 50994.71

---

① 《程玉霜关心陕灾，捐洋四百元交急赈会汇陕散放，日内并将独立演唱义务戏组赈》，《大公报》1930 年 5 月 18 日。
② 《捐款人芳名录》，《陕西赈务汇刊》第 1 期第 2 册，1933 年，"附录"，第 1 ~ 93 页。
③ 《陕灾筹赈演艺会》，《申报》1931 年 5 月 9 日。
④ 《电谢于胡两先生分男女公子结婚礼金五千一百八十四元兑陕赈济》，《陕西赈务汇刊》第 1 期第 2 册，1930 年，第 64 页。
⑤ 《中国华洋义赈救灾总会拨款清单》，《中国华洋义赈救灾总会丛刊》甲种 31，1931，第 69 页。
⑥ 《经手美国华灾协济会驻沪委办拨款清单》，《中国华洋义赈救灾总会丛刊》甲种 31，第 69 页。
⑦ 《阎锡山氏关怀陕北灾情》，《西北导报》第 3 卷第 8 期，1937 年，第 27 页。

元，占 39.6%。[1]

此外，世界各地的华侨、国际友人、国际红十字组织、驻华使馆都积极地募捐、捐款。据 1929 年《大公报》的消息，"美国已经捐到 11 万元，其中 5 万元购粮运赴陕西"。[2] 1930 年，日本人士高田耕安通过领事馆捐赠陕西赈款 200 元。[3]

---

① 《国内捐款及华侨捐款比例图》，《民国十九年赈务统计图表》。
② 《华洋义赈会报告》，《大公报》1929 年 2 月 16 日。
③ 《函谢高田耕安》，《振务月刊》第 1 卷第 1 期，1930 年，第 59 页。

第七章　政府和民间团体的救济活动：社会对灾荒的应对（之二）

邓云特先生在《中国救荒史》中把历代中央政府的救灾分为积极救灾和消极救灾两种，"而在消极的政策中，又有治标和灾后补救二大类……历代积极救荒的政策中，按性质区分，大约可归纳为二大类：一是注重改良社会条件的政策；一是注重改良自然条件的政策"。① 邓云特主要根据对灾害的认识和应对灾害的手段来划分救灾措施，灾前预防为治本措施，即为积极救灾措施，而灾后救济则为补救措施，也为治标措施，故为消极政策。北京政府认为赈济的方法有：（1）平粜，凡是中贫之户由公家备办粮食或以积谷平价出售，或暂贷质订期偿还；（2）施予，凡极贫之户口应由公家分别施予或派员散放，或择地设立公粮局，及粥厂并赈放衣物；（3）工赈，凡壮年堪任工作之贫民的振作地方情形，建筑公共工程如道路、河工等，或设立贫民工厂安插，但此项需款浩繁并得另筹经费；（4）遣送，凡由他处农民因灾流亡而至者，应于赈抚时即分别遣送，给以川资遣回本籍；（5）移民，凡向无职业而本地又无安插者，应由各省长官商明，主管部拟定安善方法，将灾民移至能谋生计地方。② 本章主要具体考察民国时期各级政府的救灾措施及其成效，探讨与传统救灾方式相比，其如何继承和突破，以及救灾中中央和地方是如何互动的。

第一节　救命：实行急赈

一旦灾害发生，进行灾荒救济是政府的基本职责之一，中国传统的急赈方式包括赈银、赈粮、粥赈等，以防止灾民因食物缺乏而损失生命为目

---

① 邓云特：《中国救荒史》，第 233、338 页。
② 《内务部通行各省筹赈办法大纲》，《赈务通告》1920 年第 1 期，第 15 页。

的，主要属于临时救济。民国时期，在现代救济事业的推动下，政府采取救济与防灾并行政策，主要实行急赈和工赈，如振灾委员会规定的施赈原则为："急赈济以施赈为原则，工赈以就地施工而与防灾有关者为准。"①但是，急赈仍然是救灾最为重要的方式。

如何急赈？急赈由谁来办理？救济的原则是什么？如何能有效的急赈？这是我们所关心的问题。

国民政府颁布《督办赈务专员办事纲要》，对于散赈种类选择和赈济原则都做了规定。关于散赈者，赈济极贫，赈粥而外，则为散米散钱。按成灾分数，分别极贫次贫，一律加赈，谓之普赈。不足，则选择最重灾区，或受灾最重及极贫之人，散放急赈，凡独老疾之不能自存者，按日以给，是名续赈。更有急不能待者，则立以钱米以救之，是名摘赈。② 从这个纲要可以看出，急赈是以灾民不至于被饿死为目的，实行粥赈、钱赈还是粮赈是根据灾情来定的，有生命危险、饿死之虞的实行粥赈，其余的一般实行赈粮食或者赈款救济，在交通不便的灾区一般实行钱赈。1928 年，国民政府颁布的《赈款委员会办事细则》对中央政府和地方政府办理急赈济的标准进行了规定："凡地方偏灾，由政府办理（急赈），中央赈济应限于重大灾情或该省能力实有不及者；中央赈灾以办工赈、不办急赈为原则，实有办急赈之必要时，则以施粮为原则；凡一省受灾县分占总数百分之五十以上，或市受灾田亩占全市田亩总数百分之五十以上者，由中央直接举办急赈，在中央直接办赈省份，一县被灾田亩占全县田亩总数百分之七十者，始得受赈，受灾县数不及中央直接办赈之标准者，由中央酌量补助赈款，交省政府、省党部、省赈务会会同负责办理。"③ 《陕西救灾委员会施赈规则》规定了急赈的基本原则和要求：首先遭受灾害程度在六分以上才可以施赈；对不同程度的灾民实行赈济时间递减的原则，对受灾十分的极贫者加赈 4 个月，次贫者加赈 3 个月，对被灾九分极贫者加赈 3 个月，次贫者加赈 2 个月，被灾八分、七分极贫者加赈 2 个月，次贫者加赈 1 个月，被灾六分极贫者加赈 1 个月。对于施粮、款标准的规定：每月大口发

① 振灾委员会：《一年来之工作述略》，1930，第 7 页。
② 《督办赈务专员办事纲要》，《陕西赈务汇刊》第 1 期第 1 册，1931 年，"法规"，第 12、13 页。
③ 《赈款委员会办事细则》，1928。

米 1 斗，小口给米 8 升，施款按照平粜价格折算发给。[1]

民国时期，急赈由各级赈灾委员会委员或者政府部门委托的人员进行，主要包括赈粥、下赈款、调粟等。以下考察民国时期政府部门在陕西实施急赈的情况。

一　粥赈

在中国传统救灾方式中，粥赈最为常见，指的是在灾荒来临的时候，政府首要任务是动用储备"救荒活民"。早在《周礼·地官》中，关于"荒政十二策"，就有"散利""薄征""缓刑""舍禁"等灾荒发生时国家对个体的赈济措施。[2]"散利"属于临灾治标，其主要手段是施粥。施粥可以救急，具有所费较少而活人众多并且简便易行的优点。与施粥相关联的是粮食供应的问题。施粥的具体措施有移食就民、平粜等。

在中国古代，每遇灾荒饥歉，政府以设立粥厂为急赈中的首要工作。现存的档案文献中，上谕粥厂加赈这样的记载非常多。粥赈不限于遇到灾荒时，春天青黄不接时也会设粥棚，帮周边居民渡过困难。主持施粥的除了政府外，还有"善人"、慈善团体等。如"汉安帝元初四年，令郡县以糜粥赈饥。献帝兴平元年，出太仓米豆，为饥民作糜粥。后汉太守尹兴，使陆续于都亭赋民馈粥。……北魏孝文帝，以冀定二州饥，诏郡县为粥于路以食之，定州为粥所活者，九十四万七千余口，冀州七十五万一千七百余口。……万历二十八年，河南大饥，御史钟化民，令各府厅州县官，遍历乡村，察举善良。以司粥厂，就便多立厂所，每厂收养饥民二百，不拘土著流移，分别老幼妇女，片纸注明某厂就食，以油纸护系于臂，汇立一册，听正印官不时点查，使不得东西冒应，所到必行拾遗之法，遍历村墟粥厂，以故地方官望风感动，竭力赈救，民赖以生"。[3]

在长期的施赈实践中，中国古代民众也积累了一些非常实用的经验。如明代林希元"救荒……有三便。曰：极贫民便赈米；次贫民便赈钱；稍贫民便赈贷"。[4] 王圻在《赈贷群议》第三议中讲："赈所以赒贫民，若稍

---

① 《陕西救灾委员会施赈规则》，《陕西赈务汇刊》第 1 期第 1 册，1930 年，第 379 ~ 387 页。

② 《周礼·地官》，《十三经注疏》，中华书局，1979，第 706 页。

③ 《附录历代赈粥事实及其效》，《陕西赈务汇刊》第 1 期第 2 册，1930 年，"记录"，第 49 ~ 50 页。

④ 《康济录》，转引自邓云特《中国救荒史》，第 168 页。

得过之家，虽遇大祲，犹能百计求活。惟穷民坐以待毙。赒之期宜急，赒之法宜均，须借仁明掌印官亲查，临仓调停给散，不使有遗，吏胥不致渔猎。定期赴领随给，不能耽延等候。万一荒村野壤，则用舟车载至其地散之，庶枵腹之人，不致毙之仓下，仆之中途矣。"①

清代魏冰叔的《择地聚人赈粥法》在民国时期也受到重视，其内容如下："城四门择空旷处为粥场，盖以雨棚，坐以矮凳，绳列数十行，每行两头坚木橛，系绳作界。饥民至，令入行中，挨次坐定，男女异行，有病者另一行，乞丐者另一行。预谕饥民，各携一器，粥熟鸣锣，行中不得移动，每粥一桶，两人舁之而行，见人一口，分粥一勺贮器中，须臾而尽。分毕，再鸣锣一声。听民自便，分者不患杂糅，食者不苦见遗。限定辰申二时，亦无守候之劳，庶法便而泽周也。"② 20 世纪 30 年代陕西的报刊多次推介这个方法。

粥赈可以暂时帮助濒临饿死的人得以幸免，但是如果赈粥不当，如粥棚离饥民太远，饥民往往还没得到救济就饿毙，如果粥棚过于拥挤，容易造成混乱，出现饥民互相抢夺甚至斗殴现象。如崇祯年间，浙江海宁县双忠庙施粥，"人食热粥，方举尽死"；南宋时期湖州施粥，沸腾的粥刚离锅，饥饿的灾民就"急食之，食已未百步而即是"。③ 可见，粥过烫，饥饿难耐的人食用过快、过饱也是非常危险的。为什么会出现这种情况呢？古人的解释是："凡饥民至饥岁，不得食而死者十之六七，其由食而死者十之三四，该饥民饥渴久，肠胃日细，骤得食，则并急不能容受，往往肠断而死。"④ 在陕西也发生过粥厂秩序混乱饥民致死的惨剧，"庚子年（1900）陕西大饥，会开办粥厂十六所，人民因争食拥挤而死者不可胜数"。⑤ 因此中国古代在长期的施粥实践中，也总结了一些经验教训，如《陕西赈务汇刊》特别刊出了古人提到的注意事项："粥不可增添生水，人众虑粥缺少，增添生水，往往致病。……垂死饥人急与食，往往狼吞致死，须煮稀粥泼棹上，令其渐渐吃食，方能得生。……粥不可掺杂他物，

---

① 王圻：《赈贷群议》，转引自邓云特《中国救荒史》，第 168 页。
② 《魏冰叔禧择地聚人赈粥法》，李文海、夏明方、朱浒主编《中国荒政书集成》（5），第 3157～3158 页。
③ 杨慧纯：《赈粥须知》，《弘化月刊》第 19 期，1943 年，第 11～12 页。
④ 《施米汤》，《陕西赈务汇刊》第 1 期第 2 册，1930 年，"记录"，第 48 页。
⑤ 《粥厂会议》，《陕西赈务汇刊》第 1 期第 2 册，1930 年，"记录"，第 15 页。

粥中撩以石灰，杂以他物，则易生疾，致死，须严防之。粥不可过热过饱，赈饥民粥，万不可过热，令其徐食之，戒其勿可过饱，始可得生，赈粥时须大书数字，贴于粥厂左右，上书饿久之人，若食粥骤饱者立死无救，食粥太热者亦立死无救。……煮粥宜旧锅，新锅煮粥，煮饭，煮菜，饥民食之，未有不死者，故厂中须用旧锅，无则借用，或以新锅换之。"①这些经验供后代人在施粥时使用，能够在一定程度上避免粥厂死人的现象。

民国时期，粥赈的传统保留下来，在城区、农村一些地方设立粥棚，救济灾民；还有设立的各种收容机构，也属于粥赈济的范围。施粥成为救济极贫灾民最直接的方式之一。1920 年北五省旱灾期间，大量灾民涌进京师乞食，北京成立了京畿粥厂筹办处，从 1920 年冬到 1921 年春，四王府、门头沟、南营花儿市、宛平、大有庄、东八娘娘庙、东便门外、手帕胡同、蓝靛厂、大兴南苑、左边营河、东直门、左安门外、永定门等多地先后设立了粥厂。②

1920 年陕西大旱，1921 年政府在西安先后设立 7 个粥厂施赈。陕西省赈务处发给第一粥厂赈银 5131 元，第二粥厂 3948 元，第三粥厂 4669 元，第四粥厂 4049 元，第五粥厂 1576 元，第六粥厂 1904 元，第七粥厂 2587 元，第八粥厂 2777 元。

1929 年因遭大旱，大量灾民涌入省城、各县城，流浪四处。在办理粥赈的过程中，陕西省赈务会的一些代表提出异议，如吴敬之就指出，办理粥厂不如散干粮，不如散金钱，这样才可以避免庚子年粥赈拥挤死人那样的悲剧；但是其他的代表指出，凡是有利的事情必有弊端，即使散干粮、散金钱也难保没有弊端。粥赈是灾期救济贫者（残疾、老弱病残、妇女等无力自养者）最好的办法，同时要与其他救济方法并行。最后决定先在省城的东西南北四处和长安县开办粥厂，其中北关粥厂由文教会办理，南关粥厂由济公慈善会办理，西关粥厂由佛教会办理。③

1928～1931 年灾荒，陕西留下很多关于粥赈的资料。从这次粥赈的情况看，有比较规范的制度，赈务会制定了施粥的相关规定，以居民集中地为设置点，便于灾民往返。如《陕西救灾委员会施赈规则》规定：各施赈粥所在县城以四关为宜，各乡赈粥厂须按照被灾附近村庄约在数十里内一

---

① 《康济录》，转引自《陕西赈务汇刊》第 1 期第 2 册，1930 年，"记录"，第 48 页。
② 《京畿粥厂筹办处所属统计表》，《赈务通告》1920 年第 4 期、1921 年第 1 期。
③ 《粥厂会议》，《陕西赈务汇刊》第 1 期第 2 册，1930 年，"记录"，第 15 页。

日可以往返者，或就近寺院，或搭棚，或建厂设厂，越多越好，每厂须设两门以上一出一入，以免拥挤喧哗。[1]

1928～1931 年陕西大旱期间，为了避免传统施粥的弊端，陕西省赈务会专门印发了《赈粥须知》指导粥厂人员。[2] 1929～1930 年，陕西省赈务会在西安城内大差市、湘子庙街开办舍饭场，救济灾民，[3] 收容灾民 6.65 万人；长安县在郭杜镇、大雁塔等 8 处设粥厂，食粥灾民 2.25 万人，设收容所 2 所，收容灾民 1200 余人；澄城、渭南、蓝田等地也设有粥厂。截至1929 年，陕西各县设立粥厂和接受赈粮、赈款情况见表 7－1。

表 7－1　陕西省设立粥厂及接受赈粮、赈款统计（1929 年 9 月 5 日）

县名	粥厂数（个）	已拨赈粮	已拨粥厂赈款（元）	县名	粥厂数（个）	已拨赈粮	已拨粥厂赈款（元）
长安	4	面粉 5000 袋	9000	郿县	5		5000
临潼	1	面粉 1500 袋	8210	武功	1	面粉 1500 袋	4000
渭南	1	大米 500 包	1400	同官	1	面粉 200 袋	2000
盩厔	12	红粮 100 包	3000	白水	1	面 800 袋	20000
富平	1	大米 300 包，面粉 1000 袋	1000	沔阳	2		3000
蒲城	9	面粉 1500 袋	2110.8	麟游	5	红粮 70 包	
郃阳	1	大米 500 包	30000	永寿	2		1050
宝鸡	2		5500	栒邑	1		2250
扶风	4	红粮 100 包	2000	沔县	1		1000
乾县	1	面粉 800 袋，红粮 120 包	4800	褒城	6		
耀县	1	面粉 800 袋	20000	山阳	2		
陇县	2		3000	洵阳	5		
邠县	1		1500	紫阳	7		1000
咸阳	2	小米 25 包，红粮 90 包，玉米 5 包	6000	略阳	1		
三原	1	面粉 400 袋，红粮 150 包	31220	留坝	1		

①　《陕西救灾委员会施赈规则》，《陕西赈务汇刊》第 1 期第 1 册，1930 年，第 19 页。1 斗约合 12.5 斤。
②　《赈粥须知》，《陕西赈务汇刊》第 1 期第 2 册，1930 年，"专载"，第 41 页。
③　《西安市志》，第 91 页。

续表

县名	粥厂数（个）	已拨赈粮	已拨粥厂赈款（元）	县名	粥厂数（个）	已拨赈粮	已拨粥厂赈款（元）
泾阳	1	大米200包，面粉980袋	33800	凤县	1		
鄠县	6		2000	佛坪	1		
蓝田	1	红粮100包	3000	汉阴	1		
兴平	13	面粉1000袋	3000	石泉	7		
醴泉	2	面粉1500袋	25000	榆林	2		
高陵	2	面粉800袋	20000	鄜县	1		
华县	2	红粮100包	1000	肤施	6		
朝邑	1	红粮60包	20000	绥德	1		
澄城	1	面粉1500袋	50000	米脂	1		
洛南	10		1500	洛川	3		1000
岐山	5	面粉500袋	2000	中部	3		1000
宜君	1		2000	安塞	1		
安定	2						

资料来源：根据《陕西省灾情概况暨赈济方法一览表》，《陕西赈务汇刊》第1期第1册，1930年，"灾情与灾赈"，第1~10页统计。

据1929年9月的统计，全省除省垣外，54个县共设立粥厂155个，粥厂有的得到陕西省赈务会调拨的面粉、大米、红粮等，有的则由政府拨款，自行购买赈粮。当年华洋义赈会陕西分会在西安设立10个收容所，收留112人，施予粥赈，每月花费洋5605元。[1]

另据统计，1929~1930年，陕西长安设立了4个粥厂，咸阳设立2个，醴泉设立2个，乾县设立2个，鄜县2个，三原2个，高陵、临潼、蒲城、富平、渭南、泾阳各设立1个。[2] 1931年春，陕西省赈务会在省城四关各设粥厂1个，每天供粥一次，总计食粥极贫灾民1.3万余口。[3] 当年，咸阳、醴泉、乾县、鄜县、三原等县各设立2个粥厂，泾阳、高陵、

---

[1] 《陕西分会收容所灾民人数一览表》，《中国华洋义赈救灾总会丛刊》甲种31，第69页。

[2] 《陕西省赈务会收支统计表》，《陕西赈务汇刊》第1期第1册，1930年。这个数据和同为陕西省赈务处统计的表7-1出入较大，应该是前后统计不全所致，另外存在有些县的粥厂调整的情况。当时有的粥厂持续1个月就撤掉，另外有粥厂因为资金不到位停办的情况。

[3] 转引自钱钢、耿庆国主编《二十世纪中国重灾百录》，第186页。

临潼、渭南、河北、富平、蒲城等县各设 1 处粥厂。每个粥厂每日可供
2000 人食粥，每月需资金 6 万元。① 据 1932 年统计，陕西省共设立包括 21
个粥厂、2 个灾民收留所、1 个临时灾童收容所、2 个妇孺收容所在内的 62
个各类救济机构。②

据华洋义赈会 1929 年的年度报告，华洋义赈会在陕西实行粥赈，分为
两种情况，一种是直接办理粥厂，一种是补助已有的粥厂。1929 年 5 月 16
日至 9 月 22 日，在西安东北和西北设立 2 个粥厂，每天食粥者 3900 人至
5100 人不等，用去粮食 45 吨，款 19458 元；5 月 17 日至 10 月 27 日在三
原设立粥厂，每天 600～1000 名灾民食粥，用去 5938 元；5 月 29 日至 10
月 3 日在高陵设立粥厂，每天食粥者三四百名，用赈款 6000 元；6 月 1 日
至 9 月 30 日在富平设立粥厂，每天三四百名灾民食粥，用款 3000 元；8
月至 9 月 30 日在临潼乐阳粥赈，每天食粥者 500～1000 人；8 月 17 日至
10 月 25 日在临潼关山还设立粥厂，每天食粥者 800 余名，费用 2500 元；
9 月 4 日至 11 月 7 日在临潼阎良设立粥厂，每天食粥者 1000 多名，费用
1500 元；8 月 19 日至 11 月 1 日在泾阳粥赈，每天食粥者 600～1000 人，费
用 6000 元；8 月 1 日至 11 月 4 日在三原大程镇设粥厂，每天食粥者 800～
1000 人，费用 4000 元；在渭南的下珪设粥厂，每天食粥者两三千人，费
用 4000 元；此外还补助各粥厂 10162 元，共计花费 78558 元，粮食 45
吨。③ 如果对每天的食粥人数做个简单的统计，在华洋义赈会主办的粥厂
中，每天有 10800～14700 名灾民食粥。

1928～1931 年陕西旱灾期间，中国济生会开设粥厂 1 个，后发展到 3
个粥厂仍不敷应付，又在武功游风镇设第四粥厂一所，给款 8000 元，又购
买棉衣 1000 套，送食粥之老弱。④《济生会陕西赈务纪要》记载，在武功
东南西北 4 个粥厂，每天食粥者纷至沓来，甚至外县群众也来食粥，增至
万人。为了方便灾民，改为干粮，并购置棉衣价值 1850 元，救济贫民。⑤

赈济部门对于粥赈对象有严格的规定，并非灾民在就近的粥厂都能得

① 《最近陕西之灾情与赈务》，《新陕西月刊》第 1 卷第 2 期，1931 年，第 100 页。
② 《赈款收支报告表》，《陕赈特刊》1933 年第 2 期，第 94 页。
③ 《中国华洋义赈救灾总会陕西分会各粥场》，华洋义赈救灾总会：《民国十八年度赈务报告
书》，第 40、41 页。
④ 《济生会陕灾近闻》，《申报》1931 年 1 月 22 日。
⑤ 《济生会陕西赈务纪要》，《申报》1931 年 2 月 5 日。

到救济，而是有严格的程序，经过一系列鉴别后，灾民可以领到专门到粥厂吃饭的粥票，凭票食饭。1929 年灾情奇重，但政府对食粥者做出规定："必须茕独无依，鸠形鹄面者，发给吃粥票具。"而且要求"每届施赈前三日须将应赈乡村里用贫民分别极次（即调查表中甲乙两等）逐一列榜通知，每大口小口各应赈若干每户共赈若干亦须注明领赈执照之内，令其于某日某时在某厂领赈"。这些规则看似把赈粥工作做得很规范，但正是这些烦琐的规定和程序使得许多需要救济的人得不到及时救济，[①] 因此当时有报纸评论说："难怪食粥者少，哭泣者，以至饿死于施粥厂之旁。"[②]

民国时期，陕西延续了传统的粥赈，但在施粥的过程中，已有很多改进，具有了许多现代因素，使得赈粥更有效。其一，参与赈粥的组织多样化。如前文所述，1920 年、1925 年、1929～1931 年政府除组织在西安省垣和各地施粥外，积极训令各县赈务分会开办粥厂，赈济灾民。如 1930 年陕北各县灾情严重，安塞县县长在该县南门外设立粥厂 1 所，每天食粥灾民 300 人以上，后来灾民日渐聚多，陕西省政府训令山北各县"一律开办粥厂，以资救济，而免饥民驱于一处"。[③] 其他一些社会团体也参与其中。华北慈联会在陕西西部灾情严重的武功、兴平等县办理粥赈。[④] 西安红十字会和中国济生会长安分会在红庙坡、郭杜等地设立粥厂，"因长安附郭红庙坡、郭杜镇两处，灾情颇重，该两会重要职员会议，红十字会，拟在红庙坡设粥厂一处，推举卢子荃为主任，济生会拟在郭杜镇设粥厂一处，推举白云峰为主任"。[⑤]西安普济化俗文教会（简称西安文教会）在灾期开办粥厂，救济西安市的残疾灾民。[⑥] 回教团体也积极参与粥赈工作。[⑦]

对于大量灾民的食粥需求，陕西省政府实行奖励政策，促动更多人参与粥赈。1930 年，陕西省政府主席杨虎城通令各县，"凡有捐助赈款人士，

---

① 《陕西救灾委员会施赈规则》，《陕西赈务汇刊》第 1 期第 1 册，1930 年，第 18 页。

② 《粥厂侧守候哭泣，终至饿毙》，《大公报》1933 年 4 月 19 日。

③ 《训令陕北二十三县令仿照安塞县一律办理粥厂由》，《陕西赈务汇刊》第 1 期第 2 册，1930 年，第 167～168 页。

④ 《华北慈联会积极办理西部粥赈》，《陕灾周报》第 4 期，1930 年，"灾赈纪实"，第 15 页。

⑤ 《红济两会筹设粥厂》，《陕灾周报》第 4 期，1930 年，"灾赈纪实"，第 10 页。

⑥ 《文教会开办粥厂》，《新陕月刊》第 2 卷第 2 期，1932 年，第 100 页。

⑦ 《西安回教救灾曹定期开厂散粥》，《陕灾周报》第 9 期，1931 年，"灾赈纪实"，第 37～38 页。

按照中央规定赈款给奖章程，从优奖励"。① 由于灾期救济数量较大，省政府无暇顾及，因此积极鼓励各县自办粥赈。陇县因为灾情严重，该县救灾促进会组织游艺会募款200元，组织各慈善组织捐助粮食6石，在县城西关（三关殿）、南关（白马寺）两处设立粥厂，救济灾民，每天食粥灾民在300人以上。陕西省赈务会除将陇县上报豫陕甘赈灾委员会指令嘉奖外，还要求全省各县学习陇县的做法。② 1930年太白山道士白成序携款在咸阳办理粥赈，得到当地政府的嘉奖。③ "灾期延久，灾民日增，四关粥厂就食者，日各一万有余，城内收容所，已增至十处，而街市流亡犹复道殣相望，除由本会拟再增加收容所，或饬各粥厂增加外，深望商民人等，有力之家，念切同类，能自办收容所，暨小粥厂，或数家联合办理者，本会除饬由地方官保护外，并呈请给予特别奖励。"④

其二，颁布相关法令，使赈粥有章可循，管理规范。《陕西省振务会设立粥厂大纲》规定由陕西省赈务会派员到各县设立粥厂，粥厂设立厂长1人，总理厂内一切事务，粮柴保管主任1人，负责粮食柴保管事宜，另设监察5～7人，专司监视厂内粮柴出纳之数量、煮粥之稀稠以及维持粥厂灾民之秩序。每个粥厂食粥的灾民，以1500人为上限，每人每日食粥一次，规定粮6两，每日食粥以中午11时食毕为限。⑤ 赈务会又颁布了《本会办理粥厂规则》，对粥厂的管理人员，对物质的管理、食物的存放、施粥的程序都有严格规定，如要求粥"以温为度，万不准过热，以防久饿之人热食者死无救"，对于在施粥中弄虚作假的，如"米豆中掺秕糠杂物，及煮粥时窃置石灰皮硝等，并有克减米豆等情，不论多少，查出从严治罪"。⑥ 粥厂对食粥人员经过严格甄选，并多次通告，要求灾民到场食粥，严禁携带粥食回家。⑦ 但是在疫病流行期，为了防止食粥灾民聚集感染，

---

① 《杨主席令各县奖励赈捐人士》，《陕灾周报》第2期，1930年，"灾赈纪实"，第2页。
② 《训令九十二县令知本会嘉奖陇县救灾促进会筹款募粮开设粥厂自办急赈议案敕令查照办理由》，《陕西赈务汇刊》第1期第2册，1930年，第170页。
③ 《指令咸阳县据呈报太白山道人白成序携款来县开办粥厂请备查饬即传令嘉奖由》，《陕西赈务汇刊》第1期第2册，1930年，"公牍"，第204页。
④ 《布告商民有力之家自办收容所小粥厂者给予特别奖励由》，《陕西赈务汇刊》第1期第2册，1930年，"公牍"，第209页。
⑤ 《陕西省振务会设立粥厂大纲》，《陕灾周报》第3期，1930年，第28页。
⑥ 《本会办理粥厂规则》，《陕西赈务汇刊》第1期第2册，1930年，"法规"，第23～25页。
⑦ 《训令各粥厂令嗣后不准食粥贫民携粥回家由》，《陕西赈务汇刊》第1期第2册，1930年，第186页。

则要求灾民领粥外出就食，不能在粥厂逗留，"疫病流行，传染极烈，恳祈函知各处粥厂，持票饥民，随到随施，毋庸逗留……病人健康，自相隔离"。① 陕西省赈务会还要求各县对所开办粥厂中的食粥饥民人数进行登记，统计造册后上报赈务会加以核查。②

其三，对赈粥施行科学管理。首先在对灾民进行统计的基础上，发给粥票。在粥厂开办或者施粥前会广而告之，让灾民知晓施粥规则、时间、地点等。1929 年，醴泉县政府决定开办粥厂，提前在居民聚集的地方和报刊上张贴和刊登布告："醴邑灾情奇重，死亡枕藉。嗷嗷哀鸿待哺孔急。迭经令酌，赈务分会积极筹设粥厂，克日施赈已救穷黎而重民生在案。兹据该会呈报，现已筹设完备，定于八月一日（即旧历六月二十六日）在县城四关外开始施粥。凡极贫饥民须持有饭票方可到厂领食，无票者概不准冒领。"③ 陕西省赈务会决定在省城开办粥厂后，就发出告示："其食粥人等户口，以城关为限，除由本会制定四色执照，分送外，仰持红色执照者，每早往东关，持绿色执照者往南关，持黑色执照者往西关，持紫色执照者往北关，各自赴厂食粥。"④ 其次，为了做到管理透明，各个粥厂会在每天下午将当天在该厂食粥的人数进行统计后登报公示。⑤ 对乞丐也给予赈票，予以救济。赈务会专门通告各粥厂，"本会特准赴厂食粥，惟各所对于此项饥民，给粥时务须与有票者同一待遇，不得稍为敷衍，徒掠施粥之虚名，使人不能沾食粥之实惠"。⑥

开办粥厂，秩序是个难题，稍有不慎，容易发生盗窃赈票、哄抢粥食的情况，如西安粥厂开办期间，曾发生贫民疯抢粥食的乱象。⑦ 为维护粥厂秩序，除了粥厂内设有监察人员外，还专门请公安局派员维持，"分饬

---

① 《据长安公民胡杰三等呈疫病流行恳转饬各粥厂饥民领粥毋庸逗留免罹时疫由》，《陕西赈务汇刊》第 1 期第 2 册，1930 年，第 185～186 页。

② 《训令开设粥厂各县今将食粥饥民造具清册赍会查考由》，《陕西赈务汇刊》第 1 期第 2 册，1930 年，第 187 页。

③ 《醴泉县政府报告》，《醴泉县政府月刊》第 7 期，1929 年，第 13 页。

④ 《布告食粥人等通知本会在四关设立粥厂定期开厂由》，《陕西赈务汇刊》第 1 期第 2 册，1930 年，第 207 页。

⑤ 《函各粥厂函请凡食粥人数须于下午报会以便登报由》，《陕西赈务汇刊》第 1 期第 2 册，1930 年，第 130 页。

⑥ 《训令四关粥厂令对于流亡乞丐给粥时务须与有票者同一待遇不得稍为敷衍由》，《陕西赈务汇刊》第 1 期第 2 册，1930 年，第 191 页。

⑦ 《据第四粥厂报告贫民抢食等情》，《陕西赈务汇刊》第 1 期第 2 册，1930 年，第 143 页。

四关巡官，对粥厂所派警生，于散粥期间，轮流更替，勿令中断，以防前项各弊"。① 由于有警察在散粥期间巡逻值班，粥厂很少发生盗窃赈票以及其他治安事件，保证了赈粥有序进行。

1930年陕西大灾期间发生了瘟疫，其在施粥人员之间传播很快，造成灾民的死亡。"天道亢旱，连年无雨，夏秋民食，因之告竭，粮价日涨，饿殍载道。多蒙钧会，设法拯救，普及粥厂，枯肠虽已充饱，疠疫接踵而至，近来各粥厂，罹传染病而死者，层见迭出。"② 为了防止交叉感染，赈务会要求饥民食粥之后不得停留，而且食粥之灾民要相互隔离。这些做法都反映出民国时期已经意识到人群聚集容易导致疫病交叉感染，在赈粥的过程中极力避免这种情况的出现，已经具有一些现代理念。

粥厂对食粥人员进行弹性管理，实行退出机制。为了让更多的灾民能食粥，对于能自谋生路者进行撤汰。"粥厂之设，原为救济极贫灾民，凡能自谋生活者，自不应令其食粥。"③ 陕西省赈务会多次要求各个粥厂仔细审查，对于能自谋生活者立即将赈票扣留。④

其四，关注善后问题。开办粥厂属于急赈的一种，那么什么时候结束？结束后需要救济的灾民怎么办？陕西省政府1930年通过《关于各收容所暨各粥厂停办后之善后办法》，指出"灾民不死于饥荒初临之时，反死于赈务结束之日，非惟有失救灾本意，亦为行政上所不能允许之事实"，认为如果粥赈结束后不能妥善处理善后问题，就会使得刚获得救助的灾民面临饿死的危险，因此提出收容所和粥厂停办之后的方案，其基本原则是"本方案对于无家无业之灾民，在分别予以相当之工作，教养兼施，决不能令其坐食，为变相之粥厂或收容所"。包括下列方面：第一，调查各灾民职业籍贯，凡是有田有家可归者，一律资遣回籍；第二，调查遣留无家无业的灾民，以老弱、丁壮、妇女、儿童分别编册，以便分工救济；第三，设立妇孺习艺所，学习纺织、缝纫、洗洁、制鞋袜、制火柴等技艺；

① 《函公安局请饬四关巡官对粥厂所派警生于散粥期间轮流更替以防窃票滋扰各弊由》，《陕西赈务汇刊》第1期第2册，1930年，第137页。
② 《据长安公民胡杰三等呈疫病流行恳转饬各粥厂饥民领粥毋庸逗留免罹时疫由》，《陕西赈务汇刊》第1期第2册，1930年，第185页。
③ 《函各粥厂函知凡有能谋生活者即行裁汰随时具报由》，《陕西赈务汇刊》第1期第2册，1930年，第130页。
④ 《训令各粥厂令嗣后对于食粥人有稍能自谋生活者即将粥票扣留由》，《陕西赈务汇刊》第1期第2册，1930年，第186页。

第四，培养灾童，按年龄分别编入妇孺习艺所、孤儿院、育婴堂等，进行培养；第五，安置老弱，将 70 岁以上老人送养老院，70 岁以下的送公安局编入清洁队；第六，训练老壮，将丁壮年分至工程队、筑路队、打井队、工程队进行工作，自食其力。①

二　下赈款

下赈款就是向灾民发放钱款，灾民可用其来购买粮食和生活必需品，购买耕畜、种子恢复生产等。下赈款实行散赈的办法，也是一种常见的急赈方式。

一旦灾荒发生，无论民间筹集的赈款还是政府拨款，都通过赈灾人员会同基层政府发放到灾民手中。如何发放赈款，使其既能解灾民之苦，又能发挥较好的作用，是一个难题。传统的赈灾思想中有一些经验，② 如 1931 年陕西省赈务会颁布了《陕西省赈务会赈款保管委员会组织大纲》，规定设立专门委员会保管陕西急赈、工赈各项赈款；由省政府从民政厅、财政厅、建设厅各聘的委员 1 人，省党部 2 人，民众法团委员 4 人组成。③ 此外国民政府还颁布了《振务委员会收存振款暂行办法》《振务委员会提付振款暂行办法》等规范对赈款进行管理，但是具体如何发放赈款，主要在《陕西赈务委员查灾及施赈细则》中有所体现。该细则对查赈规定得非常详细，对于如何放赈却没有明确规定，只有一些规定如"灾民以有住址者为断，凡游民乞丐应由县另行筹款遣散，不得与本县饥民分配赈款"等。④ 因为灾民受灾情况复杂，各地赈款往往都是分批、分次发放，因此政府中央、省级赈灾部门都没有具体的规定，这也为各地的赈款救济增加了难度。

民国时期陕西的赈款基本上是分区域实行散赈，1923 年国民政府向陕南灾区拨赈款 4 万元，只规定了区域为陕南，但是赈款具体如何发放并无明确规定，基本由各地的放赈人员根据当地的灾情与所带赈款斟酌处理。

---

① 《关于各收容所暨各粥厂停办后之善后办法》，《陕西赈务汇刊》第 1 期第 1 册，1930 年，第 123～125 页。

② 刘钟琳：《论赈刍言》，《吉林官报》第 22 期，1909 年，第 61～64 页。

③ 李松如：《陕西省赈务会赈款保管委员会组织大纲》，《新陕西月刊》第 1 卷第 1 期，1931 年，第 126 页。

④ 《陕西赈务委员查赈及施赈细则》，《陕西乙丑急赈录》，"章制表册类"，第 5 页。

1925 年，灾民云集省城，陕西省赈务处最后把赈灾区域分为省城、关中道、汉中道、榆林道分别发放赈款。

省城分为东区、东关、南区、南关、西区、西关、北区、北关等八个区域向灾民发放赈款（详见表 7 - 2）。

表 7 - 2　陕西省赈务处在省城散赈一览

单位：元

区域	散放钱数
东区	7457
东关	3067
南区	161
南关	3289
西区	3677
西关	2393
北区	5429
北关	219
合计	25692

资料来源：《陕西省赈务处在省城关散赈一览表》，《陕西乙丑急赈录》，"章制表册类"，第 27 页。

1925 年，陕西省赈务处决议向榆林道发放赈款 8 万元，汉中道和关中道各 10 万元。以下通过各县的分配情况来考察民国时期赈款分配的理念和原则。

榆林道赈款发放情况。基本分为三类，第一类，清涧县赈款 1500 元；第二类，安塞县赈款 1100 元；第三类，榆林、横山、葭县、吴堡、绥德、米脂、延长、延川、安定、靖边、定边、甘泉、鄜县、洛川、中部、宜川等 16 个县各 1000 元；第四类，神木、肤施、保安、宜川等 4 个县赈款各 500 元。①

汉中道赈款发放情况。分为东、西两个区域，东区的安康、岚皋、石泉、镇坪、汉阴、紫阳、平利等 7 个县分别发放 7000 元，宁陕、山阳、洵阳、镇安 4 个县分别发放 6000 元（后山阳和镇安又分别补拨 500 元），白河拨款 4000 元，商南拨款 3000 元；西区各县，镇巴发放赈款 5000 元，略

---

① 《榆林道属分拨赈款数目一览表》，《陕西乙丑急赈录》，"章制表册类"，第 40～41 页。

阳、佛坪 2 个县分别发放 3000 元，其余受灾县如褒城、沔县、宁羌、凤县、留坝分别发放 1000 元。[①]

关中道各县的赈款拨付情况，见表 7-3。

表 7-3　1925 年关中道属各县散赈数目

单位：元

县名	散赈数量	县名	散赈数量
柞水	4884	洛南	5684
咸阳	6384	临潼	2200
邠县	2000	长武	2000
麟游	2000	永寿	1000
醴泉	2000	高陵	4000
韩城	2884	泾阳	2884
朝邑	4884	渭南	7782.316
华县	666.334	华阴	3800
乾县	1000	耀县	1000
邰阳	1000	蒲城	4300
富平	4442	枸邑	3000
淳化	2000	澄城	2000
大荔	2100	白水	1610
三原	2884	同官	1000
商县	6884	长安	10000
鄠县	2500	盩厔	6000
蓝田	2000	郿县	7000
宝鸡	6000	岐山	5000
凤翔	4000	陇县	5000
汧阳	3000	兴平	5000
武功	1666.667	扶风	3000
潼关	5000		

资料来源：《陕西省赈务处据关中道属各县散赈数目表》，《陕西乙丑急赈录》，"章制表册类"，第 67~71 页。

---

① 《汉中道属支拨赈款分别等截提交发现数目一览表》，《陕西乙丑急赈录》，"章制表册类"，第 37~38 页。

　　关中道受灾各县散放的赈款，只有一部分是陕西省赈务处的拨款，很大一部分是各县就地拨用，如柞水、洛南、麟游、咸阳、临潼、邠县、长武等县，各县就地拨用的赈款占散赈钱款总数的一半以上（见表7-4）。陕西省赈务处给出的说明是："现款有限，核拨之款以灾情过巨，有无烟亩为数或为数甚微。"由于当局以烟亩罚款作为赈款的主要来源，一旦这个罚款减少，政府也无力拿出赈款，只能让各县自行解决，由此可以看出当时财政的困境和赈款的危局。

表7-4　1925年陕西省赈务处拨关中道属各县散赈数目

	散赈数目	地区
第一批赈款	各赈济1000元	耀县、陇县、岐山、白水、鄠县、留坝、凤县、镇坪、石泉
	各赈济1500元	韩城、郃阳、同官、澄城、盩厔、大荔、朝邑、咸阳、郿县、商县、西乡、洋县
	各赈济2000元	凤翔、宝鸡、醴泉、宁羌、平利、安康、汉阴
	各赈济3000元	兴平、武功、扶风、横山、靖边、略阳、沔县、褒城、岚皋、紫阳
	各赈济4000元	定边、安定
第二批赈款	各赈济2500元	乾县、醴泉、咸阳、郿县
	各赈济10000元	兴平、武功、扶风、岐山

资料来源：《最近陕西之灾情与赈务》，《新陕西月刊》第1卷第2期，1931年，第100页。

　　从1928年10月到1929年12月，陕西省赈务会赈济临潼、凤翔、岐山等57个县区共计418090元，占所有赈款支出的44.5%；[①]1931年初，陕西省赈务会在各县散放急赈情况是：第一次把各县按照灾情轻重分为五等，分别赈济，后又进行追加。根据陕西省赈务会当年12月底的统计，共支出赈款799039元，施赈76个县，急赈灾民100732户。[②]这些统计的只是陕西省赈务会的散赈，其他一些慈善团体也参与到了施赈中，如1931年，西安红十字会委托华北慈联会的胡聘卿等人到韩城散放急赈，其携带赈款4000元进行散放。[③]1928~1931年大旱灾中，乾县是受灾最严重的区域之

[①] 《陕西省赈务会收支各项统计表》，《陕西赈务汇刊》第1期第1册，1930年，第287~288页。

[②] 《陕西省赈务会收支统计表（1930年11月~1933年6月）》，《陕赈特刊》1933年第2、3期合刊，附表。

[③] 《一月来之灾情与赈务》，《新陕西月刊》第1卷第5期，1931年，第142页。

一，针对受赈款有详细的记载：1929 年 3 月散籽种 6000 元，6 月散麦种 5000 元，3 月开办农具贷质洋 7050 元，5 月设粥厂 2 处共 20000 元；1931 年 3 月共贷洋 5000 元；1933 年设粥厂用 10 万余元。此外，各慈善团体的 赈济情况是：孝惠学社 1929～1933 年共发放赈款 83000 元；华洋义赈会 1928 年对陕北靖边、定边等地共拨款 5000 元，1929 年又赈济这些地区 5000 元，赈济横山县 2000 元，支援陕北筹赈会 3000 元，对鄜县、洛川、 甘泉等县各拨款 1000 元，此外又拨款 11000 元急赈最严重的凤翔，拨款 4000 元赈济汉阴，3600 元赈济华县被水灾的饥民，[①] 1930 年，华洋义赈会 拨款 4000 元赈济安康、紫阳、岚皋等县，[②] 办收容所赈款 5000 元，创立 义善堂散洋 3000 元；华北慈善联合会 1930 年施药、掩尸等共计花费 9000 余元；北平五台山佛教会 1930 年 8 月赈粮合计 30000 元，10 月办收容所 赈款 3000 元；汉口同愿实济会 1930 年散放急赈 1860 元；宁波白衣寺住持 安心头陀 1933 年散放急赈 10000 元，棉贷、赎农具款 3000 元；范东 1933 年 3 月筹设王乐镇粥厂款 3000 元，该县地方赈款 133530 元，各慈善团体 157800 元，省上赈款 53000 元，共计 344330 元。[③]

1935 年，陕西南部旱灾严重，财政部指定救助陕南赈款 2 万元，后来 分配宁羌 1 万元，余款分配给其他各县。[④] 1937 年陕西发生旱灾，行政院 仅拨给榆林等 8 县 50 万元（其中粥赈 6 万元、籽种费 14 万元、生产事业 费 30 万元）；关中的兴平、鄠县灾区由省拨赈济款 3 万元。1941 年，关中 23 县遭受风霜水雹等灾，陕西省赈务会拨发赈款 53500 元。[⑤] 1942 年 8 月， 黄河泛滥，陕西平民、朝邑、邰阳、韩城、华阴、潼关等县均遭水灾，省 社会处赴灾区施赈，计发赈款 8 万元。同年陕北遭受旱雹灾，待济难民 153300 人，中央拨发陕北各县赈款 3 万元；陕西夏灾达 80 余县，经呈报， 中央拨发赈款 202000 元，2000 元用于急赈，其余 20 万元用于购买赈粮， 给商南等县除赈粮外，拨赈款 11700 元，给榆林、盩厔等 5 县拨夏灾救济 款 7.5 万元，给神木、平民等县拨秋灾救济款 4 万元。1942 年，黄河泛

---

① 华洋义赈救灾总会：《民国十八年度赈务报告书》，第 38、39 页。

② 《华洋义赈会拨款振济安康区》，《陕灾周报》第 6 期，1930 年。

③ 韩佑民：《乾县"十八年年馑"及赈济概况》，《乾县文史资料》第 1 辑，第 68～69 页。

④ 《财政部拨款救济陕灾》，《时事月报》1935 年 4 月 21 日。

⑤ 《陕西省振济会配拨本省关中各县三十年度遭受风霜水雹灾害赈款一览表》，《陕西民政月 刊》第 8 期，1931 年 9 月，附表。

滥，陕西临黄河的平民、朝邑、郃阳、韩城、华阴、潼关等县遭受水灾，社会处组织水灾振抚团，发放赈款 8000 元。1945 年陕西省社会处接管赈济会业务后，赈济潼关、华县、平民 3 县水灾款额 5500 元。[①]

三 赈粮和平粜

赈粮主要是政府或者民间团体直接给灾民发放粮食来进行灾害救济，这是最直接的一种临时性救济措施。施粮和施钱不同，施粮需要政府统一购买粮食，将其分发给灾民。施赈分为急赈、大赈、特赈等三种，施赈标准为赈粮每月大口给米 1 斗，小口 8 升，同时规定放赈必须在 10 日内完成。[②] 平粜就是"平粜于民"，即将粮食平价卖给百姓。因为本地仓储粮食不够，各赈济机关从外地购买粮食，平价卖给灾民，灾民凭赈济机关发给的执照购买粮食。与赈钱相比，赈粮可以使灾民不必再用钱款去购买粮食，灾荒时节，西北地区市场上粮食本来就缺乏，灾民往往拿到钱而买不到粮食，同时粮商容易囤积居奇，赈济机关统一从外省购进粮食直接发放给灾民或者按照平价卖给灾民，则在很大程度上可以避免这个问题。

灾期因粮价暴涨，百姓生活困难，政府组织各地进行平粜。平粜和施钱密切相关。灾民分到赈款，要有粮可买才可以，如果政府组织平粜，灾民就可以用手中的钱款买到合适的救命粮。因此政府一般把赈款和平粜作为一体政策。

1925 年乙丑灾荒，省城粮价腾贵，陕西省赈务处筹款 1 万元，又从华洋义赈会借款 5000 元，从西部灾情较轻的各县平价购粮，从凤翔买麦 200 石，麟游购买 150 石，长武购买 300 石，郃县购买 150 石，汧阳购买 100 石，以济春荒。[③] 1931 年 5 月陕西省赈务会在西安办理开粜。规定：每人籴粮 6 升至 1 斗者，每日按 5 石出粜；籴粮 1 升至 5 升者，尽量出粜，不加限制。每日平粜时间，自上午 9 时起至下午 3 时止。各粮行应先一日将各种粮价据实报明。平粜开始前，每日平粜之斗价，应悬牌公布。[④] 连同各地平粜共计有 45390 户。1937 年，陕西省设立平粜总局，各县设立分

① 陕西省社会处：《抗战期中之陕西社会行政》，1946，第 56 页。
② 《陕西救灾委员会施赈规则》，《陕西赈务汇刊》第 1 期第 1 册，1930 年，"法规"，第 15～20 页。
③ 《陕西乙丑急赈录》，"公粜类"，第 7 页。
④ 《陕西之灾情与赈务》，《新陕西月刊》第 1 卷第 1 期，1931 年，第 10 页。

局，专门从事平粜工作，由各县县长兼任平粜局局长。① 1938 年陕西省赈
务会将上年办理平粜面粉所获盈余 4 万元，作急赈救济重灾区灾民。1944
年，经省政府报批，在高陵、盩厔、长安、蓝田、三原等县，从 1942 年所
征的粮食中动用小麦 92642 石，按当时规定的限价，以九折售给灾民。
1945 年陕西旱灾普遍，省政府电请国民政府借拨平粜基金 10 亿元。9 月
25 日，财政部函批由四联总处转知西安中央银行照贴现方式，省政府出
票，办理重贴现面额 5 亿元，以作平粜基金，解决灾民缺粮问题。

据陕西省赈务处的统计，1929 年，共计从外地购买红粮 1440 包、面
粉 21785 袋、小米 25 包、玉米 5 包、大米 1500 包，赈济受灾的 91 个县中
粮食最缺乏的 32 个县。② 这 32 个县包括长安、临潼、渭南、盩厔、富平、
大荔、咸阳、三原、泾阳、蓝田、兴平、醴泉、高陵、华县、华阴、蒲
城、郃阳、凤翔、扶风、商县、乾县、耀县、麟游、淳化、朝邑、澄城、
韩城、岐山、武功、潼关、同官、白水等县。

华洋义赈会鉴于陕北灾情严重，特向总会请求在榆林设立分会，直接
救济陕北地区；把关中地区受灾严重的三四十个县分为西安、同州、三原、
凤翔四个区，设立分支机构进行赈济。对西安区拨粮 74 吨，同州 51 吨，三
原 59 吨，凤翔 56 吨，救济四个区 191 万灾民。③ 1930 年，陕西华洋义赈会从
中国华洋义赈救灾总会领取赈粮 1526062 斤，散放各县（详见表 7-5）。

表 7-5　陕西各县散放赈粮一览

单位：斤

县别	由总会领取斤两	实散数量	县别	由总会领取斤两	实散数量
朝邑	59996	60304	大荔	6024	59366
三原	93672	50764	盩厔	36000	36000
华阴	39968	36000	潼关	37065	36000
泾阳	78894	56614	兴平	36714	33084
渭南	53063	52840	蒲城	59280	45740
咸阳	28252	23149	武功	95005	

---

① 《半月来之西北简讯》，《西北导报》第 3 卷第 8 期，1937 年，第 28 页。
② 《陕西赈务汇刊》第 1 期第 1 册，1930 年，"灾情与灾赈"，第 1~11 页。面粉每袋大约
　　37 斤，大米每包约 140 斤，红粮每包约 160 斤，小米、玉米每包约 130 斤。
③ 《华洋义赈会拨款振济安康区》，《陕灾周报》第 6 期，1930 年，第 30 页。

续表

县别	由总会领取斤两	实散数量	县别	由总会领取斤两	实散数量
长安	28605	28165	醴泉	72828	54600
汧阳	21079	21079	高陵	69000	72000
富平	46142	44880	宝鸡	32407	
凤翔	46630	27604	鄠县	12730	
临潼	25004	24631	扶风	85356	
郿县	99491	50525	岐山	95779	95779
白水	30253	21753	澄城	59868	59868
郃阳	59978	59970	韩城	60012	6000
乾县	44021	33600	华县	12946	12808

注：实际散赈数目和从总会领到赈粮数目不一致，原因是一些县变卖赈粮发放现金。

资料来源：《陕西各县散放赈粮一览表》，《中国华洋义赈救灾总会丛刊》甲种31，第69页。

　　1932年1月至1933年9月，陕西省赈务会收到华洋义赈会捐助大米100包，平粜处自购面粉15950袋、大米1000包、小米323516石、绿豆32石，支出情况为：赈灾平粜处粜出面粉15235袋、大米943包，赈济长安收容所面粉96袋，第一灾童收容所面粉107袋、大米10包、小米114.89斗、绿豆3.2斗，第二妇孺收容所面粉24袋、大米20包、小米82.8斗，第三妇孺收容所面粉30袋、大米1包、小米43.44石，西关灾区粥赈面粉20袋、大米137包、小米64石，防疫灾民疗病所面粉5袋、大米19包、小米7斗，乞丐收留所小米11石，临潼孤儿院大米15包，零星散放灾民面粉10袋、大米5包、小米0.386石，补发各地损耗面粉297袋。[1]

　　1930年陕西省赈务会及陕灾救济团体从外省购买赈粮食10709吨，豫陕甘赈灾委员会购买粮食510吨。此外，一般情况下，陕西各地的赈粮，小麦、面粉主要购自东北地区，笔者发现不少陕西当局与东北交涉请求帮助运输的资料，1930年张学良亲自批示军队出动车辆帮助陕西省赈务会运输赈粮。大米主要购自湖南、湖北。[2] 此外，西北地区省级之间的粮食调运也是常用的方式。民国时期，往往陕西、甘肃同时发生旱灾，而且这两

---

① 《陕西赈务会赈粮收支一览表》，《陕西赈务汇刊》1933年第3期。据表中说明，小米每斗折算250斤，面粉每袋约38斤，大米每包160斤。
② 《工作述略》，全国救灾委员会：《救灾委员会报告》，1930，第3页。

省人口多，而青海灾情相对轻缓，故从青海调剂粮食救济甘肃是最经济的方法。此外，有的年份，政府还从甘肃购买粮食赈济陕西。1944 年，陕西发生灾荒，国民政府拨款 2000 万元，从陇东宁县购小麦 3 万石，从灵台购小麦 2 万石，赈济灾民。1946 年，榆林地区遭灾，经陕西省政府报批，向四联总贷款 1 亿元，由受灾缺粮县分别向陕坝（今杭锦后旗）、包头、宁夏等地购粮救荒。1947 年，关中醴泉等 13 县春荒严重，国民政府拨款 4 亿元，由受灾县购粮调剂供给灾民。

民国时期，虽然政府大量购买粮食进行赈济，但是并不能缓解灾民的饥饿问题。我们可以做一个简单的计算。1930 年，陕西省赈务会及陕灾救济团体购粮 10709 吨，豫陕甘赈灾委员会购粮 510 吨，因为涉及三个省，按照平均原则，陕 170 吨计算，当年总共从外省购粮食折合公斤数是 10879000 公斤，而按照振济委员会的统计，1930 年陕西灾民 6481237 人，每个灾民大约获得 1.68 公斤的粮食救济。虽然再加上红十字会、华洋义赈会、中国济生会等组织的救济，得到的救命粮食还是非常少。据旅平陕灾救济会对各县的调查，到 1929 年元月底，关中渭南、蒲城等 14 县灾民人数为 221 万人，存粮约 2500 万斤，平均每人不足 12 斤；其中长安县灾民 63 万人，存粮 20 万斤，人均 0.3 斤；临潼灾民 12.2 万人，存粮 2 万斤，均 1 两 6 钱；华县灾民 14.2 万人，存粮 2 万斤，人均 1 两 4 钱。[①] 所以灾情严重时，赈济的粮食往往是杯水车薪。

另据陕西省赈济会的调查，1929 年陕西列为甲等灾情的县份是 24 个，乙等 27 个，丙等 15 个，丁等 25 个，总共 91 个受灾县，其中极度贫困人口为 3897954 人，次贫人口为 3062295 人，政府赈济的情况是：总共赈济洋 279240.8 元，红粮 1440 包，面粉 21785 袋，小米 25 包，玉米 5 包，大米 1500 包。按照当时的统计，面粉每袋大约 37 斤，大米每包约 140 斤，红粮每包约 160 斤，小米、玉米每包约 130 斤，[②] 共计为 1250345 斤，仅极度贫困人口每人平均分得粮食 0.321 斤，每人可分得钱 0.072 元。实际只有 32 个县分到了赈粮，这 32 个县极贫人口为 1889523 人（次贫人口不包括在内），每个人分得粮食 0.66 斤，如果把 1440967 个次贫人口计算在内，那么每个人得到的赈粮就大大减少了。次贫人口比极度贫困的条件稍好一

---

① 钱钢、耿庆国主编《二十世纪中国重灾百录》，第 186 页。

② 《陕西赈务汇刊》第 1 期第 1 册，1930 年，根据 "灾情与灾赈"，第 1~11 页表格汇总。

点，假设我们把每个次贫人口折算成 0.5 个极贫人口进行计算，那个获得
赈粮的 32 个县极度贫人口为 2610006 人，每个人只能获得 0.48 斤粮食。
这 32 个获得赈粮的县中，长安县的极贫人口是最多的，为 130864 人，次
贫人口 74667 人，获得救济面粉 5000 袋，钱款 9000 元，平均每人（次贫
人口不包括在内）获得面粉救济 1.41 斤，钱款 0.069 元；三原灾民统计人
数为极贫 44517 人，次贫 25465 人，因为灾情较重，加之又是于右任的老
家，获得的救助相对多一点，先后得到赈济款是 31220 元（包括中央政府
特拨款 3 万元），面粉 400 袋，红粮 150 包，平均每人（次贫人口不包括在
内）获得 0.539 斤红粮，0.332 斤面粉，0.701 元。《陕西救灾委员会施赈
规则》规定"每月大口给米一斗，小口八升"，现在看来，这个标准是远
远难以达到的。可见，灾民虽然得到一定粮食救济，但是政府的这些赈济
往往是杯水车薪，粮食缺乏仍然是灾害中最核心的问题。

在赈粮发放中，华洋义赈会重视给灾民发放籽种，让他们能够最大限
度地组织再生产。如 1930 年华洋义赈会从总会领取 60 余万斤豆种发放给
各县（见表 7-6）。

表 7-6　陕西各县散放豆种一览

县别	由总会领取重量	实散斤头数	县别	由总会领取重量	实散斤头数
大荔	41877 斤	40242 斤	临潼（河北）	35100 斤	35100 斤
澄城	41850 斤	41490 斤	渭南（河北）	6750 斤	6750 斤
华阴	13900 斤	13484 斤	咸阳	25600 斤	22645 斤
朝邑	27951 斤	27951 斤	兴平	31050 斤	29287 斤
邰阳	42086 斤	42086 斤	鄠县	7750 斤	6500 斤
韩城	28057 斤	28057 斤	扶风	25650 斤	
白水	18900 斤	18610 斤	岐山	18900 斤	8340 石
蒲城	25650 斤	23293 斤	乾县	31050 斤	21600 斤
三原	44550 斤	59580 斤	武功	15650 斤	
泾阳	37800 斤	31806 斤	醴泉	31050 斤	140 石
高陵	25650 斤	25650 斤	长安	18900 斤	14630 斤
富平	12150 斤	12150 斤	华县	6750 斤	4935 石
临潼（河南）	6750 斤	6172 斤	盩厔	12150 斤	100006 斤
渭南（河南）	35100 斤	35055 斤			

资料来源：《陕西各县散放豆种一览表》，《中国华洋义赈救灾总会丛刊》甲种 31，第 69 页。

赈灾过程中，赈粮、赈品多从外地购买运输，路途遥远，而且数量巨大。如华洋义赈会 1930 年救济陕西的粮食，丰台起运 1625 吨，石家庄存待起运 580 吨，运至河南灵台后，借军粮专车两列，运至渭南，然后改用手车转运至各受灾县。[①] 赈粮、赈品的运输费用也是一笔很大的开支。赈品是否纳税？运费是否能够减免？如果赈品、赈粮购买中能够免税、运费能够予以减免，则可以减少一大笔负担，救助更多的灾民。处理这些问题，既涉及赈务部门的职权，也考验其协调能力。1920 年北京政府设立了赈务处，按照颁布的《赈务处暂行章程》规定，赈务督办一人，由大总统特派，赈务会办和赈务坐办均由大总统简派，1924 年，北京政府又设立了督办赈务公署，主办全国赈务，按照《督办赈务公署组织条例》规定，督办赈务公署直属于大总统，办理全国官赈事务，设督办一人，坐办由内务次长兼任，由督办赈务公署会同内务总长呈请中央简派。但是赈务督办和坐办多由内务部官员兼任。北京时期的赈务机构虽然都是临时的，但是赈务涉及和民政、财政、交通、农林等诸多部门打交道，北京政府的赈务督办都是由大总统直接派出，其目的不言而喻，就是提高赈务督办的权威和地位，只有这样才能有效协调其他各部，完成救灾的职责。因此遇有大灾荒，相关部门提请中央予以减免税收，赈粮、赈品运费。1920 年北五省大旱灾，财政部发布通告，鉴于多地灾害严重，各方正力筹赈，因此对于"所有运输灾区之赈粮赈品自应援照历次办赈成案，准其免纳税厘"，运往各地的赈粮、赈品只需在财政部办理证照，即可免税。该通告详细规定了赈品免税的范围和办理方法：（1）所运之粮或衣药等物必须确系运往灾区放赈者，方得呈请免征税厘；（2）免征护照应由灾区地方官或办赈团体呈请被灾地方之最高行政长官核发；（3）发照官署对赈品进行登记、查验；（4）商人贩运物品如冒领护照，查处后予以严厉惩罚。此外还规定免税暂定 4 个月有效。[②] 交通部还对专门办赈人员给予免费乘坐火车的优惠，据统计，从 1920 年 10 月到 1921 年 4 月，交通部在京奉、京汉、津浦、京绥、沪宁、汴洛、沪杭甬、正太、陇海、道清等路线为办赈人员免费提供乘车一等座 281 人次，二等座 609 人次，三等座 382 人次。[③] 1926 年江北

---

① 《筑路救陕灾》，《益世报》1930 年 5 月 30 日。
② 《赈品免税》，《益世报》1920 年 10 月 8 日。
③ 《交通部填给各办赈人员长期免费乘车证统计总表》，《赈务通告》1921 年第 16 期，"专件"，第 213 页。

灾荒，也在部分省份实行赈品免税政策。[①]

同样，北京政府时期，对于大型灾荒也实行赈品、赈粮运费减免政策。1920 年，交通部就赈济粮食、赈品运费问题提请国务会议，最后通过《国有铁路运送赈济平粜粮食减免车价条例》，决定对一些物品进行运费减免，具体包括粮食、赈济衣服、银钱、棚帐及赈济药品等。规定小米、玉米、高粱、山芋、麸皮等可以充饥之粗粮，可以享受四折运费优惠，对于整车运送米麦办理平粜者，只享受七五折运费优惠，只有运输粗粮办理平粜可以享受五折优惠，同时规定办赈人员可以享受半价优惠。对于减免运费的手续有很烦琐的规定，如需要地方最高行政官员或者办赈机构的公函，对于运送赈务名称、上下车地点等都要详细填写，然后向交通管理部门申请减免费用。[②] 但还是有大量的赈粮不能及时运出，积压在车站，短时间内达到 30 万吨，导致灾民不能及时得到救济，最终政府决定赈济粮食物品一律免运费，并且办理急赈人员可以免费乘车。[③] 1921 年 8 月，北京政府颁布赈粮运费办法，各地灾情还没有结束，各运输部门就终止了减免赈品运费的政策，虽经义赈会等多方呼吁，依然没有奏效。[④] 1921 年底，因多省发生水灾，北京政府规定各省实行水灾赈粮免运费政策，截止时期为次年 3 月底。[⑤] 1922 年 4 月，交通部又发出通告，将赈粮运费减免政策延长 2 个月，至 6 月底结束。[⑥] 1924 年直隶等地大水灾，国务会议决议，援引 1921 年 8 月的赈粮运费政策，从当年的 8 月 15 日开始实行，以 8 个月为限。[⑦]

南京国民政府时期，减免赈品、赈粮税收和运费并没有形成制度，每次灾情发生后，都需提请国民政府通过临时性的减免政策。根据 1929 年 4 月颁布的《修正振灾委员会组织条例》，振灾委员会隶属于行政院，其中以内政、外交、财政、交通、农矿、工商、铁道、卫生各部部长为当然常务委员，这样设置，就是为了便于协调解决救灾中的具体问题。1928 ~

---

① 《赈品准予免税》，《新闻报》1926 年 1 月 8 日。

② 《国有铁路运送赈济平粜粮食减免车价条例》，《新闻报》1920 年 11 月 24 日。

③ 《交通部赈粮免收运费通电》，《救灾周刊》第 4 期，1920 年，第 30 页。

④ 《义赈会请免赈粮运费》，《大公报》1921 年 10 月 8 日

⑤ 《交通部训令》，《赈务通告》1920 年第 6 期，第 7 页。

⑥ 《交通部函赈务处上年各省水灾赈粮减免运费一案京阁议决展限两个月截至六月底止检附议稿通告请查照文》，《赈务通告》1922 年第 5 期，第 38 ~ 39 页。

⑦ 《赈粮运费办法之通告》，《益世报》1924 年 9 月 17 日。

1931 年西北大旱灾，国民政府行政院在 1930 年 10 月通过决议，"各省运输赈品免税期限，自本年十月一日起，展期三个月"。①

铁路运输部门在减免运费的问题上则反应比较慢，各灾区在交涉过程中也是困难重重。各方多次恳请行政院，督促交通部门实行减免政策。1928 年，津浦铁路最早对山东赈粮实行免费运输，开 1928～1931 年灾荒赈粮免费运输的先河。② 但是免运费政策并不涵盖所有灾区。1929 年陕西省多次请求减免运费，早在 3 月，冯玉祥等人即多次呼吁，要求对陕西等重灾区的赈粮运费给予豁免，③ 但是并没有得到交通部的回应。1929 年 4 月，旅平陕灾救济会购买到 600 吨赈粮，准备运抵陕西救济灾民，经过多方呼吁，最终国民政府振灾委员会协调交通部，600 吨赈粮由平绥线丰台运至包头，铁道局同意暂时记账运输。④ 可是直到 1929 年 6 月，铁道部门仅规定平绥、平汉、津浦、陇海、正太等五大铁路对运输赈粮运费减免收取，⑤ 但是 1930 年中原大战，各地交通中断，直接影响到陕西赈粮赈款，如《大公报》载，徐州、蚌埠、南京各处粮款，均不能应时运到，现在大街小巷，贫民触目皆是，见之心伤，束手无策，焦灼万分。⑥ 1930 年陕西省赈务会多次向交通部请求减免运输赈粮费用，"陕灾重大，粮款俱乏，请对本省运输赈粮，格外从优，酌量减免运费，以示体恤"，⑦ 但是都没得到回应。当年 5 月陕西省从各地购买赈粮，因无力承担 3000 包赈粮的汽车运输费用，只好向商界借垫。⑧ 行政院拟规定对所有赈品实行免费运输，却招致一些运输单位反对，如 1930 年 8 月招商局向行政院表示，因为经营困难，无力实行赈品运费全免，颁布运输赈品免税标准，"近因公差频仍……客货裹足，加之各项开支，既受金价影响而激增，水脚价目更因竞争剧烈而暴跌，入不敷出，益陷困境。故对于赈品运输，确实无力全免，拟于少数零星物品，每次在百件以内，每日不过五次以外者，勉尽义务，

---

① 《国有铁路运送赈济平粜粮食减免车价条例》，《新闻报》1920 年 11 月 24 日。
② 《津浦铁路运输赈粮，部令免收运费》，《益世报》1928 年 3 月 23 日。
③ 《豁免赈粮运费》，《大公报》1929 年 3 月 19 日。
④ 《陕西赈粮运费准暂记账》，《大公报》1929 年 4 月 5 日。
⑤ 《铁道部令北方五大铁路运输赈粮减运费一半》，《大公报》1929 年 6 月 16 日。
⑥ 《时局变化重累无辜，陕省久未收到外省赈款赈粮》，《大公报》1930 年 4 月 7 日。
⑦ 《电铁道部电请对本省运输赈粮酌量减免运费由》，《陕西赈务汇刊》第 1 期第 2 册，1930 年，第 63 页。
⑧ 《赈粮籽种运抵灾区，赈款及运费已向商界借垫》，《大公报》1930 年 5 月 18 日。

又收运费，超过此额，照给半价运费，以资补助。至所收半数运费，除代付扛力约二成外，净得亦不过三成"。赈粮、赈品运输中减免运费的交涉困难重重，加重了灾区的负担。直到1931年9月，交通部才最后规定，"凡关于赈品一律免费速运"，至此，在此次灾荒接近尾声时，终于对所有赈品实行了免费运输政策。运输赈粮减免运费过程中的曲折，看似是国民政府的赈务机构协调无力，其实反映了南京国民政府初期，中央政府权力比较分散，各实权部门各自为政，加之地方实权派阻挠，中央政令不能畅通，影响了灾区救灾的速度和进度。

赈粥、赈粮、赈款、平粜并不是截然分开的，政府往往是统筹，多种措施同时进行，在县城周围设立粥棚，方便极贫的城镇居民和周围灾民获得救助，组织力量从外省购买粮食，对偏远的农村施以赈粮。给灾民发放赈款的同时，积极地组织平粜，使得更多的灾民能够熬过饥荒。

第二节　积极组织工赈

以工代赈也是政府救灾的一种常用办法，是让灾民通过参与修路、修建水利工程等劳动获得一定工钱或口粮，代替单纯救济的方式。中国古代比较早就有"兴工"之说，《周礼·大司徒》："四曰弛力，均人之职，凶礼无力政。"《孔子家语》："孔子对齐景公曰：凶年则力役不兴。后世以工待赈，事若相反，而古人恤民之精意存焉。……是以复兴土功，俾穷黎就佣受值，则食力者免于阻饥，程工者修其惠坠，一举两得。"

近代以来，工赈更加受到重视。1920年华洋义赈会成立后，把工赈放到一个重要的位置。"当赈务进行中，以工代赈之议纷起，盖以工代赈工人可获工资与粮食以赡养其家室，而彼人工所借以生活之地亦因以实受其益焉。"并规定工赈主要范围为筑路、改良水利、种植树木等。1921~1925年，华洋义赈会工赈的重点是修筑山东、直隶等地的道路，以及沿黄河、永定河、扬子江、淮河修筑河堤。1924年修建陕西泾阳的钓鱼嘴工程，凿山引水，拨发渭北水利工程局1.5万元赈款。此外灞河长安县莫陵

---

① 《招商局输运赈品免税标准》，《中央日报》1930年8月4日。

② 《赈品免费运输》，《民国日报》1931年9月11日。

③ 李文海、夏明方、朱浒主编《中国荒政书集成》（10），第3196页。

④ 《工赈委员会报告书》，《北京国际统一救灾总会报告书》，第71页。

庙段高出河堤，严重威胁两岸的百姓生存和庄稼安全，因此华洋义赈会实施以工代赈，修筑大堤，拨款 500 元。① 在陕西主要测量了渭北的沟渠，花费 5000 元，对渭北的工程量进行了测算，预计花费 175 万元，此外计划修建三原至延安的汽车路 362 公里，预计经费 50 万元，但是基本到 1928 年后才付诸实施。②

1929 年，华洋义赈会筹集 37 万余元办理工赈，其中指定陕西办理工赈 5 万元，位居各省之首，计划救济陕西灾民 15357 人。③ 但纵观整个民国时期，华洋义赈会实行工赈的重点在山东、河北、江苏等省份的河道治理和筑路方面，华洋义赈会在陕西以工代赈修建了泾惠渠外，还工赈整修了关中地区的道路。1931 年，华洋义赈救灾总会所有经费为 961183 元，用于陕西引渭工程即为 391635 元，占总经费的 40.74%，修建西兰公路拨款 350000 元，占总经费的 36.41%。④ 同年中国华洋义赈救灾总会陕西分会在规划 5 万多元的赈款时，现金放赈 13900 元，而工赈为 19015.9 元（其余为杂支），⑤ 虽然资金非常有限，但是依然把工赈放在第一位。可以看出华洋义赈会的理念是重在办理工赈，以期救活更多灾民的同时，修建水利工程，达到防灾之目的。

国民政府和陕西地方政府在灾期也很重视工赈。1928 年，鉴于西北灾情严重，国民政府准备组建西北工赈委员会，向美国中华义赈会借款 1000 万元，办理陕甘工赈。⑥ 但直到九一八事变后，该计划都没有付诸实施。1929 年国民政府振灾委员会制定的农工赈计划包括宁办陕甘水利计划、修造西北豫陕甘晋察冀绥热八省汽车道路、西北各省开凿深井以便灌溉计划、前河北山东赈委会所拟农工赈计划等。⑦ 可以看出，在国民政府的整个工赈计划中，主要的目标和计划都在西北地区。

1929 年陕西省赈务会制订了工赈计划，包括：将陇海铁路向西修筑，

---

① 《工程简明表》（1924 年 12 月 31 日），《中国华洋义赈救灾总会丛刊》甲种 13，第 76 页。
② 《中国华洋义赈救灾总会暨各省分会工赈成绩统计表（自民国十年至十四年）》，《中国华洋义赈救灾总会丛刊》甲种 15，1925，第 13～14 页。
③ 《华洋义赈会工赈计划》，《大公报》1929 年 2 月 11 日。
④ 《总会事务所二十年赈款用途比例表》，《中国华洋义赈救灾总会丛刊》甲种 35，第 21 页。
⑤ 《各分会二十年度赈款用途表》，《中国华洋义赈救灾总会丛刊》甲种 35，第 21 页。
⑥ 《西北工赈借款成立》，《大公报》1928 年 11 月 6 日。
⑦ 《一年来振务之设施》，第 13 页。

灵宝以西至陕西西安、宝鸡；修筑陕西西部公路，改善公路运输环境；兴办林业，调节西北气候；用工赈方法开垦甘泉荒地，移民救济；在临潼创办陕西纺织厂，实行工赈济；① 兴办龙门电厂，用以保障发电、农田灌溉等。② 但因需要资金庞大而无着落，最终无疾而终。

民国时期在陕西实行工赈的工程主要包括整修西安街道、修建公路、兴修水利以及造林等。

1928～1931 年大旱灾期间，关中地区旱灾最重，西安灾民云集。陕西省政府及西安市政府实行以工代赈，在中山门内路北修建民乐园；整修东、南、西、北四大街道，拆除石条路面，改修石子土路；拆除东西南北城门外洞及市内街口门楼，以利交通；修筑新市区尚勤、尚俭、尚仁（今解放路）、尚德路。③ 1929 年西安市政府特设工赈办事处，"招收青壮灾民 4000 人，每日修筑省垣各马路。每人每日发面 1 斤 2 两"。④

大灾期间，有人呼吁，"修筑道路，寓赈于工……若一兴路工，招垂死之灾黎，作易为之工事，路借民力以成，民赖路工以生，诚所为两全其美，义利双收"。⑤ 华洋义赈会和陕西省当局都关注到修建道路，改善陕西省东、西、北各方交通的重要性，先后修建或者修整的汽车路包括西潼、西长、西延等公路。

1929 年国民政府财政部筹得赈灾款 55 万元，后再次拨款 20 万元，由西北军和华洋义赈会共同负责，用以工代赈方式修建西兰公路。⑥ 陕西的西长路是西兰公路的主要组成部分。1931 年 5 月，美国华灾协济会驻沪委员会为救济陕甘灾荒，拨款 40 万元用作甘肃赈灾。该会决定其中 35 万元用于西兰公路修筑，其中 30 万元用于甘肃境内，5 万元用于陕西境内。⑦ 北平华洋义赈会筹款 50 万元，用以工代赈办法继续修建西兰公路。⑧

1928～1931 年大旱灾期间，华洋义赈会在陕西的工赈最为显著。1930

---

① 《陕西赈务会工赈计划书》，《陕西赈务汇刊》第 1 期第 2 册，1930 年，"专载"，第 56～62 页。
② 《陕省工赈计划草案》，《大公报》1929 年 10 月 4 日。
③ 《西安市志》，第 90 页。
④ 钱钢、耿庆国主编《二十世纪中国重灾百录》，第 185 页。
⑤ 《将以工赈修筑西潼西长路》，《陕西建设周报》第 2 卷第 2 期，1930 年。
⑥ 魏永理主编《中国西北近代开发史》，甘肃人民出版社，1993，第 355 页。
⑦ 《西兰路工》，《救灾会刊》第 9 卷第 1 期，1931 年，第 3 页。
⑧ 《一月来陕西之灾情与赈务》，《新陕西月刊》第 1 卷第 5 期，1931 年，第 142 页。

年，华洋义赈会在调查陕西灾荒后亦认为，"目下救济方法，最重要者需含有建设的效能"，即以工代赈。① 中国华洋义赈救灾总会决定在陕西举办工赈，"北平中国华洋义赈总会，派贝克尔阿林敦等君，来陕放赈。贝君拟以工代赈，修筑陕省各汽车路"，由陕西省建设厅提供技术协作。陕西省建设厅考察后认为，"陕省汽车路最重要者，为西潼（西安至潼关）、西榆（西安至榆林）、西凤（西安至凤翔）、西长（西安至长武）、西商（西安至商县）等五路。……查陕西目前最需要而应行急修之汽车路，其线有五：曰兴凤，曰原同，曰西潼，曰醴长，曰蓝商。值此千载奇荒哀鸿遍野之际，以言乎修筑道路，寓赈于工，总应以各区灾情轻重，为视察之焦点。并计及其工程之大小，交通之价值，乃可明其缓急，得所先后，不害拯饥本旨，而有利于交通。此五线者，由西安分道歧出，或至甘陇，或连巴蜀，或抵延榆，或通豫晋，居中央以运四方，联八表而为庭户，其于开发农矿工商事业，关系均至重要。……就灾情工程两方面言之，则以兴凤、原同两线之修筑，为最急，余皆次之"。② 陕西省建设厅对五条汽车路进行了初步预算，兴凤路长 260 里，平均每里 300 元，共需要 7.8 万元；原同路长 160 里，平均每里 600 元，共需 9.6 万元；醴长路长 300 里，平均每里 400 元，共需 12 万元；蓝商路共长 220 里，平均每里 900 元，共需 19.8 万元；西潼路系补路。西潼路一方面为陕西最为繁忙的路段，"东南商货，均由此路输入"；另一方面沿路渭河北岸一带，"去年多未播种，麦秋仍无多获。数百里流亡望赈之殷，不亚省西诸县。此路工兴，可招集渭北一带灾民，分段补修，以期完善"。西长公路醴泉、长武段长 300 余里，沿途灾情严重，"应在急赈之列"。③ 西（安）榆（林）路是西延路的主要组成部分，"关系陕北天产之开发，文化之启展，军事政治之统一，至为重大"。④ 华洋义赈会决定修筑西延、西潼汽车路，陕西省建设厅参议马登

① 《华洋义赈会贝克之陕灾视察报告，根本救济应办工赈》，《大公报》1930 年 6 月 11 日。
② 《将以工赈修筑西潼西长路》，《陕西建设周报》第 2 卷第 2 期，1930 年，"纪事"，第 14～15 页。
③ 《将以工赈修筑西潼西长路》，《陕西建设周报》第 2 卷第 2 期，1930 年，"纪事"，15～16 页。
④ 《义赈会决定以工赈修筑西延西潼路》，《陕西建设周报》第 2 卷第 5 期，1930 年，"纪事"，第 21 页。

洲被聘为两路工总办，张丙昌为两路总工程师。[①] 华洋义赈会拟定 14 条简章。为便于管理将召集的灾民以邻村为籍编成排，每排 26 人至 31 人；每排设排头 1 人，由工人自行推举，并需铺保及所属村村长认可盖章；排头负责全排工人工资、赈粮的发放；完成移动土 1 方给价 5 角，如遇砖石则加价至 5 角 5 分至 7 角；工作期间如工人生病，由赈济会医生医治；如病情超过三四日或加重，由赈济会负责遣送原处。[②] 1930 年，华北慈善联合会托华洋义赈会举办工赈，修筑武功经扶风、马嵬驿到兴平的汽车路。从当年的 9 月 8 日开工到月底完工，修筑道路 90 里，使用灾工 1240 人，用款 13117.96 元。[③] 修建武功至兴平公路的许多工人，"来自本城及外县，多半为久经亢旱无工可做之农民，并有远自三十里以外而来者"。[④] 三原至醴泉公路的三原至泾阳石渡一段由华洋义赈会以工赈修筑，"动工月余，行将告竣"，[⑤] 其余部分则雇用民工修筑（见表 7 - 7）。

表 7 - 7　华洋义赈会陕西工赈道路情况

单位：公里，元

地点	长度	用款	地点	长度	用款
西安至渭南	69	16928	凤翔至扶风	72	34441
泾阳至咸阳	39	27105	武功至乾州	35	24184
武功至兴平	48	13098	咸阳至木流湾	42	11730
乾州醴泉至咸阳	60	5000	咸阳附近	2.4	851
木流湾至泾阳	29	1100	药家坡	19	1510
醴泉	2	2794	长武、厅口等	129	15200
咸阳	21	276	总计	583.4	184074
三原至泾阳	16	29857			

资料来源：转引自蔡勤禹《民间组织与灾荒救治——民国华洋义赈会研究》，第 18 页。

---

① 《义赈会决定以工赈修筑西延西潼路》，《陕西建设周报》第 2 卷第 5 期，1930 年，"纪事"，第 21～22 页。

② 《义赈会正以工赈补修西潼汽车路》，《陕西建设周报》第 2 卷第 9、10 期合刊，1930 年，"纪事"，第 10～11 页。

③ 《兴武汽路工赈近况》，《陕灾周报》第 2 期，1930 年，"灾赈纪实"，第 2～3 页。

④ 《陕西工赈情形一斑，华洋义赈会工程师之报告》，《大公报》1930 年 8 月 30 日。

⑤ 《勘测原礼冷汽车路线工程预算报告书》，《陕西建设周报》第 2 卷第 21、22 期合刊，1930 年，第 10 页。

陕西当局也采用以工代赈的方法,修建、修整了省内部分道路。1931年,陕西省修建蓝商公路,实行以工代赈。从蓝田县城到火烧寨用工43人,每工4角,用洋17.2元,从县城南三里新旧路线相连处到薛家山,修筑八尺宽的土路8.5里,石路1.5里,共需工4290人,每工4角,需洋1716元,此外,还有购置修路器具、占地补偿费用、修建桥梁、丈量路线、购买石灰等花费,该条道路共花费赈款2082元。① 此外,陕西省为了畅通入川道路,修筑西安以西渭河与南山之间的大道,并在长安、盩厔、鄠县、郿县及由陕南入川的交通要隘处架设桥梁,仅此一项就用了6264名工人。省政府还选择自西安起,往西经过咸阳、兴平、武功、扶风、岐山等县至凤翔的路线,筑路工赈。这段路完工后,汽车行驶速度为每小时48公里。1933年,邵力子等人提议,动用棉麦借款的一部分,实行以工代赈修建汉中的公路,获得立法院通过。② 1938年,陕西省修建渭白段轻便铁路土方工程,动用民工500名,实行以工代赈,两个月的时间每人工资5元;西潼路排水工程共需赈工20200人,实行计件工资,填的土方以公方付工资6分洋。③

陕西省赈务会还筹集资金,修葺了周公、召公两庙和五丈原古迹,实行以工代赈。④

工赈在水利方面也成果颇丰。1929年西北大旱,引起了国内外人士对西北水利的关注。1930年8月,由于突降暴雨,龙洞渠惠民桥外所筑的两岸土堤全部毁塌,马道桥渠岸也被冲毁,泾阳县请求华洋义赈会以工代赈予以修复。⑤ 1930年华洋义赈会拨款14.5万元,并以塔德担任工赈主任,修建清代以后逐渐毁损的龙洞渠工程。⑥ 在陕西籍水利专家李仪祉的积极奔走下,1931年开始修建陕西最大的以工代赈水利工程——泾惠渠。泾惠渠水利工程取得了华洋义赈会的大力支持,其捐助55万元,陕西省政府筹

---

① 《陕西赈务汇刊》第1期第1册,1930年,"公牍",第199页。
② 《美棉麦借款立法院所附条件经政会原则通过,拟拨一部办陕省工赈》,《大公报》1933年6月29日。
③ 《陕西省工赈情况》,陕西省档案馆藏,9-2-749。
④ 《陕省工赈计划》,《大公报》1930年8月28日。
⑤ 《函华洋义赈会为据委员查复勘估龙洞渠惠民桥等处堤岸崩溃工程情形请转请义赈会以工赈修理函请办理由》,《陕西建设周报》第2卷第17、18期合刊,1930年,"公牍",第12~13页。
⑥ 《塔德君担任龙洞渠工赈主任,并拨款实施万五千元》,《陕灾周报》第6期,1930年,"灾赈纪实",第1~2页。

措 45 万元，由外国人塔德担任总工程师，采用以工代赈的方法。[①] 完成后的泾惠渠，总干渠长 3430 米，约合 6.86 华里；南干渠长 44480 米，合 88.96 华里；北干渠长 38317 米，合 76.63 华里；中白渠长 24005 米，合 48.01 华里；4 条干渠总长度 110232 米，合 220 余华里。各干渠建筑物桥 112 座（其中双洞砖拱桥 36 座，双洞石拱桥 1 座，双洞木板桥 3 座，单洞砖拱桥 44 座，单洞木板桥 28 座），分水闸 3 座，斗口 51 个，跌水 17 个，水泥渡槽 2 座，涵洞 7 座，橙槽 3 座等。[②] 该工程仅用了一年半时间，灌溉醴泉、泾阳、三原、高陵、临潼等县的土地近 70 万亩。

灾期还开展了农赈、林赈。1932 年 3 月，陕西省创办草滩工农赈林场，建设厅拨给草滩官荒地 500 亩，以工赈造林；随之即劝灾民工赈，工资以 3～5 角为限。安排招募到的灾民进行垦荒植树、预备种稻、开垦种稻等。实施开垦稻田工赈支出 2400 余两，植树种稻工赈费用为 3700 余元，效果明显，"不特附近农商繁兴，盗匪绝迹，且久不生产之荒岸，初经农赈之实施，反于继亢旱中，收此数十石养命之良稻谷，可供万人日食之粮，此农振促进陕西食粮增加之一小贡献"。[③] 可见，草滩工农赈林场在当时办得比较成功。

抗战时期，陕西先后设立了黎平垦区、黄龙垦区、千山垦区等，实行农赈，但是主要是安置战争难民，故在此不多做讨论。

九一八事变后，国民政府通过了开发西北的决议，并大力发展西北水利、交通，1933 年全国经济委员会通过了邵力子等人的提议，在西北设置西北工赈委员会，专署西北水利与交通，实行以工代赈。[④] 随后开展的各种项目中，不少项目吸纳灾民和难民参加，既解决了西北亟须发展的交通、水利问题，又救济了灾民。从整体看，民国时期西北地区以工代赈的规模还是相当大的。

总体来看，民国时期陕西工赈形式多样，包括修渠、修整河堤等修建水利，开矿，修整城垣，修筑道路，修桥，植树造林，开办济贫工厂、各

① 《杨主席请塔德总工程师迅办引泾工程电》，《陕灾周报》第 1 期，1930 年，第 41 页。
② 《引泾新渠定名为泾惠渠》，《陕西建设周报》第 4 卷第 3 期，1932 年；《陕西省建设厅渭北水利工程处第一期成工概况》，《陕西建设周报》第 4 卷第 4 期，1932 年。
③ 《省赈会草滩农、工振林场报告》，《陕赈特刊》1933 年第 2 期，第 7～10 页。
④ 《邵力子请中央速设立西北工赈委员会办法并请宋子文担当其事电》，中国社会科学院近代史研究所《近代史资料》编辑部、中国第二历史档案馆编《抗战时期西北开发档案史料选编》，中国社会科学出版社，2009，第 108 页。

种习艺所等,吸纳灾民,寓救灾于发展生产中,灾民既可以获得维持基本生活的口粮和工钱,也参与了灾后重建,生产积极性被极大地调动起来。同时,工赈和急赈不同,急赈的施粮、施钱只能使灾民暂时免除饿死的危险,但是基础设施没有改善,无法从根本上改善他们的生存环境,无法避免接连不断的灾害的侵袭,工赈则着眼于改善基础设施,如修路、兴修水利、修桥、垦荒等,对于防止灾害再次发生或者减少灾害则有益处。而且,单纯的施粮、施钱往往使灾民坐以待毙,等待救济,养成等靠的消极思想;工赈救济,灾民在劳动中获得赈济,则可以养成健康向上的思想。急赈和工赈相互补充,能够最有效地救济灾区,同时修建道路、植树造林又有利于预防灾害,因此陕西当局较早注意到工赈、急赈并重的问题,如在 1930 年,杨虎城提出"工赈急赈"并举的救灾方案:"陕省大旱三年,被灾五十余县,统计公私赈团救济,共用款四百余万元,灾急待赈者约三十余县,今后筹设工急赈办法,一、省城及各县设粥厂六十处,容三十万人,设收容所三十处,容二万人。均以五个月为期。二、老弱极贫发散干粮棉衣,借付耕牛,修补房屋。三、导渭开渠,筑路掘井,与华洋会合力完成引泾工程。工急赈共需款三百六十万元。"① 陕西在 20 世纪 30 年代初工赈成果比较突出,主要是当地政府和华洋义赈会进行了非常有效的合作,做到技术、资金使用最优化。政府与民间救灾团体合作,这是民国时期陕西救灾留下的一笔宝贵财富。当然,政府制订的庞大的工赈计划没能全部实现,急赈也是断断续续,有成效,但是不够及时,造成大量人口死亡,而造成这一状况的原因主要是救灾资金缺乏。

第三节　蠲免灾民赋税

历代政府在遭受灾荒之后,都会颁布蠲缓赋役的诏令,邓云特认为早在周代就开始实施这一政策,从汉代至有清一代一直遵照此例。他认为,蠲免政策利弊极多,例如中央政令流于形式,呈报手续复杂,蠲免不及时,灾民不能真正受益等。② 蠲免被他列为消极救灾策略。民国时期,政府继续采用这种政策作为临时性措施。根据 1915 年颁布的《勘报灾歉条

---

① 《救济陕灾中央是赖》,《大公报》1930 年 11 月 18 日。
② 邓云特:《中国救荒史》,第 300~309 页。

例》，"被灾十分者，蠲正赋十分之七，被灾九分者，蠲正赋十分之六，被灾八分者，蠲正赋十分之四，被灾七分者，蠲正赋十分之二，被灾六分五分者，蠲正赋十分之一"。① 1928 年国民政府对《勘报灾歉条例》第六条和第八条进行了修改，"被灾九分以上者，蠲正赋十分之八，被灾七分以上者，蠲正赋十分之五，被灾五分以上者，蠲正赋十分之二"（见表 7 - 8）。②

表 7 - 8　1915 年和 1928 年《勘报灾歉条例》比较

1915 年《勘报灾歉条例》第六条	1928 年修改《勘报灾歉条例》第六条
被灾十分者，蠲正赋十分之七	被灾九分以上者，蠲正赋十分之八
被灾九分者，蠲正赋十分之六	
被灾八分者，蠲正赋十分之四	被灾七分以上者，蠲正赋十分之五
被灾七分者，蠲正赋十分之二	
被灾六分五分者，蠲正赋十分之一	被灾五分以上者，蠲正赋十分之二
1915 年《勘报灾歉条例》第八条	1928 年修改《勘报灾歉条例》第九条
被灾十分地亩，除奉大总统批令特予免征本年正赋，或巡按使察方情形。专案呈请免征外，县知事及该管道尹勘报，不得率行陈请	被灾十分地亩经省政府查明，却有特殊情形得专案呈请免征本年正赋，县长及民政厅不得率行呈请，其五分以下不成灾地亩特请缓征者亦同

从表 7 - 8 可以看出，北京政府和南京国民政府都规定田亩受灾在五分以上可以申请田赋蠲免，北京政府对于蠲免田赋最低为十分之一，最高可达当年田赋的十分之七。1928 年修订的《勘报灾歉条例》，对受灾地区蠲征田赋的幅度更大，规定最低可以蠲免田赋的十分之二，最高则提高到田赋的十分之八。

根据北京政府和南京国民政府《政府公报》，陕西各县受灾后，中央政府多次批准蠲缓田赋。1915 年 3 月，陕西各县遭受水灾、冰雹，损失惨重，陕西省巡按使吕调元向中央政府呈报高陵、安康、泾阳、耀县、咸阳、三原、蒲城、澄城、邠县、醴泉、栒邑、榆林、永寿、宜君、柞水、麟游、郃阳、岐山、富平、长安、凤翔等县遭受水灾、雹灾，延川、鄜县、葭县、同官等又经受雹灾，要求予以蠲免。中央政府经过核实，认为葭县、富平二县尚不够成灾，榆林、咸阳、蒲城三县被灾较轻，应该照旧

① 《勘报灾歉条例》，《时事汇报》1915 年第 9 期，"法令"，第 13 ~ 15 页。
② 《国民政府法规：勘报灾歉条例》，《陕西省政府公报》1928 年第 3 期，第 41 ~ 43 页。

按期纳粮款，安康、长安、柞水、同官、麟游、高陵六县均应就地筹款赈抚，不予蠲免，最后只对泾阳、耀县、三原、澄城、邠县、醴泉、栒邑、宜君、郃阳、延川、鄜县、岐山、永寿等成灾均在五成以上的十三县予以蠲缓，同意对"本年上忙地丁正银三千九百三十五两一钱六分六厘五毫，耗羡银五百九十两二钱七分七厘八号"进行减免后，将本应1915年缴纳的田赋缓至1916年缴纳。① 华县、邠县、扶风、武功等四县经勘查，受灾都在八成以上，被灾土地73顷69亩，蠲免当年下忙三成地丁银75两，耗羡银14两，此外，从1915年起缓三年带征地丁银92两，耗羡银13两。②

1931年灾情最严重的渭南、长武、咸阳、醴泉、平民、华阴六县经各县呼吁，省赈务会积极协调，免于田赋；1932年减免田赋的有泾阳、醴泉、乾县、平民、麟游、永寿、澄城、蓝田、三原、耀县、长安、凤翔、高陵、武功、邠县、兴平、郃阳、淳化、栒邑、富平、潼关、朝邑、长武、盩厔、安康、岐山、宜川、紫阳、山阳、镇安、蒲城、大荔、咸阳、西乡、华阴、商县、鄠县、韩城、洋县、扶风、褒城、柞水、镇坪、城固、留坝、洛南、临潼、略阳、榆林等四十九县；1933年减免田赋的有鄜县、三原、平民、汉阴、宁陕、镇安、郃阳、西乡、岚皋、柞水、邠县、大荔、佛坪、沔县、白河、紫阳、镇坪、商县、榆林等十九县。陕西连年灾荒，截至1932年，全省欠赋税款489万余元，曾令蠲免，后因故未执行，到1939年将前旧欠全部豁免。1934年，宝鸡第十区周家川等处秋季被水成灾，鉴于有永远不能复耕的土地及暂时不能耕种的土地，经陕西省政府呈报，财政部会同内政部向行政院报告后实行分别蠲免。③ 1936年，岐山县桃川等乡被水成灾，经过省政府层层汇报后，国民政府认为内政部、财政部所呈报的蠲免田赋一案，"与修正勘报灾歉条例第十五条及第十八条第二项之规定尚无不合，应准如所请办理"。④ 1942年，因灾经国民政府批准，减免泾阳、韩城、兴平、大荔、富平、朝邑等县田赋。后来因政府腐败，遇灾不仅不减免赋税，反而加征田赋粮款。1946年，陕西有

① 《陕西巡按使吕调元呈明陕西泾阳等县续报民国三年被雹成灾地亩应征民地丁等项钱粮分别蠲免缓征以示体恤祈鉴核文并批令》，《政府公报》第1041号，1915年4月2日。
② 《陕西巡按使吕调元呈明陕省华县等县续报民国三年被灾地亩应征民地丁等项钱粮分别蠲免缓请核示以并批令》，《政府公报》第1041号，1915年4月2日。
③ 《咨陕西省政府赋字第一七一二四号》，《财政公报》第89期，1935年，第80页。
④ 《国民政府指令第一三二二号》，《国民政府公报》第2077期，1936年，第11页。

四十县遭受水旱灾害，灾民哭声震野，成群结队赴县报灾乞食，当局答应田赋免征半数，但实际征借粮达 240 万石，还加征 1942～1945 年的尾欠田赋粮款。[①]

蠲免赋税暂时减轻了灾民的赋税负担，但是从陕西实施情况来看，弊端重重。第一，手续烦琐，灾民得不到及时救助。无论是北京政府颁布的《勘报灾歉条例》还是南京国民政府修改后的条例，省级及以下行政部门均无权决定蠲免灾民赋税，都必须先经过县一级单位向省政府呈报灾情，由省政府派员勘灾确定灾区受灾成数，同时报财政部与内政部，然后呈请最高行政部门（北京政府时期须呈达总统，南京国民政府时期呈行政院），同时进行复查灾情等程序，基本程序走完都在半年以上，周期较长，在中央最高行政部门核准前，灾民还得照章纳赋，不能及时得到救助，加重灾民负担。第二，时间滞后。经过烦琐的程序后，灾民才能得到蠲免的资格，而且审核程序极为复杂，如 1915 年，中央政府认为中部、郃阳、平利、岐山、商南、醴泉六县受灾较轻，驳回了蠲缓赋税的请求。而实际上这些县受灾相当严重，但是得不到中央政府的减免政策，地方政府又无权力减免，束手无策。即使灾区能够获得中央政府的蠲免政策，经过复杂程序后，已经是"明日黄花"。如 1934 年秋宝鸡周家川等地被水灾，1935 年 7月财政部才向陕西省政府发来咨询，已经快过去一年了。缓二年或者三年带征的蠲免政策，随着国民政府的提前征赋、预征田赋等政策的实施，实际成了一纸空文，灾民的生活雪上加霜。

第四节　积极预防：植树与兴修水利

民国时期，中央和地方政府为了从根源上杜绝灾害的发生，实行救灾、防灾并行的政策，在应对各种突发灾害进行救济的同时，也采取了一系列防灾措施，前面所述工赈其实就是寓防灾于救灾的措施，但工赈依然是灾害发生后采取的措施。未雨绸缪，减灾的同时最大限度地防止灾害发生，是政府面临的重大课题。民国时期，政府在防灾方面也做了一些探索和尝试，主要包括植树造林，保护森林资源；兴修水利，保护水利设施；恢复和发展仓储；建立疾病、气候监控体系；等等。

---

① 《抗战以来的陕西》，1946，西北大学历史学院资料室藏。

一 保护森林资源，鼓励植树造林

森林具有涵养水源、保护生态、减少水旱等自然灾害的重要作用。早在古代人们就意识到须保护森林资源。古人云："春二月，毋敢伐材木山林及雍堤水。不夏月，毋敢夜草为灰，取生荔、鹰卵鷇，毋毒鱼鳖，置阱罔，到七月而纵之。"[①] 近代以来，孙中山先生对中国森林破坏严重导致灾害频发忧心忡忡，就森林与灾害的关系进行了论述："现吾邑东南一带之山，秃然不毛，本可植果以收利，蓄木以为薪，而无人兴之，农民只知斩伐，而不知种植，此安得其不胜用耶。"[②] "现在人民采伐木料过多，多伐之后又不行补种，所以森林便很少。许多山岭都是童山，一遇了大雨，山上没有森林吸收雨水和阻止雨水，山上的水便马上流到河里去，河水便马上泛涨起来，即成水灾。"[③]《革命文献》讲道，造林是防止水旱为灾的根本办法。孙中山在《民生主义》中讲道："要防水灾，种植森林是很有关系，多种森林，便是防水灾的治本办法。"又说："预防旱灾的方法，也是种植森林。据外国森林学者的主张，国土地须有百分之三为森林，才能够调和气候，调节雨量，免除水旱灾发生。今后对于造林工作，一方面要保护战区及接近战区的林木，一方面要提倡造林运动。"[④] 1928 年大旱后，陕西当局意识到森林对于陕西预防灾荒的重要性："林政不修，斧斤滥伐，旧有之天然林况，已成秃阜童山，水源既渐涸竭，气候亦因干燥，旱魃为虐，日甚一日，遂酿成前数年亘古未有之奇荒。"[⑤] 为改善环境和预防旱灾，陕西省开始重视林业建设。1931 年秋，省建设厅颁布《陕西农林事业之发展计划》，对发展陕西林业做了具体规划。

民国时期，保护森林主要包括两个层面的活动，其一是中央政府层面通过制定相关的法律法规，肯定保护森林的合法性；其二是各地军政长官从实际出发进行了一系列植树造林的举措，惩罚毁林行为。

1. 中央和地方政府出台保护森林、鼓励植树造林的法令

民国以来，由于战祸等人为原因，中国森林面积减少，北京政府和南

---

① 陈朝云：《用养结合：先秦时期人类需求与生态资源的平衡统一》，《河南师范大学学报》（哲学社会科学版）2002 年第 6 期。

② 孙中山：《孙中山全集》第 5 卷，中华书局，1985，第 506 页。

③ 孙中山：《孙中山全集》第 5 卷，第 95 页。

④ 《灾荒救济》，秦孝仪主编《革命文献》第 103 辑，台北，中正书局，1985，第 336 页。

⑤ 《陕西农林事业过去与现在》，《陕西建设周报》第 3 卷第 21 期，1931 年，第 3~4 页。

京国民政府制定了相关法律，保护森林资源，否定滥砍滥伐的合法性。

1914 年，北京政府农商部颁布《森林法》，包括总纲、保安林两章，总计 11 条，规定对国有、共有、私有森林进行依法经营。该《森林法》内容比较简单，但是对于保安林的规定较多，如第四条规定，关系江河水源者，由农商部直接接管；第六条对保安林的范围做了明确规定：关系预防水患、关于涵养水源者、关于公共卫生者、关于预防风沙者，且保安林不得随意采伐，禁止引火物入内。① 虽然该法律中并没有关于如何保护保安林的具体条款，但是反映了民国初期政府对于森林在防止水患方面的重要性认识是比较清楚的，体现出涵养水源、保护环境的理念。此后历届政府多次修改《森林法》。1915 年北京政府修订《森林法》，将其分为总纲、保安林、奖励、监督、罚则和附则等，共 6 章 32 条。与 1914 年《森林法》相比较，新的《森林法》增加了鼓励、奖励植树造林的内容，如第十二、十三条规定商人或者团体可以无偿承领不超过 100 平方里的官荒山地进行造林，第十六条规定承领的官荒山地可以免除 5～30 年的租税。并对禁止采伐森林、禁止开垦荒地做了进一步规定，对破坏森林等行为的处罚做了具体规定，如第二十二条规定破坏保安林将被处四等以下有期徒刑及一定数量的罚金，第二十四条规定放火毁森林的也将受到刑罚处分。② 为了保障《森林法》的实施，1915 年还公布了《森林法实施细则》和《造林奖励条例》，规定造林面积 200 亩以上成活 5 年以上的给予四等奖章，造林面积 400 亩以上成活 5 年以上的予以三等奖章，造林面积 700 亩以上成活 5 年以上的给予二等奖章，造林面积 1000 亩以上且成活 5 年以上的给予一等奖章，造林面积在 3000 亩以上且成活满 5 年的给予大总统特别奖章。③ 1915 年，农商部提请以每年清明节为植树节，"举凡固堤防、消水旱，除灾疠皆为森林之利，而于人民生计关系尤巨"，④ 当年 7 月 31 日通令全国。

民国初期，由于军阀割据，战乱不休，《森林法》基本没有得到很好的实施，相反，各地军阀修筑工事大量砍伐树木，使森林面积减少。南京国民政府成立后，1928 年 4 月 7 日，国民政府第 142 号训令指出，将旧历

---

① 《森林法》，《新闻报》1914 年 11 月 10 日。

② 《森林法》，《云南实业杂志》第 3 卷第 3 期，1915 年，"法规"，第 1～7 页。

③ 《造林奖励条例》，《中华实业界》第 2 卷第 8 期，1915 年，第 3～4 页。

④ 《农商部呈拟定清明为植树节请以申令宣示全国文》（1915 年 7 月 21 日），《市政通告》1915 年第 23 期，"公牍"，第 49～50 页。

清明植树节改为"总理逝世纪念植树式,所有植树节应即废止"。次年2
月9日,国民政府农矿部颁布条例,规定每年3月12日"总理逝世纪念日
举行植树式及造林运动,以资唤起民众注意林业"。① 国民政府实业部于
1931年发布了《管理国有林共有林暂行规则》,明确提出对国有林、共有
林实行有规划的砍伐。1932年国民政府再次修改《森林法》,新的《森林
法》共计9章77条,包括总则、国有林及公有林、保安林、林业合作社、
土地之使用及征收、监督、保护、奖励及罚则、附则等。新《森林法》对
保安林的范围有了更明确的规定,"为预防水害、风害、潮害所必要者"、
"为涵养水源所必要者"及"为止防砂土崩坏及飞砂坠石洴冰颓雪等害所
必要者",编为保安林,严禁砍伐。② 并在森林的经营、管理、种植、减免
税收、奖惩等方面有了更具体的规定。1937年,立法院修改了《森林法》
的第九条及第十八条,主要是适应抗战的需要,将"为国防上所必要者"
增列为保安林。③

1944年农林部再次动议修改《森林法》,1945年国民政府公布了再次
修正的《森林法》,共计9章57条,分为通则,国有林、公有林及私有
林,保安林,森林土地之使用,监督,保护,奖励及承领,罚则,附则等
9章内容,同样强化了保安林对于调节气候、涵养水源、防止灾害的作用,
并对植树、破坏森林的行为之奖惩进一步细化。例如第八章罚则中规定对
于破坏保安林,可以处以6个月以上15年以下有期徒刑,以及2~5倍的
罚金。④

总的来看,南京国民政府时期通过制定和修改法规来保护森林,以期
达到涵养水源、减少水旱灾害的目的,这些法规和各种临时救灾措施是相
辅相成的,体现出国民政府把减灾、防灾作为系统工程来抓,并付诸
努力。

2. 陕西省政府植树造林的具体举措

近代以来,由于战祸等人为原因,森林毁坏较为严重,自然灾害的发
生跟生态环境恶化密切相关。陕西北部和南部山区环境比较脆弱,自然灾

---

① 《总理逝世纪念植树式各省植树暂行条例》,《农矿公报》1929年第10期,第61~62页。
② 《森林法》,《陕西建设周报》第4卷第27期,1932年,第1~14页。
③ 《立法院会议修订森林法》,《大公报》1937年2月6日。
④ 《森林法》(1945年2月6日修正公布),《政讯月刊》第2卷第7期,1947年,第247~
249页。

害时有发生，又加剧了环境的脆弱性。当局比较重视植树造林，并采取了一系列举措保护森林。主要在两方面努力：第一，通过法律、条规严禁滥砍滥伐；第二，鼓励甚至是强制性植树造林。

陕西地方政府禁止乱砍森林。如汉阴境内现存民国年间的碑刻就反映了严禁民众乱砍森林的情况。第一块碑石叫"共护森林碑"，立于 1920 年，其中提到民国设立农会，保护森林，袁世杰、王朝升等在正月砍伐枞树，被民众告发后，公团进行了处罚并立此碑，规定：严禁偷窃毁坏树木，违者拿获，轻者棕条鸣锣游街，重则送案，请以戕害农林法律惩究。[①] 另一块碑立于 1922 年，名为"禁砍耳杭碑"，记载了有两村民偷伐树木后，被抓获，罚立禁山碑一块，请客两席，罚大洋 3 元，以给捉贼工资，并在碑上刻有严禁数条，包括禁打柴樵夫，拿获给洋 5 元，禁贩卖之人，拿获给洋 5 元，禁牧羊童子将牛羊赶入林中，拿获给洋 3 元。[②] 民国期间，战争纷纷，虽然有法令禁止滥砍滥伐，但森林还是被军队大量砍伐。针对陕南地区渠堰之旁树木大量被军队砍伐的现象，1940 年，鄂陕甘边区警备司令部司令祝绍周发出布告，严格禁止砍伐道路、沟渠、河堰两旁的树木："查植树造林迭经政府申令倡导，渠堰坎行树原所以坚固堤岸，调剂水利，无论军民均应一律保护，严禁采伐，倘敢故违，准由当地民众扭送惩办，或将其部队番号主官姓名密报本部，一经查实，以违扰命令议处，除派员随时纠察外，合行布告，仰各凛遵。"[③] 国民党第三十一集团军二十九军军长陈大庆驻守城固时，发出布告："严禁砍伐堰堤及渠坎树木。"[④] 禁令的发布不能从根本上避免树木被滥砍滥伐的情况，但是地方政府和民众已经认识到保护树木的重要性。

此外，民国时期，陕西省还鼓励民众植树造林。1925 年，陕西省林务专员提出沿黄河两岸植树造林案，"近数年来黄河泛滥，溃决之患日见危险，预防之法据各国经验多以造林固堤为防止河患之不二法门，况黄河蜿蜒数千里，挟带泥沙流性，狂猛经过之地土性疏松，最易溃决为患，亟应

---

① 《共护森林碑》，李启良、李厚之等搜集整理校注《安康碑版钩沉》，陕西人民出版社，1998，第 265、266 页。

② 《禁砍耳杭碑》，李启良、李厚之等搜集整理校注《安康碑版钩沉》，第 266 页。

③ 《汉南水利管理局民事及各项》，汉中市档案馆藏，36-349。

④ 汉中地方志办公室编印《城固五门堰》，2000，第 124 页。

遍造防堤林以资防御"。① 1928 年冯玉祥颁发五种口号，其中之一便是
"我们为人民除水患、兴水利、修道路、种树林及做种种有益的事"。② 陕
西省在 1928 年成立省林务总局，设立了一系列林场。陕西的保安林主要由
五部分组成，即黄河水患防御林、陕北防沙防风林、秦岭水源涵养林、乡
村公众卫生林和渭河滩地林。1932 年，陕西省计划在沿渭河滩地植造保安
林，三年内在宝鸡、岐山、扶风、郿县、咸阳、武功、鄠县、长安、临
潼、渭南、华阴、大荔等地的 17 万余亩荒滩地上植造保安林。③ 1933 年春
造林季节，建设厅制定了《陕西省造植保安林计划》。④ 为植造黄河滩地保
安林，1934 年春，省建设厅对黄河沿线进行调查，"本省沿黄河一带，历
年多被水患，造林护堤，实属刻不容缓。本厅曾派员赴沿黄各县，调查地
势土质，所宜树种及其他关于林务事宜，现已数月，本季内拟俟调查完
竣，即行筹画进行事宜"。⑤ 同年，陕西省政府颁布《陕西省奖励造林及保
护暂行办法》，规定："对于预防水患的河流、沟渠、山溪两旁森林；涵养
水源的山坡及河流上游的树林；城市公园与道路两旁的树木；港湾、河滩
沿岸的树林；古迹风景区的树林；防蔽风沙的接近沙漠或河滩的树木列为
保安林。凡保安林所在区域，一律禁止牧放牲畜及采掘土石、草皮、树
根、草根；凡距离保安林十里以内不准引火燃烧。"同时规定对破坏森林
者予以重罚，对保护森林有效的保甲予以奖励。⑥ 截至 1935 年，陕西省林
业机构情况如下：省立林场有西安林场，苗圃面积 220 亩，树苗 800000
株；草滩林场，苗圃面积 230 亩，树苗 1000000 株；西楼观林场，苗圃面
积 136 亩，树苗 500000 株；槐芽镇林场，苗圃面积 110 亩，树苗 350000
株；平民林场，苗圃面积 350 亩，树苗 1700000 株。这些林场主要进行育
苗造林。⑦ 截至 1935 年，西安林场造林 332 亩，草滩林场造林 5612 亩，西

---

① 《拟请沿黄河各省于黄河两岸造林以固堤防案》，《湖北实业月刊》第 2 卷第 14 期，1925
年，第 29～30 页。

② 《冯总司令五中口号碑》，李启良、李厚之等搜集整理校注《安康碑版钩沉》，第 483 页。

③ 桑湛叔：《一月来陕西之建设》，《新陕西月刊》第 2 卷第 2 期，1932 年，第 107 页。

④ 《呈一件呈复本省办理保安林过去情形并造植保安林计划办法等件请鉴核备查由》，《实业
公报》第 117、118 期合刊，1933 年，第 32～33 页。

⑤ 《陕西省建设厅中华民国二十三年四五六三个月行政计划》，《陕西建设公报》第 25、26
期合刊，1934 年，第 61 页。

⑥ 《陕西省奖励造林及保护暂行办法》，西安市档案馆编印《民国开发西北》，2003，第
232 页。

⑦ 陕西省建设厅编印《陕西建设概况》，1935，第 14～17 页。

楼观林场造林 7900 亩，槐芽镇林场造林 2300 亩，平民林场造林 1350 亩，总造林面积 17494 亩。[①] 同时，省政府在开发林业时，采取了以下措施：严饬各县在所有公路两旁一律植树，以固路基；特令沿河各县切实劝导人民，认真植树，并饬令各县对于一切河流，亦须同时植树，以免汛滥。[②] 据行政院的报告书，"陕西省民国二十二年（1933）造林 17325 亩，民国二十三年（1934）造林 32109 亩"。[③] 1938 年，陕西省公布《陕西省荒地造林暂行章程》，鼓励私人或法人承领荒地造林。同年还通过《陕西省下湿滩地插条造林办法》，"为增加生产及减轻水害起见，所有陕西境内各河流下湿荒滩，无论共有、私有均须切实造林"。规定私人可以申请官荒地进行合作造林，苗木由地方政府供给，人工由个人负担，收益由两方平分。[④] 陕西省地方政府一系列法令和办法的实施，为民众参与植树造林提供了法律保障，具体办法的实施有利于鼓励民众在荒坡、滩地植树以减少自然灾害，同时有利于改善民众生活。

二　兴修水利，预防灾害

中国以农立国，历代统治阶级均重视兴修水利，治理河工。对于农业与水利的关系，民国时期有这样的论述："农业生产中，水利所占的意义既重且大，农业生产和技术的及人工的灌溉，发生了非常密切的关系，因之，大小河川的主流和支流，形成为农业生产所不可或缺的给水与排水组织的枢轴，于这些河川中，更贯通着人工建造的运河与沟渠，有如人体中血管般的一大体系，这种体系，对农田一方面是水的供给者，一方面是水的吸收者。而水利的兴修工作，便不能不大规模地适应这样巨大的体系来从事建设……水利为农业生产的先决问题，水利工程，又非有巨额的资金莫办，必须由政府投下巨资，积极经营，方可完成此艰巨的事业，这对于改进农业和粮食增产的作用极大。"[⑤]

民国时期，西北频发旱灾引起了一些人士对西北生态环境和水利开发的关注。在 20 世纪 30 年代初，不少人提出了开发西北水利问题。1931 年

---

①　《陕西各林场造林工作表》，《民国开发西北》，第 500 页。
②　秦孝仪主编《革命文献》第 89 辑，台北，中正书局，1981，第 508 页。
③　魏永理主编《中国西北近代开发史》，第 103 页。
④　《陕西省下湿滩地插条造林办法》，《民国开发西北》，第 235~236 页。
⑤　秦孝仪主编《革命文献》第 103 辑，第 336 页。

曾养甫在《建设西北为本党今后重要问题》一文中提到："西北原为农产最富地方，近年灾荒跌见，饿殍塞途，就是不讲水利的结果……现在建设西北，若水利问题无适当解决，恐灾民救不胜救，而终于无人可救了。"① 戴季陶 1932 年在西安做的关于开发西北的演讲中提到要在黄河两岸造林："近年天灾人祸频见，水患不治为最重大原因。然治河本身，实际不过为目前救济之道，正本清源，必当于水源各处造林，使水量得以调均，河身不再淤泥塞，杜绝灾害。"② 1934 年开发西北协会提出了一个宏伟的《西北水利计划》，提出开凿水井，开办水工试验场、灌溉试验场，建立测候所、水文站，开办水利学校培养水利专门人才，通过分层次的工程——蓄水池、整理水道、开辟河渠、凿掘泉井、增固堤防、建筑闸坝等来开发、发展西北地区水利，使其变害为利，彻底防治西北地区旱灾。③

在社会各界的推动下，1930 年国民党第三届中央执行委员会通过了《由中央和西北地方建设机关合资开发黄洮河泾渭汾洛颍河水利以救济西北民食案》，议案中提到："近年，河流淤塞，沟渠多废，雨量稀少，旱灾频仍，甘肃、陕西等省酿成饿殍载道，人相争食之惨案，东南各省亦受粮食、哀鸿遍野之影响。是以修治西北河流，兴办水利，较之其他各处及其他各事业尤为迫切……经费暂定每年五百万，由中央任三百万，地方任二百万。由建设委员会会同陇、秦、豫、晋、绥五省建设厅组织修治西北河流处，办理一切调查测量计划及工程各事宜。"④ 1935 年国民党中央执行委员会通过了朱绍侯等人提议的《请拨款兴修甘肃省杂大两渠以利灌溉案》，筹资 50 万元在砚泔河、洮腊河上修建干渠，发展民勤、古浪的灌溉，以改善民生。⑤

1942 年，国民政府颁布《水利法》，后又相应地制定了配套措施。《水利法》和水权登记是民国时期救荒法规、政策中比较有效的一项。

陕西成立了水利机构，颁布了一系列政策法令。1933 年黄河水利委员

① 《建设西北为本党今后重要问题》，《民国开发西北》，第 48 页。
② 《中央关于西北开发之计划》，《民国开发西北》，第 51~52 页。
③ 《西北水利计划》，《民国开发西北》，第 37~38 页。
④ 《由中央和西北地方建设机关合资开发黄洮河泾渭汾洛颍河水利以救济西北民食案》，《民国开发西北》，第 85 页。
⑤ 《请拨款兴修甘肃省杂大两渠以利灌溉案》，《民国开发西北》，第 107 页。

会在西安成立导渭工程处，主要负责渭河及其支流泾、洛等河的治理。1933 年设立了陕西省汉南水利管理局，管辖南郑、褒城、城固、洋县、西乡、留坝、沔县 7 个县的水利。① 1933 年陕西省通过了《测水站组织大纲》《防堤协会组织大纲》，1935 年成立陕西省农田水利委员会，聘请省农、林、水各部门 7 位领导为专门委员，同年成立了渭惠渠工程处，1938年改为渭惠渠管理局。1936 年颁布了《河底修防人员奖惩办法》。1932 年陕西省政府公布了《陕西省水利通则》，第四章专门制定了防灾条例，并对举办水利规定了详尽的奖惩措施。② 1935 年制定了《陕西水利工程十年计划纲要》，计划 10 年内完成眉惠、龙惠等 10 条灌溉渠建设，完成延河、汉水等的水文测量，增加灌溉面积 431.54 万亩。③

　　陕西水利建设包括修整原来的水利设施和修建新的水利工程。1929 年后，陕西关中地区、陕南、陕北都整修了一系列水利工程。杨虎城任陕西省政府主席期间，积极发动各方人士督促中央拨款以筑路开渠等，以工代赈。④ 他特意邀请了水利专家李仪祉回陕，兴办水利工程。1931 年开始修建的泾惠渠，采用以工代赈的方法，该工程仅用了一年半时间，灌溉醴泉、泾阳、三原、高陵、临潼等县的土地近 70 万亩。1934 年陕西省政府向中国银行、中央银行、交通银行、上海银行、金城银行合计贷款 150 万元，修建引渭工程，以泾惠渠、洛惠渠及引渭水捐及全省营业税全部收入为抵押。⑤ 在关中还修建了洛惠渠、渭惠渠、梅惠渠，以及黑、涝、沣、沺等渠，史称"关中八渠"。在陕南修建了汉惠渠、褒惠渠、湑惠渠，灌溉面积达 222443 亩。⑥ 在陕北修建了定惠渠、织女渠等。到 1941 年，在全省其他河流流域共修建渠堰 374 个，灌溉面积 537393 亩。⑦ 据统计，截至 1947 年，泾惠渠、渭惠渠、梅惠渠、黑惠渠、沺惠渠、沣惠渠、涝惠渠、洛惠渠、汉惠渠、褒惠渠、湑惠渠共灌溉 22 个县的 1355810 亩土地，

① 汉中地方志编纂委员会编《汉中地区志》第 1 册，三秦出版社，1997，第 688 页。
② 《陕西省水利通则》，《民国开发西北》，第 239～240 页。
③ 《陕西水利工程十年计划纲要》，《民国开发西北》，第 241～243 页。
④ 《杨主席的救荒政策》，《陕灾周报》第 1 期，1930 年，第 59 页。
⑤ 《引渭合同全文》，《中行月刊》第 9 卷第 6 期，1934 年，第 52 页。
⑥ 《汉中地区志》第 1 册，第 476～478 页。
⑦ 张波：《西北农牧史》，第 228、377～378 页。

粮食总产量 2530073 石，棉花 310738 担。[①] 值得一提的是，位于城固县北 15 公里的五门堰，是陕南重要的水利工程，修建于西汉时期，初期只能灌溉 200 余亩土地，民国时期不断加固扩大，后可灌溉 4 万多亩土地，占全县灌溉面积的近 50%，故民间有"未坐城固县，先拜五门堰""宁管五门堰，不坐城固县"的谚语。特别是 1933 年，五门堰被洪水摧毁，二洞塌陷，驻军长官赵寿山派营长李维民率部帮助运输石头，抢修五门堰塘，"甫十日，堰成水复，秋谷全登"。[②] 五门堰见证了军民共同修建水利工程的时刻。经过历代修葺，五门堰至今仍发挥重要作用。

总体来看，民国时期，兴修水利方面出现了三个变化：一是专门水利机构的建立，从中央政府到各省政府有了专门的水利机关，便于管理和组织修建水利工程；二是各地制定了一些具体的水利规划和计划；三是政府投资兴办水利力度加大。民国时期西北地区建设的水利工程在一定程度上改善了西北水利分布不均、没有有效开发的状况，耕作面积扩大，农作物产量有所提高。如陕西小麦产量 1937 年是每亩 0.69 石，1939 年达到 1.13 石，几乎翻了一番，小麦耕作面积则由 1937 年的 1365 万亩扩大到 1945 年的 1999.1 万亩，[③] 这与水利工程的建设和灌溉面积的扩大有密切关系。而且西北地区 20 世纪 40 年代的灾情相比 30 年代明显要轻缓得多，这与水利工程的兴建不无关系。

三 恢复和发展仓储以提高防灾能力

民国初期，传统的应对饥馑的仓储制度废弛了，仓储粮食大幅度减少，"民国以来，地方多故，仓存谷款，耗散一空，旧有仓房，毁卖殆尽"。[④] 1922 年以后，北京政府对仓储有所重视，逐年修了一些仓库。1927 年南京国民政府成立后，曾由民政部主管积谷事务，号召各省兴办民仓，积谷备荒。到 1929 年，各地仓储粮食有较大幅度的增加。但陕西省连年饥荒，并无能力举办仓储。

---

① 《陕西省已成各渠灌溉面积及农产收益》，陕甘宁边区秘书处编印《西北统计资料汇编》，1949，第 30 页。
② 《五门堰重修二洞创修西河截堤记》，见现存于城固县五门堰（水利纪念馆）内碑文。
③ 李振民：《陕西通史·民国卷》，第 247 页。
④ 王廷飏：《陕省举办仓储之经过及其现状》，《陕西省地方政务研究会月刊》第 2 卷第 3 期，1935 年，第 103 页。

表 7 - 9　1931 年各省市储谷统计

省市	积谷数（石）	款数
湖南	1272848	390491 元
江苏	141788	19521 元
江西	298360	7742 元又 2520 串
河北	45273	81968 元 2795 串
山东	22183	28461 元又 136735 串
山西	463414	
绥远	7704	
察哈尔	42794	
福建	22786	
青海	8909	
广西	13678	
南京市	20444	508662 元 159042 吊 2520 串

资料来源：《内政部汇编各省市第一次仓储积谷报告表》，甘肃省档案馆藏，15 - 5 - 19。

从表 7 - 9 可以看出，到 1931 年，陕西省并无仓储，原来的储谷已荡然无存，只能依靠从外地输入粮食。据 1934 年 8 月的统计，陕西各地仅有仓谷 15146 石，仓款 10956.2 元，共有残缺不堪的仓房 304 处。[①] 1933 年 10 月，国民政府在南京召开十省粮食会议，决议中有"兴办谷仓"一项。于是各省着手修缮旧仓，恢复积谷事宜。1936 年 10 月，行政院通过《全国各地方建仓积谷办法大纲》，令各地施行。至此，全国恢复了统一的仓储制度，但是由于战争环境，仓储重建的效果并不明显。

由于 1928 年开始的灾荒到 1932 年才结束，农民没有积粮办理仓储，因此陕西的仓储重建比较困难，时间也比较晚，直到 1934 年国民政府督促全国办理仓储后，陕西省民政厅才督促各县整理仓储，建立粮食储备。陕西省制定了各地方仓储关系细则、各县筹办仓储暂行办法等，但是因为农村元气没有恢复，民生艰难，办理困难，最后改为各县以劝募奖励的办法鼓励仓储。当年 6 月陕西粮价低落，民政厅拟定了陕西省筹办仓储办法，规定在西安设立省储备仓，在各县设立分仓，县仓设于县城，并设立乡

① 王廷飚：《陕省举办仓储之经过及其现状》，《陕西省地方政务研究会月刊》第 2 卷第 3 期，1935 年，第 113 页。

仓。关于各个储备仓的藏谷数量,民政厅规定:省仓应当足供调节全省食粮之用度,县仓至少须足供全县人口一个月的食粮,乡仓及镇仓,至少须足供本乡镇人口两个月的粮食。对于如何募集仓粮,规定除了购买外,由农民根据田产进行摊派,按照收益征收 1% ~10% 不等的谷物。[①] 民政厅原计划从 1934 年 7 月到 1937 年 6 月,共分三期,省仓征收积谷 847728 石,各乡镇仓应储备积谷 1977990 石,合计全省应储备粮食 2825718 石。[②] 当年仓储建设即有一定的成效,1934 年秋,陕西各地共征收仓谷 33656 石。[③] 1935 年陕西正式颁布《修正陕西省筹办仓储办法》,计划用 150 万元资金购买粮食以充仓储。[④] 据 1936 年内政部对全国的仓储积谷统计,陕西仓储积谷数为 138613 石。[⑤] 1939 年陕北发生严重旱灾,为了解决陕北仓储空虚的问题,省政府拨款 19 万多元在陕北办理储粮。[⑥] 到 1942 年,全省各县仅有民办积谷仓 583 处,总仓容为 1675390 市石,实际存粮只有 2158市石。[⑦]

民国时期,国民政府虽然有心恢复仓储,以达到防灾之目的,但是由于频繁的灾荒,加之受战争等因素的影响,民众的温饱问题尚无法解决,基本没有存粮来提供给仓储,因此恢复仓储流于形式,仓储并没有发挥作用。

纵观民国时期陕西的救济活动,从政府层面来看,北京政府的救灾主要还是传统的治标,如赈济、蠲免等,而南京国民政府对于灾害救治有了进一步的认识,增加了许多现代化的因素,注重救灾防灾并重,标本兼治,体现灾害防治向近代化迈进,是历史的进步,这既是灾害推动的结果,也是近代化的结果。

值得一提的是,华洋义赈会等救济团体对陕西的救济发挥了不可替代

---

① 王廷飏:《陕省举办仓储之经过及其现状》,《陕西省地方政务研究会月刊》第 2 卷第 3期,1935 年,第 103 ~105 页。

② 王廷飏:《陕省举办仓储之经过及其现状》,《陕西省地方政务研究会月刊》第 2 卷第 3期,1935 年,第 103 页。

③ 王廷飏:《陕省举办仓储之经过及其现状》,《陕西省地方政务研究会月刊》第 2 卷第 3期,1935 年,第 113 页。

④ 邓云特:《中国救荒史》,第 339 ~340 页。

⑤ 内政部统计处编《仓储统计》,《战时内务行政应用统计专刊》,1938,第 9 页。

⑥ 《赈济委员会拨款 10 万元救济陕北旱灾并派王固磐负责办理》,陕西省档案馆藏,9 - 2 -743。

⑦ 陕西省地方志编纂委员会编《陕西省志·粮食志》,陕西人民出版社,1995,第 45 页。

的作用。正如前文所述，华洋义赈会在陕西救济的时间长，而且注重"可持续发展"理念。在资金筹备方面，华洋义赈会筹措渠道广，而且比政府行动迅速。陕西泾惠渠的修建共花费71万元，美国华灾协济会拨款40万元，檀香山华侨捐助14.5万元，华北慈善联合会捐助10万元，陕西省政府总共筹集6.5万元，华洋义赈会又拨8.9万元资助修建分渠。西兰公路共计用款58.5万元，全国经济委员会拨款20万元，华洋义赈会争取到美国华灾协济会捐助35万元，占总资金的59.83%，而且90%的工程由华洋义赈会主持修建。1931年杨虎城在向中央各部呼吁赈济的电报中提到，1928～1930年，陕西赈济支出总计400万元，民间团体的赈款达到240万元，占到60%。由此可见，民间团体在西北地区救灾中给予政府极大的支持。那么政府如何看待民间救灾的作用？没有发现专门政府部门或者要员评价民间救灾的史料，但是我们从西北地方政府一些人员的言论中还是可以看到一点评论的，如1931年陕西省政府主席杨虎城在电报中提到："自十七年夏季，即罹旱灾……救济机关，计有省立赈务会，及中外慈善公社，八九团体，前后办理粥厂收容散粮散款放种修路开渠掩埋施衣施药施棺等事，用款四百余万元，其中由赈务会拨助捐募者，约一百六十万元，余由各善团分任，数万至数十百万元不等。……至工赈则导渭开渠，筑路掘井，共需一百万元，惟引泾工程，业与华洋义赈会商定合办。"[1] 杨虎城把民间团体的救灾活动和政府的救灾活动看作一个整体，把政府救灾和民间团体救灾看作同等重要，充分肯定了民间团体在救灾中的地位和作用，他的态度代表了当时社会一个普遍的看法。邵力子也盛赞华洋义赈会在陕西的水利建设工作："该渠实开陕西水利之先河，虽其最后工程，系经委会与省政府接续完成，苟无义赈会披荆斩棘，出任前驱，恐泾渠之出现，或将迟缓多年！"[2] 政府的救济远远解决不了灾民吃饭问题，华洋义赈会、中国济生会和其他民间团体的赈济就成了非常重要的补充。

---

[1] 《杨主席请国府及各院部会拨款振济陕灾电》，《陕灾周报》第1期，1930年，第1～2页。

[2] 叶遇春：《泾惠渠志》，三秦出版社，1991，第102页。邵力子1933年5月至1937年初担任陕西省主席。

第八章　抗战时期陕甘宁边区的救灾

位于黄土高原的陕甘宁边区（以下简称"边区"）属于典型的大陆性气候，其特征是干旱少雨，冬季干燥寒冷。该地区是多种灾害高发地区，仅抗战时期，就多次发生大规模的水、旱、雹、冻等自然灾害，对边区社会救济和民众生活产生巨大影响。

1939 年，抗战进入相持阶段后，一方面，灾荒导致粮食大面积减产，农民收入锐减，农民生活因灾荒变得更为困难。另一方面，公粮征收比往年有很大增加，1939 年实征 5.2 万石，占收获量的 2.98%；1940 年实征 9.7 万石，占收获量的 6.38%；1941 年增加到 20 万石，占收获量的 13.85%。[①] 为完成 1941 年的 20 万石公粮征收，边区政府将起征点降低到 150 斤，[②] "以扩大纳粮人数，保证百分之八十以上的人民能够共同负担"。[③] 起征点的降低，意味着一些生活困难的民众要承受公粮负担，一些居民不得不购买粮食缴纳公粮。

灾荒与征粮导致农民生活困难，一部分农民开始铤而走险，或参与依附于国民党政权的土匪活动，或参与抢劫公粮。

1940 年是边区的大灾之年，边区有 51.5 万人口受灾，边区公粮征收加重了农民的负担，安塞、志丹等县发生了聚众抢劫公粮事件。安塞是重灾区，7 月 1 日发生雹灾，7 月 10 日发生水灾，被灾粮田 17400 亩，被灾

---

① 甘宁边区政府财政厅：《历年农业负担基本总结》（1949 年），中国财政科学研究院主编《抗日战争时期陕甘宁边区财政经济史料摘编》第 6 编《财政》，长江文艺出版社，2016，第 152 页。

② 《陕甘宁边区政府三十年度救国公粮条例》（1941 年 11 月 25 日），陕西省档案馆、陕西省社会科学院合编《陕甘宁边区政府文件选编》第 4 辑，档案出版社，1988，第 280 页。

③ 西北局：《关于 1941 年征粮征草工作的指示信》（1941 年 1 月 20 日），《抗日战争时期陕甘宁边区财政经济史料摘编》第 6 编《财政》，第 121~122 页。

人口 4200 人。① 1940 年分配给安塞的征粮数量是 9000 石，实征 9034.6
石，超出 34.6 石；年底买粮 2121.63 石，共计 11156.23 石，人均（安塞
人口为 38828 人②）负担 0.29 石。为了完成征粮和买粮，"有的卖耕牛还
交不上"，一些居民"纷纷外移于志丹，以避公债、兵役、买粮"，③ 导致
1942 年出现了粮荒，农民生活极苦。7 月 2 日晚，该县第六区公粮合作社、
乡政府为当地民众所抢，"第一批来一百七八十人，第二批来二三十人，
总共二百人左右，劫去公粮五十石左右，二个合作社股金洋五百五十四
元，乡政府大洋二百元，二团购买草料洋二百零四元，共计九百五十八
元"。④ 同时，志丹也发生了群众抢粮与骚乱事件。⑤

在此期间发生的"环县事变"和安塞、志丹等县抢劫公粮事件说明，
灾荒使中共基层政权面临严重的危机。为化解这种危机，在 1941 年 7 月各
地发生抢粮事件后，中共中央西北局发出《关于救济灾民的指示》，认为
"这一事件关系人民生命、边区社会秩序，与我党政对经建、选举、运盐
等整个革命政策和工作的实行有决定的影响。因此我们必须对此有高度的
警惕性和最适当的处置"。"用一切努力平息灾民的骚动，当地党政应即派
人到灾区调查和慰问灾民疾苦，和区乡党政干部及灾民中较有地位人士诚
恳商谈救济和解决办法，耐心解释，实际做到政府和民众利害一致，党政
方面关心民众生活的合理关系。"⑥ 1945 年春夏大旱后，中共把能不能度
过旱灾当作对边区政权的考验，要求"各级党、政、军机关和全体共产党
员，认识灾荒乃是一个对人民负责的问题，一个政治问题"。⑦ 为消弭灾荒
带来的基层社会动荡，中共一面加强政权建设，一面采取各种措施解决民
生问题，而积极赈济与建立备荒制度是解决民生问题的主要内容，也关系

① 边府民政厅：《陕甘宁边区本年度各种灾情统计表》（1940 年 9 月），《抗日战争时期陕甘
　宁边区财政经济史料摘编》第 9 编《人民生活》，第 283、285 页。
② 《边区各县人口统计表》（1941 年 2 月 20 日），《抗日战争时期陕甘宁边区财政经济史料
　摘编》第 1 编《总论》，第 11 页。
③ 《安塞县府一月份工作报告》（1941 年 2 月 13 日），《陕甘宁边区政府文件选编》第 3 辑，
　第 126～127 页。
④ 《安塞县政府呈文》（1941 年 7 月 7 日），《陕甘宁边区政府文件选编》第 4 辑，第 33 页。
⑤ 《陕甘宁边区政府关于志丹发生抢粮事件制止办法的批复》（1941 年 7 月 24 日），《陕甘
　宁边区政府文件选编》第 4 辑，第 58 页。
⑥ 《西北局关于救济灾民的指示》（1941 年 7 月 5 日），中央档案馆、陕西省档案馆编印
　《中共中央西北局文件汇集（1941 年）》甲 1，1994，第 126 页。
⑦ 廖盖隆：《天灾考验着两种政治制度》，《解放日报》1945 年 7 月 12 日，第 4 版。

到民众与中共政权的情感和对中共政权的信任问题。

第一节 灾荒赈济政策与机关

1937 年 8 月，中共在"抗日救国十大纲领"中把"赈济灾荒"作为改善人民生活的主要内容。[①] 1939 年 4 月 4 日公布的《陕甘宁边区抗战时期施政纲领》指出："救济难民灾民，不使流连［离］失所。"[②] 一些地方党组织在施政纲领中也把救济"境内灾民"当作改善民生的主要议题。[③] 因此，赈济灾荒是抗战时期中共民生政策的主要组成部分，也是一项重要的社会政策。

一 赈济机关

抗战初期，边区的赈灾机关是由苏维埃时期的陕甘苏区革命互济会演变而来的。"革命互济会是一种广泛的群众组织，它以革命互济的精神，对一切革命者的被压迫摧残牺牲等给以精神上和物质上的援助"，是苏维埃政府内务部的附属机构，省县均有其机构。[④] 尽管其以救济被难红军战士及其家属为宗旨，但从现有的文献看，互济会也从事民间灾荒救济。1937 年春夏，陕北清涧等地发生灾荒，大批灾民难民逃荒到苏区，互济会募捐了苏票、面粉等给予救济。[⑤] 1937 年 10 月，陕甘宁边区政府成立后，根据其组织法，下设民政厅，该厅职责之一是"关于赈灾、抚恤、保育及其他社会救济事项"，由第三科主管"赈灾备荒、社会救济"。[⑥] 互济会附设在民政厅开展工作，主要从事民间募捐活动，救济红军伤残人员及其家

① 《中国共产党抗日救国十大纲领》（1937 年 8 月 25 日），《解放》第 1 卷第 16 期，1937 年 9 月 13 日，封 4。

② 《陕甘宁边区政府文件选编》第 1 辑，第 211 页。

③ 《延安党在民主普选运动中所提出的民主政府施政纲领》，《新中华报》1937 年 7 月 19 日。

④ 《中央关于苏区革命互济会的组织与工作的决定》（1936 年 4 月 9 日），中央档案馆编《中共中央文件选集》第 10 册，中共中央党校出版社，1985，第 17 页。

⑤ 《互济会募捐救济灾难民》，《新中华报》1937 年 6 月 23 日；《互济会救济红属难民》，《新中华报》1937 年 7 月 6 日；《募捐救济红属》，《新中华报》1937 年 8 月 6 日。

⑥ 《陕甘宁边区政府组织条例》（1939 年 4 月 4 日），甘肃省社会科学院历史研究院编《陕甘宁革命根据地史料选辑》第 1 辑，甘肃人民出版社，1981，第 30 页；《陕甘宁边区政府民政厅组织规程》（1940 年），延安地区民政局编《陕甘宁边区民政工作资料选编》，陕西人民出版社，1992，第 333 页。

属和受灾难民。如 1940 年互济会在固临、延长、延川、延安、甘泉、保安、安塞、安定、靖边、关中分区、三边分区募集细粮 1783.4 石及法币 3657 元，用于救济难民、灾民和贫困抗属。① 同年 4 月，民政厅召开了延长、延安、安塞、靖边、甘泉、志丹等六县互济会主任联席会议，讨论赈济工作。并决定上述六县的互济会主任组成民政厅查赈团，分派到各县检查救济与赈济工作。② 11 月，边区政府决定，互济会与民政厅第三科合署办公。

赈济委员会是边区主要赈灾机构。1938 年 9 月 2 日，边区政府成立赈济委员会，民政厅第一科科长李景林为主任委员，主要负责边区各地赈济工作。③ 1940 年 3 月，中共边区党委和政府决定，"为了加强赈济工作之领导及推行，各县应即组织赈济委员会，委员五人至七人，以县委书记、县长、县互济会主任、后援会主任、保安队队长及当地驻军长官组成之。县委书记或县长为主任委员，切实负责领导与推动赈务之进行"。④ 有的地方因灾而设赈济委员会。1941 年春，环县发生风、雪灾，县政府特设赈济委员会负责救灾。⑤ 县级赈济委员会的设立加强了日常灾荒救济工作的领导。

除了赈济委员会外，在大灾之年还设立了临时机关负责救灾。1941 年春，陇东环县、曲子、镇原发生灾荒，边区政府拨粮款进行救济。为此，陇东分区专署成立救灾委员会，专门负责放赈。⑥ 1942 年 8 月，延安遭遇大水灾后，"边区政府感于此次灾荒严重"，28 日下午，召开第三十二次政务会议，讨论救灾问题。成立了由民政厅厅长、财政厅厅长、延安市市长、商会会长和中央管理局局长以及后勤部、西北局代表组成的救灾总会（即水灾善后委员会），由建设厅厅长刘景范任主任委员，"负责讨论善后办法"，并决定"延市遭灾市民之赈济由市府救灾委员会负责办理"。⑦ 大灾之后设立这样的临时机关，对协调救灾有重要的意义。

---

① 林伯渠：《陕甘宁边区政府工作报告》（1941 年 4 月），《陕甘宁边区政府文件选编》第 3 辑，第 233 页。
② 陕西省档案馆编《陕甘宁边区政府大事记》，档案出版社，1990，第 61 页。
③ 《陕甘宁边区政府大事记》，第 21 页。
④ 《陕甘宁边区党委政府关于赈济工作的决定》（1940 年 3 月 20 日），《陕甘宁边区政府文件选编》第 2 辑，第 150 页。
⑤ 杨超、罗金铭：《环县灾情严重，边府拨款粮救灾》，《解放日报》1941 年 5 月 21 日。
⑥ 《陇东三边灾情严重边区政府多方设法救济》，《解放日报》1941 年 6 月 19 日。
⑦ 《边府整理救灾总会》，《解放日报》1942 年 8 月 30 日；《无法生活灾民办理急赈，各机关损失酌于补助，边区成立水灾善后委员会》，《解放日报》1942 年 8 月 31 日。

二 赈济政策

1940年3月30日，中共和边区政府做出了《关于赈济工作的决定》；1941年5月27日，边区民政厅做出《关于赈济灾难民的指示信》等。根据这两个文件，可以把边区的赈济政策归纳为以下几个方面。第一，做好放赈前的灾情调查统计工作。对于赈济工作，必须有很好的组织与调查统计，要调查统计灾民难民及移民的数目，合理施放；在调查统计好之后，"按人数的多寡及需要救济的程度，分别给以适当的救济"。但"凡是急需赈济的，而当地群众中又无法调剂者，应即时给以救济，无需死板的一定要待调查统计好再进行赈济，就会失掉了救济的作用"。

第二，坚持民主与公平原则。灾情调查"应发动群众参加这一运动，每一次要救济者，必须经过群众的讨论"；"要注意纠正过去一般化、平均分配的救济方式，和干部的私情观念及营私舞弊等，真正是做到公平合理"。民政厅要求"最好由灾难民们讨论如何放法才为合理，才能真实的解决灾民饥寒的实际问题。反对敷衍塞责，反对贪污，反对私情观念"。赈济必须使"受救济的贫苦人民得到实惠"，以提高民众对政府的信任，"使人民与政府更加亲密起来"。

第三，关于赈款、赈粮发放程序。经过调查、群众讨论并确定数量后，"再以区为单位的经过县赈济委员会的审查核准，即发给民厅之救济三联赈票，使其持票到指定之机关领取（最好以区为单位发款），各指定发赈之机关，收到赈票后，即按数发给之，收回赈票，并取得收据"；"要办清放赈的手续，把三联单据弄清，不能弄成糊涂账"。每次赈济完成后，应做详细的工作总结，"赈票呈送民政厅备案"。

第四，采取多渠道积极的赈济措施，帮助灾民进行生产。各级政府根据灾情和灾民需要，"注意发动灾难民参加生产和介绍职业，如打盐、挖药材、打窑洞、按伙子、做雇工等"。1941年边区民政厅特别指出，关于"赈济粮款的用法，或以工代赈，或解决生产工具，或施放急赈"，在施赈中，须依实际情形，并尊重群众意见办理。①

上述四个方面只反映出抗战时期边区赈济中的一般原则，在具体实施

---

① 《陕甘宁边区党委政府关于赈济工作的决定》（1940年3月20日），《陕甘宁边区政府文件选编》第2辑，第150~151页；《陕甘宁边区政府民政厅关于赈济灾难民的指示信》（1941年5月27日），《陕甘宁边区民政工作资料选编》，第274~275页。

过程中，则是依据灾情采取不同的措施。

第二节　灾荒赈济的实施

一　国民政府的赈款与赈灾

从抗战全面爆发前夕到相持阶段，因国共关系尚好，边区政府在应对灾荒的问题上多与本地政府交涉或呈请中央政府予以救济。1937 年春，陕北发生旱灾，中共与南京国民政府振济委员会协商，给灾区 12 个县每县拨赈款 6000 元。① 7 月，边区多地发生雹灾，边区政府有关人士建议："要求国民政府赈灾总会拨巨款来赈济陕北。"② 边区安定县政府与当地赈济委员会进行协商后，"由赈济委员会按灾情的轻重，地区的大小，人口的多寡，来具体的估计与分配，全县系按照旧县地区分配的，款额共六千元，内边区二千一百元"。具体办法是："A. 先行登记，再由赈灾委员会检查，然后发给赈票，按票领款。B. 由我们派人帮助登记赈票，他们协同我们的区乡优红委员共同负责，查验是否有无虚报。C. 登记完毕后将册交陶委员长审查过再拨款。D. 赈票每家只限一张，即一元；如有特殊情形者，可给两票。"③ 10 月，边区政府又电请国民政府振济委员会对受灾比较严重的三边分区进行救济。④ 1938 年 8 月，国民政府振济委员会派曹仲植等携赈款 10 万元到边区赈灾，经边区政府与其会商，决定：（1）以 3 万元办急赈，在神木、府谷、延川、固临、延长、定边、盐池、靖边等县查灾放赈，"务使分文实惠灾民，以期增加抗战力量"；（2）以 2 万元筹办工赈，即"以工代赈，一方可以维持难民的生活，他方可以发展水利与开荒等事业"；（3）以 5 万元筹设难民毛织工厂、织布工厂、硝皮工厂、农具厂等，"其目的在以此项赈款用于有利的永久生产事业"。⑤ 对于此项赈款的使用，

---

① 《赈委会拨款放赈陕北每县急赈洋六千元》，《新中华报》1937 年 6 月 23 日。
② 刘贤臣：《雹雨后的几个意见》，《新中华报》1937 年 7 月 6 日。
③ 《安定县政府与互市赈委会协商赈灾的具体办法》，《新中华报》1937 年 8 月 3 日。
④ 《边区政府电请中央赈委会救济，三边一带灾情严重》，《新中华报》1937 年 10 月 17 日。
⑤ 曹仲植等：《救济难民与抗战建国》，《新中华报》1938 年 9 月 5 日；《十万元巨款的赈济费，边区政府决定具体的赈济计划》，《新中华报》1938 年 9 月 5 日。

边区政府曾两次呈文国民政府行政院进行汇报。① 1940 年 6 月、7 月间，边区安塞、华池、盐池、鄜县、志丹、甘泉、合水等县发生水、雹灾害，边区政府呈请国民政府给予救济。② 国民政府给边区的赈款主要用于急赈、以工代赈和帮助灾民发展经济，对边区赈济工作有一定的借鉴意义。

1942 年边区大水灾发生后，11 月 20 日至 12 月 1 日，国民政府振济委员会派员郑延卓等来边区勘灾并赈济灾民。此次救灾对象是"抚恤因灾死亡人民之家属，因灾没有房屋居住，衣食仍无法继续维持，以及绥德分区各盐井工人生活等"。③ 经与边区政府协商，给延安拨赈济款法币 11 万元，救灾方案是：（1）抚恤因灾而死者，死者抚恤金甲等每人 700 元，乙等每人 500 元，丙等每人 300 元；（2）救济因灾房屋被毁者，甲等每户 2000 元，乙等每户 1000 元，丙等每户 500 元。④ 延安县拨赈款法币 7 万元，分急赈、纺织补助和农具补助三种。急赈针对死难家属和急需救济的灾民，抚恤死难者 5 户，每户 300 元，救济灾民 157 户，每户 50～100 元不等，纺织补助 759 户，每户棉花 1～2 斤；无耕地、无农具灾民 150 户，由政府指定区域开垦荒地，每户补助 100 元用于购置垦荒农具。⑤

二　边区政府的赈济活动

抗战进入相持阶段后，国民党开始对边区进行政治、经济和军事封锁，尤其是皖南事变发生后，国民政府停发了给边区的拨款。边区建立独立自主的经济体系的同时，也建立了赈济体系。

救济春荒是边区赈济工作中最主要的组成部分。1940 年发生春荒，为保证春耕生产，边区拨出现款和粮食进行赈济。三边分区赈济款 7000 元，小米 80 石，"由庆环仓库拨给，并帮助动员驮盐牲口运送，其运费由边府负责发给"；关中分区小米 300 石，"由去年之旧存公粮中拨给"；神府县小米 200 石，"由公粮中拨给"；安塞县赈款 4400 元，小米 100 石；延川县

---

① 《陕甘宁边区政府感于赈济工作给国民政府行政院的报告》（1940 年 4 月 12 日），《陕甘宁边区中共关于将赈款全部拨充边区难民纺织工厂作资金的呈文》（1940 年 4 月 17 日），分别见《陕甘宁边区政府文件选编》第 2 辑，第 184～185、190～191 页。

② 《边区各县冰雹洪水成灾，边府电请中央政府救济》，《新中华报》1940 年 7 月 30 日。

③ 《边区水灾波及十余县市，国府拨赈款法币三十万元》，《解放日报》1942 年 12 月 1 日。

④ 《延市各界举行晚会欢迎郑延卓先生等，赈委会拨本市赈款十一万元》，《解放日报》1942 年 11 月 23 日。

⑤ 《延安县发放赈款七万，郑延卓氏连日视察灾情》，《解放日报》1942 年 11 月 30 日。

赈款 6000 元，小米 100 石；安定县赈款 5000 元，小米 100 石；靖边县赈款 10500 元；延安县赈款 2250 元；志丹县赈款 1925 元；延长县赈款 2350 元，甘泉县赈款 1000 元；固临县赈款 550 元。① 此次赈济款来自边区财政拨款，赈粮来自公粮。1941 年 2 月，因曲子、环县、神府、靖边发生饥荒，边区民政厅拨粮 3470 石，款 7 万元进行救济。② 1942 年春，曲子县政府为保证春耕顺利进行，根据边区政府指示拿出公粮 90 石，借给困难群众"以资接济，到秋后归还"；借给群众公草 52 万斤，"解决群众春耕牲口草，以利春耕"。③ 一年之计在于春，边区政府赈济春荒，不但帮助困难民众度过饥荒，而且对发展农业生产有重要的意义。

三　急赈

边区救灾主要有急赈、民间互济与调剂、允许民间借贷等多种方式。1940 年 6 月、7 月水雹灾后，边区政府拨款 8 万元、粮 900 石进行急赈。④ 1941 年春夏旱灾发生后，陇东、三边富裕户拿出存粮救济周围的灾民，如盐池县四乡刘占海拿出存粮 3 石，借给周围的灾民。⑤ 靖边县动员富户出粮 394 石，帮助灾民度荒，收到了较好的效果。⑥ 1945 年大旱后，一方面边区政府拨粮急赈，其中延属分区 1000 石，绥德分区 1700 石，陇东分区 200 石，三边分区 100 石；另一方面发动群众互济，华池县劳动英雄以 17.15 石存粮救济附近的灾民，在灾情较轻的地区民众相互调剂，使灾民有粮吃；允许民间借贷，如延长、固临、延川产棉区棉花借贷每斤年息 5 两，粮食借贷每斗年息 2～3 升。⑦ 就全边区而言，1945 年的春旱救济中，政府拨粮 4000 石；延安、延长、志丹、固临、延安五县群众互相调剂粮

① 《陕甘宁边区党委政府关于赈济工作的决定》（1940 年 3 月 20 日），《陕甘宁边区政府文件选编》第 2 辑，第 150 页。

② 文远：《边区政府拨发大批粮款救济灾黎》，《解放日报》1941 年 5 月 22 日。

③ 曲子县政府：《一九四二年上季灾情情况报告》（1942 年 5 月 7 日），《抗日战争时期陕甘宁边区财政经济史料摘编》第 9 编《人民生活》，第 302 页。

④ 《各县灾情严重，边府拨款八万元粮九百石办理急赈》，《新中华报》1940 年 10 月 3 日。

⑤ 《刘占海借粮赈灾》，《解放日报》1941 年 8 月 16 日。

⑥ 《靖边富户借粮救贫民》，《解放日报》1941 年 9 月 19 日。

⑦ 边区民政厅：《边区一九四五年灾情摘录》（1946 年 3 月），《抗日战争时期陕甘宁边区财政经济史料摘编》第 9 编《人民生活》，第 279 页。

4200 余石，仅延长县互济粮就达 1122.64 石，三边分区调剂了 1200 石。①边区政府以不拘一格的赈济方式帮助灾民度荒。

在赈灾过程中，政府还帮助灾民恢复生产。1941 年 6 月，为帮助灾民进行生产，边区给三边、陇东、延安分别拨赈济款 1 万元、1.5 万元和 1 万元，帮助灾民"购买种子、农具"，进行农业生产。② 1944 年春霜冻后，陇东分区采取多渠道救济措施，政府救济粮 49 石，借给公粮 170 余石，群众调剂 170 石 9 斗 3 升，籽种 33 石，并发动 226 个劳动力和耕牛 173 对，帮助受灾户播种糜谷、荞麦等。③ 专署还抓住春雨时机，给上年受灾严重的环县、镇原、华池灾民救济粮食 250 石，并决定将各县机关 9 月粮草的一部分借给灾民，"以解决春耕中缺少草料的问题"。④ "在这样帮助下，使被灾家属的庄稼在三、四天内就重新种好了，使被灾户生产情绪与信心未有大的松懈。"⑤ 发放农贷也是一种赈济方式，1942 年环县发生旱灾，边区政府在发赈粮 30 石、赈款 1500 元的同时，还发放农贷 10 万元，"凡从事农业生产之人民，均有权贷款，但必须用于购置种子、耕牛、农具之用"，而且遭灾区域或特别贫困之农民，可以展期或免息还本。⑥

每次遇大灾，边区各级政府还发动募捐救灾。1941 年，陇东分区专署号召"全区党政军举行每日节省一两米救灾运动"；⑦ 志丹县公务员"每人每日节省二两细粮，以救济当地贫苦民众，为时暂定为一月"。⑧ 1942 年水灾后，边区成立了救灾临时委员会，8 月 31 日向全市机关发起了救灾募捐活动，得到各机关团体的热烈响应，有的捐款，有的捐物，有的节省食粮，有的义演，把募集到的款、物、粮送给赈灾总会。共计募得款 71914.2 元（边币），小米 12.82 斗，衣服 153 件，帽子 22 顶，白布 4 丈 6 尺，毡子毯子各 1 个，被单 2 个，白面 20 斤，鞋 14 双，法币 40 元。在此

---

① 边府民政厅：《陕甘宁边区社会救济事业概述》（1946 年 6 月），《抗日战争时期陕甘宁边区财政经济史料摘编》第 9 编《人民生活》，第 350 页。

② 《边区政府拨款粮救灾》，《解放日报》1941 年 6 月 4 日。

③ 陇东分区专员马锡五：《一九四四年救灾情况报告》（1945 年 4 月 19 日），《抗日战争时期陕甘宁边区财政经济史料摘编》第 9 编《人民生活》，第 329 页。

④ 《陇东连日春雨，专署借粮给群众》，《解放日报》1944 年 4 月 16 日。

⑤ 陇东分区专员马锡五：《一九四四年救灾情况报告》（1945 年 4 月 19 日），《抗日战争时期陕甘宁边区财政经济史料摘编》第 9 编《人民生活》，第 329 页。

⑥ 《环县旱灾，边区拨粮款救济，发放农贷十万元》，《解放日报》1942 年 8 月 12 日。

⑦ 《陇东三边灾情严重，边区政府多方设法救济》，《解放日报》1941 年 6 月 15 日。

⑧ 《一日二两细粮，志丹公务员节食救灾》，《解放日报》1941 年 7 月 5 日。

次募捐中，商会系统募捐 19500 元，公营商店募捐 6000 元，民众剧团助赈 3 天，募捐 12000 元。① 延安市机关募集款 5.1 万元，细粮 3.6 石，衣服 60 余件。② 关中、定边、陇东等地也进行募捐，救助延安水灾。③ 1945 年关中大旱后，新宁县不但捐助小麦、苞谷，还捐牛、驴和农具帮助灾民恢复生产。④ 通过各种募捐活动，边区形成了全民关注与救济灾荒的社会风气。

灾荒是对中共各级政府执政能力的考验。1942 年 8 月延安遭遇大水灾，除了拨 10 万元急赈灾民外，边区政府还做了一系列应急处置。25 日下午，边区发出紧急通知，就水灾做出应急处置："（一）各机关各农村应即将此次水灾所受各种损失的确实数目，详细报告市政府登记。（二）各机关人员或居民所拾得的牲口或其他财物，无论多寡，均应报告市政府，并妥为保存，以便失主认领，并除由失主予以酬劳外，本府亦当酌于奖励。（三）各机关或居民对于附近受灾之居民，应酌量让出房屋居住，并尽可能借给以粮食或衣服。（四）开放公共场所，资以暂时收容灾民居住。（五）号召各机关及居民自动募捐粮食、衣服等送交市政府，并着市政府组织募捐队，募集粮食、衣物，以为救济难民之用。（六）着公安局暨本市自卫军帮助挖掘压埋之尸体，并报告市政府妥为掩埋。（七）着各医院暨门诊部无报酬的诊疗灾民，并着防疫机关迅速防疫。（八）着市公安局切实检查本市房屋、窑洞及其他建筑，如与安全不合者，应即取缔居住，以免倒塌损伤人命。"⑤ 26 日，边区政府召开专门会议讨论赈灾事宜，商定办法如下："甲、被灾及无法生活之市民及外来建筑工人应行急赈；乙、其余受损失之市民尚能生活者，除由银行酌于贷款，并在本年征收公粮与征收营业税时酌于减免，以资赈济；丙、必须急赈部分，除由市府救灾委员会劝募粮食衣物金钱外，并由财政厅拨款五万元，作为帮助急赈经费。"⑥ 由此可见，边区政府已经具有应对重大灾害的能力。

① 《本市救灾完毕，救委会开总结会》，《解放日报》1942 年 9 月 19 日。

② 《市政府讨论水灾善后，各机关所捐粮款继续发放》，《解放日报》1942 年 9 月 24 日。

③ 《关中党政军募捐助赈延安水灾》，《解放日报》1942 年 10 月 2 日；《定边盐户捐款助赈水灾》，《解放日报》1942 年 11 月 21 日；《陇东驻军捐款助赈延安灾民》，《解放日报》1942 年 11 月 27 日。

④ 《新宁二区群众捐牛捐驴帮助灾胞恢复生产》，《解放日报》1945 年 9 月 19 日。

⑤ 《边府紧急通知，救济本市水灾办法》，《解放日报》1942 年 8 月 26 日。

⑥ 《无法生活灾民办理急赈，各机关损失酌于补助，边区成立水灾善后委员会》，《解放日报》1942 年 8 月 31 日。

1943 年 9 月，志丹县遭遇雹灾，灾情严重。除了急赈外，10 月 19 日，县政府召开政务会议，讨论救灾和重建办法。（1）发动受灾民众，将残留的糜谷秆和杂草收回来，作为明年春耕的草料；加强对灾民的安慰工作，"使他们不要灰心，帮助他们继续多开秋荒，以备明年多打粮食"。（2）对受灾具体情况进行彻底调查登记，呈报县政府以便救济，"受灾严重无法度日的，给予救济和安慰"。（3）发动人民积存余粮，准备以后互助，"在负担上照顾受灾人民，减轻甚至免除"。（4）帮助受灾人民打猎、安置适当工作，打下明年春耕的基础。① 绥德县政府在雹灾后决定："1. 田庄受灾户酌情减轻或减免救国公粮；2. 没办法的贫苦农民组织移民南下开荒；3. 实在不愿迁移的贫苦农民拨救济粮二个月（向当地有粮者借贷）；4. 发动家庭妇女纺花，由公家发给棉花救济灾荒；5. 明年无籽种的贫苦农民，政府用农贷办法解决籽种、农具等。"② 从上述措施来看，符合当时边区的实际，体现了县级政府也具有应对灾害的能力。

四 安置与救济移难民

抗战全面爆发后，随着华北大片国土沦陷和自然灾害的发生，出现了大量的难民。全面抗战初期"山西、绥远、西安各地逃入边区的难民实是源源不断，据比较正确的估计，难民总数已达二万零二百人左右"。③ 1942～1943 年，河南发生大旱灾，有部分灾民逃难来到边区。如 1942 年 9 月，河南济源难民 9 家男女老少 45 口逃荒到延安。④ 通过甘肃驿马关进入边区陇东分区的有 55 家，男 140 口，女 136 口。⑤ 同时，边区绥德分区地狭人稠，耕地不足，粮食不足当地消费，如 1941 年缺粮 53607.9 石。⑥ 而延属、关中、陇东分区有大量的荒地可供开垦。因此，绥德分区贫苦农民到地多的延安、关中等地开垦荒地。⑦ 关于难民和移民，一方面，边区认

---

① 《志丹劳军做军鞋千五百双，县府决定雹灾救济办法》，《解放日报》1943 年 10 月 26 日。
② 边府民政厅：《各县灾情报告摘录》（1943 年 11 月 18 日），《抗日战争时期陕甘宁边区财政经济史料摘编》第 9 编《人民生活》，第 313 页。
③ 《关于边区赈济难民的刍议》（社论），《新中华报》1938 年 9 月 5 日。
④ 《河南灾民来延安，市府予以救济》，《解放日报》1942 年 10 月 4 日。
⑤ 《陇东救济河南灾民》，《解放日报》1942 年 12 月 7 日。
⑥ 建设厅：《关于边区经济建设之报告书》（1941 年 10 月 4 日），《抗日战争时期陕甘宁边区财政经济史料摘编》第 1 编《总论》，第 21 页。
⑦ 参见黄正林《论抗战时期陕甘宁边区的社会变迁》，《抗日战争研究》2001 年第 3 期。

为"这不仅是简单的难民救济工作,而且有关于抗战的问题,是抗战中应解决的问题之一";① 另一方面,边区需要大量的劳动力从事生产。因此,边区发布了一系列鼓励与救助移难民的政策。

1940年3月1日,边区颁布了《陕甘宁边区政府优待外来难民和贫民之决定》,对移难民进行救助:"甲、得请求政府分配土地及房屋。乙、得请求政府协助解决生产工具。丙、得免纳二年至五年之土地税(或救国公粮)。丁、得酌量减少或免除义务劳动负担。"② 1941年4月10日,边区发布布告,"严令各级政府及原住地人民给予移来难民和移民以帮助与安置",③ 具体包括:"1. 分配住址及代找窑屋;2. 帮助其解决食粮的困难;3. 其愿耕地者,为其解决土地、籽种、农具的困难;4. 其愿就工商及其他职业者,代为找寻职业并保护其利益;5. 发动当地居民进行帮助与照顾。""难民中之老弱无依者,应施以救济。"④ 1942年2月6日,又颁布《陕甘宁边区优待移民实施办法》,把上述关于安置和救助移难民的决定、办法用行政法令的形式固定下来。主要包括:一是划定延安、甘泉、华池、志丹、靖边、鄜县、曲子等有荒地的县为"移民开垦区",在绥德、陇东和关中专员公署以及安定、靖边、鄜县"设立移民站"。二是对移难民进行各种形式的救助,要求划为移民区的县、区、乡政府帮助移民"取得荒地",发动老户向移民借贷食粮、籽种、农具,帮助移民"向银行取得耕牛贷款"等;移民站要帮助移民迁移,如解决路费问题、动员牲口帮助迁移及提供各种便利。⑤ 1943年3月19日,边区颁布了《陕甘宁边区优待移难民垦荒条例》,与以往政策相比,一是优待范围扩大,"移民难民,不分阶级职业民族界限",一律享受本条例优待政策;二是优待办法增多,不仅移难民开垦荒地享有地权,而且政府可设法为其调剂熟地和享有农贷优先权;三是明确规定了移难民的权利和义务;四是各级政府对移难民安置、救济、生活等应经常检查督促。⑥ 根据边区政府优待与救济移难民政策,各地也制定了相应的政策。如陇东分区规定:(1)划定移难民区的县

---

① 《关于边区赈济难民的刍议》(社论),《新中华报》1938年9月5日。
② 《陕甘宁边区民政工作资料选编》,第283页。
③ 《陕甘宁边区政府颁布优待难民办法的布告》(1941年4月10日),《陕甘宁边区政府文件选编》第3辑,第142页。
④ 《优待难民办法》(1941年4月10日),《陕甘宁边区政府文件选编》第3辑,第143页。
⑤ 《陕甘宁边区民政工作资料选编》,第290~293页。
⑥ 《边区政府公布优待移难民垦荒条例》,《解放日报》1943年3月20日。

区，应迅速寻觅适当地点为难民准备住址；（2）驿马关、西峰移民站结束后，后来的移难民各地政府直接介绍到专署安置；（3）凡进入边区难民，愿意到移民区从事生产者，发给"难民证明书"，并有移民站发给口粮和路费；（4）对于持有"难民证明书"者到移民区去的路上，沿路要给予食宿方便；（5）移难民到达指定县区后，要给予住宿及饭食招待，并介绍到指定地区安居；（6）到达移民区的移难民，要按照边区有关政治给予救助，并上报边区政府。① 这些政策的出台，从制度上保证了对移难民的救助。

边区主要是通过调剂，给予住处、土地和各种生活与生产资料、政府贷款等措施救助移难民，帮助其从事生产，安居乐业。1941 年的移难民救助中，"移民中确有因家庭贫困缺乏迁移路费，由各该移民站视路途远近人口多少，给每户各三十元至一百元的路费"，移难民到达安置区后，政府在居住、生活和生产方面给予救助。据统计，当年的救助款是 11080 元，调剂土地 12896 亩，窑洞 1939 孔，镢 200 把，锄 110 把，铧 1150 页，耕牛 426 犋。② 有些移民区还建立了移民新村，鄜县槐树庄建立移难民新村，1940 年前后已有三四十家移难民落户这里；安塞二区建立移民新村，1941 年开始有移难民入住；延安在西区玉皇庙沟建立新村，1942 年已有 17 户人家。③ 1942 年春耕期间，移居延安的难民生活困难，"甚至有断炊数日者"。县政府除了动员老户调剂粮食 20 余石外，还"呈请边区政府拨发救济借粮二百石，农具贷款五万元，借以解决难民粮食问题并发挥全力从事春耕"。④ 据不完全统计，1942 年延安、安塞、甘泉等县调剂粮食 800 余石，延安等 12 县调剂耕牛近 4000 头，延安等 5 县调剂农具近 2000 件，延安等 11 县调剂籽种 140 余石，延安等 13 县调剂土地 3.5 万余亩。⑤ 延安县是安置移难民最多的地方，据边区建设厅厅长高自立调查，该县 1940 ~

① 《庆阳召开大会欢迎移民，划移民区规定优待办法》，《解放日报》1943 年 1 月 5 日。
② 《边区划定移民垦区，颁布优待办法，设立移民站》，《解放日报》1942 年 2 月 12 日。
③ 《昔日荒境今见炊烟，鄜县助移民成家立业》，《解放日报》1941 年 7 月 13 日；《安塞辟市区及难民新村》，《解放日报》1941 年 8 月 1 日；曾艾狄仁：《难民新村——延安西区玉皇庙沟》，《解放日报》1942 年 11 月 22 日。
④ 《延安县移来难民多，县府请边府拨粮救济，发放农具贷款五万元》，《解放日报》1942 年 4 月 8 日。
⑤ 《边府优待办法收效，本年移入难民万余，政府积极扶助妥为安置》，《解放日报》1942 年 12 月 22 日。

1942 年三年救助了 500 户 4000 余名移难民。"仅土地一项，即有二万亩之巨，另并调剂粮食一千六百余石，籽种百石，农具三百余件，耕牛一千余头；去年并调剂洋芋一万三千余斤，调剂牛工二百七十余个，政府干部并以节省粮食十石，救济移难民。"[①] 边区政府在移难民救助上基本兑现了自己的承诺。

1943 年是边区移难民最多的一年，边区政府采取各种措施给予救助（详见表 8 - 1）。

表 8 - 1　1943 年边区安置移难民统计

地区	户数（户）	人口（人）	劳动力（个）	调剂土地（亩）	调剂农具（件）	调剂窑洞（孔）	调剂粮食（石）	调剂籽种（石）
延属分区	3900	12294	4223	48064	21241	2406	2708.7	—
三边分区	485	2232	1361	10344	471	1375	63.1	55.138
陇东分区	439	1745		8290			44.99	
关中分区	3746	14176		11293	171	3097	2678.02	204.143

资料来源：边府民政厅《一九四三年各专署经建总结材料》，《抗日战争时期陕甘宁边区财政经济史料摘编》第 9 编《人民生活》，第 402 页。

从表 8 - 1 可以看出，延属分区和关中分区是边区安置移难民的主要地区，在 1943 年的统计中，两个分区安置的移难民户数分别占总户数的 45.5% 和 43.7%，安置的人口分别占总人口的 40.4% 和 46.6%，这两个分区也是调剂土地、窑洞和粮食最多的。如关中分区春夏季安置移难民 12000 余人，为安置灾难民，各县修理和新挖窑洞 2930 孔，老户调剂熟地 10693 亩，政府发放农贷 200 万元。难民获得政府救助后，"均能获得土地耕种，开公荒由政府发给土地所有证，开私荒则发给土地使用证，且明文保证五年不交租，三年不交公粮。在开荒和播种中，老户组织耕牛帮助犁地下种；各县创造的移民新村，其村长主任均由他们自己选"。[②] 鄜县救助移难民，在各乡区设有招待所，专门负责办理招待外来灾难民和移民。[③] 全年安置移民 340 户 699 人，难民 616 户 1552 人。群众给移难民调剂粮食

---

① 《贯彻优待移民政策，三年以内免缴公粮》，《解放日报》1943 年 2 月 12 日。

② 《关中移民超过计划，共移入一万二千余人，均获得食粮贷款土地》，《解放日报》1943 年 6 月 11 日。

③ 《鄜县特设招待所，已安置难民四百八十户》，《解放日报》1943 年 4 月 2 日。

378.83 石，土地 3399 亩。移难民安置过程中，鄜县政府"切实解决了难民困难问题，难民一到，即发动党员群众给他们空窑住，并借给用具；没有吃的，由政府先拨发一点救济粮，并发动群众借粮，难民到合作社领棉花有优先权；同时在土地问题上，规定难民开公荒地权属于难民，开私荒三年免租，并发动老户给他们调剂一部分熟地及生产工具，政府并将建设厅拨之卅五万元难民贷款，全部用来解决他们的困难"。① 固临县全年安置难民近千人，"对移难民的居住、粮食、用具、土地、耕牛等困难，系由党政军合力并协同居民圆满解决"。② 另外，1943 年春季，边区政府决定"所发放之两千万农贷，其第一对象，即指定为贫苦的难民和移民"。③ 不久，边区政府又"增拨移难民农贷五百万元，帮助各地新来的移难民，进行生产"。其中，关中分区 150 万元，安塞 30 万元，延安、固临、甘泉县各 20 万元，延长、鄜县各 15 万元，延安 5 万元。④ 1943 年，延安给难民调剂窑洞 666 孔，粮食 591.1 石，土地 8748 亩，籽种 37.4 石，帮助牛工 253 犋，农具 313 件。1945 年，甘泉调剂粮食 1813.8 石，耕牛 1338 头，熟地 86766 亩，农具 9004 件，窑洞 6238 孔。⑤

1942～1943 年，河南发生大饥荒，大批灾民逃荒到边区。边区政府要求各县给予救济："（一）天气已是初冬的节令，对难民应先行安置住处，尽一切力量说服老户让出剩余房子给他们，最好政府事前将住址窑洞调查调剂好，以便利难民之安插。（二）应发动老户捐粮或借粮给他们吃，借粮应允许酌出利息，以鼓励老户借助。（三）愿意雇长工或按庄稼的，政府应予以帮助或介绍。（四）实行了前三项后，便是种子、土地、农具、耕牛等事了，边区大部分县有荒地，土地是比较容易解决的事，在种子方面，应尽量发动群众调剂，或向老户借贷，秋收后归还。合作社在此期间，应大量低价卖或贷锨、贷镢、锄等农具，使得他们一开春便有农具生产。（五）各该县移来多少难民，是从何处来的，政府如何解决他们的问

① 《鄜县安置移难民千户》，《解放日报》1943 年 11 月 1 日。
② 《固临安置移难民千人》，《解放日报》1943 年 11 月 2 日。
③ 《贯彻优待移民政策，三年以内免缴公粮》，《解放日报》1943 年 2 月 12 日。
④ 《边区政府增拨移难民农贷五百万元》，《解放日报》1943 年 4 月 12 日。
⑤ 边府民政厅：《陕甘宁边区社会救济事业概述》（1946 年 6 月），《抗日战争时期陕甘宁边区财政经济史料摘编》第 9 编《人民生活》，第 403 页。

题，还有什么困难，应随时向本府报告。"① 关中是河南灾难民集中较多的地区，因此，关中专署召开专门会议，决定成立农贷委员会，切实办理救济移难民工作。决定指出："安置难民移民是全分区政权工作中重要工作之一，各级政府必须努力进行。过去下级干部对此问题注意不够，难民来了不能很快的进行互济，对边府关于移民三年以内免征公粮的决定，亦未能广为宣传。今后必须加强乡优抗互济委员会的工作，在群众中展开对难民移民的互济运动。"对于河南灾民，专署除指示有关机构进行救济外，"各县按需要拨出救济公粮，并指定地区，先行安置，然后在移难民中成立农贷小组放给农业贷款，以安定他们的永久生计基础"。边区银行划分给关中的 10 万元农贷，"大部分用在安置难民移民方面"。② 专署把新正的一、二、四区，赤水县的四区，淳耀的四、五、六区，新宁的一、二区，同宜耀的一、四区划分为安置难民区，凡经登记的灾难民要在"政府指定之移民区内安居"；对于灾难民"除发动老户对灾难民互助互济外，政府必要时将予以救济或贷款"。③ 1943 年 3 月 10 日统计，有 1726 户经当地政府安置完毕，"他们多为河南灾民"。先后拨救济粮 1500 石，发放农贷 180 万元。④ 其中有 550 多户逃荒到同宜耀，入境难民"先在柳林登记站登记后，再介绍至各区、乡政府代为寻觅住处，调剂食粮，解决农具、土地等问题。除少部分靠亲友关系解决外，大都取得了政府和当地老户的帮助"。⑤ 另外，其他县也安置了一定数量的河南灾民。如延安安置 50 户，市政府一方面给予救济，每人 50 元或每户 100 元到 500 元不等；另一方面给予安置，有的介绍到乡里种地或做雇工，有的介绍到工厂，有的帮助做小生意，难民的生活问题大部分得到解决。⑥ 华池县白马区安置 16 户 80 人，县政府给农贷 6 万元，耕牛 16 头，犁、铧、锄头各 16 件，发给粮食

---

① 《河南等省灾民纷纷来边区，边府通令各县救济，安置住所借给食粮工具》，《解放日报》1942 年 12 月 5 日。

② 《灾难民来边区日多，关中放款拨粮救济》，《解放日报》1942 年 10 月 19 日。

③ 《关中划定移民区，优待外来难民安居》，《解放日报》1942 年 12 月 27 日。

④ 《两千户难民移至关中，政府拨救济粮千五百石，发农贷百八十万元》，《解放日报》1943 年 4 月 18 日。

⑤ 《河南等省难胞五百五十户移到同宜耀，已得政府救济安居生产》，《解放日报》1943 年 4 月 11 日。

⑥ 《市府拨款救济河南灾胞》，《解放日报》1943 年 4 月 10 日。

7 石，川地 400 亩。① 河南南屏难民 14 人，1942 年 10 月逃荒到绥德，得到当地政府的积极救助，供给土地、贷款、借粮，并获得三年不交公粮的优待。② 背井离乡的河南灾民进入边区后均得到了较好的救助，大多数到移难民区从事开荒和农业生产。

进入边区的移难民得到政府和老户的帮助与接济，生产情绪比较高，大多数生活安定下来，而且有所改善。移难民"大都空手而来，经地方政府与当地人民借予窑洞、吃粮、籽种、农具并供给土地或介绍伙种关系，故均能免维温饱从事生产"。③ 过一两年之后，难民的生活开始好转。河南商州难民李保莚等 5 户人家，1941 年秋逃荒到边区，被安置在鄜县牛武区，政府分配了土地，老户调剂给粮食和工具，共开荒 110 亩，共产粮 60石。④ 一般情况下，一无所有的难民经过救助后，"一年即可打下生产基础，二年成家立业，三年以后即可成为中农以至富裕之中农"。⑤ 如延安县柳林区 157 户移难民，从经济状况来看，"第一年，一面开荒，一面安庄稼或打短工、卖柴、作手艺；第二年，就可以添置农具、喂牲畜，完全自己种地，不再打短工；第三年，就可以安牛犋，大量生产"。从生活状况来看，"第一年，一半靠借粮，一半靠自己劳动所得；第二年，只需少数调剂粮，大多数可以自给；第三年，就可以完全自给自足"。调查说明，移难民"只要经过三个年头，就可以从赤手空拳，发展到有土地，工具，牲畜，粮食"。⑥ 许多移难民成为边区的劳动英雄和基层民众领袖，如冯云鹏、马丕恩、徐克瑞、王向福、胡文贵、高仲和等被评为边区劳动英雄，⑦他们不仅带领移难民积极生产，也成为中共各种新政策的拥护者和忠实的执行者。

---

① 《华池白马区安置豫灾胞十六户，县府贷款六万元给地四百亩》，《解放日报》1943 年 4月 13 日。

② 《绥德专署救济河南灾民》，《解放日报》1943 年 3 月 10 日。

③ 《边府优待办法收效，本年移入难民万余，政府积极扶助妥为安置》，《解放日报》1942年 12 月 22 日。

④ 《河南难民李保莚等五户移鄜县一年打粮六十石》，《解放日报》1944 年 2 月 2 日。

⑤ 《贯彻优待移民政策，三年以内免缴公粮》，《解放日报》1943 年 2 月 12 日。

⑥ 西北局调查研究室：《三年来移民工作概述》（1944 年），《抗日战争时期陕甘宁边区财政经济史料摘编》第 9 编《人民生活》，第 428、431 页。

⑦ 《陕甘宁边区第一届劳动英雄代表大会宣言》（1943 年 12 月 16 日），《解放日报》1943 年12 月 17 日。

第三节　义仓与备荒

义仓是中国传统社会以备荒为目的的民间仓储制度。抗战时期边区利用与嫁接传统的力量，在根据地发动了义仓运动，以应对连年灾荒和实行民间救济。

边区首位倡导建立义仓、义田的是新正县三区雷庄乡乡长张清益。1943 年春，边区开展生产运动时，张清益就有了创办义仓的想法，"丰收之年应该依靠和组织大家积蓄一点粮食，一个乡集中起来，有收有支，逐渐积累，既可防备灾荒，又能支援抗战"。办法是发动民众"投工开出一份公共的荒地，公地产的粮食归大家所有，统一储存使用"。他的想法和办法得到本村群众的拥护，而且村民集思广益，把这个办法命名为"义仓"，集体开的田叫"义田"，出产的粮食叫"义仓粮"。[①] 他把想法告诉了县委书记史梓铭，得到首肯和支持，"决定全村开义仓田二十亩，所有十五岁以上五十岁以下的劳动力，每人规定全年给义仓出五天工。到了三月，全村的三十二个劳动力就开了二十五亩义仓田，全部种了糜子……收得四石义仓粮"。[②] 这是抗战时期边区义仓的首创。为了管理义仓，"由全村公推委员五人，将公荒收益负责保存起来，用以救济全村村民临时发生的困难问题"。[③] 张清益义仓建立后，逐渐形成了义仓粮食储存、管理制度和运作模式。"（一）管理义仓要选群众中有信仰的公正人组成委员会，办事要不偏向谁；借粮给没啥吃的穷苦人；粮要放到干燥地方，粮湿了肯坏。（二）把义田要做得更好些，耕、种、锄、收，都要在先，多打下粮食。（三）制定出义仓的公约，使群众养成互相帮助，急公好义的好习惯。"[④] 义仓管理办法是组织一个"义仓生产委员会"，专门领导耕种义田，所收粮食全归义仓所有。"（一）各村义仓借粮，须经管理委员会通过，在村民大会上批准，方得借出。（二）借粮时间，规定为每年四、五月青黄不接之际，秋收后不借出。（三）参加开义田者借粮一斗，加利一升；不

---

① 中共庆阳地委党史办、中共华池县委员会编印《庆阳地区中共党史人物》，1996，第 148 页。
② 《张清益创办义仓》，《解放日报》1944 年 1 月 14 日。
③ 《新正模范党员张清益倡建义仓救济贫民》，《解放日报》1943 年 5 月 12 日。
④ 史梓铭：《张清益同志首创的义仓》，《解放日报》1943 年 7 月 5 日。

参加开义田者借粮一斗，加利三升。（四）丰年借粮，本利秋收一并归还；歉年还本欠利，荒年本利缓交，俟年头转好交还。（五）不务正业，吃烟耍赌，不事生产者，不给借粮。"① 从上述规约来看，张清益创办义仓主要是为了救济荒年，同时有刺激和帮助生产的意义。张清益创办义仓及其管理模式在边区逐渐发酵产生影响，最终形成了备荒的义仓运动。

义仓先在新正县和关中分区得到响应。1943 年春耕期间，该县第三区创立义仓 8 处，开义田 203 亩，一区一乡也有义田开垦。② 关中分区各县也纷纷响应。据报载："新正三区模范党员张清益，在其本村雷庄倡建义仓救济贫民，预防荒年，现已在分区各县造成一个热烈的运动，现在已开下义田一千一百二十八亩，并已下种。这一运动在群众中引起良好之影响，并热烈提出向雷庄学习。"③ 赤水、新宁、同宜耀等县建立义仓 18 处。④ 入秋以后关中义田庄稼长势良好，激发了群众开义田的积极性。"在秋收之前，马栏区各乡群众已开下义田三百亩，二乡史家窑等村开义田三十亩。"⑤ 新正、新宁、赤水等县乡区领导都比较重视开义田和建义仓。⑥ 在张清益的带动下，新正县三区创办义仓 23 处，二区 31 个行政村中 26 个村办有义仓。雷庄义仓共开荒地 65 亩，义仓储粮 5000 多斤。⑦ 1943 年，张清益因首倡义仓而闻名边区，被评为边区劳动模范，参加了第一届劳动英雄代表大会。中共中央西北局书记高岗说，张清益"今年创办义仓，发动大家开义仓田，打下的粮食放在仓里，说没有吃的就去借，借粮时，参加义仓的只出五合利，没参加的就要出三升，这就推动了全乡全区都搞起义仓来"。⑧ 在劳动英雄代表大会宣言中号召："要学习关中劳动英雄张清益的办法，到处发起义仓运动，救济困难，防备荒年。"⑨ 从 1944 年

---

① 《张清益创办义仓》，《解放日报》1944 年 1 月 14 日。
② 史梓铭：《张清益同志首创的义仓》，《解放日报》1943 年 7 月 5 日。
③ 《关中各县民众普遍开展义仓运动，义田千亩已下种》，《解放日报》1943 年 6 月 8 日。
④ 史梓铭：《张清益同志首创的义仓》，《解放日报》1943 年 7 月 5 日。
⑤ 《关中义田收获丰稔，群众准备秋后扩大义田面积，雷庄义仓制定工作计划及规约》，《解放日报》1943 年 10 月 12 日。
⑥ 《关中继续成立义仓，新正二区乡长领导开义田，新宁五区一乡开义田四处》，《解放日报》1943 年 11 月 27 日；《赤水四区盼家川秋收义仓粮已入仓，三区组织变工开辟义田》，《解放日报》1943 年 12 月 10 日。
⑦ 《庆阳地区中共党史人物》，第 149 页。
⑧ 《高岗同志在西北局招待劳动英雄大会上的讲话》，《解放日报》1943 年 12 月 11 日。
⑨ 《陕甘宁边区第一届劳动英雄代表大会宣言》（1943 年 12 月 16 日），《解放日报》1943 年 12 月 17 日。

开始，义仓运动在边区广泛开展。

1944 年 6 月，边区参议会议员杨正甲、任绍亭的《创办义仓以备灾荒案》提出陇东"本年丰收有望，人民可享丰衣足食之福，为防患未然，提议创办义仓，以备荒年救灾之用"。① 7 月，三边议员白文焕、高崇珊也在提案中"请求政府指令靖边县政府发动人民创办义仓，储粮备荒。仓库则由公正人士管理，以为地方社会保险事业之倡，如是，则万一灾荒，难民得获救济，实为地方之幸也"。② 两个提案获得了边区政府的支持，要求"采取关中义仓运动经验，号召人民响应推行，造成群众备荒运动"。③ 受边区劳动英雄代表大会影响并根据边区政府的决定，1944 年春耕期间，延安、赤水、甘泉、鄜县、志丹、盐池、定边等地一些区乡建立了义仓，还开垦了大量的义仓田。如鄜县义仓 93 个，义田 2800 亩，"除黑水寺区外，各区都成立了义仓，其中以大升号区义田最普遍，每一村会都成立义仓一处"。④ 志丹县开义田 2862 亩，可产义仓粮 300 石，"打下了本县义粮的基础"。⑤ 定边开垦义田 6724 亩，七区四乡建有义仓，每义仓选出由 5 人组成的保管委员会，主任 1 人。规定："（一）没有灾荒，不准开仓；（二）借粮必须经过乡参议会讨论准许；（三）借出的义仓粮，期限最多两年，到时照数归还。"⑥ 绥德四十里铺区"凡是三十户以上的村庄，都以村为单位设立义仓，以民主选举三人负责，分任主任、保管、会计工作"。绥德采取"零碎存粮，防备荒年"的办法，因此 1944 年夏田丰收后，动员居民把余粮都存入义仓，全区存入义仓小麦 40 石，豌豆 10 石；有 720 户农民在义仓存粮，占总户数的 1/3。清涧折家坪二乡 281 户农家，加入义仓的有 250 户，以"自愿为原则，多的多出，少的少出，穷的不出"，共向义仓集粗粮 75.4 石。⑦ 据 1944 年 5~6 月的统计，关中新正有义仓 56 个，义田 1900

---

① 《创办义仓以备灾荒案》（1944 年 6 月 12 日），《陕甘宁边区政府文件选编》第 8 辑，第 342 页。

② 《请求政府指定靖边县发动人民创办义仓，存储备荒案》，《陕甘宁边区政府文件选编》第 8 辑，第 343 页。

③ 《陕甘宁边区政府命令——根据联席会议通过之杨正甲等提出创办义仓备荒案令即遵照执行》（1944 年 8 月 22 日），《陕甘宁边区政府文件选编》第 8 辑，第 341 页。

④ 《鄜县政府指示各区及早成立义仓管理委员会，全县已开出义田两千八百亩》，《解放日报》1944 年 6 月 5 日。

⑤ 《志丹义田今年可产细粮三百石》，《解放日报》1944 年 7 月 22 日。

⑥ 《定边七区四乡管理义仓比较完善》，《解放日报》1944 年 9 月 7 日。

⑦ 《清涧折家坪二乡义仓联系信用合作》，《解放日报》1944 年 12 月 12 日。

亩；赤水义仓 29 个，义田 920 亩；淳耀义仓 25 个，义田 500 亩；新宁义仓 43 个，义田 1300 亩。^① 这说明 1944 年边区普遍建立义仓，开垦义田，有了义仓粮。

1945 年春夏发生旱灾，西北局发出防旱备荒的紧急指示，要求采集和保存一切可供食用的野菜（如苦菜、田苣、苜蓿等）、谷糠、麦麸、棉蓬籽、榆树皮等，用于备荒。^② 因此，充实义仓、建立多样化义仓是 1945 年义仓运动的主要内容。绥德王家坪村"在劳动英雄王德彪同一村干部的积极推动下，将以两天开义田十四垧，以充实义仓，防旱备荒"。^③ 该县劳动英雄鲍亮声把自己家积攒的 5 斗 5 升干洋芋、2 袋谷衣子、20 斤干白菜、4 斗棉蓬籽、1 袋秕谷、1 袋谷糠、4 升红豆角、2 升干瓜、1 斗麦存入义仓。在他的带动下，全村以义仓为核心展开了备荒运动。^④ 子洲县普遍建立义仓，苗区一乡将原来的 2 处义仓增加为 11 处，五乡成立野菜义仓，周复区二乡开义田 27 垧，种植小日月糜谷，"将来收获后归义仓"。周家硷镇商人商量节省口粮 20 石，分两季交义仓保管。^⑤ 该县的义仓分为两种：一种是村民捐粮食、糠菜等入义仓，选出专人管理，荒年时救济贫穷，如周复区 30 多个义仓，存粗粮 52 石，糠 18 石，干菜 9200 斤；一种是由各户将粮或其他东西存入义仓，"在平时低利贷出，灾荒时无利贷给穷人，义仓存物所有权仍归各户"。^⑥ 吴旗县赵老沟村召开村民备荒大会，成立糠秕义仓，"每人存一大斗糠和十斤干野菜"。^⑦ 米脂县原有民间救助机构"农会互济社"和借贷机构信用合作社存有细粮 134 石余，为了备荒存粮，将上述机构改为义仓。^⑧ 陇东分区的义仓也有所增加，庆阳县 32 处，曲子 30 处，环县 4 处，镇原 1 处，共 67 处。^⑨ 由于旱灾发生粮食收获较少，大量

---

① 《关中义仓统计》（1944 年 6 月 28 日），《抗日战争时期陕甘宁边区财政经济史料摘编》第 9 编《人民生活》，第 363 页。

② 西北局：《西北局关于防旱备荒的紧急指示》（1945 年 5 月 16 日），《解放日报》1945 年 5 月 18 日。

③ 《绥德王德彪村充实义仓防旱备荒》，《解放日报》1945 年 5 月 28 日。

④ 《绥德马蹄区漫滩沟碾盘沟劳英推动成立义仓》，《解放日报》1945 年 7 月 5 日。

⑤ 《子洲兴修小块水利苗区一乡建义仓五乡成立野菜义仓》，《解放日报》1945 年 6 月 28 日。

⑥ 《子洲增办义仓》，《解放日报》1945 年 7 月 8 日。

⑦ 《吴旗赵老沟村成立糠秕义仓》，《解放日报》1945 年 6 月 28 日。

⑧ 《米脂民丰区农村互济会信用合作社改为义仓存粮百石》，《解放日报》1945 年 7 月 24 日。

⑨ 边府民政厅：《各县一九四五年有关救济工作报告》（1946 年 3 月），《抗日战争时期陕甘宁边区财政经济史料摘编》第 9 编《人民生活》，第 369 页。

储存野菜和粗粮、糠秕等以备荒年成为 1945 年义仓运动的主要内容。

　　义仓的主要功能是备荒，每到荒年借贷粮食给饥民以救灾。1944 年春季，张清益的雷庄义仓开始借粮，"调剂目前有些农户粮食和籽种的困难……移难民借粮，根据实际情形，甚至可以不加利息予以优待"。在雷庄的影响下，附近村庄的义仓也开放往外借粮。① 清涧折家坪义仓规定借粮的条件和期限，"不遇灾荒不得动用义粮，如遇天灾人祸，发展生产所需之借粮，但借贷期限不得超过三个月"。② 1946 年发生春荒时，新宁县四区将 80 石义仓粮 "借给缺粮户，参加耕种义田的人有优先权"。③ 志丹六区的 5 处义仓存粮 80 余石，政府在青黄不接时将义仓粮借给 70 余户无粮户；该县七区贷放义仓粮 35 石。④ 说明义仓起到了一定的备荒作用。

　　边区所处的黄土高原是灾荒多发地区，以旱、冻、水、雹四种灾害最为频发和严重。灾害不仅给居民的生产、生活带来巨大的损失，也威胁着中共基层政权的稳定，考验中共在边区的执政能力。抗战时期中共十分重视灾荒救助，一方面着手建立现代救荒系统，健全救助机构和建立救灾制度；另一方面，利用与嫁接传统的备荒机制，发动民众建立义仓。纵观抗战时期边区的荒政，可以说，中共在边区的灾荒救助工作是积极和有效的，从应对重大灾害方面反映了中共的局部执政能力。尤其是 1939 年抗战进入相持阶段和 1941 年皖南事变发生后，国民党加强了对边区的政治、军事和经济封锁。边区不仅面临救济困难，还面临两次大灾害，即 1940 年的大旱灾和 1942 年的大水灾。灾荒引起一些地方发生民变，使边区进入抗战最困难时期，所有这些都考验着中共在边区的执政能力。面对各种困难，中共各级政府采取了积极应对的态度，对灾民进行积极救助，使灾民能够平安度过灾期，灾后通过政府农贷和民间调剂等方式，帮助灾民恢复生产。特别是 1942～1943 年河南等省发生大饥荒后，国统区出现了难民潮。大量河南难民进入边区，边区政府采取了积极的安置措施，不仅使这些难民能够安居乐业，而且为边区经济建设做出贡献，其政治意义远大于经济意义。

---

① 《雷庄等义仓开始借粮》，《解放日报》1944 年 5 月 8 日。
② 《清涧折家坪二乡义仓联系信用合作》，《解放日报》1944 年 12 月 12 日。
③ 《新宁县以义仓粮借给缺粮户》，《解放日报》1946 年 5 月 3 日。
④ 《重视义仓》，《解放日报》1946 年 5 月 12 日；《志丹七区义仓粮贷放三十五石》，《解放日报》1946 年 8 月 4 日。

参考文献

一 档案

（一）陕西省档案馆藏档案

全宗号：陕西省政府（1）、陕西省参议会（2）、陕西省民政厅（9）、陕西省赈济会（64）、陕西省建设厅（72）、陕西省社会处（90）、陕西田赋管理处（92）。

（二）汉中市及各县档案馆藏档案

汉中市档案馆藏南郑红十字会全宗。

汉中市档案馆藏汉南水利管理局全宗。

陕西省城固县档案馆藏汉南水利管理局全宗。

陕西省城固县档案馆藏湑惠渠工程处全宗。

二 报纸、杂志

《大公报》《东方杂志》《国民政府公报》《国闻周报》《汉中日报》《红色中华》《解放日报》《救灾会刊》《民国日报》《秦中公报》《陕西民政月刊》《陕西水利月刊》《陕西赈务汇刊》《陕灾周报》《陕赈特刊》《陕政》《申报》《申报年鉴》《时事月报》《西北文化日报》《西京日报》《新创造》《新陕西月刊》《振务特刊》《振务月刊》《赈务通告》《政府公报》《中国华洋义赈救灾总会丛刊》

三 资料汇编、统计与调查报告

白虎志等编《中国近五百年旱涝分布图集》，气象出版社，2010。

北京国际统一救灾总会：《北京国际统一救灾总会报告书》，1922。

陈高佣等编《中国历代天灾人祸（统计分类）表》，北京图书馆出版社，2007。

冯和法：《中国农村经济资料》，上海黎明书局，1935。

冯和法：《中国农村经济资料续编》，上海黎明书局，1938。

古籍影印室编《民国赈灾史料初编》，国家图书馆出版社，2009。

振务委员会秘书处编印《振务法规一览》，1933。

国民振务委员会总务处编印《救济准备金成立之经过》，1930。

国民政府内务部编印《救济事业计划书》，1929。

国民政府内政部统计室编印《各省荒地概况统计》，1931。

汉中地区科技情报所编印《汉中地区历代雨涝洪水灾害史料》，1981。

黄河流域及西北片水旱灾害编委会编《黄河流域水旱灾害》，黄河水利出版社，1996。

季啸风、沈友益主编《中华民国史史料外编》，广西师范大学出版社，1996。

康天国：《西北最近十年来史料》，西北学会，1931。

李文海等编《近代中国纪年续编》，湖南教育出版社，1993。

李文海等编《近代中国灾荒纪年》，湖南教育出版社，1990。

李文海、夏明方、朱浒主编《中国荒政书集成》，天津古籍出版社，2010。

骆承政主编《中国历史大洪水调查资料汇编》，中国书店出版社，2006。

千家驹：《旧中国公债史资料》，中华书局，1984。

秦孝仪主编《革命文献》第89辑，台北，中正书局，1981。

陕甘宁边区财政经济史编写组、陕西省档案馆编《抗日战争时期陕甘宁边区财政经济史料摘编》，长江文艺出版社，2016。

陕甘宁边区政府秘书处编印《西北统计资料汇编》，1949。

陕甘宁边区政府农业厅编印《西北农业统计资料汇编》，1949。

陕西各团体辛酉救灾联合会：《陕西各团体辛酉救灾联合会结束报告》，1922。

陕西省档案馆、陕西省社会科学院编《陕甘宁边区政府文件选编》，陕西人民教育出版社，2013。

陕西省经济研究室编印《十年来之陕西经济（1931～1941）》，1942。

陕西省气象局气象台编辑《陕西省自然灾害史料》，1976。

陕西省统计室编印《陕西省政资料摘要》，1947。

渭北引泾水利工程处编印《渭北引泾水利工程处报告》，1938。

文芳编《黑色记忆之天灾人祸》，中国文史出版社，2004。

西安市档案馆编印《往者可鉴——民国时期霍乱疫情与防治》，2003。

席会芬、郭彦森、郭学德：《百年大灾难》，中国经济出版社，2000。

夏明方选编《民国赈灾史料三编》，国家图书馆出版社，2017。

行政院农村复兴委员会编《陕西省农村调查》，商务印书馆，1934。

严中平主编《中国近代经济史统计资料汇编》，科学出版社，1955。

翟佑安主编《中国气象灾害大典·陕西卷》，气象出版社，2005。

詹福瑞主编《民国赈灾史料续编》，国家图书馆出版社，2009。

张波等编《中国农业自然灾害史料集》，陕西科学技术出版社，1994。

章有义主编《中国近代农业史资料》第2、3册，三联书店，1957。

中国地震历史资料编辑委员会总编室编《中国地震历史资料》，科学出版社，1985。

中国国民党陇海铁路特别党部编印《陇海铁路调查报告》，1935。

中国科学院地震工作委员会历史组编辑《中国地震资料年表》，科学出版社，1956。

中国医学科学院流行病学微生物学研究所编印《中国鼠疫流行史》，1981。

自然灾害简要纪实编委会编《陕西自然灾害简要纪实》，气象出版社，2002。

四　方志及文史资料

大荔县志编纂委员会编《大荔县志》，陕西人民出版社，1994。

佛坪县志编纂委员会编《佛坪县志》，三秦出版社，1993。

汉中市地方志编纂委员会编《汉中市志》，中共中央党校出版社，1994。

何炳武等校注《民国三十三年〈黄陵县志〉校注》，陕西人民出版社，2009。

略阳县志编纂委员会编《略阳县志》，陕西人民出版社，1992。

民国《西乡县志》，1948。

《南郑县志》编纂委员会编《南郑县志》，中国人民公安大学出版社，1990。

宁强县志编纂委员会编《宁强县志》，陕西师范大学出版社，1995。

陕西省地方志编纂委员会编《陕西省志·地理志》，陕西人民出版社，2000。

陕西省地方志编纂委员会编《陕西省志·农牧志》，陕西人民出版社，1993。

陕西省地方志编纂委员会编《陕西省志·气象志》，气象出版社，2001。

陕西省地方志编纂委员会编《陕西省志·人口志》，三秦出版社，1986。

陕西省地方志编纂委员会编《陕西省志·商业志》，陕西人民出版社，1999。

陕西省地方志编纂委员会编《陕西省志·水利志》，陕西人民出版社，1999。

宋伯鲁主修《续修陕西通志稿》，1934。

《同官县志》，1944。

渭南地区地方志编纂委员会编《渭南地区志》，三秦出版社，1996。

西安市地方志编纂委员会编《西安市志》第1卷，西安出版社，1996。

西安市水利志编纂委员会编《西安市水利志》，陕西人民出版社，1999。

《续修醴泉县志》，1935。

杨起超主编《陕西省汉中地区地理志》，陕西人民出版社，1993。

耀县志编纂委员会编《耀县志》，中国社会出版社，1997。

镇巴县地方志编纂委员会编《镇巴县志》，陕西人民出版社，1996。

中国人民政治协商会议陕西省委员会文史和学习委员会编《陕西文史资料精编》，陕西人民出版社，2010。

五 著作

〔印度〕阿马蒂亚·森：《贫困与饥荒》，王宇、王文玉译，商务印书馆，2001。

〔美〕埃德加·斯诺：《红星照耀中国》，董乐山译，新华出版社，1984。

〔美〕埃德加·斯诺：《西行漫记》，董乐山译，三联书店，1979。

安汉：《西北垦殖论》，南京国华印书馆，1933。

安汉、李自发：《西北农业考察》，南京国华印书馆，1936。

蔡勤禹：《民间组织与灾荒救治——民国华洋义赈会研究》，商务印书馆，2005。

曹贯一：《中国农业经济史》，中国社会科学出版社，1989。

曹树基、李尚玉：《鼠疫：战争与和平——中国的环境与社会变迁（1230～1960年）》，山东画报出版社，2006。

忾盦：《赈灾辑要》，上海广益书局，1936。

陈登原：《中国土地制度》，商务印书馆，1932。

池子华：《红十字与近代中国》，安徽人民出版社，2004。

池子华：《流民问题与近代社会》，合肥工业大学出版社，2013。

池子华：《中国近代流民》，浙江人民出版社，1996。

邓云特：《中国救荒史》，三联书店，2011。

杜一主编《灾害与灾害经济》，中国城市经济社会出版社，1988。

范长江：《中国的西北角》，新华出版社，1985。

〔美〕费正清、费维恺编《剑桥中华民国史》，刘敬坤等译，中国社会科学出版社，1993。

复旦大学历史地理研究中心主编《自然灾害与中国社会历史结构》，复旦大学出版社，2001。

高鹏程：《红十字会及其社会救助事业研究（1922～1949）》，合肥工业大学出版社，2011。

葛剑雄等：《简明中国移民史》，福建人民出版社，1993。

耿占军等：《陕甘宁青旱灾的社会应对研究（1644～1949）》，陕西师范大学出版总社，2019。

何爱平：《灾害经济学》，西北大学出版社，2000。

〔美〕何炳棣：《明初以降人口及其相关问题（1368～1953）》，葛剑雄译，三联书店，2000。

何一民主编《近代中国城市发展与社会变迁（1840～1949年）》，科学出版社，2003。

何一民主编《近代中国衰落城市研究》，巴蜀书社，2007。

胡焕庸、张善余：《中国人口地理》，华东师范大学出版社，1984。

胡伟略：《人口社会学》，中国社会科学出版社，2002。

黄泽苍：《中国天灾问题》，商务印书馆，1935。

蒋杰：《关中农村人口问题》，国立西北农林专科学校，1938。

金德群：《民国时期农村土地问题》，红旗出版社，1994。

科技部国家计委国家经贸委灾害综合研究组编著《灾害·社会·减灾·发展——中国百年自然灾害态势与 21 世纪减灾策略分析》，气象出版社，2000。

李鄂荣、姚清林：《中国地质地震灾害》，湖南人民出版社，1998。

李国桢：《陕西旱灾之成因及其补救方法》，1946。

〔美〕李明珠：《华北的饥荒：国家、市场与环境退化（1690～1949）》，石涛等译，人民出版社，2016。

李庆东：《烟毒祸陕述评》，陕西旅游出版社，1992。

李文海、程歗等：《中国近代十大灾荒》，上海人民出版社，1994。

李振民：《陕西通史·民国卷》，陕西师范大学出版社，1997。

陆仰渊、方庆秋主编《民国社会经济史》，中国经济出版社，1991。

马鹤天：《甘青藏边区考察记》第二编，商务印书馆，1947。

〔美〕马罗力：《饥荒的中国》，吴鹏飞译，上海民智书局，1929。

孟昭华编著《中国灾荒史记》，中国社会出版社，1999。

孟昭华、王明寰：《中国民政史稿》，黑龙江人民出版社，1986。

〔美〕诺易斯·惠勒·斯诺编《斯诺眼中的中国》，王恩光等译，中国学术出版社，1982。

钱钢、耿庆国主编《二十世纪中国重灾百录》，上海人民出版社，1999。

钱实甫：《北洋政府时期的政治制度》，中华书局，1984。

乔启明、蒋达：《中国人口与食粮问题》，上海中华书局，1937。

〔印度〕让·德雷兹、阿马蒂亚·森：《饥饿与公共行为》，苏雷译，社会科学文献出版社，2005。

陕西省卫生厅、陕西省卫生防疫站、陕西卫生志编委会办公室编《陕西省预防医学简史》，陕西人民出版社，1992。

孙绍骋：《中国救灾制度研究》，商务印书馆，2004。

田澍主编《西北开发史研究》，中国社会科学出版社，2007。

田霞：《抗日战争时期的陕西经济》，中国矿业大学出版社，2002。

汪熙、杨小佛主编《陈翰生文集》，复旦大学出版社，1988。

王武科：《中国之农赈》，商务印书馆，1936。

魏永理等主编《中国西北近代开发史》，甘肃人民出版社，1993。

吴宏岐：《西安历史地理研究》，西安地图出版社，2006。

吴慧：《中国历代粮食亩产研究》，农业出版社，1985。

夏明方、康沛竹主编《20世纪中国灾变图史》，福建教育出版社，2001。

夏明方：《民国时期自然灾害与乡村社会》，中华书局，2000。

〔法〕谢和耐：《中国社会史》，耿昇译，江苏人民出版社，1995。

行龙：《从社会史到区域社会史》，人民出版社，2008。

徐旭：《西北建设论》，中华书局，1943。

薛毅：《中国华洋义赈救灾总会研究》，武汉大学出版社，2008。

延军平编著《灾害地理学》，陕西师范大学出版社，1990。

杨琪：《民国时期的减灾研究（1912～1937）》，齐鲁书社，2009。

姚庆海：《巨灾损失补偿机制研究——兼论政府和市场在巨灾风险管理中的作用》，中国财政经济出版社，2007。

袁林：《西北灾荒史》，甘肃人民出版社，1994。

〔巴西〕约绪·德·卡斯特罗：《饥饿地理》，黄秉镛译，三联书店，1959。

张波：《西北农牧史》，陕西科学技术出版社，1989。

张静如、卞杏英主编《国民政府统治时期中国社会之变迁》，中国人民大学出版社，1993。

张水良：《中国灾荒史（1927～1937）》，厦门大学出版社，1990。

张堂会：《民国时期自然灾害与现代文学书写》，中国社会科学出版社，2012。

郑功成：《灾害经济学》，商务印书馆，2010。

郑功成：《中国灾情论》，中国劳动社会保障出版社，2009。

郑全红：《中国家庭史》第5卷，广东人民出版社，2007。

中华人民共和国财政部《中国农民负担史》编辑委员会编著《中国农民负担史》，中国财政经济出版社，1991。

周秋光主编《中国近代慈善事业研究》，天津古籍出版社，2013。

朱汉国主编《中国社会通史·民国卷》，山西教育出版社，1996。

六、论文

卜风贤：《中国农业灾害史料灾度等级量化方法研究》，《中国农史》

1996 年第 4 期。

蔡勤禹：《传教士在近代中国的救灾思想与实践——以华洋义赈会为例》，《学术研究》2009 年第 4 期。

蔡勤禹：《国民政府救难机制研究——以抗战时期为例》，《零陵学院学报》2003 年第 4 期。

蔡勤禹：《民国慈善团体述论》，《档案与史学》2004 年第 2 期。

曹峻：《试论民国时期的灾荒》，《民国档案》2000 年第 3 期。

池子华：《近代农业生产条件的恶化与流民现象——以淮北地区为例》，《中国农史》1999 年第 2 期。

〔韩〕金胜一：《近代中国地域性灾荒政策史考察——以安徽省为例》，《北京大学学报》（哲学社会科学版）1997 年第 4 期。

胡英泽：《灾荒与地权变化——清代至民国永济县小樊村黄河滩地册研究》，《中国社会经济史研究》2011 年第 1 期。

李炳元等：《中国自然灾害的区域组合规律》，《地理学报》1996 年第 1 期。

李德民、周世春：《论陕西近代旱荒的影响及成因》，《西北大学学报》（哲学社会科学版）1994 年第 3 期。

李岚：《孙中山的救荒思想》，《安徽史学》2000 年第 2 期。

李文海：《论近代中国灾荒史研究》，《中国人民大学学报》1988 年第 6 期。

李喜霞：《灾荒与关中交通关系研究——以民国十八年（1929）为中心》，《唐都学刊》2011 年第 6 期。

李玉尚：《民国时期西北地区人口的疾病与死亡——以新疆、甘肃和陕西为例》，《中国人口科学》2002 年第 1 期。

梁严冰、岳珑：《论抗日战争时期陕甘宁边区政府的赈灾救灾》，《西北大学学报》（哲学社会科学版）2009 年第 4 期。

凌大燮：《我国森林资源的变迁》，《中国农史》1983 年第 2 期。

刘五书：《论民国时期的以工代赈救荒》，《史学月刊》1997 年第 2 期。

刘玉梅：《简论 1928～1949 年国民政府的荒政——以河北为例》，《河北大学学报》（哲学社会科学版）2003 年第 2 期。

刘玉梅：《1920 年华北五省旱灾中的国际救助》，《中国减灾》2010 年第 1 期。

孟晋：《清代陕西的农业开发与生态环境的破坏》，《史学月刊》2002年第 10 期。

莫子刚、邝良锋：《试析十年内战时期灾荒的社会政治原因》，《西南民族学院学报》（哲学社会科学版）1999 年第 S6 期。

聂树人：《陕西历史上的水旱灾害问题》，《陕西农业》1964 年第 4 期。

牛淑萍：《1927 至 1937 年南京国民政府田赋整理述评》，《民国档案》1999 年第 3 期。

尚玉成：《三十年代农业大危机原因探析——兼论近代中国农业生产力水平的下降》，《中国农史》1999 年第 4 期。

孙语圣、徐元德：《中国近代灾荒史理论探析》，《灾害学》2011 年第 2 期。

王印焕：《1911～1937 年灾民移境就食问题初探》，《史学月刊》2002年第 2 期。

王金香：《近代北中国旱灾成因探析》，《晋阳学刊》2000 年第 6 期。

魏宏运：《抗日战争时期中国西北地区的农业开发》，《史学月刊》2001 年第 1 期。

温艳：《国家与社会视阈下的陕甘宁边区荒政研究》，《历史教学》（下半月刊）2016 年第 1 期。

温艳：《抗战时期中共在陕甘宁边区的灾荒救助》，《光明日报》2016年 4 月 26 日，第 11 版。

温艳、岳珑：《民国时期地方政府处理突发事件的应对机制探析——以1930 年代陕西霍乱疫情防控为例》，《求索》2011 年第 6 期。

吴德华：《试论民国时期的灾荒》，《武汉大学学报》（人文科学版）1992 年第 3 期。

夏明方：《抗战时期中国的灾荒与人口迁移》，《抗日战争研究》2000年第 2 期。

杨东：《陕甘宁边区乡村民众的防灾备荒措施研究》，《中国延安干部学院学报》2010 年第 3 期。

张国雄：《中国历史上移民的主要流向和分期》，《北京大学学报》（哲学社会科学版）1996 年第 2 期。

张建俅：《中国红十字会经费问题浅析（1912～1937）》，《近代史研究》2004 年第 3 期。

张明爱、蔡勤禹：《民国时期政府救灾制度论析》，《东方论坛（青岛大学学报）》2003 年第 2 期。

张萍：《脆弱环境下的瘟疫传播与环境扰动——以 1932 年陕西霍乱灾害为例》，《历史研究》2017 年第 2 期。

张萍：《环境史视域下的疫病研究：1932 年陕西霍乱灾害的三个问题》，《青海民族研究》2014 年第 3 期。

张雪梅、熊同罡：《20 世纪 40 年代陕甘宁边区的灾荒及救治》，《理论学刊》2008 年第 11 期。

章有义：《海关报告中的近代中国农业生产力状况》，《中国农史》1991 年第 2 期。

郑磊：《民国时期关中地区生态环境与社会经济结构变迁（1928～1949）》，《中国经济史研究》2001 年第 3 期。

朱浒：《地方系谱向国家场域的蔓延——1900～1901 年的陕西旱灾与义赈》，《清史研究》2006 年第 2 期。

图书在版编目（CIP）数据

民国时期陕西灾荒与社会／温艳著. –– 北京：社
会科学文献出版社，2021.8
（陕西师范大学史学丛书）
ISBN 978 – 7 – 5201 – 8247 – 8

Ⅰ.①民… Ⅱ.①温… Ⅲ.①自然灾害 – 历史 – 研究
– 陕西 – 民国 Ⅳ.①X432. 41 – 09

中国版本图书馆 CIP 数据核字（2021）第 150080 号

陕西师范大学史学丛书
民国时期陕西灾荒与社会

著　　者／温　艳

出　版　人／王利民
责任编辑／邵璐璐
文稿编辑／侯婧怡

出　　版／社会科学文献出版社·历史学分社（010）59367256
　　　　　　地址：北京市北三环中路甲 29 号院华龙大厦　邮编：100029
　　　　　　网址：www. ssap. com. cn
发　　行／市场营销中心（010）59367081　59367083
印　　装／三河市尚艺印装有限公司

规　　格／开　本：787mm × 1092mm　1/16
　　　　　　印　张：25.25　字　数：425 千字
版　　次／2021 年 8 月第 1 版　2021 年 8 月第 1 次印刷
书　　号／ISBN 978 – 7 – 5201 – 8247 – 8
定　　价／158.00 元